电子电气基础课程系列教材

电工技术

（电工学1）

苗松池　主　编

李艳红　张坤艳　副主编

電子工業出版社
Publishing House of Electronics Industry
北京 · BEIJING

内 容 简 介

本书是依据教育部电工电子基础课程教学指导委员会制定的电工学课程教学基本要求，为深化教学改革而编写的。

从培养应用型人才的目的出发，在保证必需的理论基础和计算能力的前提下，书中尽量减少复杂的理论推导和计算，着重突出实践和应用能力培养的内容。书中增加了课外实践环节，增加了虚拟仿真实验的内容，通过课外实践和虚拟仿真，使电工学教学从理论教学为主转变为理论与实践密切结合的教学方式。本书第 9 章专门介绍了仿真软件 Multisim 的应用。此外，本书配有丰富的 PPT、MOOC 等教学资源。

本书的内容包括电路理论、电动机及控制、安全用电、仿真软件 Multisim 的应用等知识。本书与《电子技术（电工学 2）》配套，可作为大学本科非电类专业多学时电工学课程的教材，也可作为相关专业人员的培训教材及参考书。

图书在版编目 (CIP) 数据

电工技术. 电工学. 1 / 苗松池主编. —北京：电子工业出版社，2018.5（2024.7 重印）
ISBN 978-7-121-34098-7

Ⅰ. ①电… Ⅱ. ①苗… Ⅲ. ①电工技术 – 高等学校 – 教材②电工 – 高等学校 – 教材 Ⅳ. ①TM

中国版本图书馆 CIP 数据核字（2018）第 081236 号

策划编辑：张小乐
责任编辑：张小乐
印　　刷：北京盛通数码印刷有限公司
装　　订：北京盛通数码印刷有限公司
出版发行：电子工业出版社
　　　　　北京市海淀区万寿路 173 信箱　　邮编：100036
开　　本：787 × 1092　1/16　印张：14.5　字数：371 千字
版　　次：2018 年 5 月第 1 版
印　　次：2024 年 7 月第 13 次印刷
定　　价：42.00 元

凡所购买电子工业出版社图书有缺损问题，请向购买书店调换。若书店售缺，请与本社发行部联系，联系及邮购电话：（010）88254888，88258888。

质量投诉请发邮件至 zlts@phei.com.cn，盗版侵权举报请发邮件至 dbqq@phei.com.cn。

本书咨询联系方式：（010）88254462，zhxl@phei.com.cn。

前 言

本书是根据教育部高等学校电工电子基础课程教学指导委员会制定的电工学课程教学基本要求，结合实际的教学经验，为满足深化教学改革的需求而编写的。

电工学是本科非电类专业的一门重要的技术基础课程，它涵盖了电气工程与电子信息工程两大学科的最基本内容。通过本课程的学习，使学生掌握相关学科的基本知识，建立相应的工程意识，培养学生分析和解决相关技术问题的能力，为进一步学习相关专业知识和工程应用打下基础。

本套教材包括《电工技术（电工学1）》、《电子技术（电工学2）》两本书，适合于多学时电工学教学使用，总学时为90～120学时，其中理论课为80～90学时，实验课为30～40学时。《电工技术（电工学1）》的内容包括电路理论、电动机及控制、安全用电、EDA技术等知识，《电子技术（电工学 2）》的内容包括模拟电子技术、数字电子技术等知识。书中标有“*”的章节为选学内容。

随着科学技术的发展和教学改革的深入，电工学教学面临许多问题，其中最突出的问题是学时数的减少与新知识大量增加的矛盾；学分制与学生选课制的推广、MOOC等网络课程的建设及其对现有教学秩序的影响；普通高校的本科教学已经从培养研究型人才为主变为培养应用型人才为主，等等。要解决这些问题，就需要对教学内容进行改革，而教材建设就是这些改革过程中的第一步。

本书在编写过程中，力求解决以下几个问题：

（1）教材内容与无纸化考试相结合。

学分制、学生选课制、MOOC等网络课程的建设和推广，最终必然要求有相应配套的考试制度，目前的考试方式无法满足相应的要求，而无纸化考试能在一定程度上满足要求。采用无纸化考试，学生可以在任何时间、任何地点通过网络参加考试。只有将无纸化考试系统建立起来，学分制、学生选课制、MOOC等网络课程的建设才能得到更有效的推广。

作者在建设无纸化考试题库时，深感试题库的建设必须与相应的教材相配套。在编写教材时，力争在有限的例题与习题中包含各章节的主要考点，然后以这些例题与习题为基础，建设相应的无纸化试题库。

（2）减少理论推导，加强应用能力培养。

在保证必备的理论基础和计算能力的前提下，教材中尽量减少了复杂的理论推导和计算，加强了学生应用能力的培养。

本书各章中都有课外实践课的内容，在课外实践课中介绍了电子元器件的识别、焊接方法、电子产品的安装调试方法，介绍了变压器、电动机、电气自动控制电路、基本放大电路、集成运算放大器、直流稳压电源、常用数字芯片的应用实例，还提供了多个电子制作和电子电路设计的实例。通过课外实践的内容，力求使学生的动手操作能力得到全面提高。

（3）加强EDA仿真软件Multisim的应用。

对EDA仿真软件Multisim的学习，让学生可以灵活便捷地使用Multisim做虚拟实验或课程设计，既提高了教学效果，又能解决实验室资源不足的问题。大力开发虚拟实验项目，有助于全面提高学生的学习与创新能力。《教育部办公厅关于2017—2020年开展示范性虚拟仿真实验教学项目建设的通知》（教高厅［2017］4号）指出，到2020年要在全国建设1000项示范性虚拟仿真实验教学项目。本套教材符合该通知的精神，第9章专门介绍了仿真软件Multisim的使用，作者新开发了大量电工学虚拟仿真实验，作为教材的内容。

本书通过增加课外实践环节和Multisim仿真实验项目，将改变过去对电工学只是理论课的传统认识，恢复电工学既是理论课又是实践课的本来面目。

（4）尽量吸收和引进新的教学改革成果，改善电工学教学。

近十几年来，各高校编写并出版了大量的电工学教材，反映出了诸多值得学习借鉴的教学研究成果。本书尽量吸收和引进这些先进的教学改革成果，以提高电工学教学水平。

作者将根据本书的内容编写无纸化考试试题库。同时将提供与教材配套的PPT教学课件等相关的数字化教学资源，各位教师可登录“华信教育资源网”获取。

本书由苗松池任主编，李艳红、张坤艳任副主编，徐红东、隋首钢、曲怀敬、吴延荣、张涛、王桂娟、张美生等老师参加了部分章节的编写和校对。

由于编者水平有限，书中错误和不妥之处在所难免，恳请广大读者批评指正。

编　者

目　录

第1章　电路的基本概念与基本定律

本章介绍电路的基本概念与基本定律，包括电路模型、电路中的基本物理量、电路的工作状态、基本电路元件、电压与电流的参考方向、基尔霍夫定律、电位的概念等。这些概念和定律是电路分析的基础，必须很好地理解和掌握，以便为后续课程的学习打下基础。

1.1　电路及电路模型

1.1.1　电路的作用及组成

电路就是电流的通路，是为实现某种功能而建立的。电路的作用大致可分为两类：一类是实现能量的传输与转换，电力系统就是其典型电路，如图 1-1 所示；另一类是实现信号的传递与处理，音频放大电路就是其典型电路，如图 1-2 所示。电路通常由电源（或信号源）、负载、中间环节三部分组成。

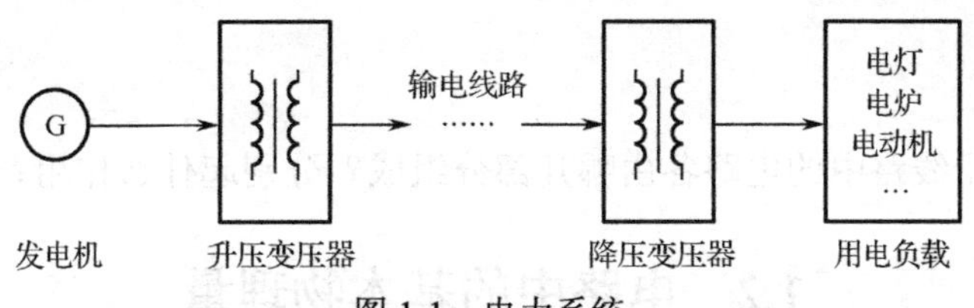

图 1-1　电力系统

在电力系统中，发电机是电源，将机械能转换为电能；电灯、电炉、电动机等电气设备是负载，负载是消耗电能的设备，将电能转换为光能、热能、机械能等；变压器和输电线路是电路中的中间环节。

图 1-2　音频放大电路

在音频放大电路中，话筒是信号源，将声音信号转换成微弱的电信号；扬声器是负载，将电信号转换成声音信号；放大电路是中间环节，将话筒输出的微弱电信号放大，去推动扬声器发声。

通常把规模较大或结构较复杂的电路称为网络或系统，把实现部分功能的电路称为子系统，一个系统可由多个子系统构成。

电源或信号源也称为电路中的激励，它们推动电路工作；由激励在电路中产生的电压或电流称为响应。电路分析就是讨论电路中激励与响应之间的关系。

1.1.2　电路模型

组成实际电路的元器件往往具有多种电磁性质。一个线圈不仅具有储存磁场能量的特性，即电感特性，也有消耗电能的电阻特性，线圈的匝间还存在分布电容，即具有电容特性。此外，线圈有体积、线径等特性，所以要对实际元器件进行精确的分析是很困难的。

在对实际电路进行分析时，首先要将电路中的元器件用理想化的电路元件来代替，并建立电路的数学模型（简称为电路模型或电路）。理想电路元件就是具有单一电磁特性的元件，理想化的电阻元件只具有消耗电能的特性，理想电感元件只具有储存磁场能量的特性，理想电容元件只具有储存电场能量的特性，理想电源元件只具有产生电能的特性，等等。此外，理想电路元件具有集中（或集总）参数的特性，不用考虑元件的尺寸大小。

在直流电路和低频电路中，线圈通常用一个电感元件和一个电阻元件的串联电路来等效，如图 1-3（a）所示。在高频电路中，线圈匝间的分布电容不能忽略，线圈要用如图 1-3（b）所示的电路来等效。同一个实际的电路元器件，在不同的条件下，具有多个不同的电路模型。在建立电路模型时，要根据电路的工作条件，保留元器件的主要电磁特性，忽略次要因素，在满足精确度要求的前提下，尽量选用简化的电路模型，以便于电路的分析。

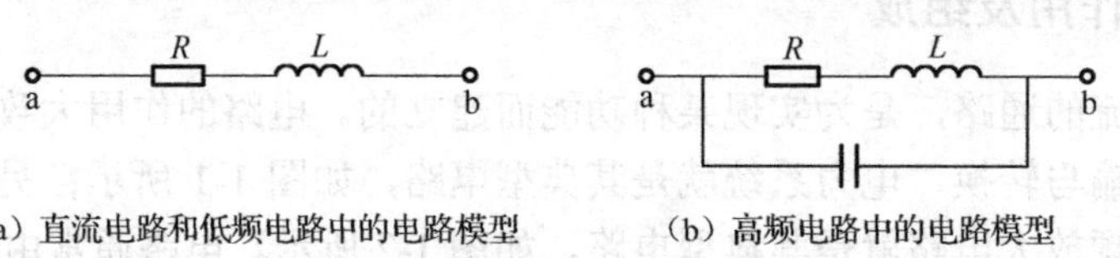

（a）直流电路和低频电路中的电路模型　（b）高频电路中的电路模型

图 1-3　线圈的电路模型

练习与思考

电力系统和电子线路中的电路各由哪几部分组成？分别起什么作用？

1.2　电路中的基本物理量

1.2.1　电流

电荷在电场力的作用下做有规则的运动，单位时间内通过导体横截面的电荷量称为电流，用公式表示为

$$i=\frac{\mathrm{d}q}{\mathrm{d}t} \tag{1-1}$$

式中，电荷量 q 的单位是 C（库仑），时间的单位是 s（秒），电流的单位是 A（安培）。

国家标准规定，不随时间变化的物理量用大写字母表示，随时间变化的物理量用小写字母表示。在直流电路中，电荷量 Q 和电流 I 不随时间变化，都用大写字母表示，式（1-1）可写为

$$I=\frac{Q}{t} \tag{1-2}$$

通常，公式中的物理量用小写字母来表示，用于表示变化的量或一般情况。将公式应用到直流电路中时，只需把相应物理量换成大写字母即可。

电流除使用基本单位 A 以外，还经常使用辅助单位，如 mA（微安）、μA（毫安）等。辅助单位是在基本单位的前面加相应的词头构成的，这些词头的含义如表 1-1 所示。

表 1-1　部分国际单位制词头

词　头	G	M	k	m	μ	n	p
中文名称	吉	兆	千	毫	微	纳	皮
含　义	10^9	10^6	10^3	10^{-3}	10^{-6}	10^{-9}	10^{-12}

规定正电荷运动的方向为电流的实际方向，但是对实际电路进行分析时，很多时候并不能预先知道电流的实际方向，尤其在交流电路中，电流的方向随时间变化。这时，可先设定任意一个方向，作为电流的参考方向（或正方向），简称电流的方向。电流的方向在电路中用实线箭头来表示，如图 1-4 所示。图中的方框表示一个二端元件（可以是电阻、电感、电容、电源等），虚线箭头表示电流的实际方向。电流的方向除用箭头表示外，还可用双下标表示，如 i_{ab} 表示电流的方向为由 a 到 b，显然 $i_{ab}=-i_{ba}$。

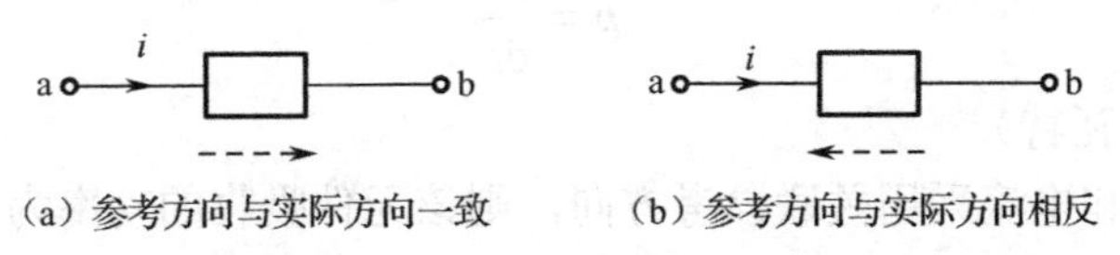

（a）参考方向与实际方向一致　　（b）参考方向与实际方向相反

图 1-4　电流的参考方向与实际方向

在图 1-4（a）中，电路的参考方向与实际方向一致，$i>0$，电流为正值；在图 1-4（b）中，电路的参考方向与实际方向相反，$i<0$，电流为负值。所以，只有选定了参考方向以后，电流才有正、负之分。本书电路图中标出的电流方向均为参考方向，不再单独说明。

1.2.2　电压

电路中 a、b 两点之间的电压，也称为 a、b 两点之间的电位差，在数值上等于电场力把单位正电荷从 a 点移动到 b 点所做的功，用公式表示为

$$u_{ab}=V_a-V_b=\frac{dw}{dq} \tag{1-3}$$

式中，V_a 为 a 点的电位，V_b 为 b 点的电位，w 表示移动电荷所做的功，其单位是 J（焦耳），电压和电位的单位是 V（伏特）。

电压的实际方向是从高电位指向低电位，即电位降的方向，故电压又称为电压降。若无法预先知道电压的实际方向，在电路分析时要先假设一个方向作为电压的参考方向，简称电压的方向。当电压的参考方向与实际方向一致时，电压数值为正，反之为负。

在电路中，用符号“+”和“−”表示电压的极性，“+”端为高电位端，“−”端为低电位端，电压的方向是从“+”端指向“−”端。电压的方向也可用实线箭头或双下标表示，如图 1-5 所示。u_{ab} 表示 a 端为正极性端，b 端为负极性端，u_{ba} 则相反，并且 $u_{ab}=-u_{ba}$。

若某个元件上电流的方向是从高电位端流向低电位端，则称该元件上电压与电流取关联参考方向，如图 1-6（a）所示；反之，则称为非关联参考方向，如图 1-6（b）所示。在采用关联参考方向时，不必全部标出该元件上电流和电压的参考方向，通常只标出电流的参考方向即可。若不采用关联参考方向，则电压与电流的参考方向必须全部标出。为简化电路分析，应尽量采用关联参考方向。

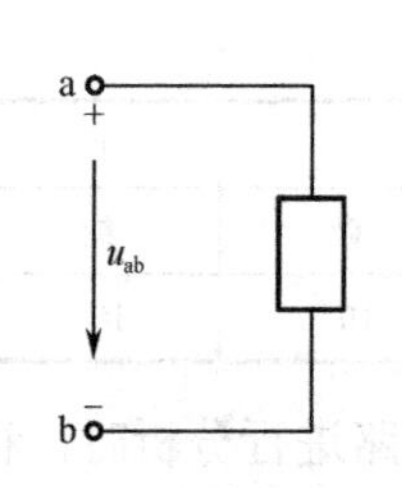

图 1-5　电压的表示方法

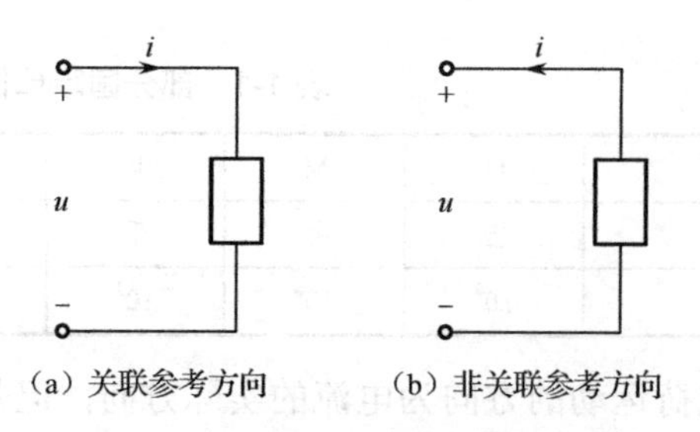

图 1-6　电压与电流参考方向的关联

1.2.3　电功率

单位时间内转换的电能称为元件的电功率，简称功率，用公式表示为

$$p = \frac{\mathrm{d}w}{\mathrm{d}t} \tag{1-4}$$

功率 p 的单位为 W（瓦特）。

若元件上的电压和电流采用关联参考方向，则该元件吸收的功率为

$$p = ui \tag{1-5}$$

若元件上的电压和电流采用非关联参考方向，则该元件吸收的功率为

$$p = -ui \tag{1-6}$$

在式（1-5）和式（1-6）中，若 $p > 0$，则表示该元件实际上是吸收功率，起负载作用；若 $p < 0$，则表示该元件实际上是发出或产生功率，起电源作用。在一个电路中，所有元件吸收功率的代数和为零，称为功率平衡，用公式表示为

$$\sum p = 0 \tag{1-7}$$

需要注意，在式（1-5）和式（1-6）所表示的元件吸收功率的公式中有两套符号，即 ui 前面的正、负号和 u、i 本身的正、负号。

1.2.4　电能

在时间 t 内转换的电功率称为电能，对于负载元件来说，即在时间 t 内元件吸收或消耗的电能，用公式表示为

$$W = \int_{t_0}^{t_1} ui\mathrm{d}t \tag{1-8}$$

在直流电路中，电能的表达式为

$$W = Pt = UIt \tag{1-9}$$

电能 W 的单位是 J（焦耳），在工程上常用 kW·h（千瓦时）作为电能的计量单位，1 千瓦时即 1 度电。千瓦与焦耳的换算关系为 $1\text{kW} = 3.6 \times 10^6\text{J}$。

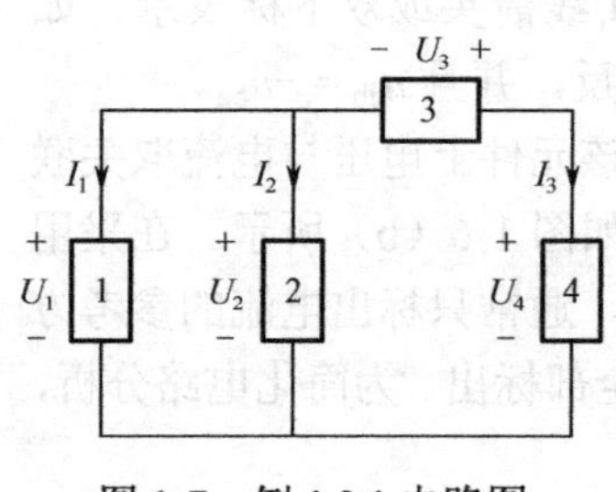

图 1-7　例 1.2.1 电路图

例 1.2.1　图 1-7 所示的电路由 4 个元件组成，已知 $U_1 = U_2 = 3\text{V}$，$U_3 = 4\text{V}$，$U_4 = 7\text{V}$，$I_1 = -1\text{A}$，$I_2 = 3\text{A}$，$I_3 = -2\text{A}$。（1）求各元件吸收的功率，并指出哪些是电源，哪些是负载；（2）验证电路中功率平衡。

解：（1）元件 1 为关联参考方向，$P_1 = U_1 I_1 = 3 \times (-1) = -3\text{W}$，

元件 1 为电源。

元件 2 为关联参考方向，$P_2 = U_2 I_2 = 3\times3 = 9\text{W}$，元件 2 为负载。

元件 3 为非关联参考方向，$P_3 = -U_3 I_3 = -4\times(-2) = 8\text{W}$，元件 3 为负载。

元件 4 为关联参考方向，$P_4 = U_4 I_3 = 7\times(-2) = -14\text{W}$，元件 2 为电源。

（2）功率平衡关系

$$P_1 + P_2 + P_3 + P_4 = -3 + 9 + 8 - 14 = 0\text{W}$$

练习与思考

1.2.1　电路如图 1-8 所示，流过电阻的电流 I 是多少？

1.2.2　某一电路元件接于 a、b 两点之间，已知 $U_{\text{ab}} = -12\text{V}$，a、b 两点哪点的电位高。

1.2.3　电路如图 1-9 所示，已知 $U = 6\text{V}$，$I = -2\text{A}$，求各个元件吸收的功率，并判断哪些元件是电源，哪些元件是负载。

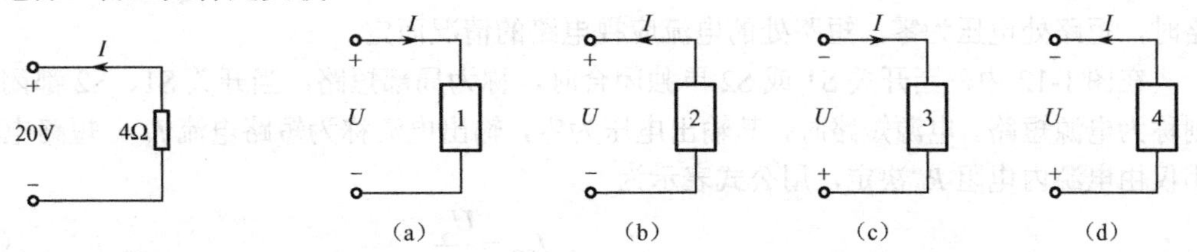

图 1-8　练习与思考 1.2.1 的图　　图 1-9　练习与思考 1.2.3 的图

1.3　电路的状态

通常，电路有三种工作状态，即通路、开路和短路，下面分别对其说明。

1.3.1　通路

当电源与负载接通，电路中有电流通过时，电路的这一状态称为通路。在图 1-10 中，当开关 S 闭合时，电路就处于通路状态。

通路时，电源向负载输出功率，电源处于有载工作状态。电源产生的功率应等于负载电阻 R_{L} 和电源内电阻 R_0 上消耗的功率之和，电路中的功率是平衡的，用公式表示为

$$U_{\text{S}} I = R_0 I^2 + UI \qquad (1\text{-}10)$$

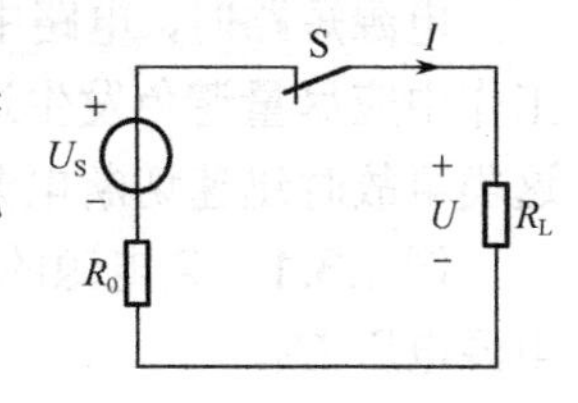

图 1-10　通路

通常，导线的电阻很小，导线上产生的电压降和功率损耗可忽略不计。当电路中的电流较大或线路很长时，导线上的电压降和功率损耗就不能忽略。

各种电气设备在出厂时，都标注有额定值（也称为铭牌数据）。额定值表示该电气设备可长时间工作的条件或极限工作条件。当电气设备的实际工作条件等于其额定值时，称该电气设备处于额定工作状态（或额定状态）。

例如，某个日光灯标注 220V/40W，表示它可在 220V 电源电压下长期工作，消耗功率是 40W。若电源电压偏离其额定值 220V 较大，该日光灯则不能正常工作，或因电压过高而损坏，或因电压过低而不能启动。

某台直流稳压电源标注 12V/5A，表示其输出直流电压为 12V，最大输出电流为 5A。

1.3.2 开路

当某一部分电路断开时，称该部分电路处于开路状态。开路处电流为零，开路处的电压应视电路的情况而定。

在图 1-11 中，若开关 S2 断开，则由 S2 和 R_2 构成的支路开路。若开关 S1 断开，则称为电源开路。电源开路时，其输出电流为零，输出电压称为开路电压，开路电压 U_{OC} 等于 U_S，用公式表示为

$$U_{OC}=U_S \tag{1-11}$$

1.3.3 短路

当某一部分电路的电阻值为零时，则称该部分电路处于短路状态（也称为短接）。发生短路时，短路处电压为零，短路处的电流应视电路的情况而定。

在图 1-12 中，当开关 S1 或 S2 单独闭合时，称为局部短路；当开关 S1、S2 都闭合时，则称为电源短路。电源短路时，其输出电压为零，输出电流称为短路电流 I_{SC}，短路电流的大小仅由电源内电阻 R_0 决定，用公式表示为

$$I_{SC}=\frac{U_S}{R_0} \tag{1-12}$$

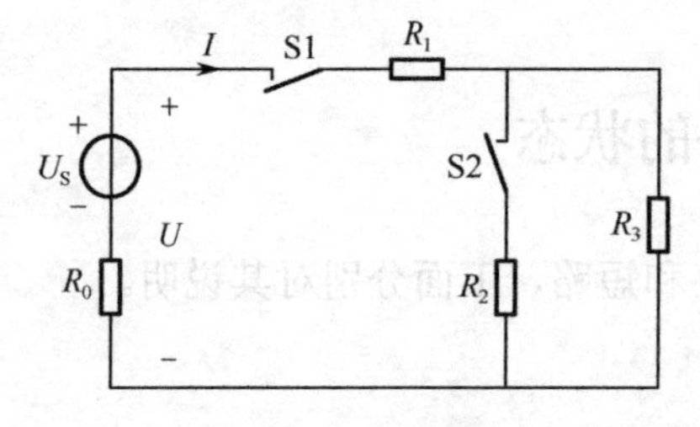

图 1-11 开路

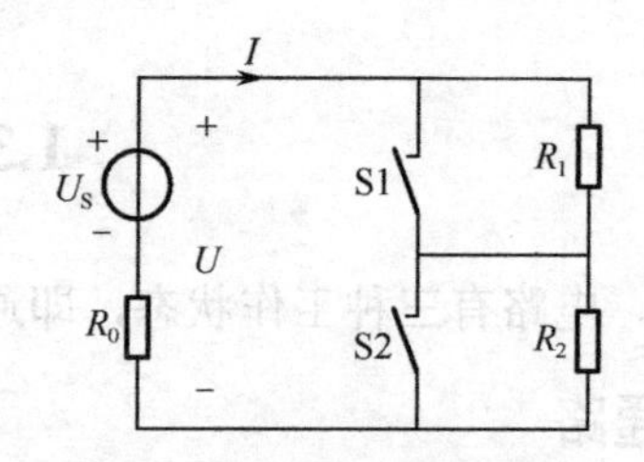

图 1-12 短路

电源短路时，电路中的电流很大，使电源和导线过热，容易烧坏电源或引起火灾。因此，工作中应尽量避免发生这种事故，并且在电路中要接入熔断器等短路保护装置，以便在出现这类事故时迅速切断电源。

例 1.3.1 某电源的开路电压 $U_{OC}=18V$，短路电流 $I_{SC}=6A$，试求该电源的内电阻 R_0 和电源电压 U_S。

解： 电源电压 U_S 等于其开路电压 U_{OC}

$$U_S=U_{OC}=18V$$

由式（1-12）可求出电源的内电阻 R_0

$$R_0=\frac{U_S}{I_{SC}}=\frac{18}{6}\Omega=3\Omega$$

练习与思考

1.3.1 额定电压为 220V、额定功率为 100W 的白炽灯，其电阻是多少？若接到 380V 或 110V 的电源上使用，会出现什么问题？

1.3.2　某发电机的额定电流为60A，只接了40A的照明负载，问其余20A的电流流到哪里去了？

1.3.3　电路如图1-13所示，试计算开关S断开和闭合两种情况下电压U_{ab}和U_{cd}的大小。

1.3.4　某电源的开路电压$U_{OC}=24V$，短路电流$I_{SC}=12A$，若外接4Ω的负载电阻，电源的输出电流I为多少？

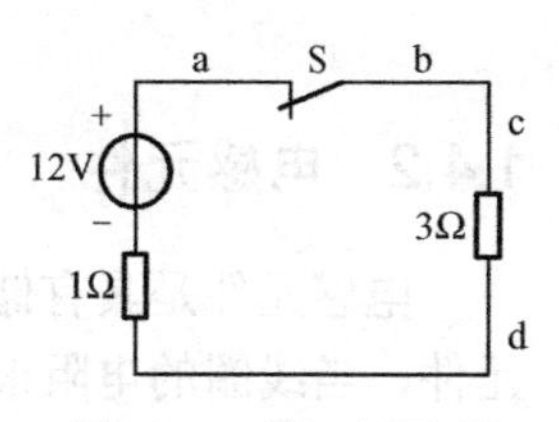

图1-13　练习与思考1.3.3的图

1.4　基本电路元件

电路元件是组成电路的基本单元，按其特性可分为有源元件和无源元件，也可分为线性元件和非线性元件。

无源元件是不需要电源就能工作，或者说不需要电源就能显示其特性的电子元件。无源元件主要是电阻类、电感类和电容类等元件。有源元件是需要加电源才能工作，或者说需要加电源才能显示其特性的电子元件，如各类受控电源、晶体管、集成电路等；通常把独立电源也看作有源元件。

线性元件的外部特性（简称外特性）成线性关系，非线性元件的外部特性不成线性关系。对于不同元件，其外特性不同。对于电阻元件，外特性是指其u-i关系。对于电感元件，外特性是指其Ψ-i关系。对于电容元件，外特性是指其q-u关系。

全部由线性元件组成的电路称为线性电路，含有非线性元件的电路称为非线性电路。

下面将分别讨论各种基本电路元件的电压、电流、功率、能量等特性。

1.4.1　电阻元件

电阻元件是表征电路中消耗电能的元件，电阻元件上的电压和电流一般取关联参考方向，如图1-14（a）所示。

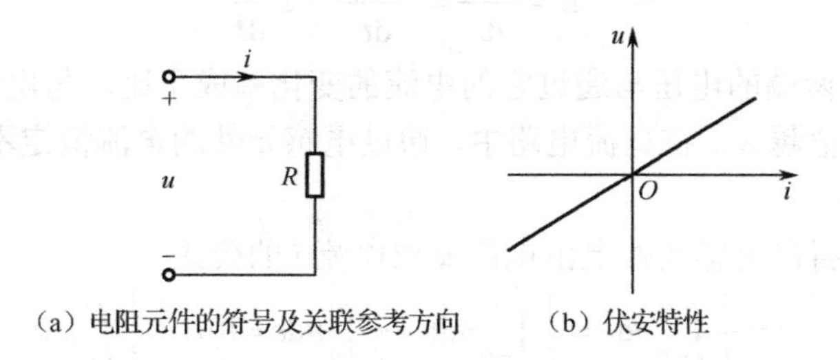

（a）电阻元件的符号及关联参考方向　　（b）伏安特性

图1-14　线性电阻元件

电阻元件可分为线性电阻和非线性电阻，线性电阻的阻值是一个常数，因而其电压、电流之间的关系符合欧姆定律，即

$$u=Ri$$

电阻元件的外特性也称为伏安特性（或u-i关系），对于线性电阻，其外特性是一条经过原点的直线，如图1-14（b）所示。非线性电阻的伏安特性不是一条经过原点的直线。

电阻元件消耗的功率为

$$p=ui=Ri^2=\frac{u^2}{R}$$

1.4.2　电感元件

电感元件是具有储存磁场能量性质的电路元件。线圈（也称为电感线圈）是典型的电感元件，当线圈的电阻很小可忽略不计时，线圈就是一个理想的电感元件。

图 1-15（a）所示是一个线圈，其匝数为 N，当通过电流 i 时，产生的磁通为 Φ，磁链 Ψ 定义为线圈的匝数与磁通的乘积，即

$$\Psi = N\Phi$$

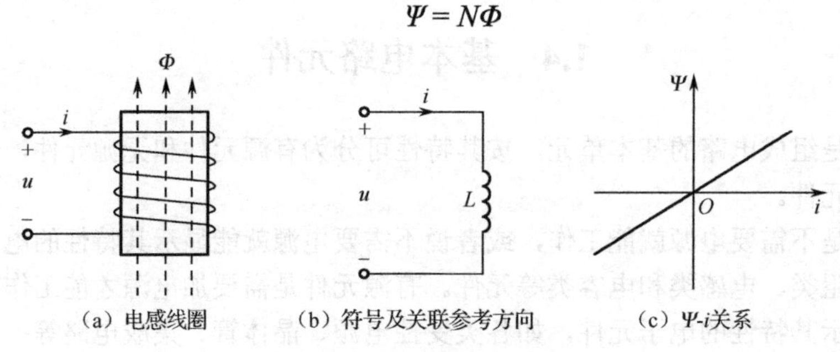

（a）电感线圈　（b）符号及关联参考方向　（c）Ψ-i关系

图 1-15　线性电感元件

线圈的电感 L 定义为磁链 Ψ 与电流 i 的比值，即

$$L = \frac{\Psi}{i}$$

电感的单位为 H（亨利），磁链 Ψ 和磁通 Φ 的单位为 Wb（韦伯），电感的符号如图 1-15（b）所示。

若电感 L 为常数，则这种电感称为线性电感；若电感 L 不为常数，则这种电感称为非线性电感。对于线性电感，其外特性（Ψ-i 关系）为一条通过原点的直线，如图 1-15（c）所示。

在电压和电流取关联参考方向时，根据电磁感应定律，可得到电感元件的伏安关系

$$u = \frac{\mathrm{d}\Psi}{\mathrm{d}t} = \frac{\mathrm{d}(Li)}{\mathrm{d}t} = L\frac{\mathrm{d}i}{\mathrm{d}t} \tag{1-13}$$

上式说明，电感元件两端的电压与通过它的电流的变化率成正比，与电流的大小无关。电流的变化率越大，电压值越大。在直流电路中，通过电感元件的电流恒定不变，其端电压为零，电感元件相当于短路。

由式（1-13）可得出电感元件上由电压 u 求电流 i 的公式

$$i = \frac{1}{L}\int_{-\infty}^{t} u\mathrm{d}t = \frac{1}{L}\int_{-\infty}^{0} u\mathrm{d}t + \frac{1}{L}\int_{0}^{t} u\mathrm{d}t = i(0) + \frac{1}{L}\int_{0}^{t} u\mathrm{d}t \tag{1-14}$$

式中，$i(0)$为 $t = 0$ 时电感元件上电流的初始值。

在电压和电流取关联参考方向时，电感元件吸收的瞬时功率为

$$p = ui = Li\frac{\mathrm{d}i}{\mathrm{d}t} \tag{1-15}$$

式中，$p > 0$，表示电感元件吸收功率，电感元件将输入的电能转换为磁场能量储存；$p < 0$，表示电感元件发出功率，电感元件将储存的磁场能量转换成电能释放。

假设 $t = 0$ 时，电感元件的初始电流和储能为零，则在任一时刻 t 电感元件的储能即为在 $0 \sim t$ 这段时间内电感元件吸收的电能，即

$$W_L = \int_0^t p\mathrm{d}t = \int_0^t Li\frac{\mathrm{d}i}{\mathrm{d}t}\mathrm{d}t = \int_0^i Li\mathrm{d}i = \frac{1}{2}Li^2 \tag{1-16}$$

式（1-16）表明，电感元件的储能与电流 i 的大小有关，电流 i 的绝对值增大，电感元件储能就增多；反之，电感元件储能减少。由于一般电路中的电源不能提供无穷大的功率，因而电感元件的储能 W_L 和电流 i 不能突变。

1.4.3 电容元件

电容元件是具有储存电场能量性质的电路元件。用绝缘材料将电容器的两个极板隔开，两个极板上分别储存正、负电荷，极板之间形成电场。对于电容器，一般忽略其极板间的漏电。图 1-16（a）所示是电容元件的符号及电压、电流的参考方向。

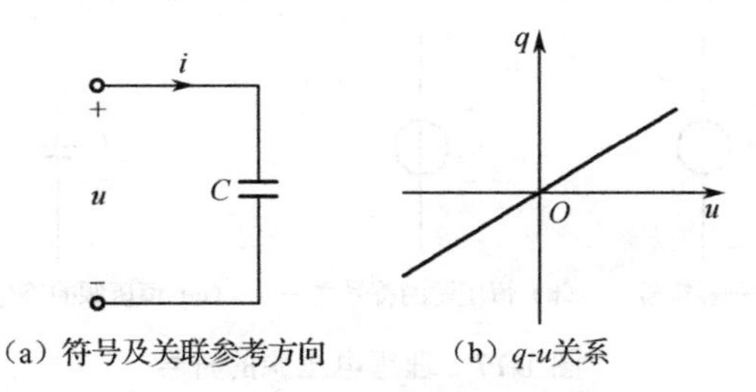

（a）符号及关联参考方向　　（b）q-u关系

图 1-16　线性电容元件

电容 C 定义为其储存的电荷 q 与极间电压 u 的比值，即

$$C = \frac{q}{u}$$

电容的基本单位为 F（法拉），常用单位为 μF（微法）和 pF（皮法）。

若电容 C 为常数，则这种电容称为线性电容；若 C 不为常数，则这种电容称为非线性电容。对于线性电容，其外特性（q-u 关系）为一条通过原点的直线，如图 1-16（b）所示。

在电压和电流取关联参考方向时，根据电流的定义，可得到电容元件的伏安关系

$$i = \frac{\mathrm{d}q}{\mathrm{d}t} = \frac{\mathrm{d}(Cu)}{\mathrm{d}t} = C\frac{\mathrm{d}u}{\mathrm{d}t} \tag{1-17}$$

上式说明，通过电容元件的电流与其两端电压的变化率成正比，与电压的大小无关。当电容元件两端的电压变化时，电容元件两端的电荷随之变化，电容元件才有电流通过。在直流电路中，电容元件两端的电压不变，通过电容元件的电流为零，电容元件相当于开路。

由式（1-17）可得出电容元件由电流 i 求电压 u 的公式

$$u = \frac{1}{C}\int_{-\infty}^{t} i\mathrm{d}t = \frac{1}{C}\int_{-\infty}^{0} i\mathrm{d}t + \frac{1}{C}\int_0^t i\mathrm{d}t = u(0) + \frac{1}{C}\int_0^t i\mathrm{d}t \tag{1-18}$$

式中，$u(0)$为 $t = 0$ 时电容元件上电压的初始值。

当电压和电流取关联参考方向时，电容元件吸收的瞬时功率为

$$p = ui = Cu\frac{\mathrm{d}u}{\mathrm{d}t} \tag{1-19}$$

式中，$p > 0$，表示电容元件吸收功率，电容元件将输入的电能转换为电场能量储存；$p < 0$，表示电容元件发出功率，电容元件将储存的电场能量转换成电能释放。

假设 $t = 0$ 时，电容元件的初始电压和储能为零，则在任一时刻 t 电容元件的储能即为在 $0 \sim t$ 这段时间内电容元件吸收的电能，即

$$W_C=\int_0^t p\mathrm{d}t=\int_0^t Cu\frac{\mathrm{d}u}{\mathrm{d}t}\mathrm{d}t=\int_0^u Cu\mathrm{d}u=\frac{1}{2}Cu^2 \tag{1-20}$$

上式表明，电容元件的储能与电压 u 的大小有关，电压 u 的绝对值增大，电容元件储能就增多；反之，电容元件储能减少。由于一般电路中的电源不能提供无穷大的功率，因而电容元件的储能 W_C 和电压 u 不能突变。

1.4.4 理想电压源

理想电压源两端的电压 u_S 总保持某个给定的时间函数，即 $u_S=u(t)$。理想电压源两端的电压 u_S 不受外电路的影响，而流过它的电流是任意的，电流的大小由外电路决定。理想电压源的符号如图 1-17（a）所示。

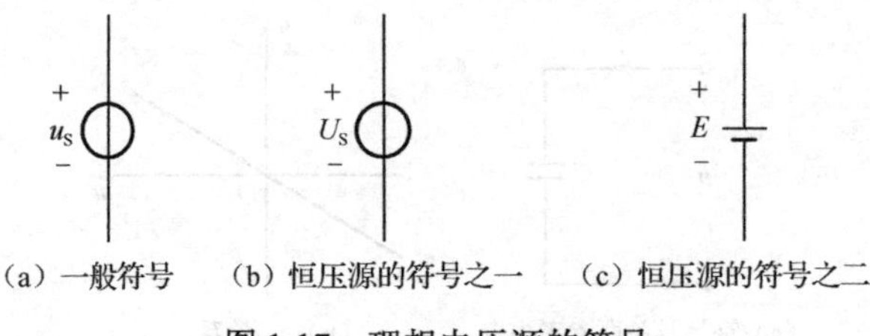

（a）一般符号　（b）恒压源的符号之一　（c）恒压源的符号之二

图 1-17　理想电压源的符号

当 u_S 为恒定值时，这种电压源称为恒压源。恒压源的符号如图 1-17（b）和图 1-17（c）所示，恒压源的伏安特性如图 1-18 所示。

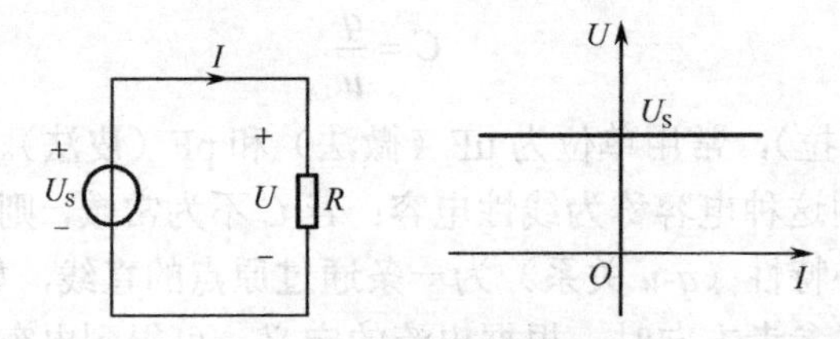

图 1-18　恒压源的伏安特性

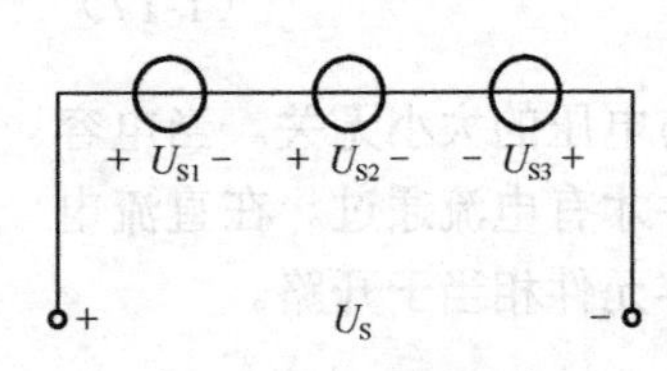

图 1-19　多个恒压源的串联

当多个恒压源串联时，总电压等于各个恒压源电压的代数和。在图 1-19 中，有 3 个恒压源相串联，其总电压为

$$U_S=U_{S1}+U_{S2}-U_{S3}$$

恒压源与其他元件（或支路）并联时，对外电路可等效为恒压源自身，如图 1-20 所示。只有当两个恒压源的大小和极性相同时，才允许其并联，否则禁止它们并联。

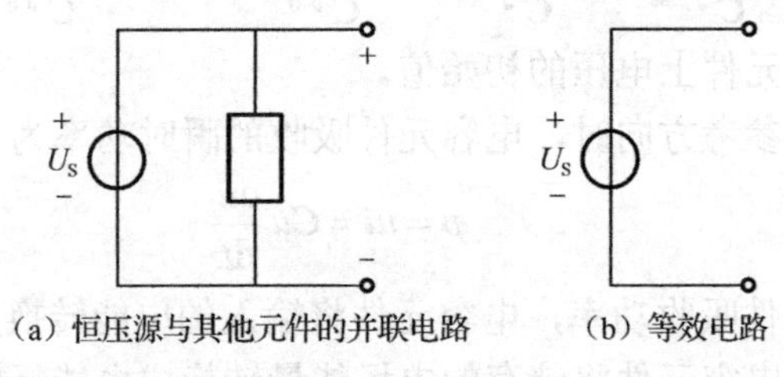

（a）恒压源与其他元件的并联电路　（b）等效电路

图 1-20　恒压源与其他元件的并联

1.4.5 理想电流源

理想电流源的电流 i_S 总保持某个给定的时间函数，即 $i_S = i(t)$。理想电流源的电流 i_S 不受外电路的影响，而它两端的电压是任意的，端电压的大小由外电路决定。理想电流源的符号如图 1-21（a）所示。

当 i_S 为恒定值时，这种理想电流源称为恒流源。恒流源的符号如图 1-21（b）所示，恒流源的伏安特性如图 1-22 所示。

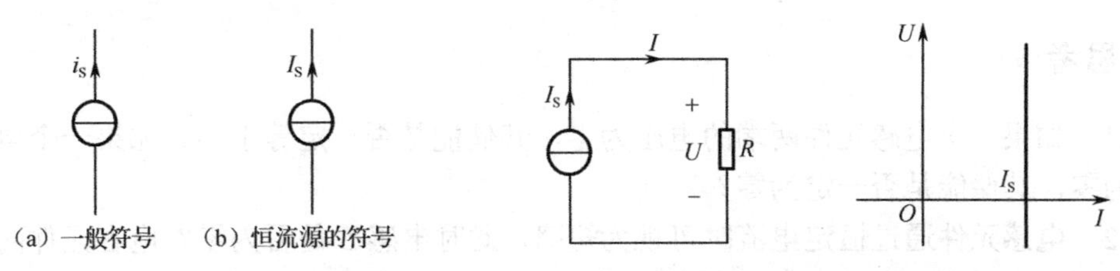

图 1-21　理想电流源的符号　　　图 1-22　恒流源的伏安特性

当多个恒流源并联时，总电流等于各个恒流源电流的代数和。在图 1-23 中，有 3 个恒流源相并联，总电流为

$$I_S = I_{S1} + I_{S2} - I_{S3}$$

恒流源与其他元件（或支路）串联时，对外电路可等效为恒流源自身，如图 1-24 所示。

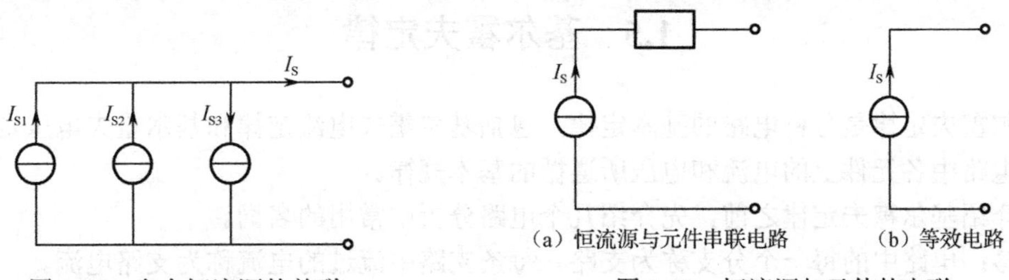

图 1-23　多个恒流源的并联　　　图 1-24　恒流源与元件的串联

例 1.4.1　电压源 U_S 与电流源 I_S 并联的电路如图 1-25 所示，已知 U_S = 3V，R_2 = 1Ω，I_S = 2A。试求电流 I_1 和电压 U_3 的大小。

解： 因为电路中电压源的电压 U_S 与电流源的电流 I_S 保持不变，故

$$U_3 = U_S = 3\text{V}$$

$$I_1 = I_2 - I_S = \frac{U_S}{R_2} - I_S = \left(\frac{3}{1} - 2\right)\text{A} = 1\text{A}$$

例 1.4.2　电压源 U_S 与电流源 I_S 串联的电路如图 1-26 所示，已知 U_S = 3V，R_2 = 2Ω，I_S = 2A。求：（1）电流 I_1 和电压 U_3；（2）电压源 U_S 与电流源 I_S 吸收消耗的功率，哪个作电源？哪个作负载？

图 1-25　例 1.4.2 的电路图　　　图 1-26　例 1.4.1 的电路图

解：（1）因为电路中电压源的电压 U_S 与电流源的电流 I_S 保持不变，故

$$I_1 = -I_S = -2\text{A}$$

$$U_3 = U_S + R_2 I_S = (3 + 2\times 2)\text{V} = 7\text{V}$$

（2）把电压源、电流源均看作一个电路元件，根据式（1-5）和式（1-6）计算其吸收的功率：

电压源 U_S 取非关联参考方向，$P_1 = -U_S I_1 = -[3\times(-2)]\text{W} = 6\text{W}$，电压源 U_S 是负载；

电流源 I_S 取非关联参考方向，$P_3 = -U_3 I_S = -(7\times 2)\text{W} = -14\text{W}$，电流源 I_S 是电源。

练习与思考

1.4.1　如果一个电感元件两端的电压为零，其储能是否一定等于零？如果一个电容元件的电流为零，其储能是否一定为零？

1.4.2　电感元件通过恒定电流时可视为短路，此时电感 L 是否为零？电容元件两端加恒定电压时可视为开路，此时电容 C 是否为零？

1.4.3　理想电压源能否短路？能否开路？理想电流源能否短路？能否开路？

1.4.4　（1）如图 1-26 所示，凡是理想电压源与理想电流源串联，电路中的电流是一定的，因而理想电压源不起作用。（2）如图 1-25 所示，凡是与理想电压源并联的理想电流源，其端电压是一定的，因而理想电流源在电路中不起作用。这些说法是否正确？

1.5　基尔霍夫定律

基尔霍夫定律是分析电路的基本定律，包括基尔霍夫电流定律和基尔霍夫电压定律，它反映了电路中各元件上的电流和电压所遵循的基本规律。

在介绍基尔霍夫定律之前，先介绍几个电路分析中常用的名词。

支路：电路中的每一个分支称为支路。每条支路中流过的电流称为支路电流。

结点：3 条或 3 条以上支路的连接点称为结点。

回路：由支路围成的任一闭合路径称为回路。

网孔：内部不含其他支路的回路称为网孔。

在图 1-27 所示电路中，共有 3 条支路（分别对应支路电流 I_1、I_2、I_3），2 个结点（a、b），3 个回路（abca、adba、adbca），2 个网孔（abca、adba）。

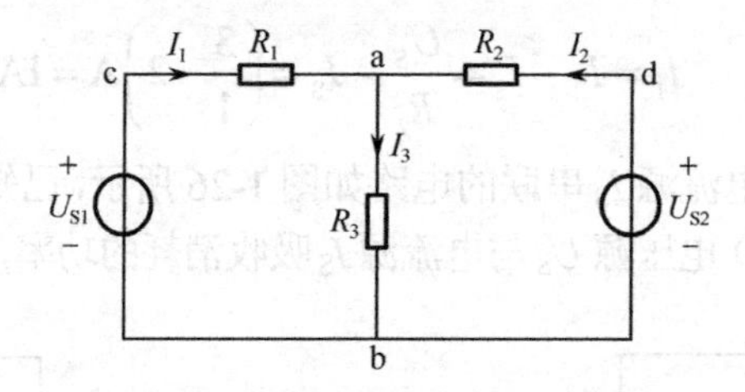

图 1-27　电路中的支路、结点和回路

1.5.1　基尔霍夫电流定律（KCL）

基尔霍夫电流定律用于描述结点处各支路电流之间的关系，其内容为：在任一瞬间，流

入任一结点的电流之和必等于流出该结点的电流之和，即

$$\sum i_{\text{in}} = \sum i_{\text{out}} \tag{1-21}$$

对于图 1-27 中的 a 点，用 KCL 可写出

$$I_1 + I_2 = I_3$$

上式也可改写为 $I_1 + I_2 - I_3 = 0$。因此，基尔霍夫电流定律也可这样描述：在任一瞬间，任一结点上电流的代数和恒等于零（如果规定流入结点的电流为正，则流出结点的电流为负），即

$$\sum i = 0 \tag{1-22}$$

基尔霍夫电流定律可推广到一个闭合面，其内容为：在任一瞬间，通过任一闭合面的电流的代数和为零。对于图 1-28 所示的电路，把虚线框看作一个闭合面，则存在如下电流关系：

$$I_{\text{a}} + I_{\text{b}} + I_{\text{c}} = 0$$

基尔霍夫电流定律是电流连续性和“电荷守恒”原则的体现，在任一结点上电荷既不会产生也不会消失。

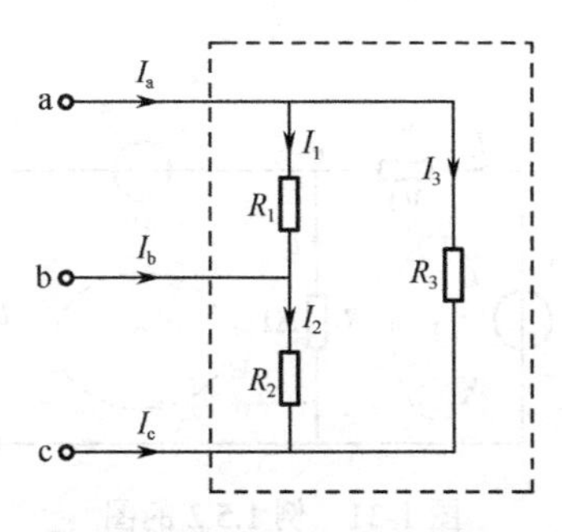

图 1-28 基尔霍夫电流定律的推广

例 1.5.1 在图 1-28 所示的电路中，已知 $I_{\text{a}} = 3\text{A}$，$I_{\text{b}} = -2\text{A}$，$I_1 = 1\text{A}$。试求电流 I_{c}、I_2 和 I_3。

解：

$$I_{\text{c}} = -(I_{\text{a}} + I_{\text{b}}) = -(3-2)\text{A} = -1\text{A}$$

$$I_2 = I_1 + I_{\text{b}} = (1-2)\text{A} = -1\text{A}$$

$$I_3 = I_{\text{a}} - I_1 = (3-1)\text{A} = 2\text{A}$$

1.5.2 基尔霍夫电压定律（KVL）

基尔霍夫电压定律用于描述回路中各元件上的电压之间的关系，其内容为：在任一瞬间，沿任一闭合回路绕行一周，各个元件上的电压降之和等于电压升之和，即

$$\sum u_{\text{down}} = \sum u_{\text{up}} \tag{1-23}$$

对于图 1-29 所示的回路，按照图中的顺时针绕行方向，用 KVL 可写出

$$U_1 + U_{\text{S2}} = U_2 + U_{\text{S1}}$$

上式也可改写为 $U_1 - U_2 + U_{\text{S2}} - U_{\text{S1}} = 0$。因此，基尔霍夫电压定律也可这样描述：在任一瞬间，沿任一闭合回路绕行一周，各个元件上电压的代数和恒等于零（如果规定沿绕行方向电压降为正，则电压升为负），即

$$\sum u = 0 \tag{1-24}$$

基尔霍夫电压定律可推广到一个非闭合的回路，其内容为：在任一瞬间，沿任一非闭合回路绕行一周，各个元件上的电压再加上开口处电压的代数和恒等于零。对于图 1-30 所示的电路，设开口处电压为 U，元件 1 和元件 2 上的电压分别为 U_1 和 U_2，则存在如下电压关系：

$$U + U_2 - U_1 = 0$$

KCL 反映了电路中结点处的电流约束关系，KVL 反映了回路中各元件上的电压约束关系。基尔霍夫定律只与电路的结构有关，与电路中的元件无关，与电源（信号源）的种类无关。不论是何种元件（电阻 R、电感 L、电容 C、电压源、电流源），不论是线性元件还是非线性元件，不论是直流电源（信号源）还是交流电源（信号源），基尔霍夫定律普遍适用。

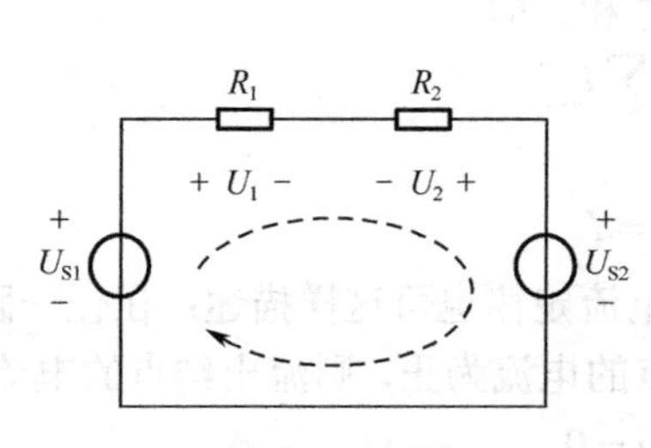

图 1-29 回路

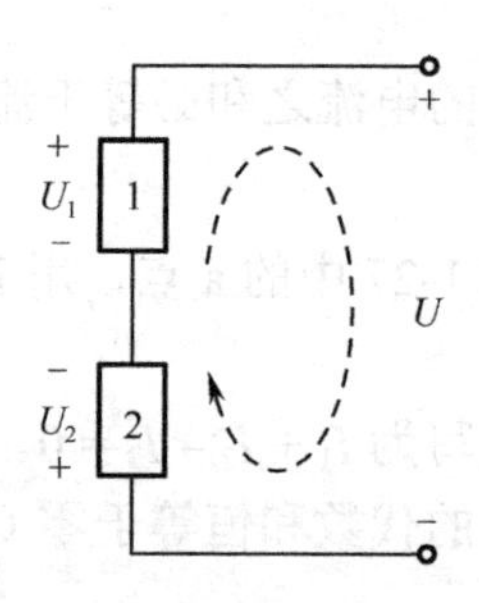

图 1-30 基尔霍夫电压定律的推广

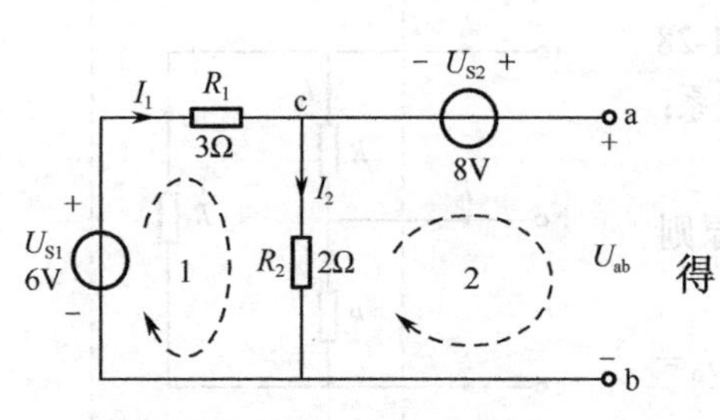

图 1-31 例 1.5.2 的图

例 1.5.2 求图 1-31 中 a、b 两端的电压 U_{ab}。

解： 对左边的回路 1 列 KVL 方程

$$R_1I_1 + R_2I_2 = U_{S1}$$

因为右边的回路 2 开路，故 $I_1 = I_2$，将数据代入上式得

$$3I_2 + 2I_2 = 6$$

$$I_1 = I_2 = 1.2\text{A}$$

对右边的非闭合回路 2 列 KVL 方程

$$U_{ab} = U_{S2} + R_2I_2$$

代入数据，整理得

$$U_{ab} = (8 + 2\times1.2)\text{V} = 10.4\text{V}$$

练习与思考

1.5.1 电路如图 1-32 所示，已知 $I_1 = 1\text{A}$，$I_2 = 2\text{A}$，$I_3 = -5\text{A}$，$I_4 = 8\text{A}$，求电流 I_5。

1.5.2 电路如图 1-33 所示，已知 $I = 1.5\text{A}$，$R = 4\Omega$，$U_S = -4\text{V}$，求电压 U_{ab}。

1.5.3 电路如图 1-34 所示，已知 $U_{ab} = 15\text{V}$，$U_1 = 4\text{V}$，$U_2 = 8\text{V}$，求电压 U_{cd}。

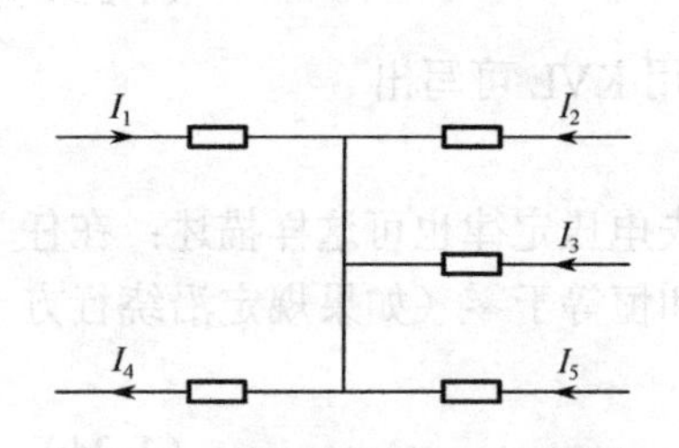

图 1-32 练习与思考 1.5.1 的图

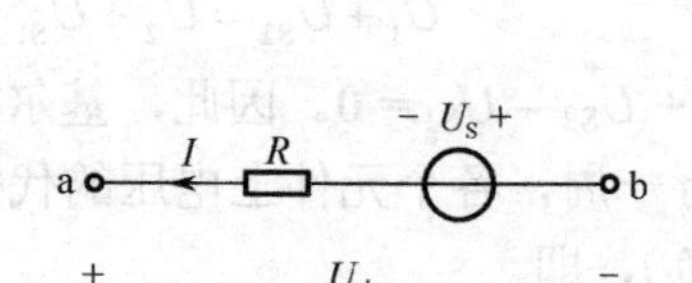

图 1-33 练习与思考 1.5.2 的图

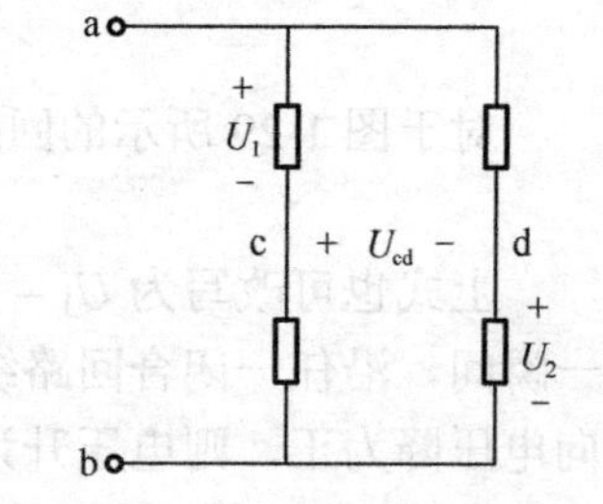

图 1-34 练习与思考 1.5.3 的图

1.6 电路中电位的概念及计算

电路中各点的电位是相对于参考点而言的，若规定参考点的电位为零，则电路中某一点的电位就等于该点到参考点之间的电压。在图 1-35 中，选择 d 点作为参考点时，电路中各点的电位分别为

$$V_a = U_{ad} = U_{S1} = 140\text{V}$$

$$V_b = U_{bd} = R_3 I_3 = 6\times 10\text{V} = 60\text{V}$$

$$V_c = U_{cd} = U_{S2} = 90\text{V}$$

$$V_d = 0\text{V}$$

电路中任意两点之间的电压等于两点之间的电位差。在图 1-35 中，a、b 两点之间的电压为

$$U_{ab} = V_a - V_b = (140 - 60)\text{V} = 80\text{V}$$

电路中各点的电位与参考点的选取有关，选取电路中不同的点作为参考点时，电路中各点的电位随之发生变化，但任意两点之间的电压不变。在图 1-36 中，选择 b 点作为参考点时，电路中各点的电位及 a、b 两点之间的电压分别为

$$V_a = U_{ab} = R_1 I_1 = 20\times 4\text{V} = 80\text{V}$$

$$V_b = 0\text{V}$$

$$V_c = U_{cb} = R_2 I_2 = 5\times 6\text{V} = 30\text{V}$$

$$V_d = U_{db} = -R_3 I_3 = -6\times 10\text{V} = -60\text{V}$$

$$U_{ab} = V_a - V_b = (80 - 0)\text{V} = 80\text{V}$$

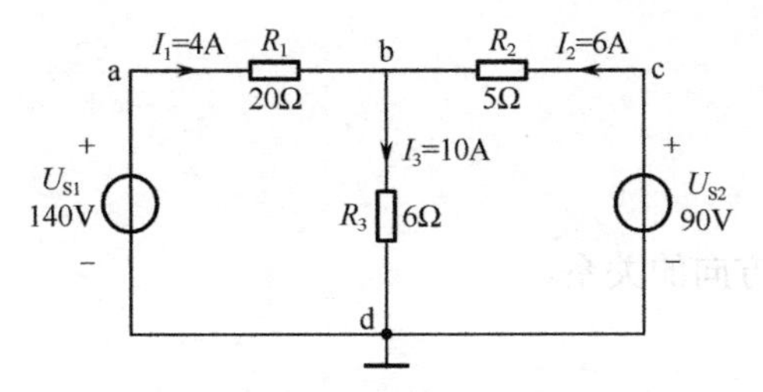

图 1-35　电位的求法（选 d 点作为参考点）

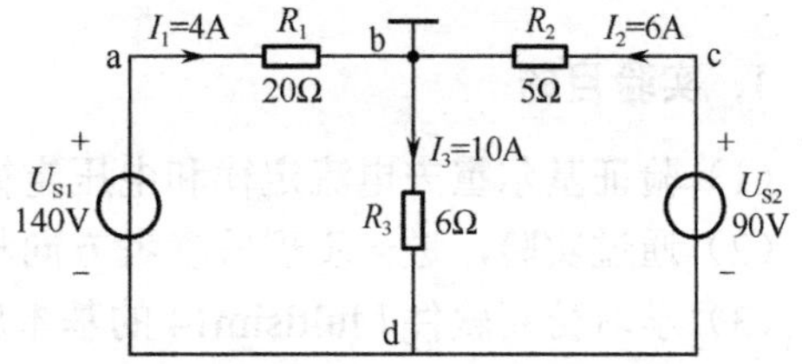

图 1-36　电位的求法（选 b 点作为参考点）

在电路图中，参考点通常用接地符号“⊥”标出。所谓接地，并非真正与大地相接。在电子设备中，通常用导线将参考点与机壳相连接，作为整个电路的基准电位。

利用电位的概念，还可以简化电路的画法。电源的一端接电路的参考点时，为了作图简便，通常不画出电源的符号，只在电源的非接地端标注其电位的数值，即用电位来表示电源。图 1-35 所示的电路可采用图 1-37（a）来表示。在电路中，为使整个图形美观，有时还需要将电路图进行一定的变形简化，图 1-35 还可变换成图 1-37（b）或图 1-37（c）的形式。

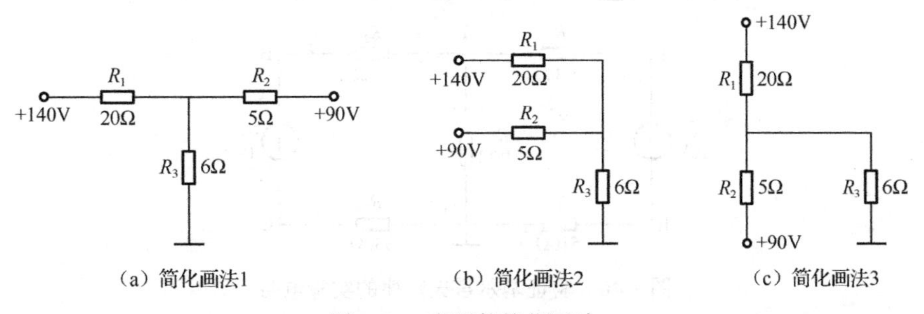

（a）简化画法1　（b）简化画法2　（c）简化画法3

图 1-37　电源的简化画法

练习与思考

1.6.1 电路如图 1-38 所示，分别计算开关 S 断开和闭合两种情况下 a 点的电位。

1.6.2 电路如图 1-39 所示，已知 $U_{S1}=12V$，$U_{S2}=-9V$，$R_1=4\Omega$，$R_2=8\Omega$，$R_3=12\Omega$，求 a、b 两点的电位。若电阻 R_2 减小，a、b 两点的电位是升高还是降低？试举例说明。

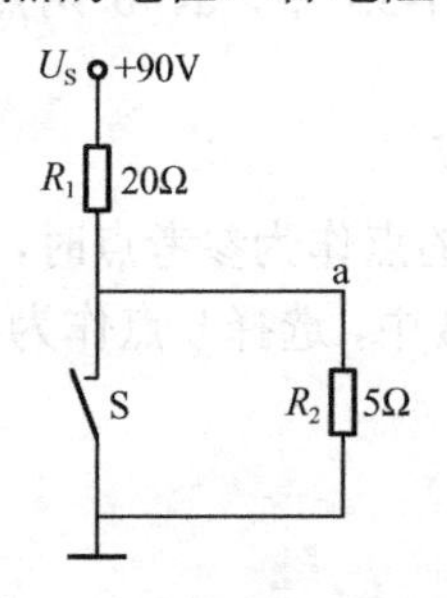

图 1-38 练习与思考 1.6.1 的图

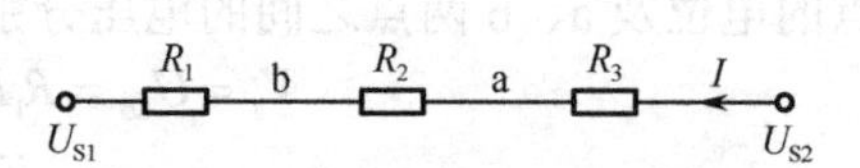

图 1-39 练习与思考 1.6.2 的图

1.7 Multisim14 仿真实验 基尔霍夫定律的验证

1. 实验目的

（1）验证基尔霍夫电流定律和电压定律。

（2）通过实验，进一步理解参考方向与实际方向的关系。

（3）学习仿真软件 Multisim14 的基本应用。

2. 实验原理

验证基尔霍夫定律的实验电路如图 1-40 所示，它由两个电压源 U_{S1}、U_{S2} 和多个电阻组成。根据基尔霍夫电流定律，流过结点 A 的电流应符合以下关系：

$$\sum I = I_1 + I_2 - I_3 = 0 \tag{1-25}$$

根据基尔霍夫电压定律，在回路 ABCDA、ADEFA 中，电压应符合以下关系：

$$\sum U = U_{AB} + U_{S2} + U_{CD} - U_{AD} = 0 \tag{1-26}$$

$$\sum U = U_{AD} + U_{DE} - U_{S1} + U_{FA} = 0 \tag{1-27}$$

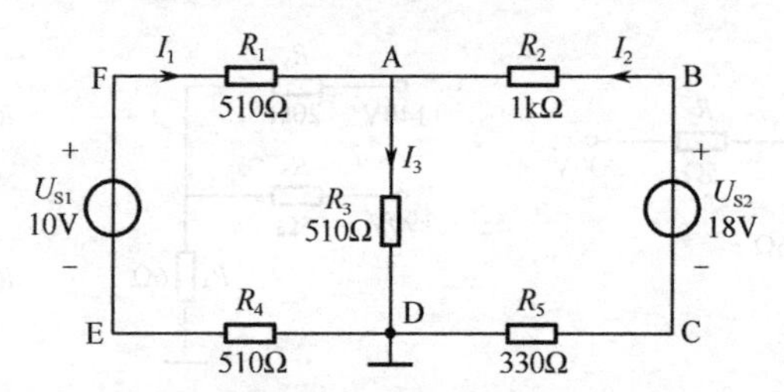

图 1-40 验证基尔霍夫定律的实验电路

3. 预习要求

（1）计算电流 I_1、I_2、I_3 的数值，填入表 1-2 中，从理论上验证基尔霍夫电流定律是否成立。

表 1-2　基尔霍夫电流定律的验证

电流数值及验证公式	计 算 值	测 量 值
I_1/mA		
I_2/mA		
I_3/mA		
验证公式是否成立 $\sum I = I_1 + I_2 - I_3 = 0$		

（2）计算电压 U_{AB}、U_{CD}、U_{AD}、U_{DE}、U_{FA} 的数值，填入表 1-3 中，从理论上验证基尔霍夫电压定律是否成立。

表 1-3　基尔霍夫电压定律的验证

电压数值及验证公式	计算值	测量值	电压数值及验证公式	计算值	测量值
U_{AB}/V			U_{AD}/V		
U_{CD}/V			U_{DE}/V		
U_{AD}/V			U_{FA}/V		
验证公式是否成立 $\sum U = U_{AB} + U_{S2} + U_{CD} - U_{AD} = 0$			验证公式是否成立 $\sum U = U_{AD} + U_{DE} - U_{S1} + U_{FA} = 0$		

4．实验内容及步骤

实验之前，先学习“第 9 章　仿真软件 Multisim14 的使用”，学会仿真软件 Multisim14 的基本操作方法。

（1）选取元器件构建电路。

新建一个设计，命名为“实验一　基尔霍夫定律的验证”并保存。

从元件库中选取直流电源、电阻、直流电压表、直流电流表，放置到电路设计窗口中，修改元件的参数和名称，构建如图 1-41 所示的实验电路。各元器件的所属库如表 1-4 所示。

表 1-4　验证基尔霍夫定律的实验所用元器件及所属库

序　号	元 器 件	所 属 库
1	直流电源 DC_POWER	Sources/POWER_SOURCES
2	接地 GROUND	Sources/POWER_SOURCES
3	电阻	Basic/RESISTOR
4	直流电压表 VOLTMETER	Indicators
5	直流电流表 AMMETER	Indicators

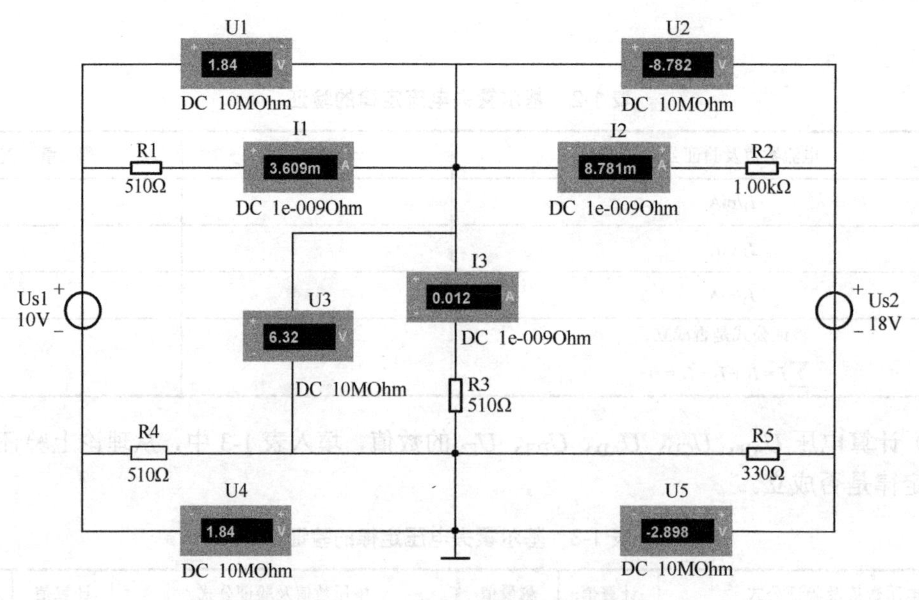

图 1-41　验证基尔霍夫定律的仿真电路

（2）运行仿真电路，观测测量结果。

将各电流表的测量结果填入表 1-2 中，验证基尔霍夫电流定律是否成立。将各电压表的测量结果填入表 1-3 中，验证基尔霍夫电压定律是否成立。

练习与思考

1.7.1　将图 1-41 中的电压表和电流表都去掉，增加 5 个电压探针用于测试电路中各点的电位，实验电路如图 1-42 所示。实验前先计算出各点的电位，并将计算结果填入自制的表格中。将实验结果也填入表格中，比较实验结果是否与计算结果相符合。

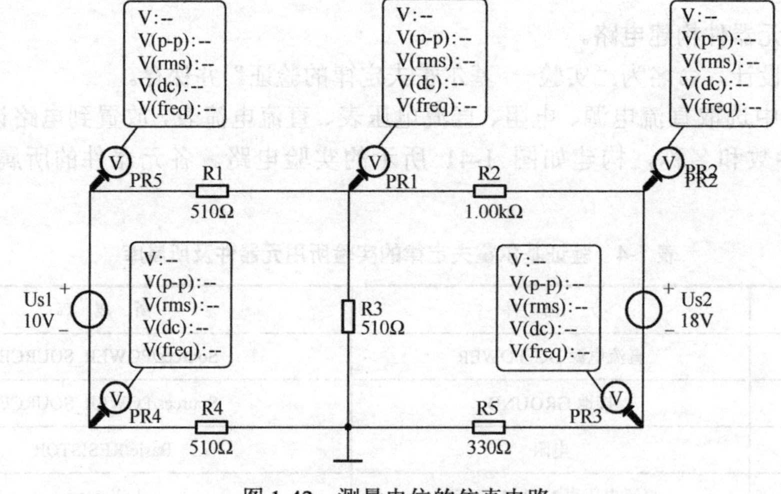

图 1-42　测量电位的仿真电路

1.8 课外实践 常用电子元器件的识别

电阻器、电感器、电容器是常用的电子元器件，本节介绍它们的种类、型号及命名方法、主要参数、标识方法等知识。通过本节的学习，加深对这些元器件的了解。

1.8.1 电阻器

电阻器在电路中常用作降压、限流或耗能元件使用，图 1-43 所示是几种常用电阻器的外形。

（a）碳膜电阻 （b）水泥电阻 （c）贴片电阻 （d）热敏电阻 （e）光敏电阻

图 1-43 常见固定电阻器的外形

1. 电阻器的分类

根据制作材料、外形结构和用途的不同，电阻器主要有以下几种分类。

（1）薄膜类电阻

薄膜类电阻的制作工艺是在玻璃或陶瓷基体上沉积一层碳膜、金属膜、金属氧化膜等形成导电薄膜，并通过控制薄膜的厚度，或通过刻槽使其有效长度增加，来控制电阻值。这类电阻器有碳膜电阻（RT 型）、金属膜电阻（RJ 型）、金属氧化膜电阻（RY 型）。

（2）合金类电阻

合金类电阻是用块状合金（镍铬、锰铜、康铜）拉制成合金丝线或碾压成合金箔制成的电阻。这类电阻器有线绕电阻（RX 型）、精密合金箔电阻（RJ 型）。

（3）合成类电阻

合成类电阻是将导电材料与非导电材料按一定比例混合成不同电阻率的材料制成的，其最突出的优点是具有高可靠性。这类电阻器有实心电阻（RS 型）、合成膜电阻（RH 型）、金属玻璃釉电阻（RI 型）、电阻网络（电阻排）。

（4）特殊电阻

特殊电阻包括熔断电阻、水泥电阻、敏感类（如热敏、光敏、湿敏）电阻等。

2. 电阻器的型号及命名方法

根据图标 GB2470-1995 规定，电阻器的型号及命名方法如表 1-5 所示。

3. 电阻器的主要参数

电阻器的主要参数包括标称阻值、允许偏差、额定功率等。

（1）标称阻值

标称阻值即电阻器上所标注的电阻值。电阻器按系列生产，包括 E6、E12、E24、E48、E96 和 E192 系列，其中前 3 种为普通电阻器系列，后 3 种为精密电阻器系列。

例如，E12 系列的电阻标称值包括 12 种阻值 1.0、1.2、1.5、1.8、2.2、2.7、3.3、3.9、4.7、5.6、6.8、8.2 及其与 10^n 的乘积（n 为整数，电阻的单位为 Ω）。

表 1-5　电阻器的型号及命名方法

第一部分：主称		第二部分：电阻体材料		第三部分：类型		第四部分：序号
字母	含义	字母	含义	符号	产品类型	用数字表示
R W	电阻器 电位器	T	碳膜	1，2	普通型	对主称、材料、特征相同，仅尺寸、性能指标略有差别，但基本上不影响互换的产品给予同一序号；否则在序号后面用大写字母作为区别代号
		P	硼碳膜	3	超高频	
		U	硅碳膜	4	高阻	
		C	化学沉积膜	5	高温	
		H	合成膜	7	精密	
		I	玻璃釉膜	8	电阻器-高压	
		J	金属膜	8	电位器-函数	
		Y	金属氧化膜	9	特殊	
		S	有机实芯	G	高功率	
		N	无机实芯	T	可调	
		X	线绕	X	小型	
		R	热敏	L	测量用	
		G	光敏	W	微调	
		M	压敏	D	多圈	

示例：某电阻器的型号为 RJ73，表示精密金属膜电阻。

（2）允许偏差

电阻器的实际阻值与标称阻值之间允许有一定的偏差范围，称为允许偏差，也称为误差。普通电阻器 E6、E12、E24 系列对应的允许偏差分别为±20%、±10%、±5%。精密电阻器的允许偏差分别为±2%、±1%、±0.5%、±0.2%、±0.1%、±0.05%等。

（3）额定功率

电阻器的额定功率是指在规定的环境条件下，长期连续工作所允许消耗的最大功率。小功率电阻器的额定功率一般为 0.05W、0.125W、0.25W 等。

4．电阻器的标识方法

电阻器的标识方法主要有直标法、文字符号法、数码法和色环表示法等。

（1）直标法

直标法就是将电阻器的阻值、允许偏差、功率等参数和性能指标直接标注在电阻体上。

（2）文字符号法

文字符号法是指用数字和文字符号有规律的组合，来表示阻值大小、允许偏差和小数点的位置。图 1-43（b）所示的水泥电阻标识为 5W100RJ，其中，5W 代表功率是 5W，100R

代表电阻值是 100 Ω，J 代表允许偏差是±5%。

（3）数码法

数码法是用三位数码标识电阻的标称值。前两位为有效数值，第三位表示有效数后面零的个数，单位为 Ω。图 1-43（c）中贴片电阻上标注 223，代表电阻值为 $22\times10^3\Omega$，即 22kΩ。

（4）色环表示法

小功率的电阻一般用色环表示法标识电阻的阻值及允许偏差。常见的有四环电阻和五环电阻，如图 1-44 所示。四环电阻的前两条色环表示有效数值，第三条是倍率。有效数值乘以倍率就是电阻值，单位是 Ω。第四条色环表示电阻的允许偏差。若某电阻的色环为棕、黑、橙、金，表示其阻值是 $10\times10^3\Omega$，即 10kΩ，允许偏差是±5%。

五环电阻是精密电阻，前三条色环用于表示电阻的有效数值，第四条和第五条分别用于表示倍率和允许偏差。色环颜色所代表的意义如表 1-6 所示。

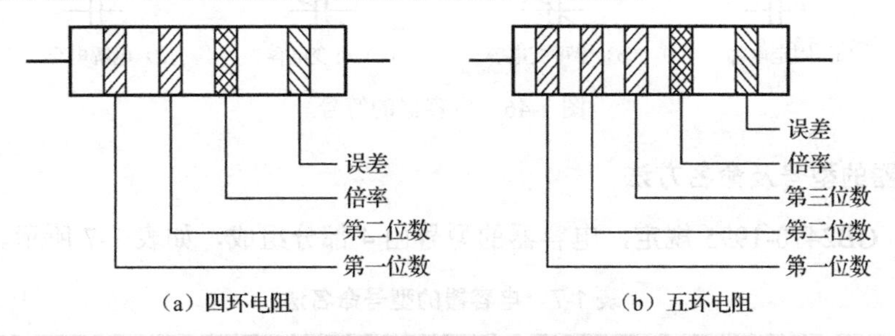

图 1-44　电阻的色环表示法

表 1-6　色环颜色及意义

颜　色	有 效 数	倍　率	允许偏差
黑	0	10^0	
棕	1	10^1	±1%
红	2	10^2	±2%
橙	3	10^3	
黄	4	10^4	
绿	5	10^5	±0.5%
兰	6	10^6	±0.25%
紫	7	10^7	±0.1%
灰	8	10^8	
白	9	10^9	
金		10^{-1}	±5%
银		10^{-2}	±10%
无色			±20%

1.8.2　电容器

电容器在电路中具有隔直流、耦合交流、滤波、旁路、调谐等用途，图 1-45 所示是几种常用电容器的外形。

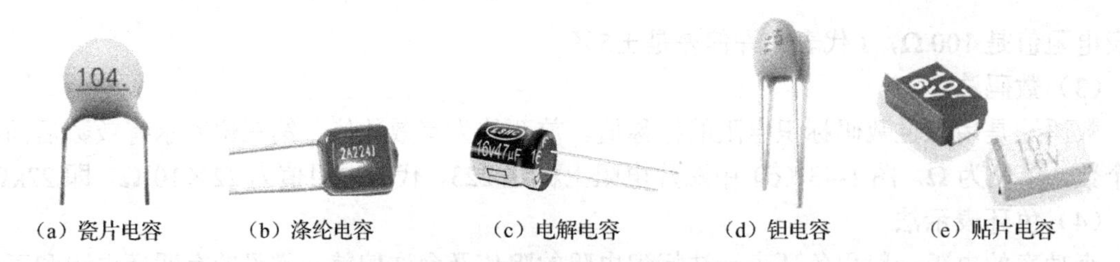

（a）瓷片电容　（b）涤纶电容　（c）电解电容　（d）钽电容　（e）贴片电容

图 1-45　常见电容器的外形

1. 电容器的分类

按照介质不同，电容器可分为空气、瓷介、云母、薄膜、玻璃釉、电解电容器等；按电容量是否变化，可分为固定电容器、半可变电容和可变电容器，图 1-46 所示是电容器的图形符号。

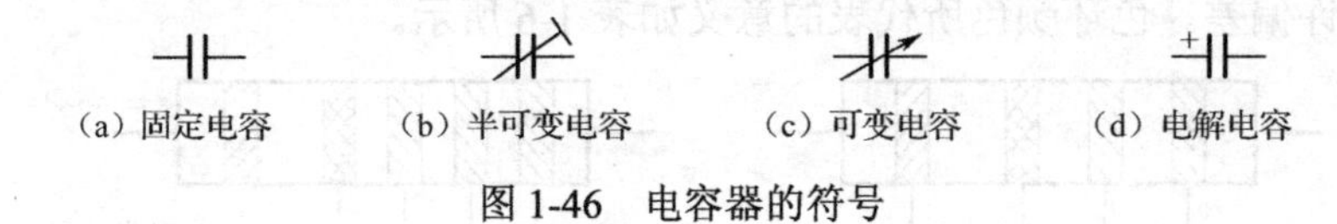

（a）固定电容　（b）半可变电容　（c）可变电容　（d）电解电容

图 1-46　电容器的符号

2. 电容器的型号及命名方法

根据国标 GB2470-1995 规定，电容器的型号由 4 部分组成，如表 1-7 所示。

表 1-7　电容器的型号命名法

第一部分：主称		第二部分：材料		第三部分：特征、分类					第四部分：序号
符号	意义	符号	意义	符号	意义				
					瓷介	云母	电解	有机	
C	电容器	C	瓷介	1	圆片	非密封	箔式	非密封	对主称、材料相同，仅尺寸、性能指标略有不同，但基本不影响使用的产品，给予同一序号；若尺寸性能指标的差别明显；影响互换使用，则在序号后面用大写字母作为区别代号
		Y	云母	2	管形	非密封	箔式	非密封	
		I	玻璃釉	3	迭片	密封	烧结粉液体	密封	
		O	玻璃膜	4	独石	密封	烧结粉固体	密封	
		Z	纸介	5	穿心			穿心	
		J	金属化纸	6	支柱		无极性		
		B	聚苯乙烯	7					
		L	涤纶	8	高压	高压		高压	
		Q	漆膜	9			特殊	特殊	
		S	聚碳酸脂	G	高功率				
		H	复合介质	W	微调				
		D	铝						
		A	钽						
		N	铌						
		G	合金						
		T	钛						
		E	其他						

示例：某电容器的型号为 CD11，前三位字母和数字表示该电容器为箔式铝电解电容器，第四位数字代表电容器的序号。

3．电容器的主要参数

电容器的主要参数有标称容量、允许偏差、额定直流电压等。

（1）标称容量

标称容量即电容器上所标注的电容值。一般铝电解电容器按 E6 系列生产，有机薄膜介质、瓷介电容器按 E12、E24 系列生产，其他电容按特殊规格生产。

（2）允许偏差

电容器的实际容量与标称容量之间允许有一定的偏差范围，称为允许偏差，也称为误差。电容器的允许偏差及表示代码如表 1-8 所示。

表 1-8　电容器的允许偏差及表示代码

代　码	F	G	H	I	J	K	M
允许偏差	±1.0%	±2.0%	±2.5%	±3.0%	±5.0%	±10%	±20%

（3）额定直流电压

额定直流电压是指在规定温度下，电容器长期可靠工作所能承受的最大直流电压，也称为耐压值。交流电压的峰值不得超过电容器的额定直流电压，否则电容器就会被击穿损坏。固定式电容器的耐压系列值有：1.6、4、6.3、10、16、25、32*、40、50、63、100、125*、160、250、300*、400、450*、500、1000V 等（带*号者只限于电解电容使用）。

4．电容器的标识方法

不同类型的电容器，由于外形和体积大小不同，标识方法不完全相同。

（1）瓷片电容的标识

瓷片电容呈圆片形，体积很小，一般只在外壳上标注电容量，不标注其他参数，如图 1-47 所示。

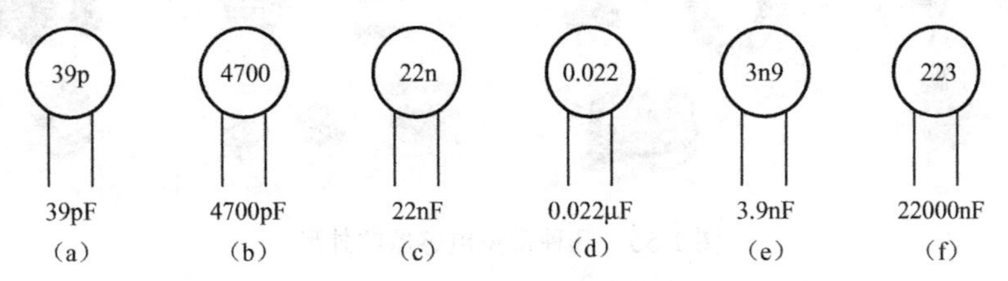

图 1-47　瓷片电容的标识方法

图 1-47（a）～（d）采用了直标法。用直标法标注时可将电容的单位 pF 和 μF 省略，但 nF 不能省略。图 1-47（e）采用了文字符号法，用电容的单位 n（nF）代替小数点，以便于识别。图 1-47（f）采用了数码法，用三位数表示电容量，单位是 pF。

（2）涤纶电容的标识

涤纶电容呈扁平形，体积比瓷片电容稍大，可标注容量、耐压、允许偏差等参数，如图 1-48 所示。

涤纶电容器容量的标识方法与瓷片电容相同，允许偏差用代码表示。耐压值可直接标注在外壳上，也可以用代码表示。

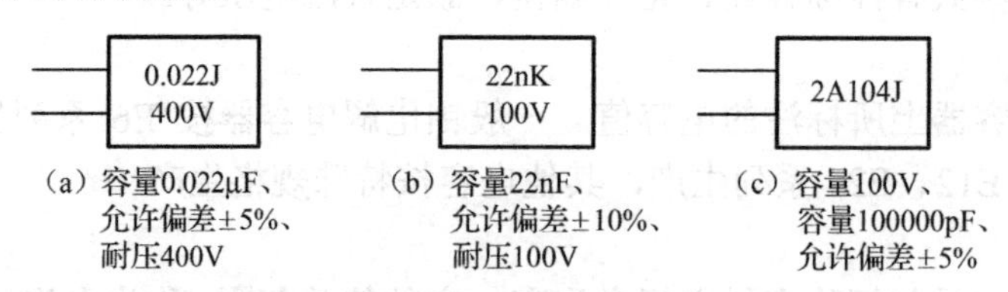

图 1-48　涤纶电容的标识方法

（3）电解电容的标识

电解电容呈圆柱形，体积较大，可直接在外壳上标注容量、耐压等参数，还可标注商标、生产日期等。电解电容有正、负极，一般在对应负极处用负号标识出来。电解电容的外形与标识方法如图 1-49 所示，管脚长的是正极，管脚短的是负极。

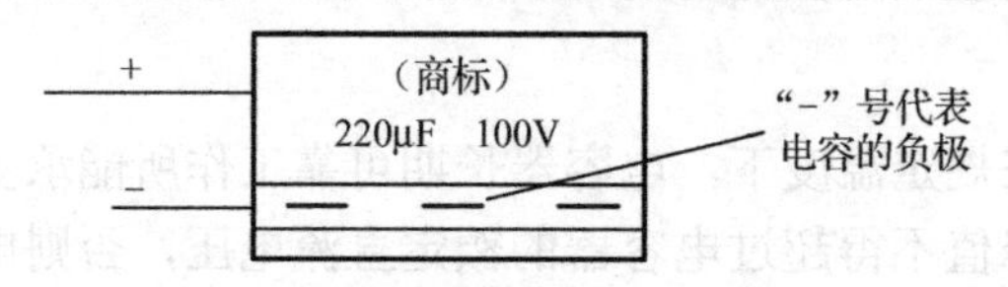

图 1-49　电解电容的外形与标识方法

1.8.3　电感器

电感器也称为电感线圈，在电路中用于滤波、通直流、阻交流、谐振等。电感线圈通常由骨架、绕组、屏蔽罩、磁芯等组成，图 1-50 所示是一些常见电感器的外形。

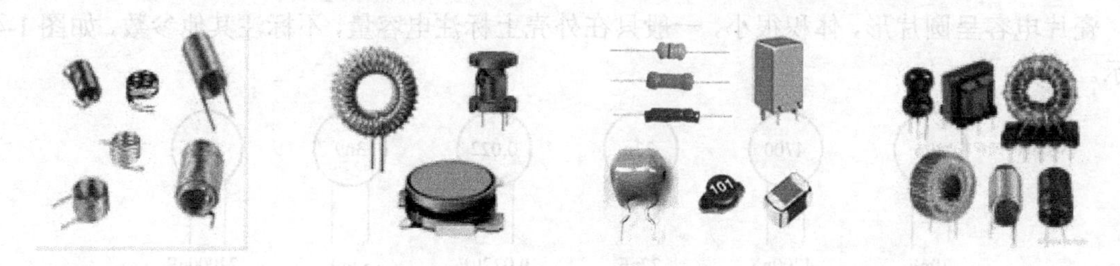

图 1-50　几种常见电感器的外形

1．电感器的分类

电感器的种类很多，分类方法也有多种。

（1）按磁体材料不同，可分为空心线圈、铁芯线圈、磁芯线圈和铜芯线圈。

（2）按电感量能否调节，可分为固定电感器和可变电感器。

（3）按绕线结构不同，可分为单层线圈、多层线圈和蜂房式线圈。

（4）按用途不同，可分为低频扼流圈、高频扼流圈、天线线圈、偏置线圈和振荡线圈等。

2．电感器的参数及命名方法

电感器的主要参数包括：电感量及允许偏差、额定工作电流、品质因数、封装尺寸等。电阻器和电容器都是标准元件，而电感器除少数可采用现成的产品外，通常为非标准元器件。各个生产厂家对电感的命名方法不尽相同，但通常都包含电感量及封装尺寸等参数。

电感器也可以采用直标法、文字符号法、数码法和色环表示法等表示其电感量和允许偏差等参数。

小　结

电路是电流的通路，电路通常由电源（信号源）、负载和中间环节构成。电路的主要作用是实现电能的传输与转换或信号的传递与处理。在分析电路时，通常将实际电路元件用一个或多个理想电路元件来代替，理想电路元件就是具有单一电磁特性的元件。

电路中常用的物理量有电流、电压及电功率等。

为了分析电路的方便，在不能确定电压、电流的实际方向时，可任意假定一个方向作为其参考方向。若参考方向与实际方向相同，则结果为正值，否则为负。

若某个元件上电流的方向是从高电位端流向低电位端，则称该元件上电压与电流取关联参考方向，否则为非关联参考方向。

在元件上的电压与电流取关联参考方向时，元件吸收的功率为 $p=ui$；取非关联参考方向时，元件吸收的功率为 $p=-ui$。不论取关联参考方向还是非关联参考方向，若 $p>0$，则代表元件实际上吸收功率，元件起负载作用；若 $p<0$，则代表元件实际上发出或产生功率，起电源作用。在一个电路中，所有元件吸收的功率之和应等于零，即电路中的功率是平衡的。

电路有通路、开路和短路三种工作状态。

电路元件可分为有源元件和无源元件，有源元件包括电压源和电流源等元件，无源元件包括电阻元件、电感元件和电容元件等元件。

电阻元件为耗能元件，电感元件和电容元件为储能元件。

电阻元件上电压与电流的基本关系式为 $u=Ri$。

电感元件上电压与电流的基本关系式为 $u=L\dfrac{\mathrm{d}i}{\mathrm{d}t}$，电感元件在直流电路中相当于短路。

电容元件上电压与电流的基本关系式为 $i=C\dfrac{\mathrm{d}u}{\mathrm{d}t}$，电容元件在直流电路中相当于开路。

基尔霍夫定律是电路的基本定律之一，包括基尔霍夫电流定律（KCL）和基尔霍夫电压定律（KVL）。基尔霍夫电流定律适用于结点，该定律指出：在任一瞬间，任一结点上电流的代数和恒等于零。基尔霍夫电压定律适用于回路，该定律指出：在任一瞬间，沿任一闭合回路绕行一周，各个元件上电压的代数和恒等于零。

电路中的电位是相对于参考点而言的，规定参考点的电位为零，电路中某点的电位等于该点到参考点之间的电压。选择不同的参考点，电路中各点的电位随之发生变化，但任意两点之间的电压不变。

习　题

1-1　为了保证电源的安全使用，下列说法中正确的是（　　）。

A．理想电流源不允许短路　　　　B．理想电压源不允许短路

C．理想电流源允许开路　　　　　D．理想电压源不允许开路

1-2　理想电压源与理想电流源之间（　　）等效变换关系。

A．有　　B．没有　　C．一定条件下存在　　D．可能存在

1-3　电路中的耗能元件通常是指（　　）元件。

A．电阻　　B．电感　　C．电容　　D．电源

1-4　在电路分析中，电压、电流参考方向的选取原则是（　　）。

A．与实际方向一致　　B．任意选取

C．电压与电流的方向必须选得一致

1-5　把图 1-51（a）所示的电路改为图 1-51（b）后，电阻 R 上的电流会（　　）。

A．增大　　B．减小　　C．不变

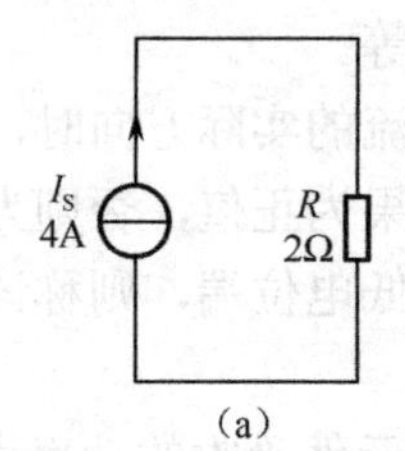

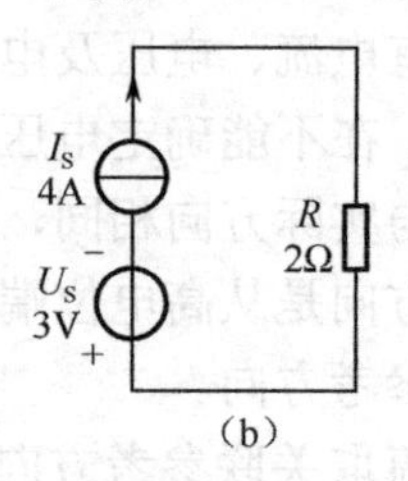

图 1-51　习题 1-5 的图

1-6　在图 1-51（b）所示电路中，下列说法正确的是（　　）。

A．电压源 U_S 作电源，电流源 I_S 作负载

B．电压源 U_S 作负载，电流源 I_S 作电源

C．电压源 U_S 作电源，电流源 I_S 作电源

D．不能确定

1-7　电路如图 1-52 所示，起电源作用的是（　　）。

A．电压源 U_S　　B．电流源 I_S

C．电压源 U_S 和电流源 I_S　　D．不能确定

1-8　电路如图 1-53 所示，若 $U_{S1} = 20V$，$U_{S2} = 8V$，$I_S = 2A$，$R = 2\Omega$，则电压源 U_{S1} 发出的功率（　　）。

A．160W　　B．320W　　C．240W　　D．120W

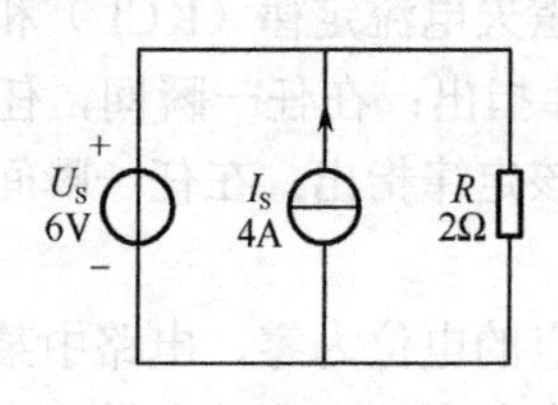

图 1-52　习题 1-7 的图

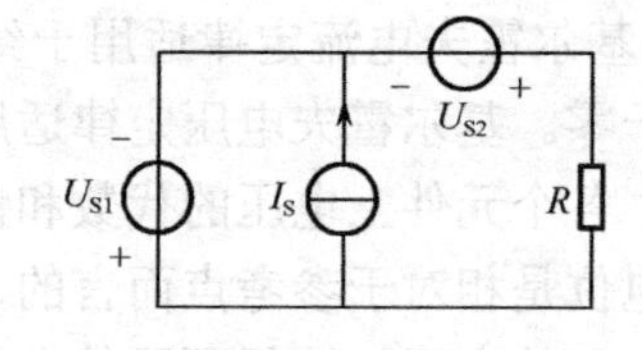

图 1-53　习题 1-8 的图

1-9　电路如图 1-54 所示，其中 a 点的电位 V_a 为（　　）。

A．0V　　B．2V　　C．4V　　D．6V

1-10　图 1-55 所示的电路由 5 个元件组成，已知 $U_1 = 56V$，$U_2 = 20V$，$U_3 = 32V$，$U_4 = -36V$，$U_5 = 12V$，$I_1 = -3A$，$I_2 = 5A$，$I_3 = -2A$。（1）求各元件的功率，并指出哪些是电源，哪些是负载；（2）验证电路的功率平衡。

1-11　图 1-56 所示的电路由 5 个元件组成，已知 $U_{S1} = 32V$，$U_{S2} = 64V$，$I_1 = -5A$，$I_2 = 2A$，

$R_1 = 4\Omega$，$R_2 = 6\Omega$。（1）求流过元件 3 的电流 I_3 和其两端电压 U_3，并指出它是电源还是负载；（2）验证电路的功率平衡。

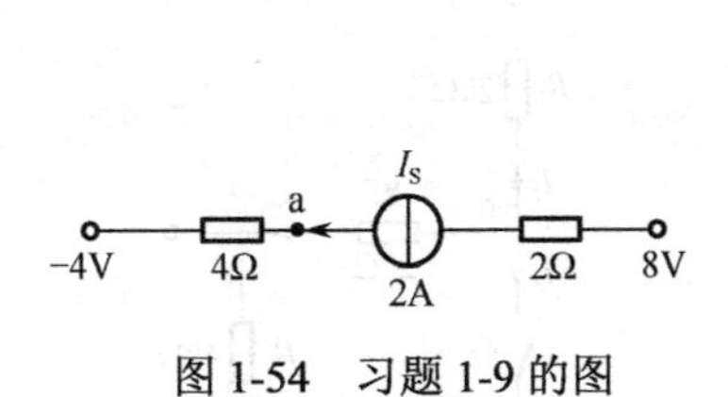

图 1-54　习题 1-9 的图

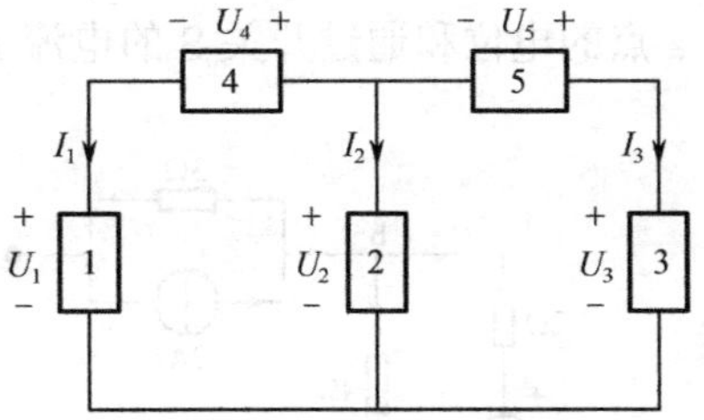

图 1-55　习题 1-10 的图

1-12　某电源的开路电压 $U_{OC} = 36V$，外接 $R_L = 8\Omega$ 的负载电阻时，电源的输出电流 $I = 4A$，试求电源电压 U_S 和内电阻 R_0。

1-13　电路如图 1-57 所示，已知 $U_{S1} = 12V$，$U_{S2} = 9V$，$R_1 = 6\Omega$，$R_2 = 3\Omega$，求 a、b 两端的开路电压 U_{OC} 和短路电流 I_{SC}。

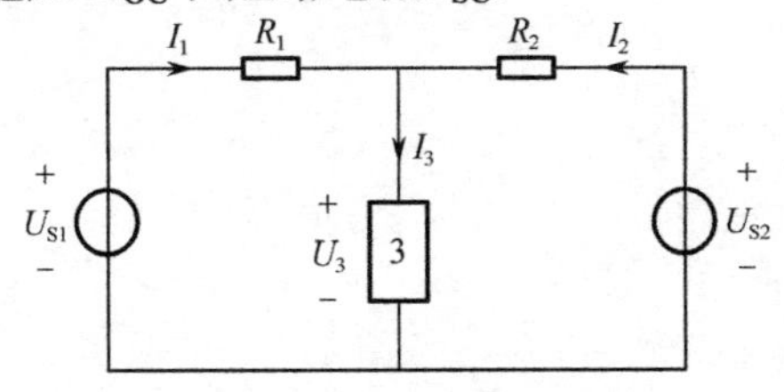

图 1-56　习题 1-11 的图

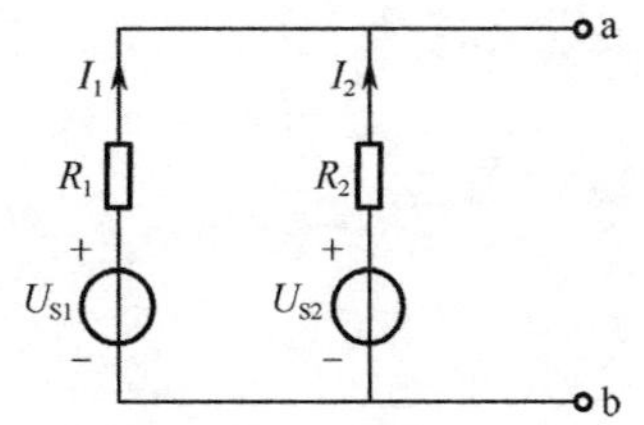

图 1-57　习题 1-13 的图

1-14　电路如图 1-58 所示，已知 $U_S = 3V$，$I_{S1} = 2A$，$I_{S2} = 6A$，求各个电源吸收的功率。哪些作电源？哪些作负载？

1-15　电路如图 1-59 所示，已知 $U_S = 6V$，$I_S = 4A$，$R_1 = 2\Omega$，$R_2 = 3\Omega$，求：（1）电压 U 和电流 I；（2）验证功率平衡。

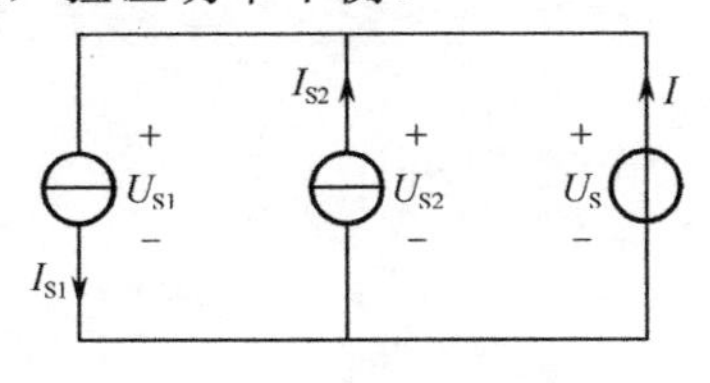

图 1-58　习题 1-14 的图

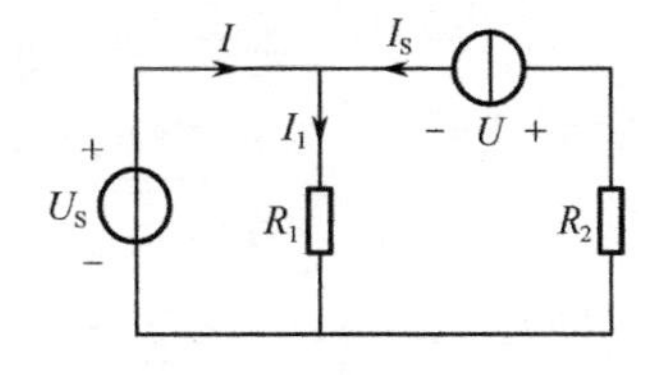

图 1-59　习题 1-15 的图

1-16　电路如图 1-60 所示，已知 $I_1 = 2A$，$I_3 = -4A$，$I_5 = 3A$，求电流 I_2、I_4、I_6。

1-17　电路如图 1-61 所示，已知 $U_S = 24V$，$I_S = 9A$，$R_1 = 4\Omega$，$R_2 = 6\Omega$，$R_3 = 3\Omega$。求 a、b 两点间的电压 U_{ab}。

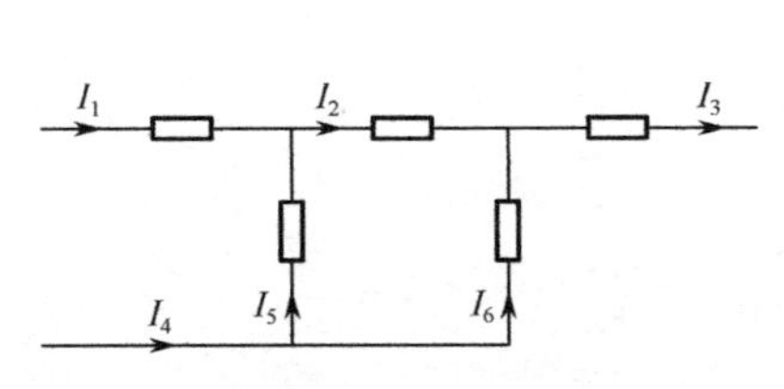

图 1-60　习题 1-16 的图

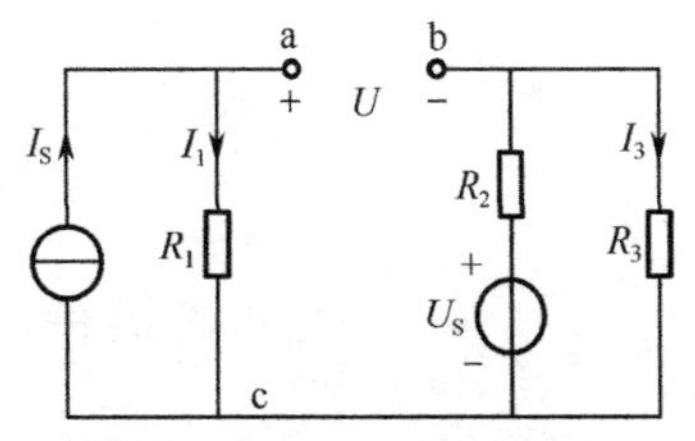

图 1-61　习题 1-17 的图

1-18　电路如图 1-62 所示，试求 a、b 两点的电位。

1-19　电路如图 1-63 所示，试求：（1）开关 S 断开时，a、b 两点的电位；（2）开关 S 闭合时，a 点的电位和通过开关 S 的电流 I_3。

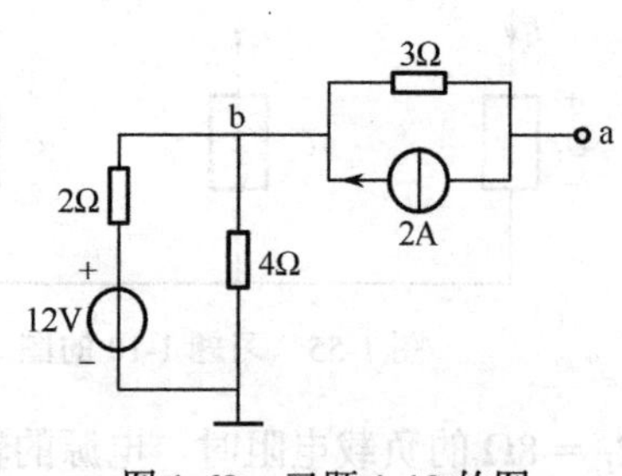

图 1-62　习题 1-18 的图

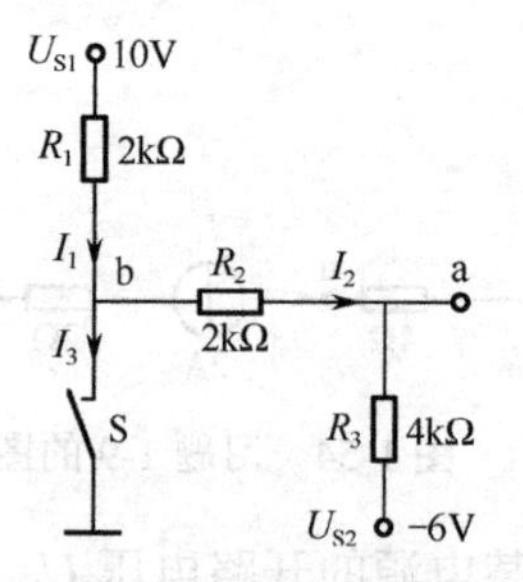

图 1-63　习题 1-19 的图

第 2 章　电路的基本分析方法

对于简单电路，可以用串、并联的方法化简后求解。对于包含多个元件的复杂电路，不能使用串、并联的方法化简，需要根据电路的结构特点找出相应的分析方法，或通过列方程求解电路。本章以直流线性电路为例，介绍电路的分析计算方法，包括电源模型的等效变换法、支路电流法、结点电压法、叠加定理、戴维南定理等。这些方法不仅适用于直流电路的分析，也适用于交流电路的分析。

2.1　实际电源的两种模型及其等效变换

任何一个实际的电源（电池、发电机、信号源等），都可以用两种不同的电路模型来表示。一种是用理想电压源与电阻串联组成的电压源模型，另一种是用理想电流源与电阻并联组成的电流源模型，两种电源模型之间可以等效变换。

2.1.1　电压源模型

实际电源的电压源模型如图 2-1（a）所示，U_S 是等效电源电压，R_0 是等效电源内电阻，R_L 是负载电阻，其伏安特性是

$$U = U_S - R_0 I \tag{2-1}$$

由上式可作出电压源的外特性，如图 2-1（b）所示。图中的 a 点对应电压源的开路状态，此时，输出电流 $I = 0$，开路电压 $U_{OC} = U_S$；图中的 b 点对应电压源的短路状态，此时，输出电压 $U = 0$，短路电流 $I_{SC} = U_S/R_0$；在 a、b 两点之间，随输出电流 I 的增大，内电阻 R_0 上的电压降增大，输出电压 U 降低。

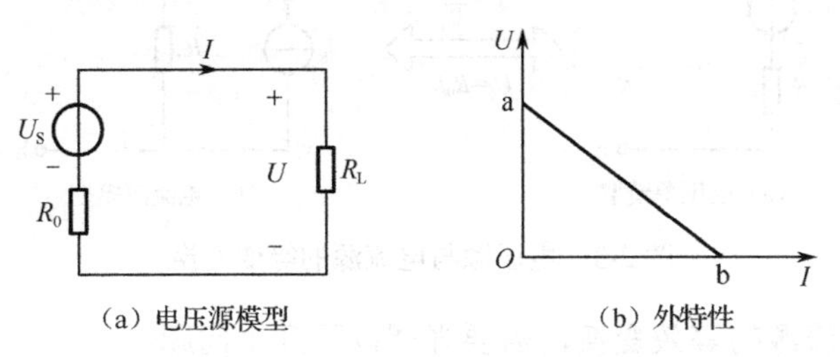

（a）电压源模型　　（b）外特性

图 2-1　电压源模型及外特性

2.1.2　电流源模型

实际电源的电流源模型如图 2-2（a）所示，I_S 是等效电流源的电流，R_0 是电流源的内电阻，R_L 是负载电阻，其伏安特性是

$$I = I_S - I_0 = I_S - \frac{U}{R_0} \tag{2-2}$$

式中，I_0是流过内电阻R_0上的电流，将上式整理得

$$U = R_0 I_S - R_0 I \tag{2-3}$$

电流源的外特性如图 2-2（b）所示。图中的 a 点对应电流源的开路状态，此时，输出电流$I = 0$，开路电压$U_{OC} = R_0 I_S$；图中的 b 点对应电流源的短路状态，此时，输出电压$U = 0$，短路电流$I_{SC} = I_S$。在 a、b 两点之间，随输出电流I的增大，内电阻R_0上的电流I_0减小，输出电压U降低。

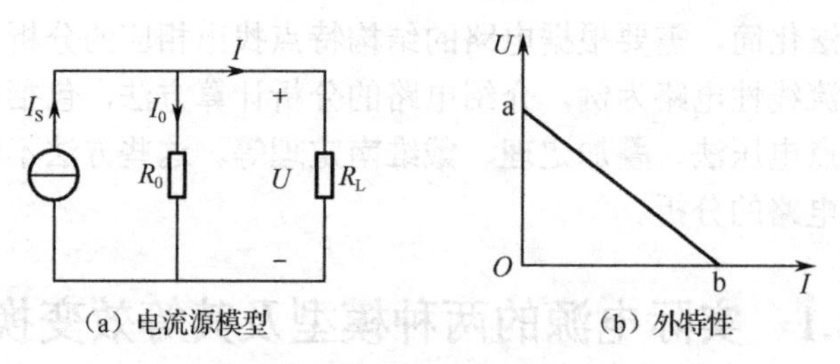

图 2-2　电流源模型及外特性

2.1.3　电压源与电流源的等效变换

实际电源既可以用电压源模型来表示，也可以用电流源模型来表示，两种电源模型的伏安特性必然完全相同。比较两种电源模型的伏安特性式（2-1）和式（2-3），就可得出电压源与电流源等效变换的条件：

（1）电压源和电流源的内电阻R_0相等。

（2）电压源的电压U_S和电流源的电流I_S之间符合如下关系：

$$U_S = R_0 I_S \quad 或 \quad I_S = \frac{U_S}{R_0} \tag{2-4}$$

电压源和电流源之间的等效变换关系可用图 2-3 来表示。

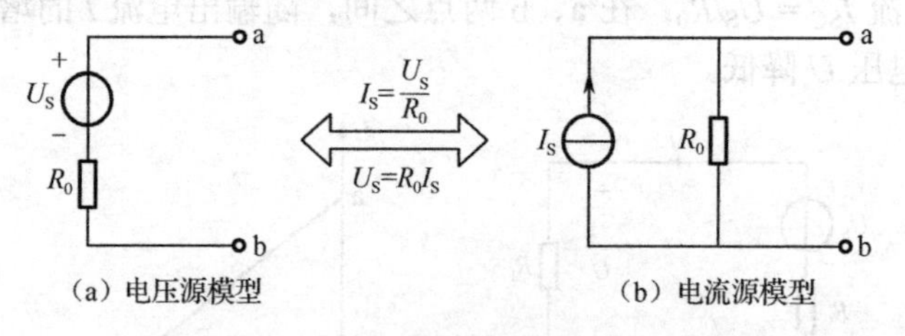

图 2-3　电压源与电流源的等效变换

关于电压源与电流源的等效变换，需要强调以下几个问题：

（1）保持变换前后电压源和电流源的极性相同。电流源的方向对于应电压源的负极性端指向正极性端。

（2）电压源与电流源的等效变换只是对外电路而言的，对电源内部则不等效。因为在变换前后，两种电源内部的电压、电流和功率并不相同。对于图 2-3 中的电压源和电流源模型，当电压源开路时，电压源内部电流为零，因此电压源不消耗功率；电流源开路时，电流源内部电流不为零，电流源消耗功率。

（3）理想电压源与理想电流源之间不存在等效变换关系。理想电压源可以看作内电阻$R_0 = 0$的电压源，理想电流源可以看作内电阻$R_0 = \infty$的电流源。由于两种电源的内电阻R_0不同，

故两种电源之间不存在等效变换关系。

对于复杂的电路，可以利用电压源与电流源等效变换的方法来简化电路。其方法是：先将理想电压源与电阻的串联电路变换为理想电流源与电阻的并联电路，或者把理想电流源与电阻并联的电路变换为理想电压源与电阻的串联电路。再将串联的理想电压源、并联的理想电流源、串联或并联的电阻合并，以减小电路元件的数目，逐步简化电路。下面举例说明。

例 2.1.1 电路如图 2-4（a）所示，试用电压源与电流源等效变换的方法计算电阻 R_3 上的电流 I_3。

解：将图 2-4（a）中的 U_{S1} 和 R_1 等效变换成 I_{S1} 和 R_1 并联，如图 2-4（b）所示。

将图 2-4（b）中的并联电阻 R_1 和 R_2 合并成 R_{12}，如图 2-4（c）所示。

将图 2-4（c）中的 I_{S1} 和 R_{12} 等效变换成 U_{S3} 和 R_{12} 串联，如图 2-4（d）所示。

将图 2-4（d）中的 U_{S3} 和 U_{S2} 串联相加等效变换成 U_{S4}，如图 2-4（e）所示。

将图 2-4（e）中的 U_{S4} 和 R_{12} 串联电路等效变换成 I_{S2} 和 R_{12} 并联，如图 2-4（f）所示。

将图 2-4（f）中并联的 I_{S2} 和 I_S 相加变换成 I_{S3}，如图 2-4（g）所示。

由图 2-4（g）得，$I_3 = 4.5\text{A}$。

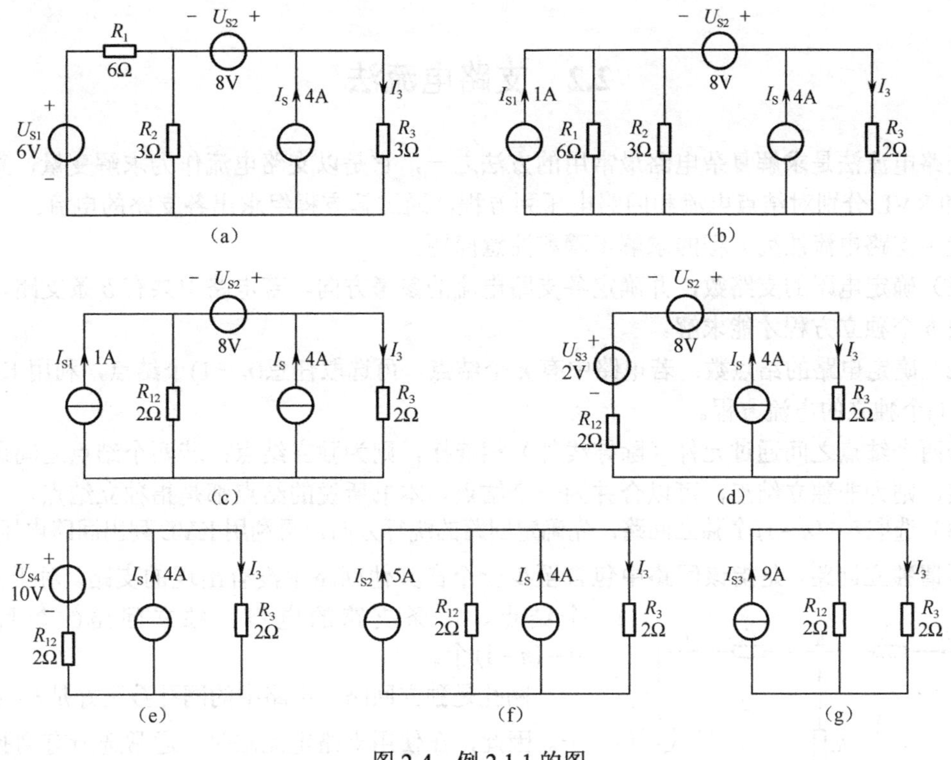

图 2-4 例 2.1.1 的图

练习与思考

2.1.1 若将图 2-5（a）所示的电路等效变换成图 2-5（b），求 U_S 和 R_0 的大小。

2.1.2 若将图 2-6（a）所示的电路等效变换成图 2-6（b），求 I_S 和 R_0 的大小。

2.1.3 利用电压源与电流源等效变换的方法，求图 2-7 所示电路中的电流 I。

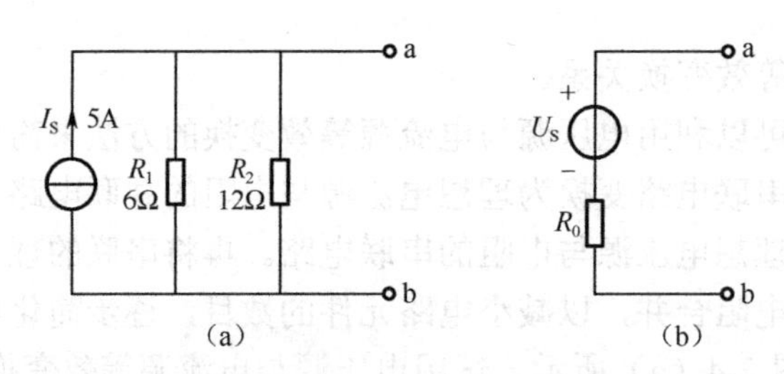

图 2-5　练习与思考 2.1.1 的图

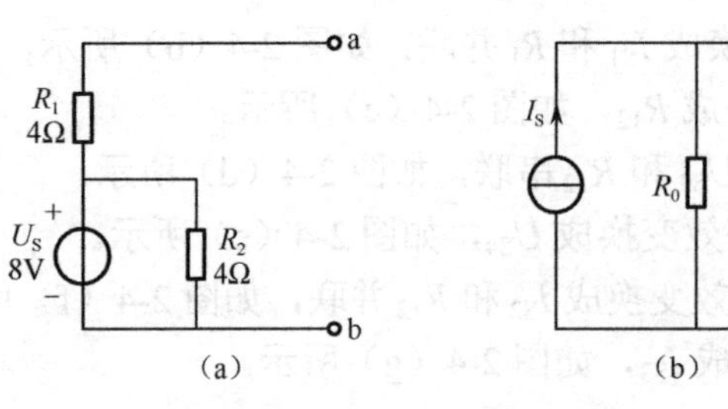

图 2-6　练习与思考 2.1.2 的图

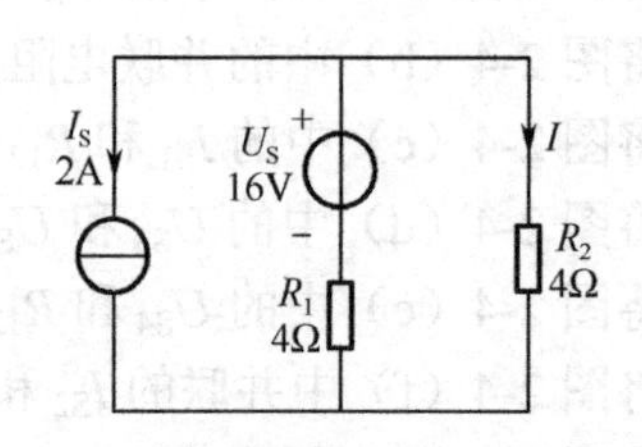

图 2-7　练习与思考 2.1.3 的图

2.2　支路电流法

支路电流法是求解复杂电路最常用的方法之一，它是以支路电流作为求解变量，直接用 KCL 和 KVL 分别对结点电流和回路电压列方程，通过解方程组求出各支路的电流。

使用支路电流法列方程的求解步骤和注意问题：

（1）确定电路的支路数，并确定各支路电流的参考方向。若电路中共有 b 条支路，则需要列出 b 个独立方程才能求解。

（2）确定电路的结点数。若电路中有 n 个结点，可选取任意$(n-1)$个结点，利用 KCL 列出$(n-1)$个独立的电流方程。

若两个结点之间通过元件（除导线外）相连接，则为独立结点；若两个结点之间通过导线连接，则为非独立结点，可以合并为一个结点。本书所说的结点都是指独立结点。

（3）选取$b-(n-1)$个独立回路，先确定回路的绕行方向，再利用 KVL 列出回路电压方程。

所谓独立回路，是指该回路中包含至少一个在其他回路中没有出现的支路。对于具有 n 个结点、b 条支路的电路，独立回路的数目只有$b-(n-1)$个。

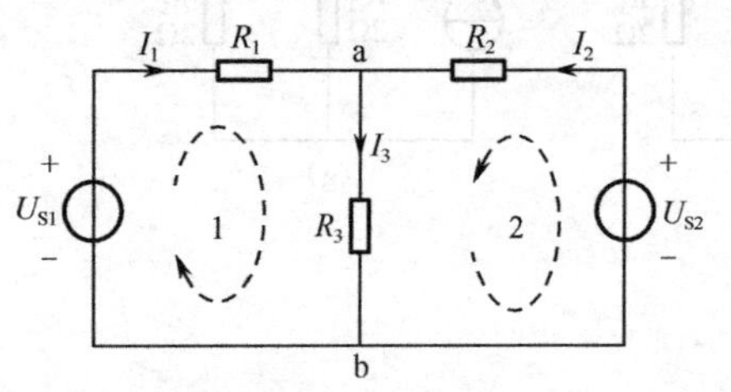

图 2-8　例 1.2.1 的图

网孔是独立回路，电路中的网孔数正好是$b-(n-1)$个。因此，在使用支路电流法时，通常选所有网孔作为独立回路列 KVL 方程。

（4）解方程组，求出各支路电流。

例 1.2.1　电路如图 2-8 所示，已知 $U_{S1}=56V$，$U_{S2}=32V$，$R_1=12\Omega$，$R_2=6\Omega$，$R_3=4\Omega$。试用支路电流法求电路中的电流 I_1、I_2和 I_3。

解：对结点 a 列 KCL 方程

$$I_1 + I_2 - I_3 = 0$$

对网孔 1 和网孔 2 列 KVL 方程

$$R_1 I_1 + R_3 I_3 = U_{S1}$$
$$R_2 I_2 + R_3 I_3 = U_{S2}$$

将数据代入上述方程，联立求解方程组

$$\begin{cases} I_1 + I_2 - I_3 = 0 \\ 12I_1 + 4I_3 = 56 \\ 6I_2 + 4I_3 = 32 \end{cases}$$

解得 $I_1 = 3\text{A}$，$I_2 = 2\text{A}$，$I_3 = 5\text{A}$。

对包含电流源的电路，使用支路电流法列方程的求解步骤和注意问题：

（1）确定电路中不包含电流源的支路数 b，只需要对这 b 条支路的电路列方程即可。因为包含电流源的支路电流是已知的，不需要求解。

（2）选取$(n-1)$个结点列 KCL 方程。

（3）选取 $b-(n-1)$ 个独立回路，利用 KVL 列出回路电压方程。

选取独立回路时，要选取不包含电流源的独立回路。若选取包含电流源的支路列 KVL 方程，必然会增加电流源的电压这一未知变量，从而增加所列方程的数目。其余求解步骤与不含电流源的电路相同。

（4）解方程组，求出各支路电流。

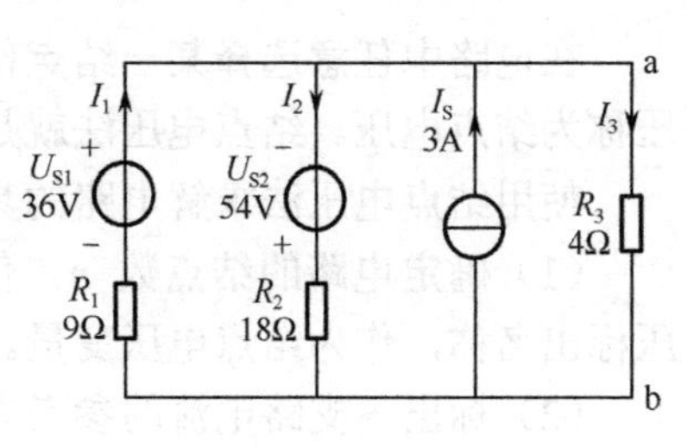

图 2-9　例 1.2.2 的图

例 1.2.2　电路如图 2-9 所示，已知 $U_{S1} = 36\text{V}$，$U_{S2} = 54\text{V}$，$I_S = 3\text{A}$，$R_1 = 9\Omega$，$R_2 = 18\Omega$，$R_3 = 4\Omega$。试用支路电流法求电路中的电流 I_1、I_2 和 I_3。

解：对结点 a 列 KCL 方程

$$I_1 - I_2 - I_3 + I_S = 0$$

选 U_{S1}、R_1、R_3 组成的回路列 KVL 方程，取顺时针为绕行方向

$$R_1 I_1 + R_3 I_3 - U_{S1} = 0$$

选 U_{S2}、R_2、R_3 组成的回路列 KVL 方程，取逆时针为绕行方向

$$R_2 I_2 - U_{S2} - R_3 I_3 = 0$$

将数据代入上述方程，联立求解方程组

$$\begin{cases} I_1 - I_2 - I_3 + 3 = 0 \\ 9I_1 + 4I_3 - 36 = 0 \\ 18I_2 - 4I_3 - 54 = 0 \end{cases}$$

解得 $I_1 = 2.93\text{A}$，$I_2 = 3.53\text{A}$，$I_3 = 2.4\text{A}$。

练习与思考

2.2.1　图 2-8 所示的电路中有 2 个结点、3 个回路，使用支路电流法时，是否需要列出 2 个 KCL 方程和 3 个 KVL 方程？

2.2.2　列 KVL 方程时，是否一定要选用独立回路？是否一定要选用网孔？

2.2.3　某电路中有 6 个支路、3 个结点，不包含电流源，用支路电流法列方程时，需要

列出多少个 KCL 和 KVL 方程？若其中 2 条支路中包含电流源，用支路电流法求解时，需要列出多少个 KCL 和 KVL 方程？

2.2.4　电路如图 2-10 所示，用支路电流法求解时，需要列出多少个 KCL 和 KVL 方程？

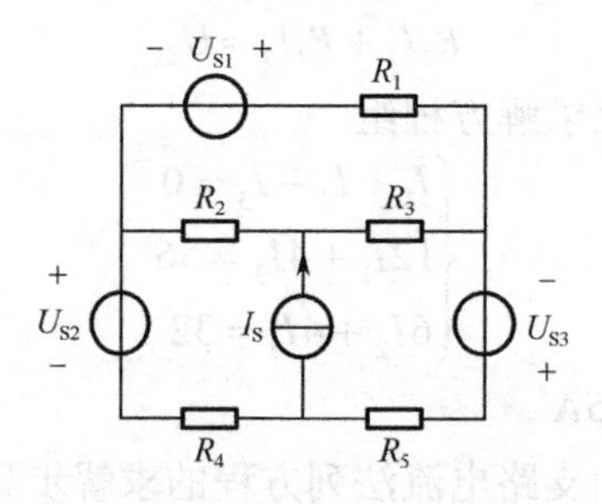

图 2-10　练习与思考 2.2.4 的图

2.3　结点电压法

在电路中任意选择某一结点作为参考结点（即零电位点），其余结点与参考结点之间的电压称为结点电压。结点电压法就是以结点电压作为变量列方程求解电路的方法。

使用结点电压法求解电路的具体步骤和注意问题：

（1）确定电路的结点数 n。任选一个结点作为参考结点，将其余$(n-1)$个结点的结点电压标出名称，作为结点电压变量。

（2）标出各支路电流的参考方向。

（3）对参考结点以外的其余$(n-1)$个结点列 KCL 电流方程。

（4）用欧姆定律或基尔霍夫电压定律将 KCL 电流方程中的电流变量变为结点电压变量。

（5）解方程组，求出各结点电压。

下面以图 2-11 为例，说明在两个结点的电路中结点电压法的应用。

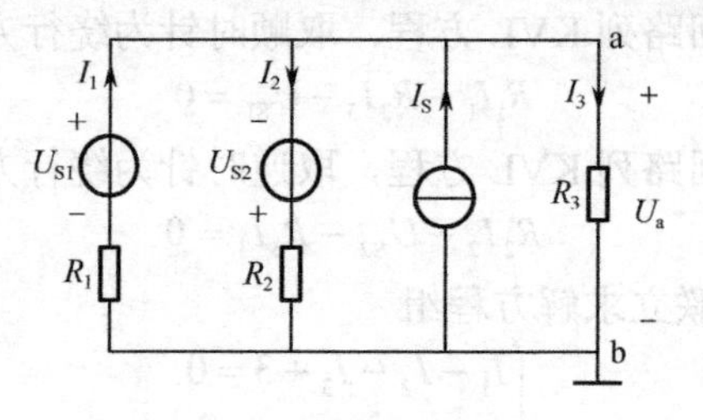

图 2-11　结点电压法

在图 2-11 所示电路中，只有 a 和 b 两个结点，若选 b 为参考结点，a 点的结点电压为 U_a。对结点 a 列 KCL 电流方程，得

$$I_1 - I_2 - I_3 + I_S = 0 \tag{2-5}$$

根据欧姆定律或基尔霍夫电压定律，将支路电流用结点电压表示，即

$$I_1 = \frac{U_{S1} - U_a}{R_1}，\ I_2 = \frac{U_{S2} + U_a}{R_2}，\ I_3 = \frac{U_a}{R_3} \tag{2-6}$$

将式（2-6）代入式（2-5），即用结点电压变量代替结点电流，整理后得到

$$\left(\frac{1}{R_1}+\frac{1}{R_2}+\frac{1}{R_3}\right)U_a=\frac{U_{S1}}{R_1}-\frac{U_{S2}}{R_2}+I_S$$

即

$$U_a=\frac{\frac{U_{S1}}{R_1}-\frac{U_{S2}}{R_2}+I_S}{\frac{1}{R_1}+\frac{1}{R_2}+\frac{1}{R_3}} \tag{2-7}$$

式中，分子部分为与结点 a 相连的电源支路产生的电流之和，分母部分为与结点 a 相连的所有支路中电阻的倒数之和。

总结上述规律，可以得到仅包含两个结点电路的结点电压方程的一般形式

$$U=\frac{\sum\frac{U_S}{R}+\sum I_S}{\sum\frac{1}{R}} \tag{2-8}$$

式中，分子部分为与结点 a 相连的电源支路产生的电流之和，分子部分可正可负，当电压源的正极与结点相连接时，U_S/R 取正号，相反时取负号；当电流源为流入结点时取正号，流出结点时，I_S 取负号。分母部分为与结点 a 相连的所有支路中电阻的倒数之和，分母中的各项均为正数。

例 2.3.1 电路如图 2-11 所示，已知 $U_{S1}=36V$，$U_{S2}=54V$，$I_S=3A$，$R_1=9\Omega$，$R_2=18\Omega$，$R_3=4\Omega$。试用结点电压法求结点电压 U_a 和电流 I_3。

解： 将已知数据代入式（2-7）中，得结点电压 U_a

$$U_a=\frac{\frac{U_{S1}}{R_1}-\frac{U_{S2}}{R_2}+I_S}{\frac{1}{R_1}+\frac{1}{R_2}+\frac{1}{R_3}}=\frac{\frac{36}{9}-\frac{54}{18}+3}{\frac{1}{9}+\frac{1}{18}+\frac{1}{4}}V=9.6V$$

电流 I_3 可用欧姆定律求得

$$I_3=\frac{U_a}{R_3}=\frac{9.6}{4}A=2.4A$$

例 2.3.2 电路如图 2-12 所示，已知 $U_S=18V$，$I_S=2A$，$R_1=6\Omega$，$R_2=24\Omega$，$R_3=4\Omega$，$R_4=3\Omega$。选结点 c 为参考结点，试用结点电压法求结点电压 U_a、U_b 和电流 I_3。

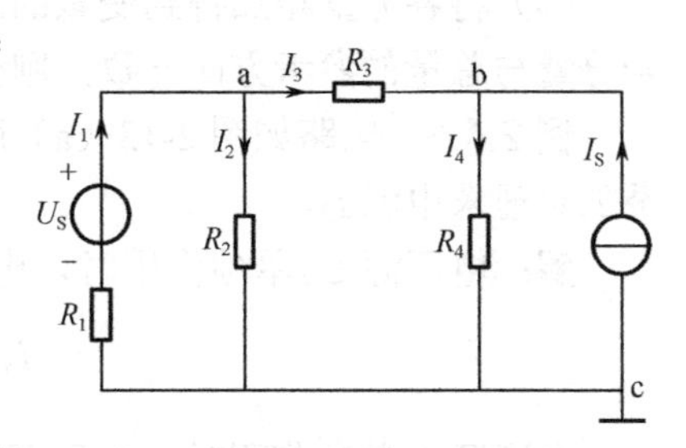

图 2-12　例 2.3.2 的电路

解： 对结点 a、b 列 KCL 方程

$$\begin{cases}I_1-I_2-I_3=0\\I_3-I_4+I_S=0\end{cases}$$

根据欧姆定律和基尔霍夫电压定律，将支路电流用结点电压表示

$$\begin{cases}\frac{U_S-U_a}{R_1}-\frac{U_a}{R_2}-\frac{U_a-U_b}{R_3}=0\\\frac{U_a-U_b}{R_3}-\frac{U_b}{R_4}+I_S=0\end{cases}$$

将数据代入上式，得

$$\begin{cases}\dfrac{18-U_a}{6}-\dfrac{U_a}{24}-\dfrac{U_a-U_b}{4}=0\\ \dfrac{U_a-U_b}{4}-\dfrac{U_b}{3}+2=0\end{cases}$$

整理，得 $U_a=10.98\text{V}$，$U_b=8.14\text{V}$。

用欧姆定律求得 I_3

$$I_3=\frac{U_a-U_b}{R_3}=\frac{10.98-8.14}{4}\text{A}=0.71\text{A}$$

练习与思考

2.3.1　电路如图 2-10 所示，用结点电压法求解时，需要列出多少个 KCL 和 KVL 方程？

2.3.2　在图 2-8 所示的电路中，设结点 b 为参考结点，用结点电压法求结点电压 U_a 和电流 I_3。

2.4　叠加定理

叠加定理是线性电路的一个重要定理。叠加定理指出，在具有多个电源共同作用的线性电路中，任一支路中的电流（或电压）等于各个电源单独作用时在该支路产生的电流（或电压）的代数和。

所谓各个电源的单独作用，是指考虑某个电源的作用时，把其余电源做零值处理，即理想电压源短路，其电源电压为零，理想电流源开路，其电流为零，但电源的内电阻仍保留。应用叠加定理，可以把一个复杂的电路分解为几个单电源的电路，从而简化电路的分析计算。

应用叠加定理求解电路的步骤：

（1）在原电路中标出所求变量（总量）的参考方向。

（2）画出各个电源单独作用时的电路，并标出所求变量的分量的参考方向。

（3）分别计算各分量的值。

（4）将各分量相加得到变量的总量。相加时应注意各分量与总量的参考方向是否一致，若分量与总量的参考方向一致，则分量取正号，否则取负号。

例 2.4.1　电路如图 2-13（a）所示，已知 $U_S=15\text{V}$，$I_S=3\text{A}$，$R_1=5\Omega$，$R_2=10\Omega$。试用叠加定理求电流 I_2。

解：电压源 U_S 单独作用时，电流源 I_S 开路，电路如图 2-13（b）所示，得

$$I_2'=\frac{U_S}{R_1+R_2}=\frac{15}{5+10}\text{A}=1\text{A}$$

电流源 I_S 单独作用时，电压源 U_S 短路，电路如图 2-13（c）所示，得

$$I_2''=\frac{R_1}{R_1+R_2}I_S=\frac{5}{5+10}\times 3\text{A}=1\text{A}$$

U_S 和 I_S 共同作用时

$$I_2=I_2'+I_2''=(1+1)\text{A}=2\text{A}$$

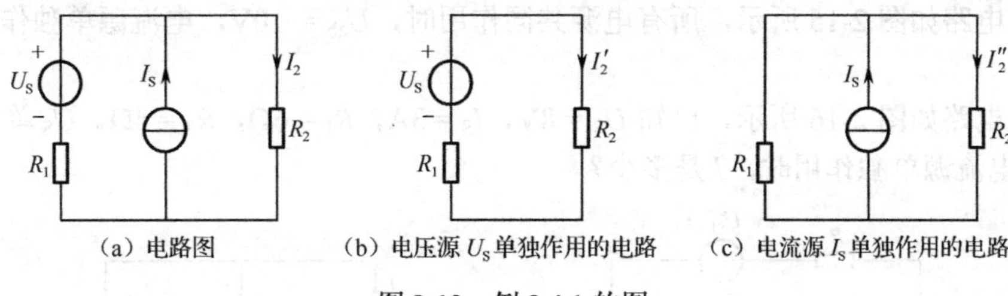

（a）电路图　（b）电压源 U_S 单独作用的电路　（c）电流源 I_S 单独作用的电路

图 2-13　例 2.4.1 的图

应用叠加定理时应注意它的适用范围。叠加定理只适用于线性电路的计算，不适用于非线性电路的计算；叠加定理只适用于电压和电流的计算，不适用于功率的计算。即叠加定理只适用于计算线性电路中的电压和电流。

例 2.4.2　电路如图 2-14（a）所示，已知 $U_S = 18\text{V}$，$I_S = 2\text{A}$，$R_1 = 6\Omega$，$R_2 = 24\Omega$，$R_3 = 4\Omega$，$R_4 = 3\Omega$。试用叠加定理求电流 I_3。

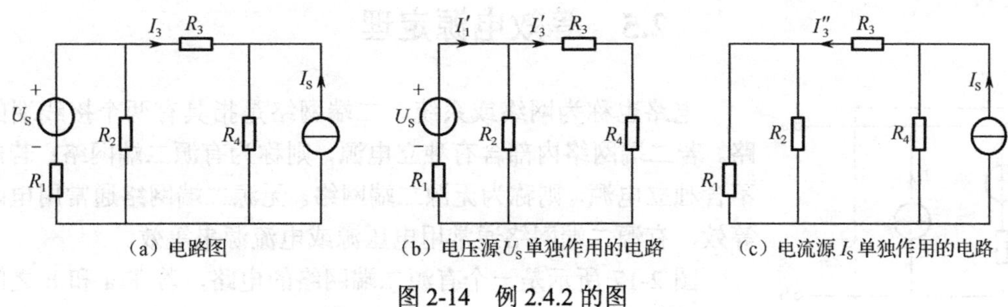

（a）电路图　（b）电压源 U_S 单独作用的电路　（c）电流源 I_S 单独作用的电路

图 2-14　例 2.4.2 的图

解：电压源 U_S 单独作用时，电流源 I_S 开路，电路如图 2-14（b）所示，得

$$I_1' = \frac{U_S}{R_1 + \dfrac{R_2 \times (R_3 + R_4)}{R_2 + (R_3 + R_4)}} = \frac{18}{6 + \dfrac{24 \times (4+3)}{24 + (4+3)}}\text{A} = 1.58\text{A}$$

$$I_3' = \frac{R_2}{R_2 + (R_3 + R_4)} I_1' = \frac{24}{24 + (4+3)} \times 1.58\text{A} = 1.22\text{A}$$

电流源 I_S 单独作用时，电压源 U_S 短路，电路如图 2-14（c）所示，得

$$I_3'' = \frac{R_4}{R_4 + \left(R_3 + \dfrac{R_1 R_2}{R_1 + R_2}\right)} I_S = \frac{3}{3 + \left(4 + \dfrac{6 \times 24}{6 + 24}\right)} \times 2\text{A} = 0.51\text{A}$$

U_S 和 I_S 共同作用时

$$I_3 = I_3' - I_3'' = (1.22 - 0.51)\text{A} = 0.71\text{A}$$

练习与思考

2.4.1　叠加定理的适用范围是什么？它为什么不能用于计算电路中功率的叠加？

2.4.2　利用叠加定理，能否说明在单电源电路中，各处的电压和电流随电源电压或电流成比例地变化？

2.4.3　将多个电源分成几组，各组电源单独作用时产生的电压（或电流）的代数和，是否等于各组电源共同作用时产生的电压（或电流）？即叠加定理能否分组使用？

2.4.4 电路如图 2-15 所示，所有电源共同作用时，$U_{ab}=10V$，电流源单独作用时，U_{ab}是多少？

2.4.5 电路如图 2-16 所示，已知 $U_S=8V$，$I_S=3A$，$R_1=6\Omega$，$R_2=4\Omega$。U_S 单独作用时，$I=1A$。问电流源单独作用时，I 是多少？

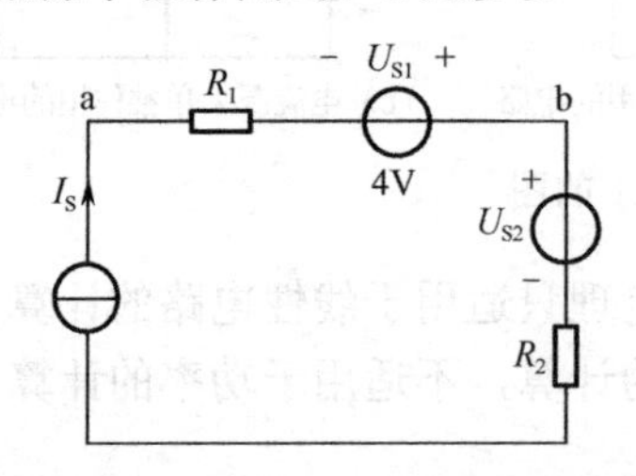

图 2-15 练习与思考 2.4.4 的图

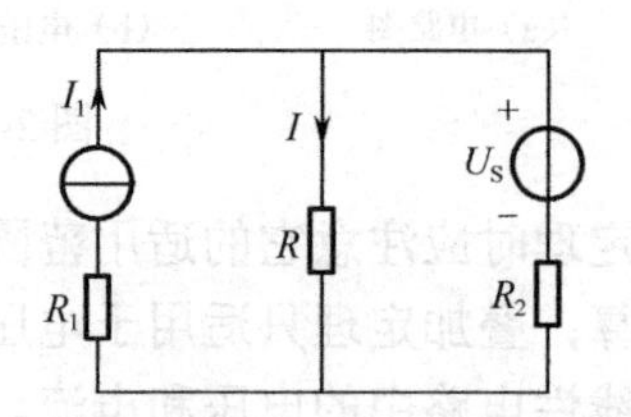

图 2-16 练习与思考 2.4.5 的图

2.5 等效电源定理

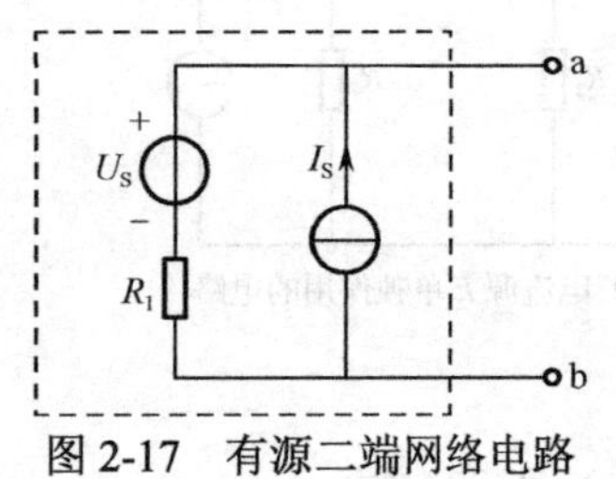

图 2-17 有源二端网络电路

电路也称为网络或系统，二端网络是指具有两个接线端的电路。若二端网络内部含有独立电源，则称为有源二端网络；若内部不含独立电源，则称为无源二端网络。无源二端网络通常用电阻来等效，有源二端网络通常用电压源或电流源来等效。

图 2-17 所示是一个有源二端网络的电路，若在 a 和 b 之间外接一个负载电阻，必有电流输出到负载。对于负载电阻来说，该二端网络相当于一个电源，可以用一个电源来等效。

2.5.1 戴维南定理

戴维南定理指出：任何一个线性有源二端网络，对于外电路来说，都可以用一个电压源和电阻串联的电路来等效。有源二端网络及其戴维南等效电路如图 2-18 所示，U_{eS}是等效电路的电源电压，R_0是等效电路的内电阻。

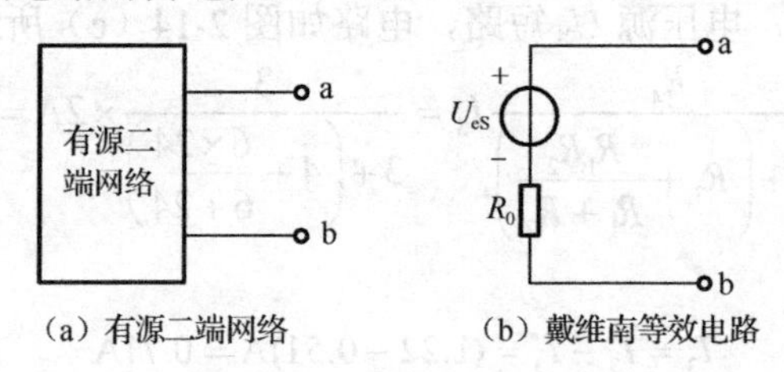

（a）有源二端网络　（b）戴维南等效电路

图 2-18 戴维南定理

1. U_{eS}的求法

U_{eS}可通过有源二端网络的开路电压 U_{OC} 求得。

图 2-19 所示的有源二端网络及其等效电路都处于开路状态，其开路电压分别为 U_{OC} 和 U'_{OC}。因为有源二端网络与其等效电路的开路电压必然相等，即 $U_{OC}=U'_{OC}$。从图 2-19（b）中可以看出，等效电源电压 $U_{eS}=U'_{OC}$，故 $U_{eS}=U_{OC}$，即

$$U_{eS}=U'_{OC}=U_{OC} \tag{2-9}$$

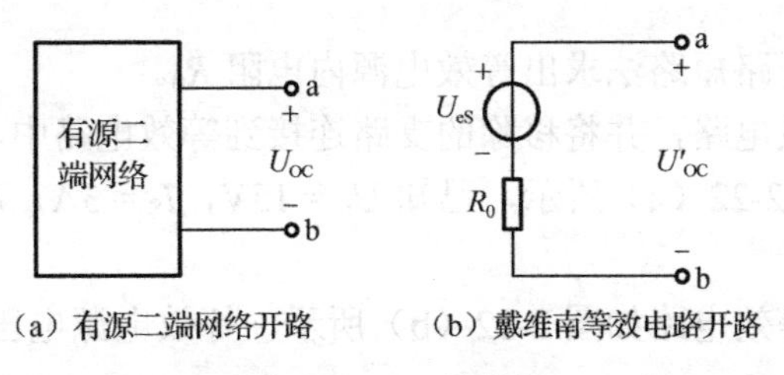

（a）有源二端网络开路 （b）戴维南等效电路开路

图 2-19 U_{eS} 的求法

2．R_0 的求法（除源法）

除源就是将电路中的独立电源除去（或称为置零），即将电压源短路，电流源开路。除源电阻即除源后电路的电阻。图 2-20（a）中的 R_0' 是有源二端网络的除源电阻，图 2-20（b）中的 R_0'' 是戴维南等效电路的除源电阻。由于有源二端网络与其对应的戴维南等效电路的除源电阻必相等，即 $R_0' = R_0''$。

从图 2-20（b）中可以看出，等效电路的内电阻 $R_0 = R_0''$，故

$$R_0 = R_0'' = R_0' \tag{2-10}$$

R_0 等于有源二端网络的除源电阻 R_0'。这种通过有源二端网络的除源电阻求 R_0 的方法称为除源法。

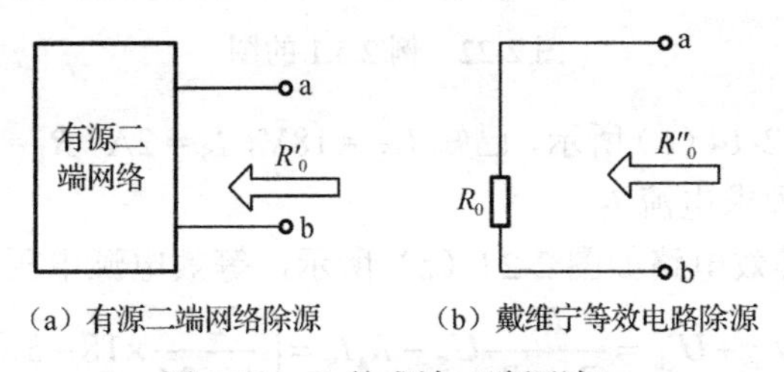

（a）有源二端网络除源 （b）戴维宁等效电路除源

图 2-20 R_0 的求法（除源法）

3．R_0 的求法（开路短路法）

图 2-21 所示是戴维南等效电路的短路状态，从图中可以得出

$$R_0 = \frac{U_{eS}}{I_{SC}} = \frac{U_{OC}}{I_{SC}} \tag{2-11}$$

式中，U_{OC} 和 I_{SC} 分别是戴维南等效电路的开路电压和短路电流，由 U_{OC} 和 I_{SC} 即可求出 R_0。

由于有源二端网络与其对应的戴维南等效电路的开路电压和短路电流必相等，故通过求出有源二端网络的开路电压 U_{OC} 和短路电流 I_{SC}，利用式（2-11）就可求出 R_0，这种求 R_0 的方法称为开路短路法。

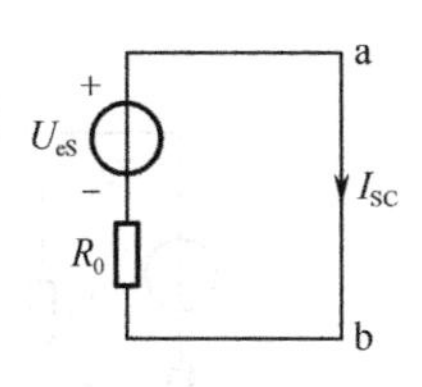

图 2-21 R_0 的求法（开路短路法）

4．使用戴维南定理分析电路的一般步骤

对于一个复杂的电路，若只需要计算某一条支路的电流或电压时，通过列方程求解电路比较麻烦，在这种情况下，使用戴维南定理来分析会更方便。使用戴维南定理分析电路的一般步骤如下：

（1）首先确定待求解的支路，并将该支路移除，其余部分作为一个有源二端网络。

（2）求有源二端网络的开路电压 U_{OC}（要注意 U_{OC} 的方向），作为等效电源电压 U_{eS}。

（3）通过除源法或开路短路法求出等效电源内电阻 R_0。

（4）画出戴维南等效电路，并将移除的支路连接到等效电路中，计算待求变量。

例 2.5.1 电路如图 2-22（a）所示，已知 $U_S = 15V$，$I_S = 3A$，$R_1 = 5\Omega$，$R_2 = 10\Omega$。试用戴维南定理求电流 I_2。

解：求开路电压的等效电路如图 2-22（b）所示，等效电源电压为

$$U_{eS} = U_{OC} = U_S + R_1 I_S = (15 + 5 \times 3)V = 30V$$

求除源后等效电阻的电路如图 2-22（c）所示，等效电阻为

$$R_0 = R_1 = 5\Omega$$

戴维南定理等效电路如图 2-22（d）所示，电阻 R_2 中的电流为

$$I_2 = \frac{U_{eS}}{R_0 + R_2} = \frac{30}{5+10} A = 2A$$

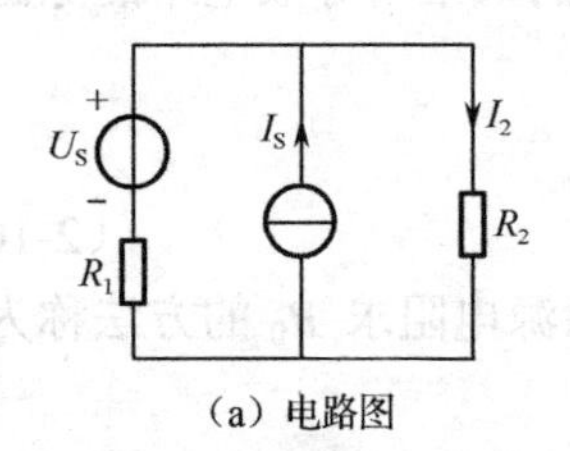

（a）电路图

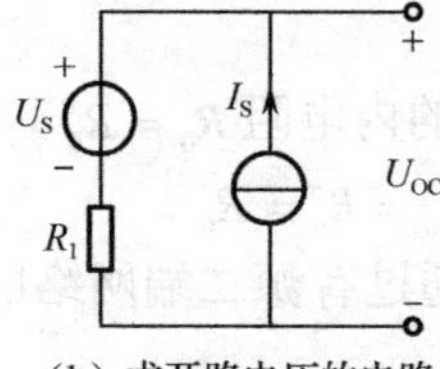

（b）求开路电压的电路

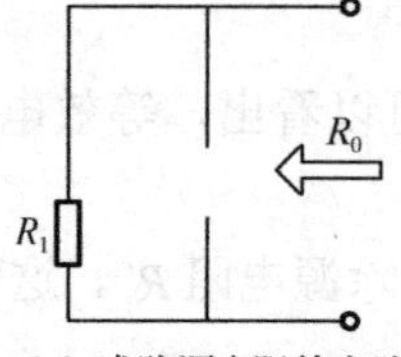

（c）求除源电阻的电路

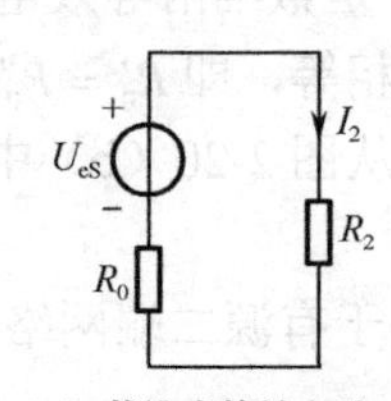

（d）戴维南等效电路

图 2-22 例 2.5.1 的图

例 2.5.2 电路如图 2-14（a）所示，已知 $U_S = 18V$，$I_S = 2A$，$R_1 = 6\Omega$，$R_2 = 24\Omega$，$R_3 = 4\Omega$，$R_4 = 3\Omega$。试用戴维南定理求电流 I_3。

解：求开路电压的等效电路如图 2-23（a）所示，等效电源电压为

$$U_{eS} = U_{OC} = U_{ac} + U_{cb} = \frac{R_2}{R_1 + R_2} U_S - R_4 I_S = \left(\frac{24}{6+24} \times 18 - 3 \times 2\right) V = 8.4V$$

求除源后等效电阻的电路如图 2-23（b）所示，等效电阻为

$$R_0 = \frac{R_1 R_2}{R_1 + R_2} + R_4 = \left(\frac{6 \times 24}{6+24} + 3\right)\Omega = 7.8\Omega$$

戴维南定理等效电路如图 2-23（c）所示，电阻 R_3 中的电流为

$$I_3 = \frac{U_{eS}}{R_0 + R_3} = \frac{U_{OC}}{R_0 + R_3} = \frac{8.4}{7.8+4} A = 0.71A$$

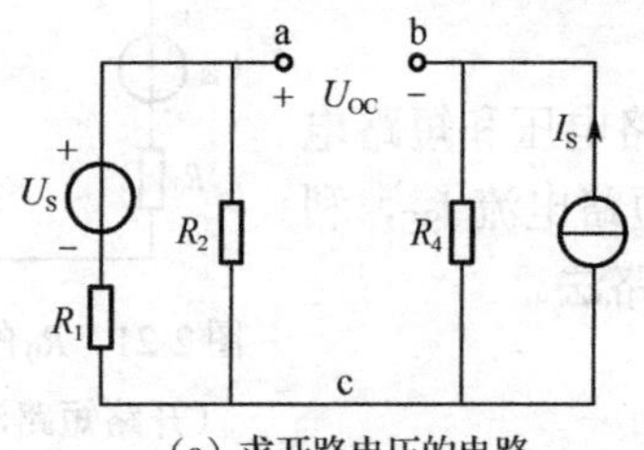

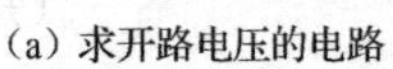
（a）求开路电压的电路

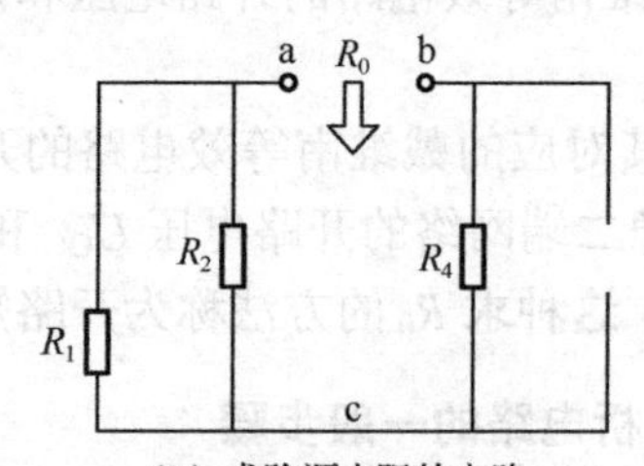

（b）求除源电阻的电路

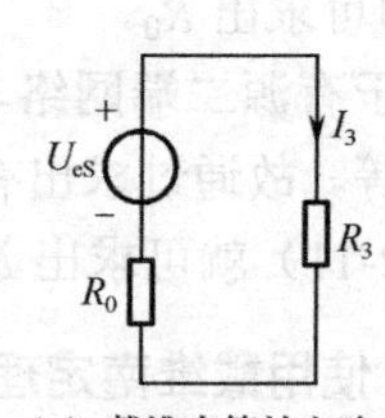

（c）戴维南等效电路

图 2-23 例 2.5.2 的图

2.5.2 诺顿定理

诺顿定理指出：任何一个线性有源二端网络，对于外电路来说，都可以用一个电流源和

电阻并联的电路来等效。有源二端网络及其诺顿等效电路如图 2-24 所示，I_{eS} 是等效电流源的电流，R_0 是等效电流源的内电阻。

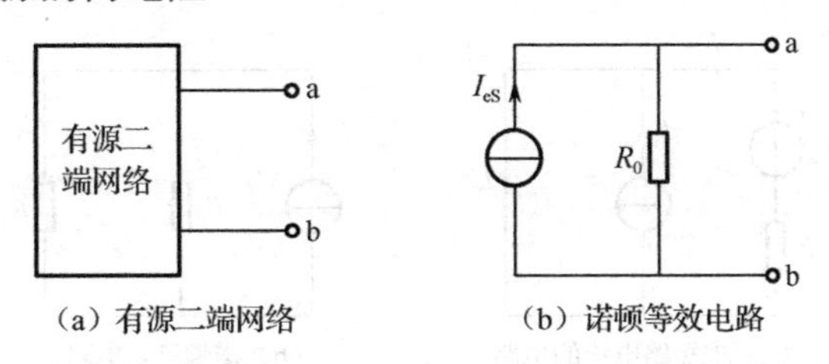

图 2-24 诺顿定理

1. I_{eS} 的求法

等效电流源电流 I_{eS} 可通过有源二端网络的短路电流 I_{SC} 求得。

图 2-25 中有源二端网络及其等效电路都处于短路状态，短路电流分别为 I_{SC} 和 I'_{SC}。由于有源二端网络与其等效电路的短路电流必然相等，即 $I_{SC} = I'_{SC}$。从图 2-25（b）中可以看出，等效电流源电流 $I_{eS} = I'_{SC}$，故 $I_{eS} = I'_{SC}$，即

$$I_{eS} = I'_{SC} = I_{SC} \tag{2-12}$$

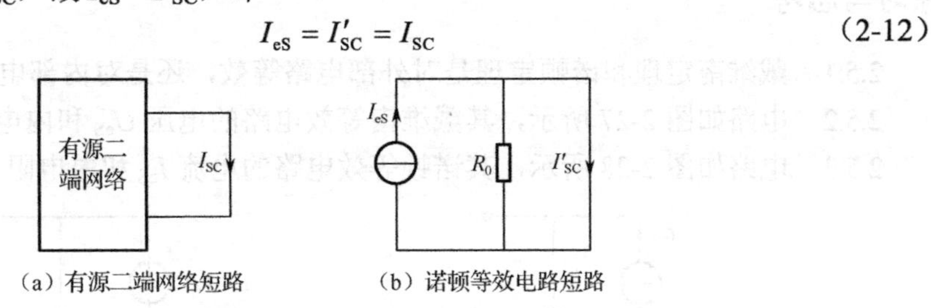

图 2-25 I_{eS} 的求法

诺顿等效电路中电源内电阻 R_0 的求法同戴维南等效电路中 R_0 的求法。

2. 使用诺顿定理分析电路的一般步骤

对于一个复杂的电路，若只需要计算某一条支路的电流或电压时，使用诺顿定理分析也很方便。使用诺顿定理分析电路的一般步骤如下：

（1）首先确定待求解的支路，并将该支路移除，其余部分作为一个有源二端网络。

（2）求有源二端网络的短路电流 I_{SC}，作为等效电流源电流 I_{eS}。

（3）通过除源法或开路短路法求出等效电源内电阻 R_0。

（4）画出诺顿等效电路，并将移除的支路连接到等效电路中，计算待求变量。

例 2.5.3 电路如图 2-22（a）所示，已知 $U_S = 15V$，$I_S = 3A$，$R_1 = 5\Omega$，$R_2 = 10\Omega$。试用诺顿定理求电流 I_2。

解：求短路电流的等效电路如图 2-26（a）所示，等效电流源的电流为

$$I_{eS} = I_{SC} = I_1 + I_S = \frac{U_S}{R_1} + I_S = \left(\frac{15}{5} + 3\right)A = 6A$$

由图 2-22（b）知 $U_{OC} = 30V$，用开路短路法求等效电源的内电阻 R_0 为

$$R_0 = \frac{U_{OC}}{I_{SC}} = \frac{30}{6}\Omega = 5\Omega$$

诺顿定理等效电路如图 2-26（b）所示，电阻 R_2 中的电流为

$$I_2 = \frac{R_0}{R_0 + R_2} I_{eS} = \frac{R_0}{R_0 + R_2} I_{SC} = \frac{5}{5+10} \times 6A = 2A$$

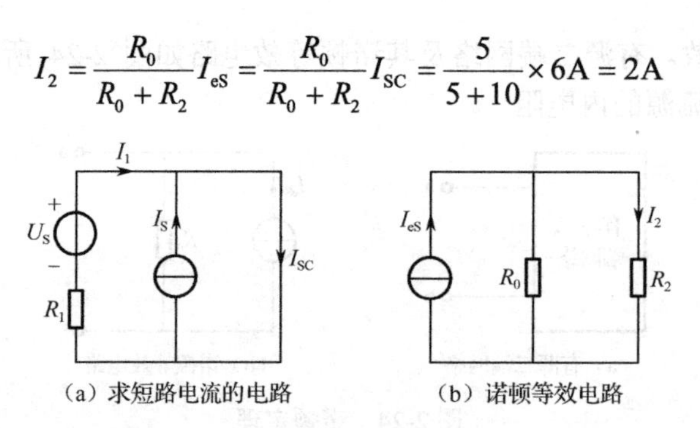

（a）求短路电流的电路　　（b）诺顿等效电路

图 2-26　例 2.5.3 的图

有源二端网络可用戴维南定理等效为电压源与电阻的串联，也可用诺顿定理等效为电流源与电阻的并联。等效电压源及等效电流源之间存在互换的关系，互换的条件为

$$U_{eS} = R_0 I_{eS} \text{ 或 } I_{eS} = \frac{U_{eS}}{R_0}$$

练习与思考

2.5.1　戴维南定理和诺顿定理是对外部电路等效，还是对内部电路等效？

2.5.2　电路如图 2-27 所示，其戴维南等效电路的电压 U_{eS} 和内电阻 R_0 分别是多少？

2.5.3　电路如图 2-28 所示，其诺顿等效电路的电流 I_{eS} 和内电阻 R_0 分别是多少？

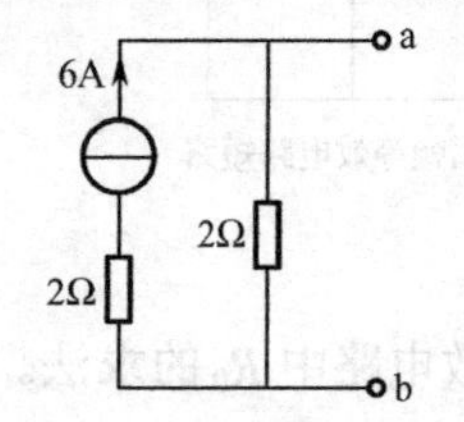

图 2-27　练习与思考 2.5.2 的图

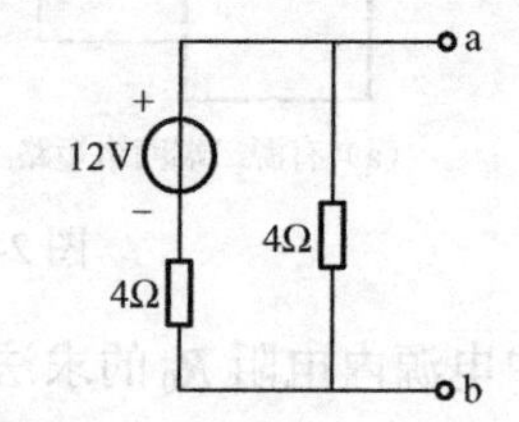

图 2-28　练习与思考 2.5.3 的图

2.6　Multisim14 仿真实验　叠加定理的验证

1．实验目的

（1）利用 Multisim14 构建实验电路，验证叠加定理。

（2）通过实验，进一步学习仿真软件 Multisim14 的基本应用。

2．实验原理

根据叠加定理，在线性电路中，有多个电源同时作用时，任一支路的电流或电压都等于各个独立电源单独作用时所产生的电流或电压的代数和。验证叠加定理的实验电路如图 2-29 所示，它由两个电压源（U_{S1}、U_{S2}）、两个开关（S1、S2）及多个电阻组成。通过分别测量 U_{S1}、U_{S2} 单独作用及共同作用时产生的电流或电压，就可验证叠加定理。

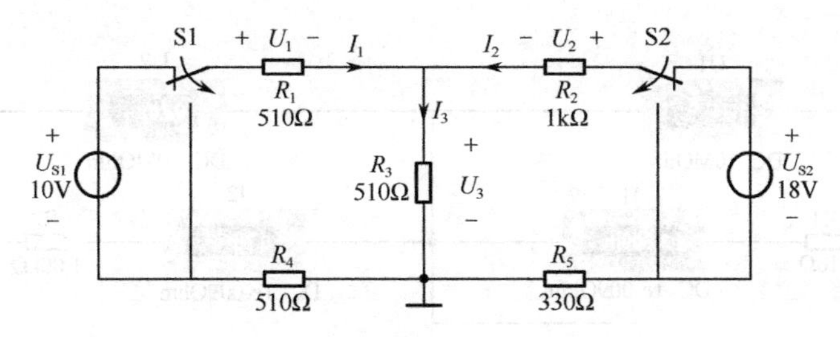

图 2-29 验证叠加定理的实验电路

3. 预习要求

（1）复习叠加定理的知识。

（2）学习 Multisim14 中开关的使用方法。

将 Multisim14 元件库中的开关元件 SPDT 放置到电路设计窗口中，如图 2-30 所示，其中 S1 是开关的标号，“Key = Space”表示“Space”键是开关 S1 的切换按键。通过操作键盘上的“Space”键，可控制开关 S1 接通的位置。在“Key = Space”上双击，出现图 2-31 所示的 SPDT 属性设置对话框，选择“Value”菜单下的“Key for toggle”，可将开关 S1 的切换按键更换为按键“A”或按键“B”。

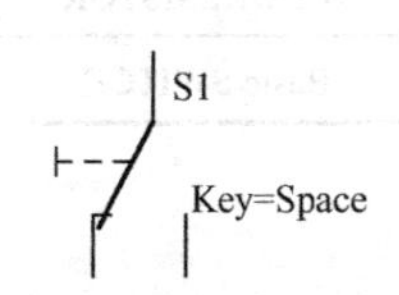

图 2-30 开关元件 SPDT 的图形符号

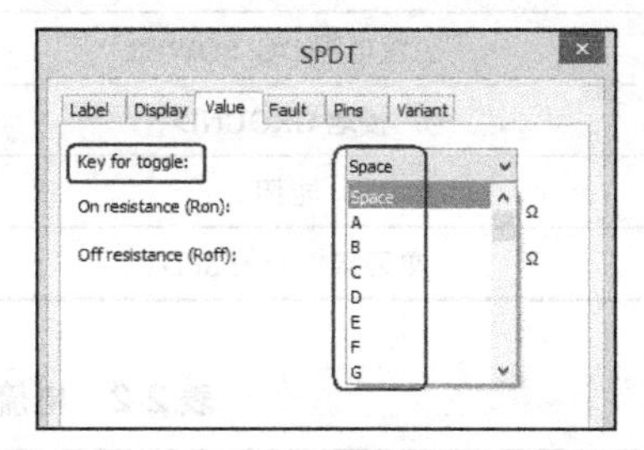

图 2-31 开关元件 SPDT 的切换按键设置

4. 实验内容及步骤

（1）选取元器件构建电路。

新建一个设计，命名为“实验二 叠加定理的验证”并保存。

从元件库中选取直流电源、电阻、开关、直流电压表、直流电流表，放置到电路设计窗口中，修改元件的参数和名称，构建图 2-32 所示的实验电路。各元器件的所属库如表 2-1 所示。

（2）接通 U_{S1}，断开 U_{S2}，在 U_{S1} 单独作用下，观测电流表 I1、I2、I3 和电压表 U1、U2、U3 的数据，填入表 2-2 和表 2-3 中。

（3）断开 U_{S1}，接通 U_{S2}，在 U_{S2} 单独作用下，观测电流表 I1、I2、I3 和电压表 U1、U2、U3 的数据，填入表 2-2 和表 2-3 中。

（4）接通 U_{S1}、U_{S2}，在 U_{S1} 和 U_{S2} 共同作用下，观测电流表 I1、I2、I3 和电压表 U1、U2、U3 的数据，填入表 2-2 和表 2-3 中，通过测量结果验证叠加定理。

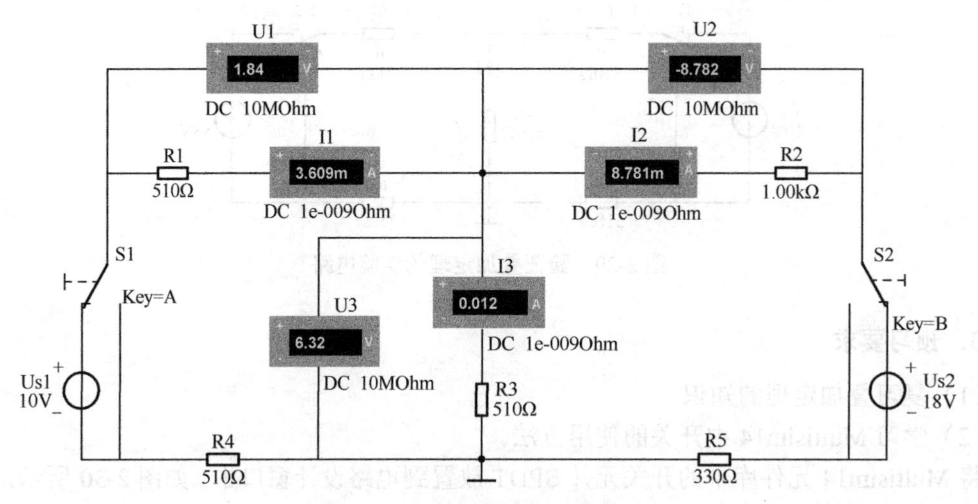

图 2-32 验证叠加定理的仿真电路

表 2-1 验证叠加定理的实验所用元器件及所属库

序　号	元 器 件	所 属 库
1	直流电源 DC_POWER	Sources/POWER_SOURCES
2	接地 GROUND	Sources/POWER_SOURCES
3	电阻	Basic/RESISTOR
4	单刀双掷开关 SPDT	Basic/SWITCH

表 2-2 电流叠加关系的验证

电路状态	电流值及验证公式	测量值/mA	电流值及验证公式	测量值/mA	电流值及验证公式	测量值/mA
U_{S1}单独起作用	I_1'		I_2'		I_3'	
U_{S2}单独起作用	I_1''		I_2''		I_3''	
U_{S1}、U_{S2}共同起作用	I_1		I_2		I_3	
验证叠加定理	$I_1=I_1'+I_1''$		$I_2=I_2'+I_2''$		$I_3=I_3'+I_3''$	

表 2-3 电压叠加关系的验证

电路状态	电压值及验证公式	测量值/V	电压值及验证公式	测量值/V	电压值及验证公式	测量值/V
U_{S1}单独起作用	U_1'		U_2'		U_3'	
U_{S2}单独起作用	U_1''		U_2''		U_3''	
U_{S1}、U_{S2}共同起作用	U_1		U_2		U_3	
验证叠加定理	$U_1=U_1'+U_1''$		$U_2=U_2'+U_2''$		$U_3=U_3'+U_3''$	

练习与思考

2.6.1　戴维南定理的仿真电路如图 2-33 所示，将 R_6 作为负载电阻，其余部分作为等效电源。实验前，先计算出戴维南定理等效电路的电源电压 U_{es} 和内电阻 R_0，并分别计算当 R_6

为 0Ω、500Ω、1500Ω、2000Ω、∞时，电阻 R_6 上的电流和电压，填入自制表格中。接通电路，完成上述实验内容，并将实验结果与理论计算结果相比较，以验证戴维南定理。

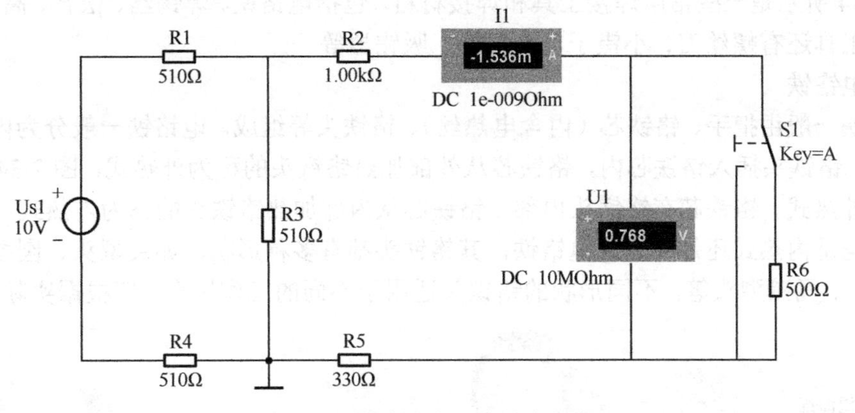

图 2-33　戴维南定理的仿真电路

2.7　课外实践　焊接技术

本节介绍在电子实习过程中常用到的焊接技术及一些常用焊接工具。

1. 焊接机理

在印制板上的焊接，不是简单地用熔化的焊锡将铜箔和元件的管脚粘贴在一起，而是一个复杂的物理、化学反应过程。熔化的焊锡浸润到铜箔和管脚中，并与铜箔和管脚产生化学反应生成合金层，从而将铜箔和管脚牢固地连接在一起，并且具有优良的电气性能。

焊接时需要将铜箔和管脚加热到一定的温度，并将焊锡加热熔化。由于铜箔和元件管脚的散热面较大，较难加热，而焊锡的熔点较低，很容易加热熔化，故在焊接时要先用电铬铁加热铜箔和元件的管脚，然后再加热焊锡丝。

2. 焊接的五步操作法

焊接过程中，需要按照五步操作法的规定进行焊接。

（1）准备

焊接前要将电铬铁调整到最佳工作状态，清除铬铁头表面的污物，将印制板、元件的管脚清理干净，以便于焊接。

（2）预加热

先用电铬铁加热铜箔和元件的管脚，约 2～3s。具体加热时间的长短应根据焊点大小、电铬铁的功率、环境温度等因素确定。

（3）移入焊锡丝

将焊锡丝熔化并形成焊点，约 1～2s。具体时间应根据焊点大小等因素确定。

（4）移开焊锡丝

待焊锡丝熔化一定量后，向左上方 45° 方向移开焊锡丝。

（5）移开电铬铁

向右上方 45° 方向移开电铬铁，结束焊接。整个焊接过程约需要 3～5s。

3. 常用焊接工具和焊接材料

图 2-34 所示是一些常用焊接工具和焊接材料，包括电铬铁、焊锡丝、松香、高温海绵等，其他焊接工具还有螺丝刀、小镊子、斜口钳、吸锡器等。

（1）电铬铁

电铬铁一般由把手、铬铁芯（内含电热丝）、铬铁头等组成。电铬铁一般分为内热式和外热式两种。铬铁头插入铬铁芯内，铬铁芯从外部加热铬铁头的称为外热式，图 2-34 所示的电铬铁即为外热式。铬铁芯在铬铁头内部，铬铁芯从内部加热铬铁头的称为内热式，如图 2-35 所示。不论是内热式还是外热式电铬铁，其铬铁头都有多种形状，如尖型头、圆型头、刀型头、扁型头、马蹄型头等，不同形状的铬铁头适用于不同的工作场合，应根据实际需要选择。

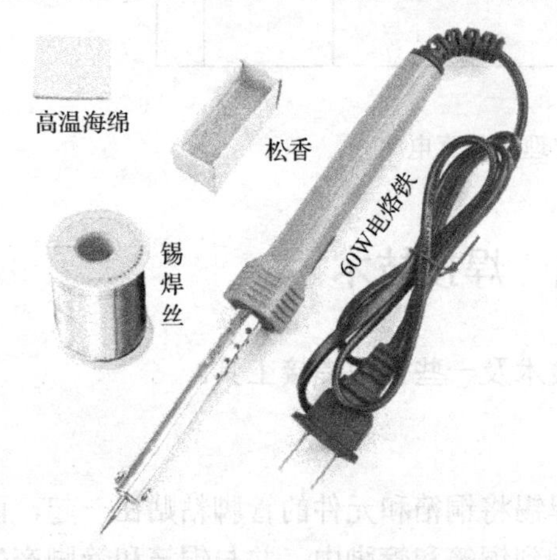

图 2-34　常用焊接工具和焊接材料

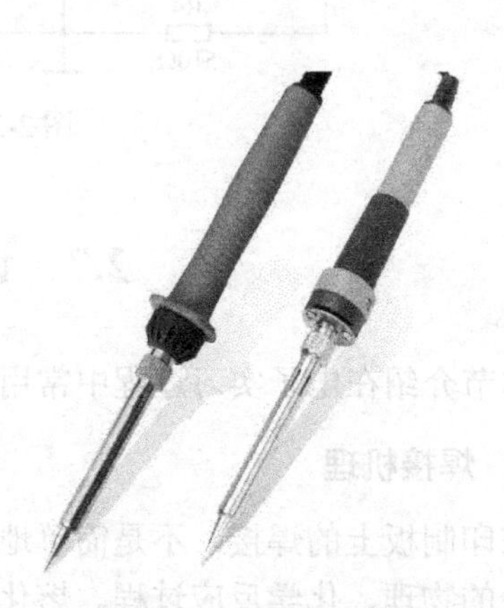

图 2-35　内热式电铬铁

（2）助焊剂

助焊剂在焊接过程中主要起以下作用：一是与焊件表面的氧化物起化学反应，除去这些氧化物而有利于焊锡的浸润；二是起隔绝空气的作用，助焊剂漂浮在熔化的焊锡的表面，将空气与焊锡隔绝，防止焊接面的氧化；三是增加焊锡的流动性，使焊点圆润、光滑、饱满。

松香是焊接印制板中常用的助焊剂，其他的助焊剂还有焊锡膏等。

（3）焊锡丝

焊锡丝是锡和铅的合金，根据二者比例不同，焊锡丝的熔点不同，一般为 183～300℃。焊锡丝一般为中空状，中间有松香作助焊剂。

（4）高温海绵

高温海绵也称为铬铁头清洁海绵，使用时用水浸湿，将高温的烙铁头在上面擦拭，可除去铬铁头上面的污物。

小　　结

电路根据其结构可分成简单电路与复杂电路，对于简单电路可利用电阻、电源的串并联进行求解，而对于复杂电路则需要采用一定的电路分析方法进行求解。

常用的基本电路分析方法有电源模型的等效变换法、支路电流法、结点电压法、叠加定理、等效电源定理等。

任何一个实际的电源，都可以用电压源和电流源两种不同的电路模型来表示，这两种电源模型之间可进行等效变换。

支路电流法是分析复杂电路的最基本方法之一，以待求的支路电流作为未知量，利用基尔霍夫定律列写出独立的电压及电流方程，从而进行求解。支路电流法思路简便，可用于任何电路的求解，但当电路支路数较多时，会由于方程数量的增加而带来求解困难。

结点电压法以结点电压作为未知量，列写电路的电流方程进行求解。一般来说电路的结点数少于支路数，所以结点电压法更适合结构复杂电路的求解。

叠加定理只能用于求解线性电路，可将多电源电路分解成几个单电源的简单电路，将各个单电源电路的求解结果进行代数叠加，即得到原电路的解。叠加定理可用于求解线性电路的电压和电流，但不能用于功率的计算。当电路电源数量较多时，也可将电源进行分组。

等效电源定理是指任何线性有源二端网络，对外电路来说，都可以等效成一个电源。等效电源定理是电路理论的重要定理，可用于复杂电路网络的分析。戴维南定理是指将有源二端网络等效成电压源的形式，其中理想电压源为有源二端网络的开路电压，内电阻为有源二端网络的除源等效电阻。诺顿定理是指将有源二端网络等效成电流源的形式，其中理想电流源为有源二端网络的短路电流，内电阻为有源二端网络的除源等效电阻。

上述分析方法不仅适用于直流电路的分析，也可以用于交流电路的求解。有的电路可以用多种方法求解，实际中可根据各个方法的特点进行选择。

习　题

2-1　用支路电流法列方程求解电路时，所列方程的个数应等于电路的（　　）。

A．结点数　　B．回路数　　C．支路数　　D．网孔数

2-2　某电路中有 $n=4$ 个结点和 $b=6$ 条支路，用支路电流法列方程求解电路时，需要对结点和回路列出的 KCL、KVL 方程的个数分别是（　　）。

A．3 个和 3 个　　B．3 个和 4 个

C．4 个和 3 个　　D．4 个和 4 个

2-3　叠加定理适用于计算（　　）。

A．线性电路中的电压和电流　　B．非线性电路中的电压和电流

C．线性电路中的电压、电流和功率　　D．非线性电路中的电压、电流和功率

2-4　戴维南定理指出，对外部电路而言，任何一个有源二端网络都可以等效为（　　）。

A．理想电压源与电阻的串联　　B．理想电流源与电阻的串联

C．理想电压源与电阻的并联　　D．理想电流源与电阻的并联

2-5　将图 2-36（a）中的电路等效成为图 2-36（b）中的电压源，则其中的 U_{eS} 和 R_0 分别为（　　）。

A．6V 和 2Ω　　B．6V 和 4Ω　　C．12V 和 4Ω　　D．12V 和 8Ω

2-6　实验测得某有源二端网络的开路电压为 12V，短路电流为 3A，当外接电阻是 4Ω 时，通过该电阻的电流为（　　）。

A．2.5A　　B．2A　　C．1.5A　　D．1A

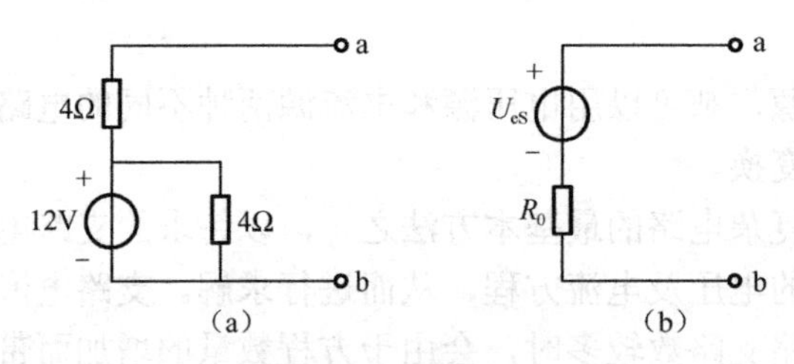

图 2-36　习题 2-5 的图

2-7　将图 2-37（a）中的电路等效成为图 2-37（b）中的电压源，若 $U_{S1}=12V$，$U_{S2}=18V$，$R_1=6\Omega$，$R_2=3\Omega$，则其中的 U_{eS} 和 R_0 分别为（　）。

A．15V，2Ω　　B．15V，9Ω　　C．16V，2Ω　　D．16V，9Ω

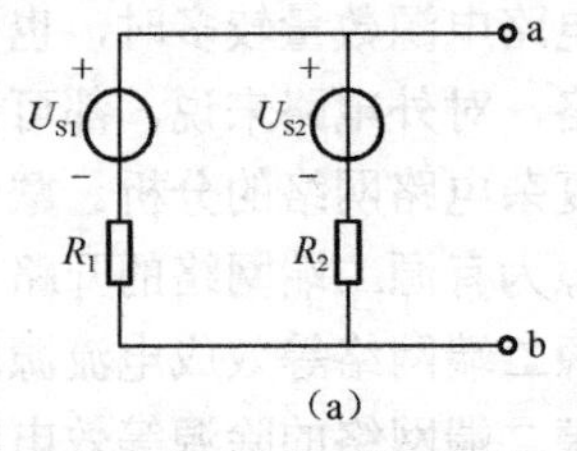

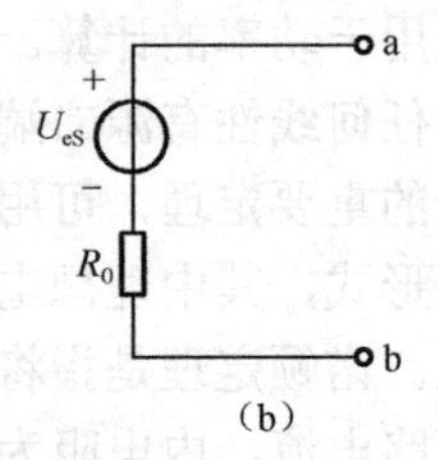

图 2-37　习题 2-7 的图

2-8　电路如图 2-38 所示，已知 $U_{S1}=12V$，$U_{S2}=6V$，$R_1=3\Omega$，$R_2=6\Omega$，$R_3=3\Omega$。利用电压源与电流源等效变换的方法求电流 I_3。

2-9　电路如图 2-39 所示，试用电压源与电流源等效变换的方法计算电阻 R_4 上的电流 I_4。

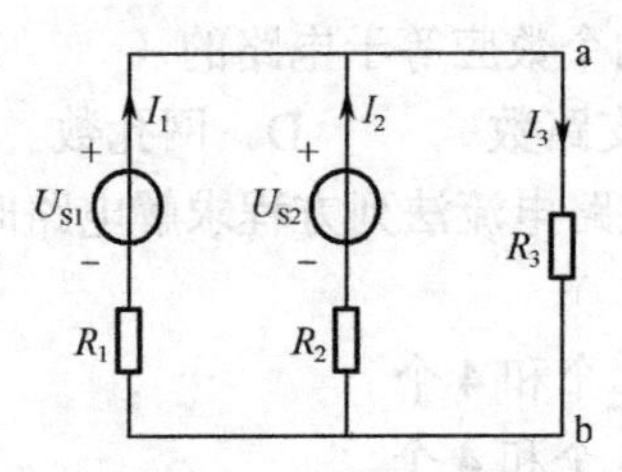

图 2-38　习题 2-8 的图

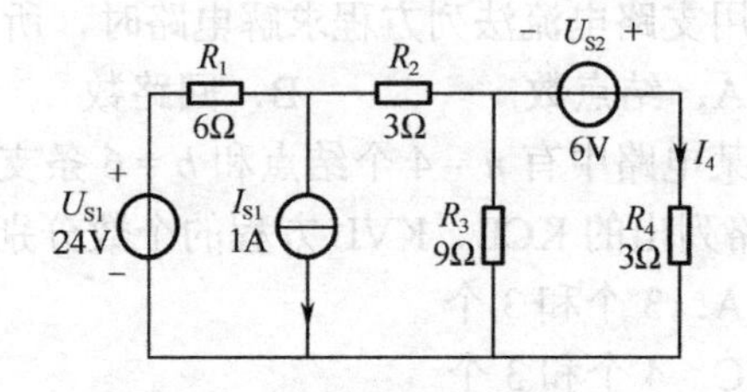

图 2-39　习题 2-9 的图

2-10　电路如图 2-40 所示，已知 $U_{S1}=24V$，$U_{S2}=32V$，$U_{S3}=12V$，$R_1=12\Omega$，$R_2=4\Omega$，$R_3=4\Omega$。试用支路电流法求电路中的电流 I_1、I_2 和 I_3。

2-11　电路如图 2-41 所示，已知 $I_{S1}=6A$，$I_{S2}=2A$，$I_{S3}=3A$，$U_S=2V$，$R_1=4\Omega$，$R_2=2\Omega$，$R_3=2\Omega$。试用支路电流法求电路中的电流 I_1、I_2 和 I_3。

2-12　电路如图 2-40 所示，已知 $U_{S1}=15V$，$U_{S2}=6V$，$U_{S3}=12V$，$R_1=3\Omega$，$R_2=4\Omega$，$R_3=6\Omega$。试用结点电压法求结点电压 U_a 和电流 I_3。

2-13　电路如图 2-41 所示，已知 $I_{S1}=8A$，$I_{S2}=3A$，$I_{S3}=5A$，$U_S=2V$，$R_1=4\Omega$，$R_2=2\Omega$，$R_3=2\Omega$。试用结点电压法求结点电压 U_a、U_b 和电流 I_3。

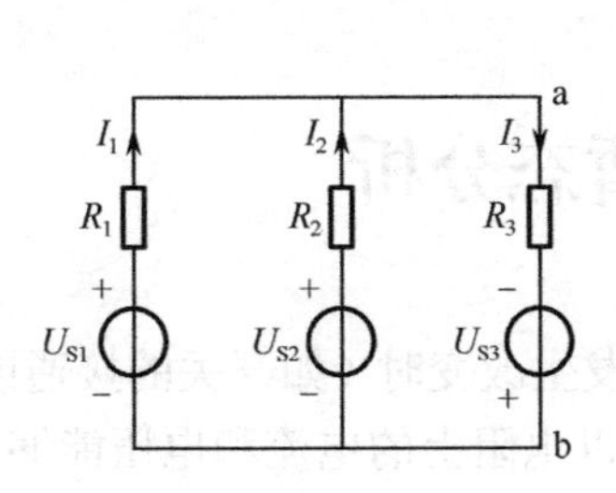

图 2-40　习题 2-10 的图

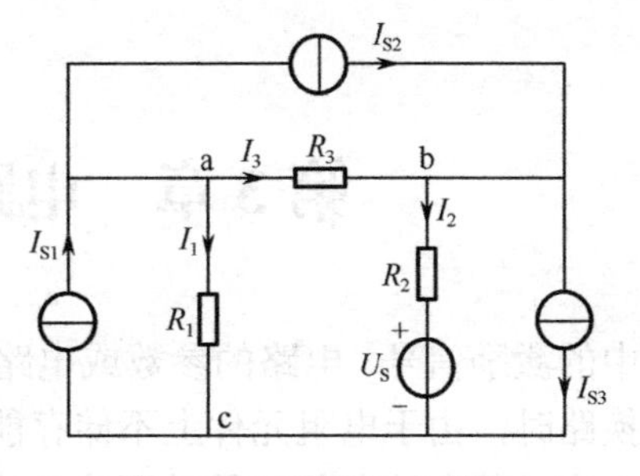

图 2-41　习题 2-11 的图

2-14　电路如图 2-38 所示，已知 $U_{S1} = 18V$，$U_{S2} = 15V$，$R_1 = 3\Omega$，$R_2 = 6\Omega$，$R_3 = 3\Omega$。试用叠加定理求电流 I_1、I_2、I_3。

2-15　电路如图 2-41 所示，已知 $R_1 = 4\Omega$，$R_2 = 3\Omega$，$R_3 = 3\Omega$，当 $U_S = 6V$ 时，电流 $I_3 = 2.4A$。当 $U_S = 12V$ 时，电流 I_3 为多大？

2-16　电路如图 2-42 所示，已知 $U_S = 15V$，$I_{S1} = 3A$，$I_{S2} = 5A$，$R_1 = 4\Omega$，$R_2 = 3\Omega$，$R_3 = 2\Omega$。试用叠加定理求电流 I。

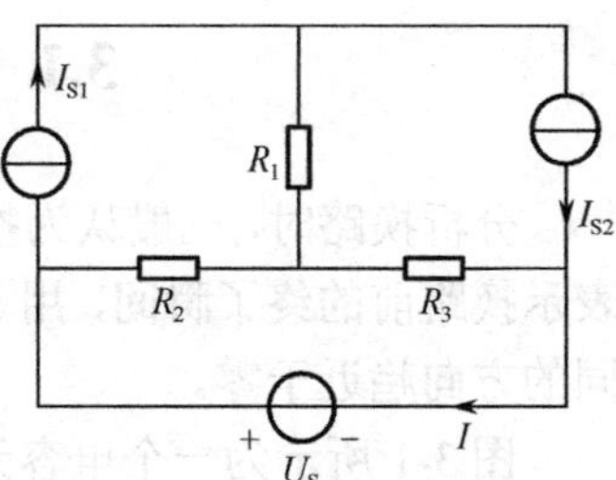

图 2-42　习题 2-16 的图

2-17　电路如图 2-38 所示，已知 $U_{S1} = 9V$，$U_{S2} = 18V$，$R_1 = 3\Omega$，$R_2 = 6\Omega$，$R_3 = 3\Omega$。试用戴维南定理求电流 I_3。

2-18　电路如图 2-38 所示，已知 $U_{S1} = 27V$，$U_{S2} = 15V$，$R_1 = 3\Omega$，$R_2 = 6\Omega$，$R_3 = 3\Omega$。试用诺顿定理求电流 I_3。

2-19　电路如图 2-43 所示，已知 $U_S = 6V$，$I_{S1} = 5A$，$I_{S2} = 2A$，$R_1 = 4\Omega$，$R_2 = 2\Omega$，$R_3 = 3\Omega$，$R_4 = 5\Omega$。试用戴维南定理求电流 I。

2-20　电路如图 2-44 所示，已知 $U_{S1} = 36V$，$U_{S2} = 24V$，$R_1 = 4\Omega$，$R_2 = 12\Omega$，$R_3 = 6\Omega$，$R_4 = 3\Omega$，$R_5 = 2\Omega$，$R_6 = 3\Omega$。试用戴维南定理求通过 R_5 支路的电流 I。

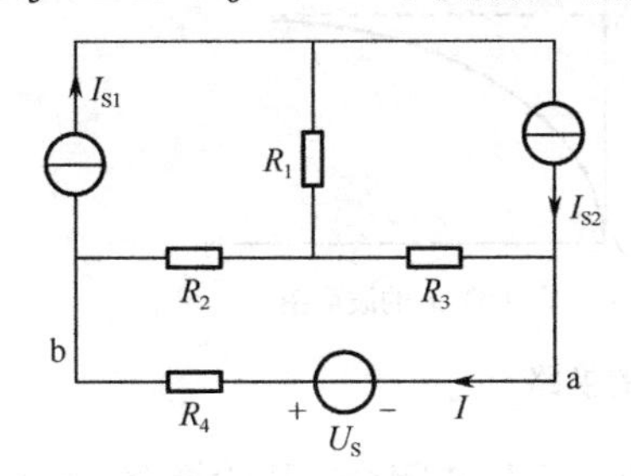

图 2-43　习题 2-19 的图

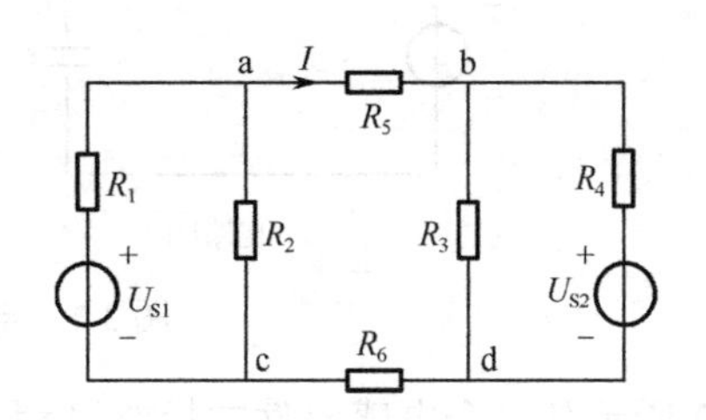

图 2-44　习题 2-20 的图

第3章　电路的暂态分析

当电路中的激励信号、电路的参数或电路的状态发生改变时（如开关的接通或断开），统称为换路。换路时，由于电阻元件上不储存能量，所以电阻上的电流和电压能够发生突变；由于电感、电容元件上储存着能量，而能量的储存和释放需要一定的时间，所以电感、电容上的电流和电压不能发生突变，只能连续变化，需要经过一个暂态（过渡）过程才能达到新的稳定状态。对这个暂态过程中电压和电流变化规律的分析，称为暂态分析。本章只讨论含有一个电容或电感元件的一阶线性电路的暂态分析。

3.1　换路定则与电路初始值的确定

分析换路时，一般认为换路是在一瞬间完成的。通常把 $t = 0$ 时刻作为换路时间，用 $t = 0_-$ 表示换路前的终了瞬间，用 $t = 0_+$ 表示换路后的初始瞬间。0_- 和 0_+ 的极限值都是零，只是从不同的方向趋近于零。

图3-1所示为一个电容元件的换路过程，$t = 0$ 时，开关S闭合，开始换路。用 $u_C(0_-)$ 表示换路前电容上的电压值，用 $u_C(0_+)$ 表示换路后电容上的电压值，用 u_C 表示换路后的暂态过程中电容上的电压值，用 $u_C(\infty)$ 表示换路过程结束后电容上电压的稳态值，$u_C(\infty) = U_S$。从理论上讲，认为经过无限长的时间($t = \infty$)，换路过程才能结束，电路处于稳态。在实践中，经过一定时间后，当 u_C 接近于 $u_C(\infty)$ 时，就认为换路过程结束。

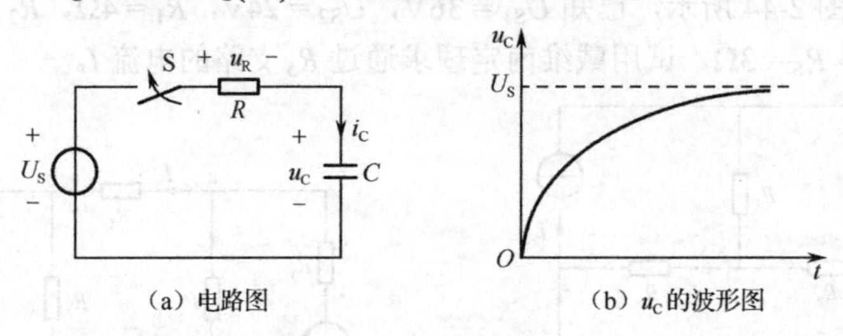

（a）电路图　　（b）u_C 的波形图

图3-1　电容元件的换路

图3-2所示是一个电感元件的换路过程，$t = 0$ 时，开关S闭合，开始换路。分别用 $i_L(0_-)$、$i_L(0_+)$ 表示换路前、后电感中电流的初始值，用 i_L 表示换路后的暂态过程中的电流值，用 $i_L(\infty)$ 表示换路过程结束后电流的稳态值，$i_L(\infty) = U_S/R$。

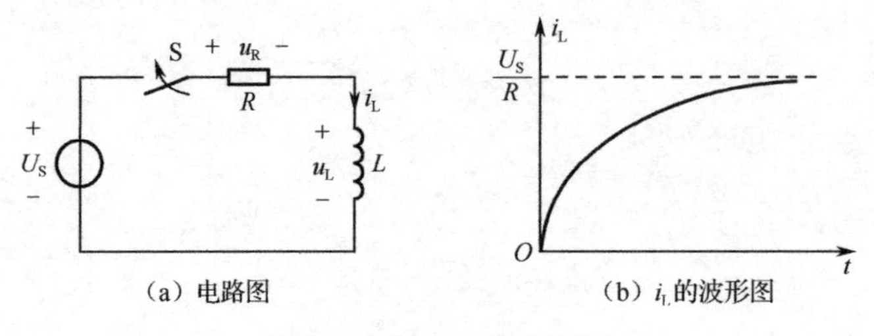

（a）电路图　　（b）i_L 的波形图

图3-2　电感元件的换路

电容和电感元件也称为动态元件，由它们构成的电路也称为动态电路。动态电路在换路时产生暂态过程。

电阻元件不是动态元件，纯电阻电路也不是动态电路。在纯电阻电路中，当出现换路时，电路从一种稳定状态立即进入另一种稳定状态，不存在暂态过程。

对只含有一个储能元件（电容或电感）的线性电路列电压或电流方程时，方程中只含有电压或电流的一阶导数，不含高阶导数，故称为一阶线性电路。

3.1.1 换路定则

因为电容元件的储能与电压有关，即 $W_\text{C}=\dfrac{1}{2}Cu_\text{C}^2$，故电容元件上的电压 u_C 不能突变，只能连续变化；因为电感元件的储能与电流有关，即 $W_\text{L}=\dfrac{1}{2}Li_\text{L}^2$，故电感元件中的电流 i_L 不能突变，只能连续变化。u_C、i_L 不能突变，这是能量守恒定律的具体体现。

u_C、i_L 不能突变，即换路瞬间电容上的电压与电感中的电流不能突变，这一规律称为换路定则，用公式表示为

$$\left.\begin{aligned}u_\text{C}(0_+)=u_\text{C}(0_-)\\ i_\text{L}(0_+)=i_\text{L}(0_-)\end{aligned}\right\}\tag{3-1}$$

上式是确定换路后电路初始值的重要公式。

除 u_C 和 i_L 外，电路中的其他电量，比如 i_C 和 u_L 是可以突变的，因为它们与储能无关。

3.1.2 初始值的确定

电路初始值的确定除考虑电源的作用外，还要考虑储能元件的状态，一般来说，求电路初始值的步骤如下：

（1）求出换路前瞬间的 $u_\text{C}(0_-)$ 和 $i_\text{L}(0_-)$。在直流电源作用下，若电路已经处于稳定状态，则将电容视为开路，将电感视为短路，画出 $t=0_-$ 时的等效电路，然后求出 $u_\text{C}(0_-)$ 和 $i_\text{L}(0_-)$。

（2）利用换路定则求出 $t=0_+$ 时的 $u_\text{C}(0_+)$ 和 $i_\text{L}(0_+)$。

（3）将电路中储能元件用电压源或电流源来代替，画出 $t=0_+$ 时的等效电路。将电路中的电容用电压等于 $u_\text{C}(0_+)$ 的电压源来代替，若 $u_\text{C}(0_+)=0$，则替代电源用短路线代替。将电路中的电感用电流等于 $i_\text{L}(0_+)$ 的电流源来代替，若 $i_\text{L}(0_+)=0$，则替代电源用开路代替。

（4）利用前面介绍的电路分析方法（如支路电流法、叠加定理、戴维南定理等），求出电路中其他元件上的电压和电流的初始值。

下面通过例题来说明换路后初始值的确定。

例 3.1.1 电路如图 3-1 所示，已知 $U_\text{S}=6\text{V}$，$R=3\Omega$，换路前电路已稳定，$t=0$ 时开关 S 闭合。求换路后电路的初始值 $u_\text{C}(0_+)$、$u_\text{R}(0_+)$、$i_\text{C}(0_+)$。

解：

$$u_\text{C}(0_+)=u_\text{C}(0_-)=0\text{V}$$

$$u_\text{R}(0_+)=U_\text{S}-u_\text{C}(0_+)=(6-0)\text{V}=6\text{V}$$

$$i_\text{C}(0_+)=i_\text{R}(0_+)=\frac{u_\text{R}(0_+)}{R}=\frac{6}{3}\text{A}=2\text{A}$$

例 3.1.2 电路如图 3-2 所示，已知 $U_\text{S}=6\text{V}$，$R=3\Omega$，换路前电路已稳定，$t=0$ 时开关 S 闭合。求换路后电路的初始值 $i_\text{L}(0_+)$、$u_\text{R}(0_+)$、$u_\text{L}(0_+)$。

解：

$$i_L(0_+) = i_L(0_-) = 0\text{A}$$

$$u_R(0_+) = Ri_L(0_+) = 3\times 0\text{V} = 0\text{V}$$

$$u_L(0_+) = U_S - u_R(0_+) = (6-0)\text{V} = 6\text{V}$$

例 3.1.3 电路如图 3-3（a）所示，已知 $U_S = 18\text{V}$，$R_1 = 3\Omega$，$R_2 = 2\Omega$，$R_3 = 6\Omega$，换路前电路已稳定，$t = 0$ 时开关 S 由 a 合到 b。求换路后电路的初始值 $u_C(0_+)$、$i_L(0_+)$、$i_C(0_+)$、$i_1(0_+)$。

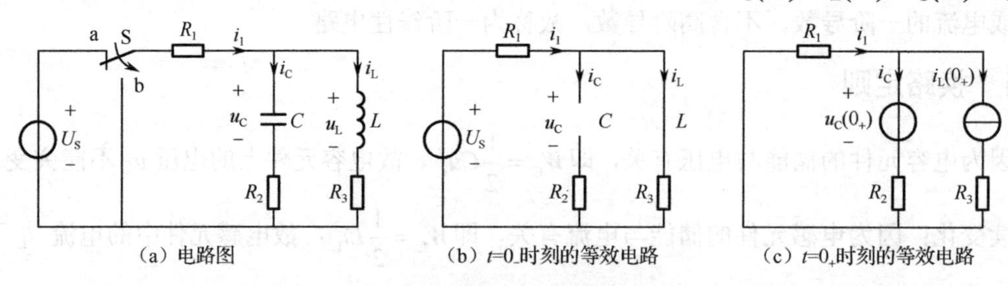

图 3-3　例 2.1.3 的电路

解： 换路前的等效电路如图 3-3（b）所示，由图 3-3（b）可求出 $i_L(0_-)$、$u_C(0_-)$：

$$i_L(0_-) = \frac{U_S}{R_1 + R_3} = \frac{18}{3+6}\text{A} = 2\text{A}$$

$$u_C(0_-) = R_3 i_L(0_-) = 6\times 2\text{V} = 12\text{V}$$

根据换路定则求出换路后的 $u_C(0_+)$、$i_L(0_+)$：

$$u_C(0_+) = u_C(0_-) = 12\text{V}$$

$$i_L(0_+) = i_L(0_-) = 2\text{A}$$

把电容用 $u_C(0_+) = 12\text{V}$ 的电压源代替，把电感用 $i_L(0_+) = 2\text{A}$ 的电流源来代替，等效电路如图 3-3（c）所示。对图 3-3（c）所示的等效电路列方程

$$\begin{cases} i_1(0_+) - i_C(0_+) - i_L(0_+) = 0 \\ Ri_1(0_+) + R_2 i_C(0_+) + u_C(0_+) = 0 \end{cases}$$

将数据代入上式，得

$$\begin{cases} i_1(0_+) - i_C(0_+) - 2 = 0 \\ 3i_1(0_+) + 2i_C(0_+) + 12 = 0 \end{cases}$$

整理，得 $i_C(0_+) = -3.6\text{A}$、$i_1(0_+) = -1.6\text{A}$。

练习与思考

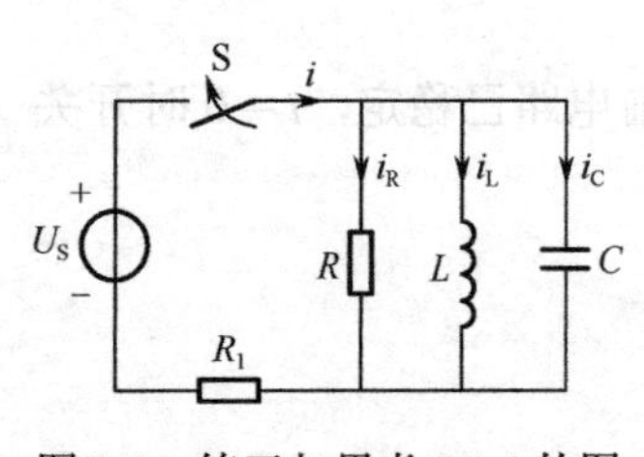

图 3-4　练习与思考 3.1.4 的图

3.1.1　在含有储能元件的电路中，换路时哪些量可以发生突变？哪些量不能发生突变？

3.1.2　试解释动态电路产生暂态过程的原因。

3.1.3　试述求解电路初始值的步骤。

3.1.4　电路如图 3-4 所示，设换路前电路已稳定，在开关 S 闭合的瞬间，i、i_R、i_L、i_C 中哪些电流不发生变化？

3.2　一阶 RC 电路的暂态分析

一阶 RC 电路中包含一个电容元件、多个电阻或电源，对它列出的方程是含有一阶导数的微分方程。

根据有无激励和储能元件的初始状态，一阶电路的暂态响应可以分为以下三种类型：若储能元件的初始状态为零，激励不为零，电路的响应只是由激励产生，这种响应称为零状态响应；若储能元件的初始状态不为零，而激励为零，电路的响应只是由储能元件的储能产生零输入响应；若储能元件的初始状态不为零，激励也不为零，电路的响应是由储能元件的储能和激励共同作用所产生的，这种响应称为全响应。

3.2.1　一阶 RC 电路的全响应

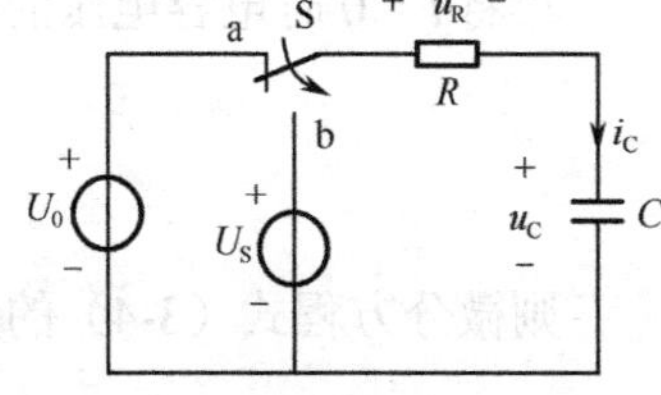

图 3-5　一阶 RC 电路的全响应

典型一阶 RC 全响应电路如图 3-5 所示，U_0 和 U_S 都不为零，假设换路前电路已稳定，$t=0$ 时开关 S 由 a 合到 b，进行换路。

由于换路前电路已稳定，故 $u_C(0_-)=U_0$，再由换路定则，可求得

$$u_C(0_+)=u_C(0_-)=U_0 \tag{3-2}$$

根据换路后的电路，列出 KVL 方程

$$Ri_C+u_C=U_S$$

将 $i_C=C\dfrac{\mathrm{d}u_C}{\mathrm{d}t}$ 代入上式，得

$$RC\frac{\mathrm{d}u_C}{\mathrm{d}t}+u_C=U_S \tag{3-3}$$

令 $\tau=RC$ 代入上式，得

$$\tau\frac{\mathrm{d}u_C}{\mathrm{d}t}+u_C=U_S \tag{3-4}$$

式（3-4）是一阶常系数线性非齐次微分方程，由高等数学的知识可知，非齐次微分方程的解由两部分组成：特解 u_C' 和通解 u_C''，即

$$u_C=u_C'+u_C'' \tag{3-5}$$

通解 u_C'' 就是齐次微分方程

$$\tau\frac{\mathrm{d}u_C}{\mathrm{d}t}+u_C=0 \tag{3-6}$$

的解，通解的形式为

$$u_C''=A\mathrm{e}^{pt} \tag{3-7}$$

式中，A 为积分常数，p 是方程的特征根。将式（3-7）代入式（3-6），消去公因子，得到特征方程

$$\tau p+1=0$$

由上式可求得特征根 p

$$p=-\frac{1}{\tau} \tag{3-8}$$

故通解为$u_C'' = Ae^{-\frac{t}{\tau}}$，将其代入式（3-5），得

$$u_C = u_C' + Ae^{-\frac{t}{\tau}} \tag{3-9}$$

在式（3-9）中，当$t=\infty$时，通解$u_C'' = Ae^{-\frac{t}{\tau}} = 0$，由此可求得特解$u_C'$

$$u_C(\infty) = u_C' + Ae^{-\frac{\infty}{\tau}} = u_C' + 0 = u_C'$$

特解即为电路的稳态值，$u_C' = u_C(\infty)$。将上式代入式（3-9），可得

$$u_C = u_C(\infty) + Ae^{-\frac{t}{\tau}}$$

再将$t=0$时电容电压的初始值$u_C(0_+)$代入上式，可求得积分常数A，即

$$u_C(0_+) = u_C(\infty) + Ae^{-\frac{0}{\tau}} = u_C(\infty) + A$$

$$A = u_C(0_+) - u_C(\infty)$$

则微分方程式（3-4）的解为

$$u_C = u_C(\infty) + [u_C(0_+) - u_C(\infty)]e^{-\frac{t}{\tau}} \tag{3-10}$$

将电路的初始值$u_C(0_+) = U_0$、稳态值$u_C(\infty) = U_S$代入上式，得

$$u_C = U_S + (U_0 - U_S)e^{-\frac{t}{\tau}} \tag{3-11}$$

将上式代入$i_C = C\dfrac{du_C}{dt}$，求得

$$i_C = C\frac{du_C}{dt} = -C\frac{U_0 - U_S}{\tau}e^{-\frac{t}{\tau}} = \frac{U_S - U_0}{R}e^{-\frac{t}{\tau}} \tag{3-12}$$

图3-6为u_C、i_C的变化曲线。在图3-6（a）中，U_0小于U_S，u_C按指数规律由U_0升高到U_S，i_C逐渐减小到零；在图3-6（b）中，U_0大于U_S，u_C按指数规律由U_0降低到U_S，i_C的绝对值逐渐减小到零。

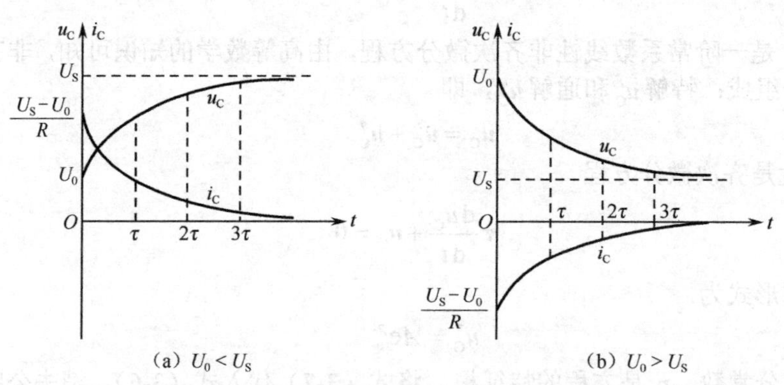

图3-6　一阶RC全响应电路中u_C、i_C的变化曲线

u_C、i_C变化的快慢由参数τ决定，τ称为RC电路的时间常数，单位是s（秒）。从理论上讲，要经过无限长时间，即$t=\infty$时，暂态过程才能结束，但在工程上通常认为换路后经过3τ～5τ，暂态过程就结束了，详见表3-1。

表 3-1　u_C、i_C参数值与时间常数τ的关系

t	$e^{-t/\tau}$	u_C	i_C
τ	$e^{-1}=0.368$	$U_S+0.368(U_0-U_S)$	$0.368(U_S-U_0)/R$
2τ	$e^{-2}=0.135$	$U_S+0.135(U_0-U_S)$	$0.135(U_S-U_0)/R$
3τ	$e^{-3}=0.050$	$U_S+0.050(U_0-U_S)$	$0.050(U_S-U_0)/R$
4τ	$e^{-4}=0.018$	$U_S+0.018(U_0-U_S)$	$0.018(U_S-U_0)/R$
5τ	$e^{-5}=0.007$	$U_S+0.007(U_0-U_S)$	$0.007(U_S-U_0)/R$
…	…	…	…
∞	$e^{-\infty}=0$	U_S	0

例 3.2.1　电路如图 3-5 所示，设 $R=2\Omega$，$C=5\mu F$，$U_0=6V$，$U_S=10V$。换路前电路已稳定，$t=0$ 时开关 S 由 a 合到 b。试求：（1）换路后 u_C、i_C、u_R 的表达式；（2）换路后经过多长时间电容上的电压 u_C 达到 9V？

解：先求出 $u_C(0_+)$、$u_C(\infty)$和 τ，代入式（3-10）求出 u_C，然后利用公式$i_C=C\dfrac{du_C}{dt}$求得 i_C，再利用欧姆定律求出 u_R。

（1）u_C 的初始值

$$u_C(0_+)=u_C(0_-)=U_0=6V$$

u_C 的稳态值

$$u_C(\infty)=U_S=10V$$

电路的时间常数

$$\tau=RC=2\times5\times10^{-6}s=10^{-5}s$$

将 $u_C(0_+)$、$u_C(\infty)$和 τ 代入式（3-10）得 u_C 的表达式为

$$u_C=\left[10+(6-10)e^{-\frac{t}{10^{-5}}}\right]V=(10-4e^{-10^5 t})V \tag{3-13}$$

i_C 的表达式为

$$i_C=C\frac{du_C}{dt}=5\times10^{-6}\times\frac{d(10-4e^{-10^5 t})}{dt}A=2e^{-10^5 t}A$$

用欧姆定律求出 u_R

$$u_R=Ri_C=2\times2e^{-10^5 t}V=4e^{-10^5 t}V$$

（2）将 $u_C=9V$ 代入式（3-13），可求得 u_C 达到 9V 的时间

$$9=10-4e^{-10^5 t},\quad t=13.8\mu s$$

3.2.2　一阶 RC 电路的零状态响应

典型的 RC 零状态响应电路如图 3-7 所示，换路前电容元件上的储能为零，即 $u_C(0_-)=0$，在外加激励作用下产生电路的响应。设换路前电路已稳定，$t=0$ 时开关 S 由 a 合到 b，进行换路。

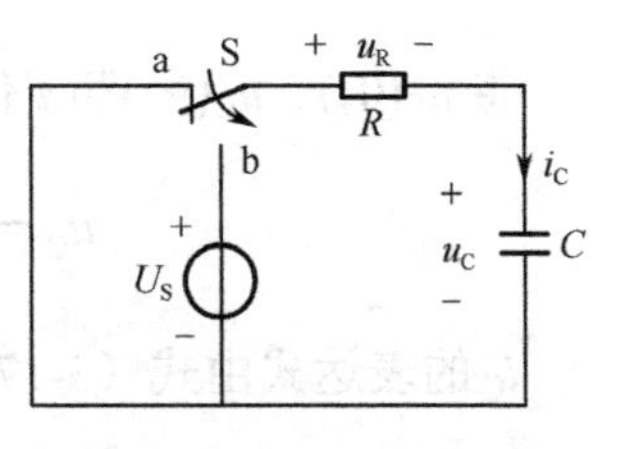

图 3-7　一阶 RC 电路的零状态响应

比较图 3-5 和图 3-7 可以发现，若将图 3-5 中的 U_0 短路，即

$U_0 = 0$，就变成了图 3-7。因此可以说，RC 电路的零状态响应是全响应的一个特例。图 3-7 所示电路换路后列出的微分方程与式（3-3）完全相同，即

$$RC\frac{\mathrm{d}u_C}{\mathrm{d}t}+u_C=U_S \tag{3-14}$$

因为 RC 电路零状态响应与全响应的微分方程形式相同，故解的形式也相同，都可以通过式（3-10）求得。将图 3-7 中电路的初始值 $u_C(0_+)$和稳态值 $u_C(\infty)$代入式（3-10）中，可得

$$u_C=u_C(\infty)+[u_C(0_+)-u_C(\infty)]e^{-\frac{t}{\tau}}=U_S+[0-U_S]e^{-\frac{t}{\tau}}=U_S-U_Se^{-\frac{t}{\tau}} \tag{3-15}$$

由上式可求得 i_C 的响应

$$i_C=C\frac{\mathrm{d}u_C}{\mathrm{d}t}=C\frac{U_S}{\tau}e^{-\frac{t}{\tau}}=\frac{U_S}{R}e^{-\frac{t}{\tau}} \tag{3-16}$$

根据式（3-15）和式（3-16），画出换路后 u_C 和 i_C 的变化规律，如图 3-8 所示，u_C 从零逐渐增加到 U_S，i_C 从 U_S/R 逐渐减小到零。可见，RC 电路的零状态响应即为电容的充电过程。

例 3.2.2 电路如图 3-9（a）所示，设 $R_1 = 4\Omega$，$R_2 = 4\Omega$，$C = 5\mu F$，$U_S = 20V$。换路前电路已稳定，$t = 0$ 时开关 S 闭合。试求：（1）换路后 u_C、i_C 的表达式；（2）换路后经过多长时间电容上的电压 u_C 达到 9V？

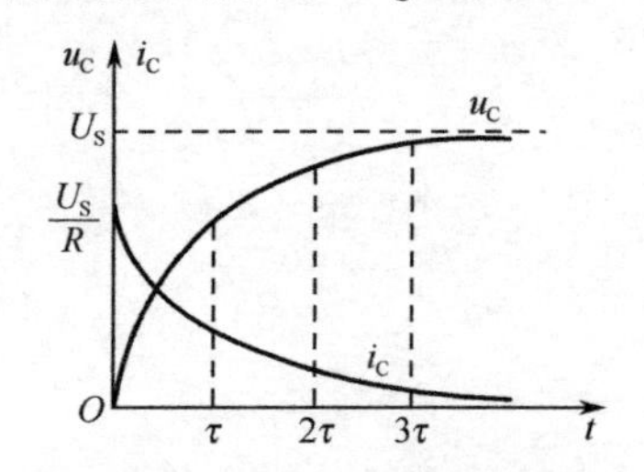

图 3-8 u_C 和 i_C 的零状态响应

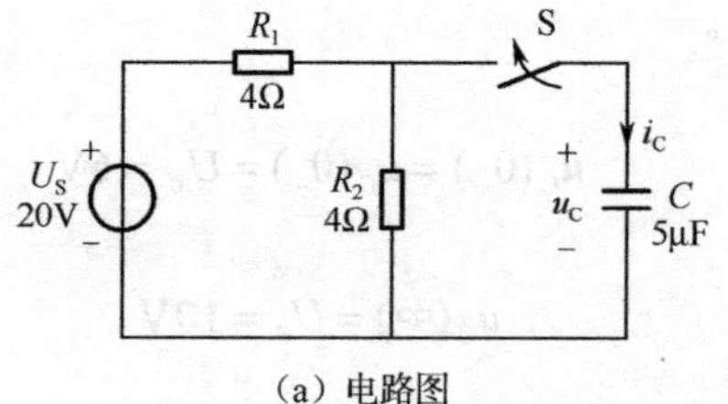

图 3-9 例 3.2.2 的电路

解：（1）u_C 的初始值

$$u_C(0_+)=u_C(0_-)=0V$$

u_C 的稳态值

$$u_C(\infty)=\frac{R_2}{R_1+R_2}U_S=\frac{4}{4+4}\times 20V=10V$$

换路后求等效电阻 R_0 的电路如图 3-9（b）所示，等效电阻为

$$R_0=\frac{R_1\times R_2}{R_1+R_2}=\frac{4\times 4}{4+4}\Omega=2\Omega$$

电路的时间常数

$$\tau=R_0C=2\times 5\times 10^{-6}s=10^{-5}s$$

将 $u_C(0_+)$、$u_C(\infty)$和 τ 代入式（3-15），得 u_C 的表达式为

$$u_C=\left[10+(0-10)e^{-\frac{t}{10^{-5}}}\right]V=\left(10-10e^{-\frac{t}{10^{-5}}}\right)V \tag{3-17}$$

i_C 的表达式由式（3-17）求得，即

$$i_C=C\frac{\mathrm{d}u_C}{\mathrm{d}t}=5e^{-\frac{t}{10^{-5}}}A$$

（2）将 $u_C = 9V$ 代入式（3-17），可求得 u_C 达到 9V 的时间

$$9 = 10 - 10e^{-10^5 t}, \quad t = 23.03\mu s$$

3.2.3 RC 电路的零输入响应

典型的 RC 零输入响应电路如图 3-10 所示，换路前电容元件上的储能不为零，即 $u_C(0_-) \neq 0$，外加激励为零，依靠电容元件的储能产生电路的响应。设换路前电路已稳定，$t = 0$ 时开关 S 由 a 合到 b，进行换路。

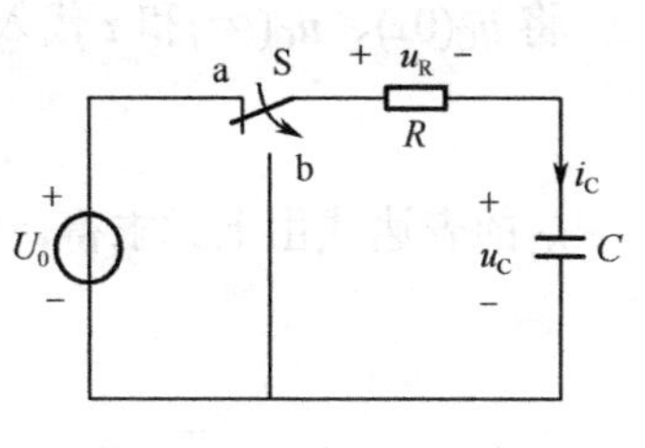

图 3-10　一阶 RC 电路的零输入响应

比较图 3-5 和图 3-10 可以发现，若将图 3-5 中的 U_S 短路，即 $U_S = 0$，就变成了图 3-10。

因此可以说，RC 电路的零输入响应也是全响应的一个特例。图 3-10 所示电路换路后列出的微分方程是式（3-3）所对应的齐次方程，即

$$RC\frac{du_C}{dt} + u_C = 0 \tag{3-18}$$

因此，RC 电路零输入响应的解也与全响应的解形式相同，可以通过式（3-10）求得

$$u_C = u_C(\infty) + [u_C(0_+) - u_C(\infty)]e^{-\frac{t}{\tau}} = 0 + [U_0 - 0]e^{-\frac{t}{\tau}} = U_0 e^{-\frac{t}{\tau}} \tag{3-19}$$

由上式可求得 i_C 的响应为

$$i_C = C\frac{du_C}{dt} = -C\frac{U_0}{\tau}e^{-\frac{t}{\tau}} = -\frac{U_0}{R}e^{-\frac{t}{\tau}} \tag{3-20}$$

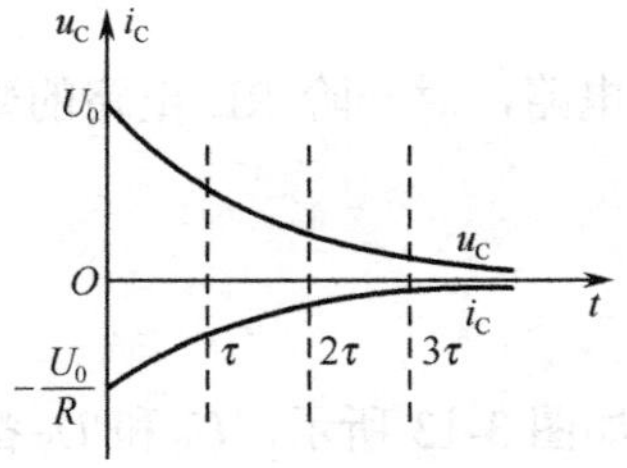

图 3-11　u_C 和 i_C 的零输入响应

根据式（3-19）和式（3-20）画出换路后 u_C、i_C 的变化规律，如图 3-11 所示，u_C 从 U_0 逐渐减小到零，i_C 的绝对值从 U_0/R 逐渐减小到零。可见，RC 电路的零输入响应即为电容的放电过程。

例 3.2.3　电路如图 3-12（a）所示，设 $R_1 = 4\Omega$，$R_2 = 2\Omega$，$R_3 = 6\Omega$，$C = 5\mu F$，$I_0 = 3A$。换路前电路已稳定，$t = 0$ 时开关 S 由 a 合到 b。试求：换路后 u_C、i_C 的表达式。

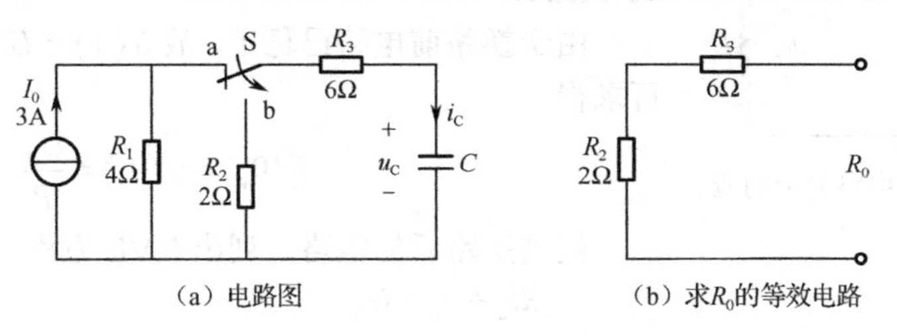

图 3-12　例 3.2.3 的电路

解：u_C 的初始值

$$u_C(0_+) = u_C(0_-) = R_1 I_0 = 4 \times 3V = 12V$$

u_C 的稳态值

$$u_C(\infty) = 0V$$

换路后求等效电阻 R_0 的电路如图 3-12（b）所示，等效电阻为

$$R_0 = R_2 + R_3 = (2+6)\Omega = 8\Omega$$

电路的时间常数

$$\tau = R_0 C = 8\times5\times10^{-6}\text{s} = 4\times10^{-5}\text{s}$$

将 $u_C(0_+)$、$u_C(\infty)$和 τ 代入式（3-19），得 u_C 的表达式为

$$u_C = 12\mathrm{e}^{-\frac{t}{4\times10^{-5}}}\text{V} = 12\mathrm{e}^{-2.5\times10^4 t}\text{V}$$

i_C 的表达式由上式求得，即

$$i_C = C\frac{\mathrm{d}u_C}{\mathrm{d}t} = -1.5\mathrm{e}^{-2.5\times10^4 t}\text{A}$$

练习与思考

3.2.1　在一阶 RC 电路中，R 一定，C 越大，换路过程进行得越快还是越慢？

3.2.2　在一阶 RC 电路中，若（1）电容电压的初始值为 0V，换路后稳态值是 5V；（2）电容电压的初始值为 5V，换路后稳态值是 10V；（3）电容电压的初始值为 10V，换路后稳态值是 0V。上述 3 种情况，分别对应何种响应？

3.2.3　某 RC 电路的全响应为$u_C = (5-2\mathrm{e}^{-100t})\text{V}$，其稳态值 $u_C(\infty)$、初始值 $u_C(0_+)$和时间常数 τ 分别为多少？

3.3　一阶 RL 电路的暂态分析

一阶 RL 电路是指由一个电感元件、多个电阻或电源组成的电路，对一阶 RL 电路的暂态分析也分为全响应、零状态响应和零输入响应三种情况。

3.3.1　一阶 RL 电路的全响应

典型的一阶 RL 全响应电路如图 3-13 所示，U_0 和 U_S 都不为零，假设换路前电路已稳定，$t=0$ 时开关 S 由 a 合到 b，进行换路。

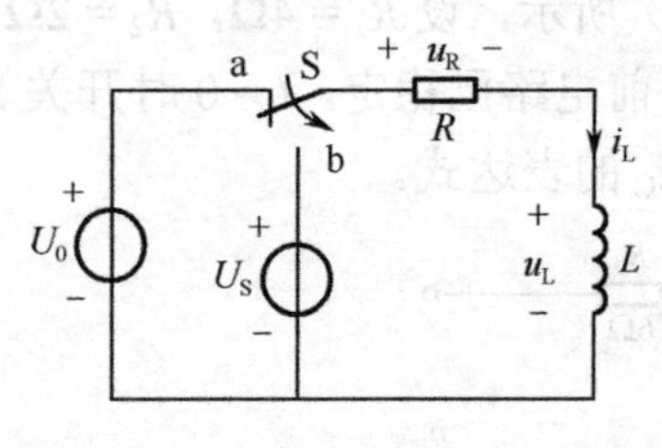

图 3-13　一阶 RL 电路的全响应

由于换路前电路已稳定，故 $i_L(0_-) = U_0/R$，再由换路定则可求得

$$i_L(0_+) = i_L(0_-) = \frac{U_0}{R} \tag{3-21}$$

根据换路后的电路，列出 KVL 方程

$$Ri_L + u_L = U_S$$

将 $u_L = L\frac{\mathrm{d}i_L}{\mathrm{d}t}$ 代入上式，得

$$Ri_L + L\frac{\mathrm{d}i_L}{\mathrm{d}t} = U_S \tag{3-22}$$

令 $\tau = L/R$，将其代入上式并整理，得

$$\tau\frac{\mathrm{d}i_L}{\mathrm{d}t} + i_L = \frac{U_S}{R} \tag{3-23}$$

τ 称为 RL 电路的时间常数，单位是 s（秒），式（3-23）是一阶常系数线性非齐次微分方程。

将式（3-23）与 RC 电路全响应的微分方程式（3-4）进行比较，可以看出，两个微分方程的形式相同，只是常数项不同。因此，其解的形式也相同。依据式（3-10），即 RC 电路微分方程的解，可以写出式（3-23）的解

$$i_L = i_L(\infty) + [i_L(0_+) - i_L(\infty)]e^{-\frac{t}{\tau}} \tag{3-24}$$

通常，将电路的初始值、稳态值和时间常数称为一阶电路的三要素。将 i_L 的初始值 $i_L(0_+)$、稳态值 $i_L(\infty)$和时间常数 τ 直接代入上式中，便可求出 i_L 的响应。

例 3.3.1 电路如图 3-13 所示，已知 $U_0 = 6V$，$U_S = 10V$，$R = 2\Omega$，$L = 5mH$。换路前电路已稳定，$t = 0$ 时开关 S 由 a 合到 b。（1）试写出换路后 u_L 与 i_L 的表达式；（2）经过多少时间 i_L 达到 4A？（3）经过 5ms 后 u_L 是多少？

解：（1）i_L 的初始值

$$i_L(0_+) = i_L(0_-) = \frac{U_0}{R} = \frac{6}{2}A = 3A$$

i_L 的稳态值

$$i_L(\infty) = \frac{U_S}{R} = \frac{10}{2}A = 5A$$

电路的时间常数

$$\tau = \frac{L}{R} = \frac{5\times10^{-3}}{2}s = 2.5\times10^{-3}s$$

将 $i_L(0_+)$、$i_L(\infty)$和 τ 代入式（3-24），得 i_L 的表达式为

$$i_L = \left[5 + (3-5)e^{-\frac{t}{2.5\times10^{-3}}}\right]A = (5 - 2e^{-400t})A \tag{3-25}$$

u_L 的表达式为

$$u_L = L\frac{di_L}{dt} = 5\times10^{-3}\times2\times400e^{-400t}\,V = 4e^{-400t}V$$

（2）将 $i_L = 4A$ 代入式（3-25），可求得 i_L 达到 4A 的时间

$$4 = 5 - 2e^{-400t}，\quad t = 1.73ms$$

（3）经过 5ms 后 u_L 为

$$u_L = 4e^{-400\times5\times10^{-3}}V = 0.54V$$

3.3.2 一阶 RL 电路的零状态响应

典型的 RL 零状态响应电路如图 3-14 所示，换路前电感元件上的储能为零，即 $i_L(0_-) = 0$，在外加激励作用下产生电路的响应。设换路前电路已稳定，$t = 0$ 时开关 S 由 a 合到 b，进行换路。

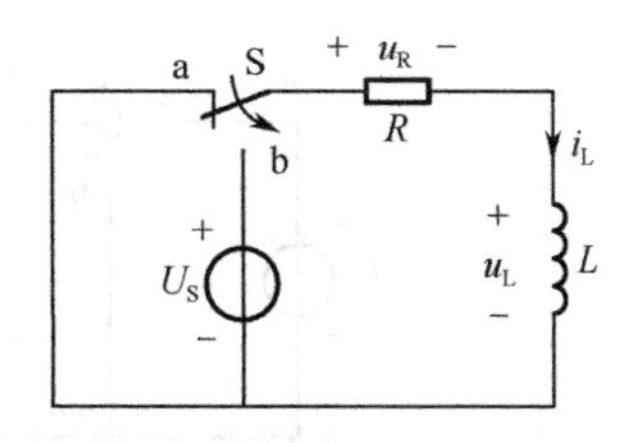

图 3-14 一阶 RL 电路的零状态响应

比较图 3-13、图 3-14，可以发现，若将图 3-13 中的 U_0 短路，即 $U_0 = 0$，就变成了图 3-14。因此说，RL 电路的零状态响应是全响应的一个特例。图 3-14 换路后列出的微分方程与式（3-22）完全相同，即

$$Ri_L + L\frac{di_L}{dt} = U_S \tag{3-26}$$

i_L 的响应可用式（3-24）求得，即

$$i_L = i_L(\infty) + \left[i_L(0_+) - i_L(\infty)\right]e^{-\frac{t}{\tau}} = \frac{U_S}{R} + \left[0 - \frac{U_S}{R}\right]e^{-\frac{t}{\tau}} = \frac{U_S}{R} - \frac{U_S}{R}e^{-\frac{t}{\tau}} \tag{3-27}$$

由上式可求得 u_L 的响应

$$u_L = L\frac{di_L}{dt} = L\frac{U_S}{R\tau}e^{-\frac{t}{\tau}} = U_S e^{-\frac{t}{\tau}} \tag{3-28}$$

根据式（3-27）、式（3-28），画出换路后 i_L、u_L 的变化规律，如图 3-15 所示。

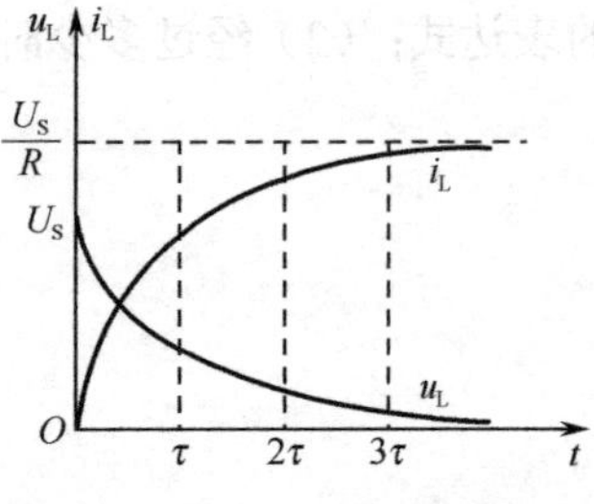

图 3-15　i_L、u_L 的零状态响应

换路后，i_L 从零开始逐渐增大到 U_S/R，u_L 从 U_S 逐渐减小到零。从理论上讲，要经过无限长时间，即 $t = \infty$时，暂态过程才能结束，但在工程上通常认为换路后经过 3τ～5τ，暂态过程就结束了。

3.3.3　RL 电路的零输入响应

典型的 RL 零输入响应电路如图 3-16 所示，换路前电感元件上的储能不为零，即 $i_L(0_-) \neq 0$，外加激励为零，依靠电感元件的储能产生电路的响应。假设换路前电路已稳定，$t = 0$ 时开关 S 由 a 合到 b，进行换路。

比较图 3-13 和图 3-16 可以发现，若将图 3-13 中的 U_S 短路，即 $U_S = 0$，就变成了图 3-16。因此可以说，RL 电路的零输入响应也是全响应的一个特例。图 3-16 所示电路换路后列出的微分方程是式（3-22）所对应的齐次方程，即

$$Ri_L + L\frac{di_L}{dt} = 0 \tag{3-29}$$

i_L 的响应可用式（3-24）求得，即

$$i_L = i_L(\infty) + \left[i_L(0_+) - i_L(\infty)\right]e^{-\frac{t}{\tau}} = 0 + \left[\frac{U_0}{R} - 0\right]e^{-\frac{t}{\tau}} = \frac{U_0}{R}e^{-\frac{t}{\tau}} \tag{3-30}$$

由上式可求得 u_L 的响应

$$u_L = L\frac{di_L}{dt} = -L\frac{U_0}{R\tau}e^{-\frac{t}{\tau}} = -U_0 e^{-\frac{t}{\tau}} \tag{3-31}$$

根据式（3-30）、式（3-31），画出换路后 u_L、i_L 的变化规律，如图 3-17 所示。

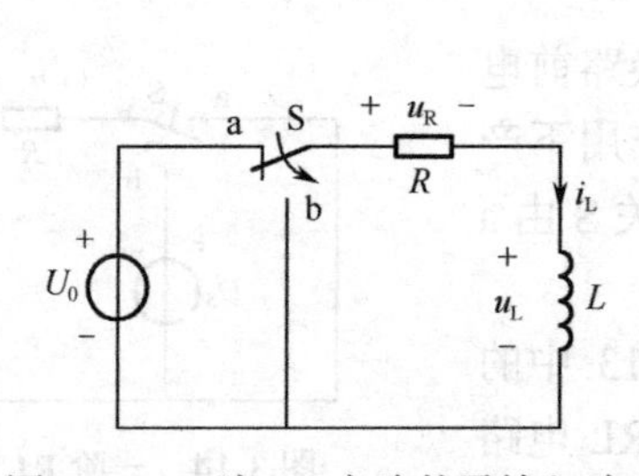

图 3-16　一阶 RL 电路的零输入响应

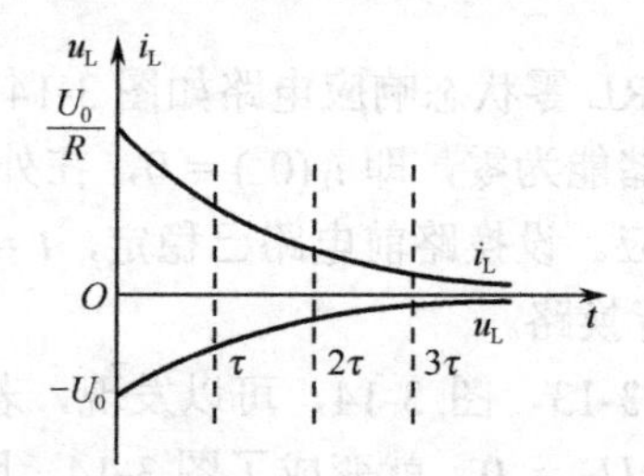

图 3-17　u_L、i_L 的零输入响应

换路后，i_L 从 U_0/R 逐渐减小到零，u_L 从$-U_0$ 逐渐减小到零。

RL 电路换路时可能会产生很高的感应电压。在如图 3-18（a）所示的电路中，电源电压是 10V，稳态时开关合到 a，电感中的电流是 5A。换路时，开关由 a 合到 b。换路瞬间，会在电阻 R_2 上产生 $U_2=-10\,000\text{V}$ 的过电压，这个过电压会损坏电路中的电子元件。为了限制电感元件换路时产生的过电压，要采取一定的保护措施，常用的保护措施是在电感元件两端并联一个续流二极管 VD，如图 3-18（b）所示。二极管具有单向导电性，当开关由 a 合到 b 时，电感上产生下正上负的感应电压，该电压使二极管 VD 导通，由于二极管的导通电压降很小（一般小于 1V），因此限制了电感上不能产生过电压。

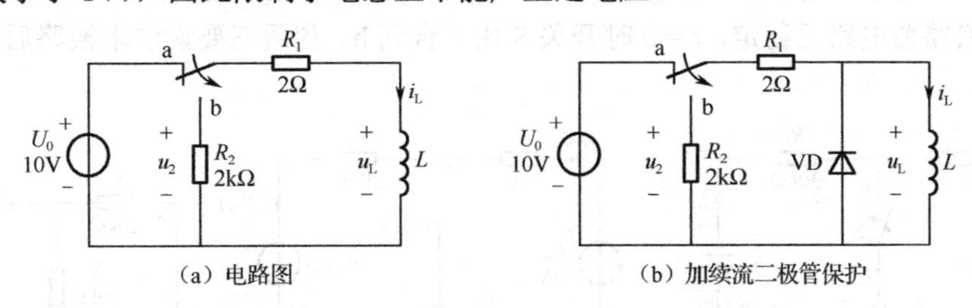

图 3-18　RL 电感换路时产生过电压的保护措施

练习与思考

3.3.1　一阶 RC、RL 电路的时间常数各是多少？

3.3.2　某一阶 RL 电路，已知 $i_L(0_+)=2\text{A}$，$i_L(\infty)=5\text{A}$，$\tau=0.02\text{s}$，试写出换路时电流 i_L 的表达式。

3.4　一阶电路的三要素法

前面介绍了一阶 RC、RL 线性电路中 u_C、i_L 的求解方法，通过对这些求解方法的总结，可得出一阶线性电路暂态分析的三要素法，即

$$f(t)=f(\infty)+\left[f(0_+)-f(\infty)\right]e^{-\frac{t}{\tau}} \tag{3-32}$$

式中，$f(t)$为电压或电流，$f(\infty)$是稳态值，$f(0_+)$是初始值，τ 是电路的时间常数，$f(\infty)$、$f(0_+)$、τ 称为一阶电路的三要素。只要求出这 3 个要素，就可直接写出电路的响应。这个方法不仅可用于 u_C 和 i_L 的求解，也适用于一阶线性电路中各种响应的求解。

一阶线性电路的响应可分解为稳态分量和暂态分量的叠加，用公式表示为

$$f(t)=\underbrace{f(\infty)}_{\text{稳态分量}}+\underbrace{\left[f(0_+)-f(\infty)\right]e^{-\frac{t}{\tau}}}_{\text{暂态分量}} \tag{3-33}$$

式中的稳态分量保持不变，暂态分量随着时间的增大逐渐减小到零。

一阶线性电路的响应还可分解为零状态响应和零输入响应的叠加，用公式表示为

$$f(t)=\underbrace{f(0_+)e^{-\frac{t}{\tau}}}_{\text{零输入响应}}+\underbrace{f(\infty)-f(\infty)e^{-\frac{t}{\tau}}}_{\text{零状态响应}} \tag{3-34}$$

上式说明，叠加定理对于一阶线性电路的暂态响应仍然适用。

利用三要素法求解一阶线性电路 $f(t)$的步骤为

（1）求出初始值 $f(0_+)$。

（2）求出稳态值 $f(\infty)$。求稳态值时把电容开路、电感短路。

（3）求出电路的时间常数 τ。对于 RC 电路，$\tau = R_0C$；对于 RL 电路，$\tau = L/R_0$。其中 R_0 是电路的等效电阻，即从储能元件两端看进去的戴维南等效电路的电阻。

（4）将 $f(0_+)$、$f(\infty)$、τ 这 3 个要素代入式（3-32）中，即可求得 $f(t)$ 的响应。

下面通过例题说明用三要素法求解一阶线性电路的暂态响应。

例 3.4.1 电路如图 3-19（a）所示，设 $R_1 = 20\text{k}\Omega$，$R_2 = 20\text{k}\Omega$，$R_3 = 30\text{k}\Omega$，$C = 5\mu\text{F}$，$U_S = 24\text{V}$。换路前电路已稳定，$t = 0$ 时开关 S 由 a 合到 b。利用三要素法求换路后 u_C、i_C、i_1、i_2 的表达式。

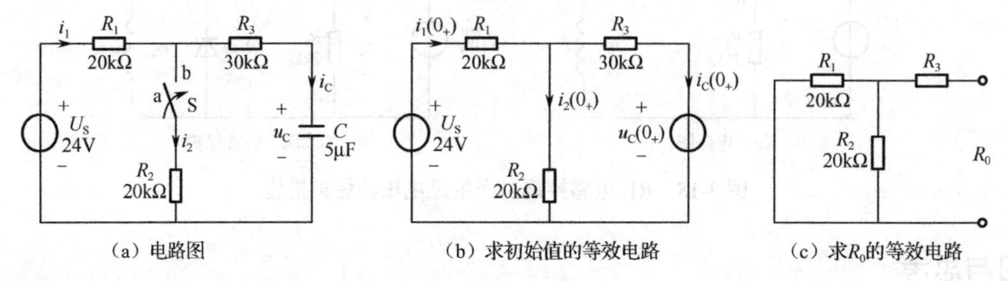

（a）电路图 （b）求初始值的等效电路 （c）求 R_0 的等效电路

图 3-19 例 3.4.1 的电路

解：（1）求电路的初始值

由换路定则求出 u_C 的初始值

$$u_C(0_+) = u_C(0_-) = U_S = 24\text{V}$$

求 i_C、i_1、i_2 初始值的等效电路如图 3-19（b）所示，把电容用一个电压源 $u_C(0_+)$ 来等效。对图 3-19（b）所示电路用支路电流法列方程

$$\begin{cases} i_1(0_+) - i_2(0_+) - i_C(0_+) = 0 \\ R_1 i_1(0_+) + R_2 i_2(0_+) = U_S \\ R_2 i_2(0_+) - R_3 i_C(0_+) = u_C(0_+) \end{cases}$$

将数据代入上式，得

$$\begin{cases} i_1(0_+) - i_2(0_+) - i_C(0_+) = 0 \\ 20i_1(0_+) + 20i_2(0_+) = 24 \\ 20i_2(0_+) - 30i_C(0_+) = 24 \end{cases}$$

整理，得

$$i_1(0_+) = 0.45\text{mA}，i_2(0_+) = 0.75\text{mA}，i_C(0_+) = -0.3\text{mA}$$

（2）求电路的稳态值时把电容视为开路

$$i_1(\infty) = i_2(\infty) = \frac{U_S}{R_1 + R_2} = \frac{24}{20 + 20}\text{mA} = 0.6\text{mA}$$

$$i_C(\infty) = 0$$

$$u_C(\infty) = \frac{R_2}{R_1 + R_2}U_S = \frac{20}{20 + 20} \times 24\text{V} = 12\text{V}$$

（3）求换路后等效电阻 R_0 的电路如图 3-19（c）所示，等效电阻为

$$R_0 = R_1 // R_2 + R_3 = (20 // 20 + 30)\text{k}\Omega = 40\text{k}\Omega$$

电路的时间常数

$$\tau = R_0C = 40\times10^3\times5\times10^{-6}\text{s} = 0.2\text{s}$$

电路中所有的电压和电流按同一时间常数过渡到稳态值。

（4）利用三要素法写出 u_C、i_C、i_1、i_2 的表达式

$$i_1 = i_1(\infty) + [i_1(0_+) - i_1(\infty)]e^{-\frac{t}{\tau}} = \left[0.6 + (0.45-0.6)e^{-\frac{t}{0.2}}\right]\text{mA} = (0.6 - 0.15e^{-5t})\text{mA}$$

$$i_2 = i_2(\infty) + [i_2(0_+) - i_2(\infty)]e^{-\frac{t}{\tau}} = \left[0.6 + (0.75-0.6)e^{-\frac{t}{0.2}}\right]\text{mA} = (0.6 + 0.15e^{-5t})\text{mA}$$

$$i_C = i_C(\infty) + [i_C(0_+) - i_C(\infty)]e^{-\frac{t}{\tau}} = \left[0 + (-0.3-0)e^{-\frac{t}{0.2}}\right]\text{mA} = -0.3e^{-5t}\text{mA}$$

$$u_C = u_C(\infty) + [u_C(0_+) - u_C(\infty)]e^{-\frac{t}{\tau}} = \left[12 + (24-12)e^{-\frac{t}{0.2}}\right]\text{V} = (12 + 12e^{-5t})\text{V}$$

练习与思考

3.4.1　在一阶 RC 电路的零输入、零状态和全响应中，是否都包含暂态分量和稳态分量？

3.4.2　电路如图 3-20 所示，$U_S = 12\text{V}$，$R_1 = 2\Omega$，$R_2 = 3\Omega$，$R_3 = 5\Omega$，$L = 2\text{H}$，开关 S 断开前后，电路的时间常数 τ 分别为多少？

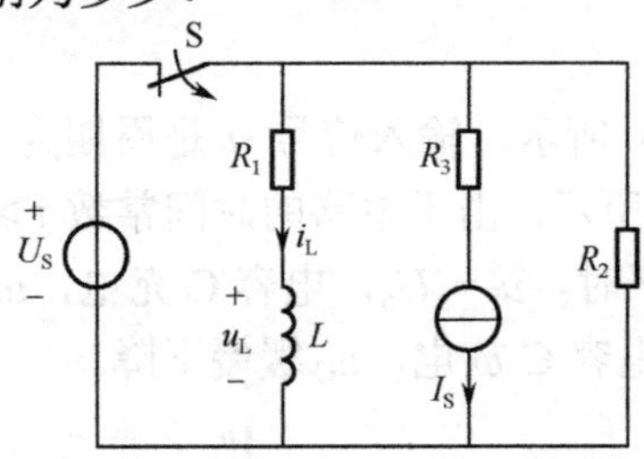

图 3-20　练习与思考 3.4.2 的图

3.5　RC 微分电路和积分电路

在电子技术领域，电容的充放电电路有很多用途，本节所介绍的微分电路和积分电路都属于 RC 充放电电路。在微分电路中，电路的时间常数 τ 远小于激励信号的周期 T，即 $\tau \ll T$；在积分电路中，电路的时间常数 τ 远大于激励信号的周期 T，即 $\tau \gg T$。

1．微分电路

RC 微分电路如图 3-21（a）所示，输入信号 u_i 是周期为 T、幅值为 U_S 的矩形脉冲。输出信号 u_o 的波形如图 3-21（b）所示。由于电路的时间常数 $\tau \ll T$，故电容的充电和放电过程很快就能完成。

在 u_i 由低电平变为高电平时，$u_i = U_S$，u_C 迅速从零充电到 U_S，u_o 迅速从 U_S 减小到零；在 u_i 由高电平变为低电平时，$u_i = 0$，u_C 迅速从 U_S 放电到零，u_o 迅速从 $-U_S$ 减小到零。

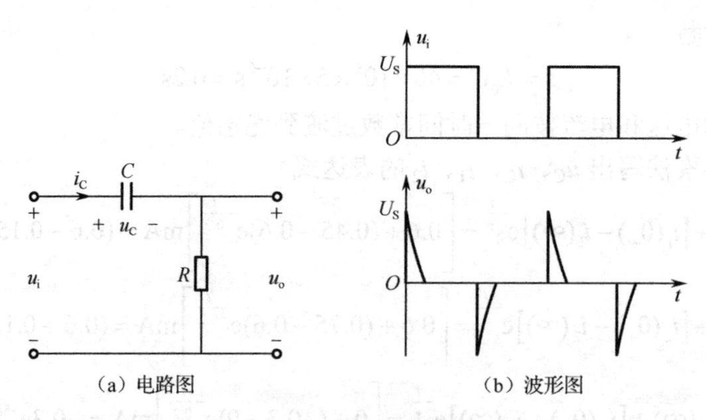

图 3-21 RC 微分电路

输出电压 u_o 的表达式为

$$u_o = Ri_C = RC\frac{du_C}{dt} \tag{3-35}$$

由于在大多数时间内 $u_o \approx 0$，故 $u_C = u_i - u_o \approx u_i$，上式可写为

$$u_o = RC\frac{du_C}{dt} \approx RC\frac{d(u_i - u_o)}{dt} = RC\frac{du_i}{dt} \tag{3-36}$$

式中，u_o 与 u_i 成微分关系，故图 3-21（a）称为微分电路。

2．积分电路

RC 积分电路如图 3-22（a）所示，输入信号 u_i 是周期为 T、幅值为 U_S 的矩形脉冲。输出信号 u_o 的波形如图 3-22（b）所示。由于电路的时间常数 $\tau \gg T$，故电容的充电和放电过程很慢。在 u_i 由低电平变为高电平时，$u_i = U_S$，电容 C 充电，u_C 缓慢上升，$u_C \ll U_S$；在 u_i 由高电平变为低电平时，$u_i = 0$，电容 C 放电，u_C 缓慢下降。

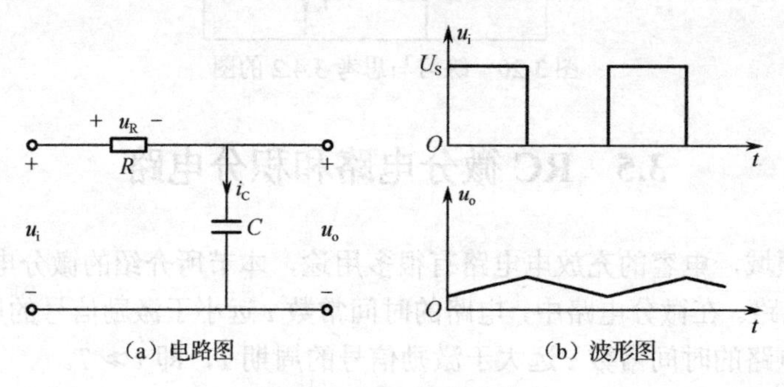

图 3-22 RC 积分电路

输出电压 u_o 的表达式为

$$u_o = u_C = \frac{1}{C}\int i_C dt = \frac{1}{C}\int i_R dt = \frac{1}{C}\int \frac{u_R}{R} dt \tag{3-37}$$

由于 u_o 很小，$u_o \approx 0$，故 $u_R = u_i - u_o \approx u_i$，则式（3-37）可写为

$$u_o = \frac{1}{C}\int \frac{u_R}{R} dt = \frac{1}{RC}\int u_i dt \tag{3-38}$$

式中，u_o 与 u_i 成积分关系，故图 3-22（a）称为积分电路。

3.6　Multisim14 仿真实验　RC 电路的暂态过程

1. 实验目的

（1）利用 Multisim14 构建实验电路，观察 RC 电路的暂态过程。

（2）通过实验，熟悉仿真软件 Multisim14 中信号发生器与示波器的应用。

2. 实验原理

观察 RC 电路暂态过程的电路如图 3-23 所示，u_i 是周期 $T = 1\text{ms}$ 的矩形波，如图 3-24（a）所示。当 u_i 为高电平时，电容 C 充电；当 u_i 为低电平时，电容 C 放电。

当电路的时间常数 $\tau \ll T$ 时，电容的充、放电过程很快就能完成。在 u_i 由低电平变为高电平时，RC 电路的响应近似于零状态响应；在 u_i 由高电平变为低电平时，RC 电路的响应近似于零输入响应。u_C 的波形如图 3-24（b）所示。

增大电路的时间常数 τ，电容的充、放电过程就会变慢，这时 u_C 的波形如图 3-24（c）所示。

当电路的时间常数 $\tau \gg T$ 时，电容的充、放电很慢，RC 电路成为积分电路，u_C 的波形如图 3-24（d）所示。

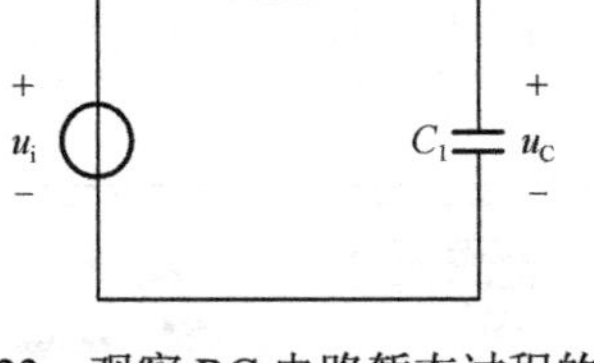

图 3-23　观察 RC 电路暂态过程的电路

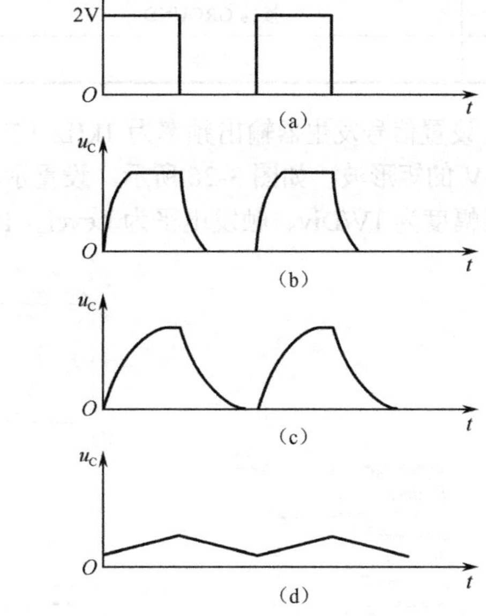

图 3-24　u_i 和 u_C 的波形图

3. 预习要求

（1）复习 RC 电路暂态过程的知识。

（2）学习 Multisim14 中信号发生器及示波器的使用方法。

4．实验内容及步骤

（1）选取元器件构建电路。

新建一个设计，命名为“实验三 RC 电路的暂态过程”并保存。

从元件库中选取信号发生器、电阻、电容、示波器，放置到电路设计窗口中，修改元件的参数和名称，构建图 3-25 所示实验电路。各元器件的所属如表 3-2 所示。

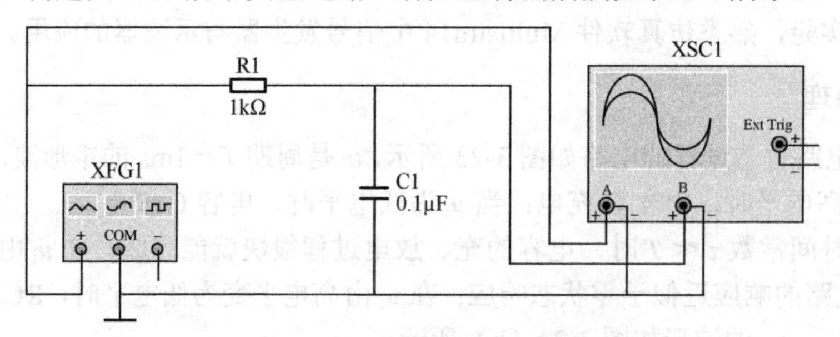

图 3-25 RC 电路的暂态过程仿真电路

表 3-2 RC 电路的暂态过程实验所用元器件及所属库

序 号	元 器 件	所 属 库
1	电阻	Basic/RESISTOR
2	接地 GROUND	Sources/POWER_SOURCES
3	电容	Basic/CAPACITOR

（2）设置信号发生器输出频率为 1kHz（$T = 1$ms）、占空比为 50%、电压幅值为 1V、偏置量为 1V 的矩形波，如图 3-26 所示。设置示波器的扫描时间为 500μs/Div、通道 A 和通道 B 的垂直幅度为 1V/Div、触发电平为 Level = 100mV，如图 3-27 所示。

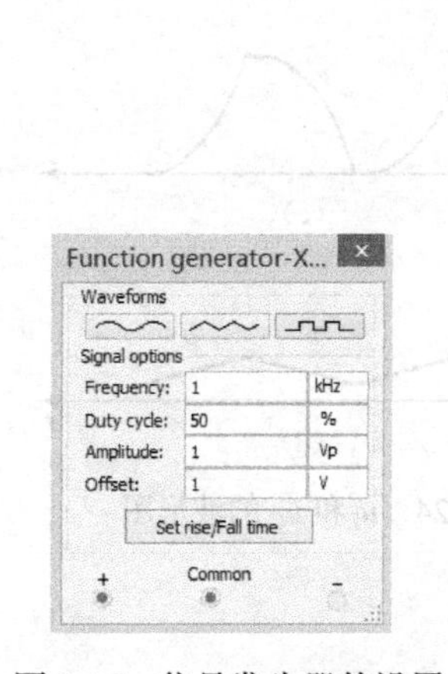

图 3-26 信号发生器的设置

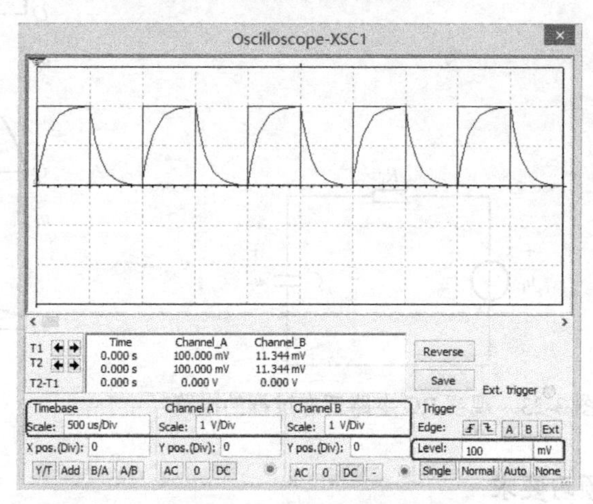

图 3-27 示波器的设置

（3）分别设置电容 C_1 的容量为 0.051μF、0.1μF、1μF、5μF，观测 u_C 的波形，并填入表 3-3 中。

表 3-3　u_C的波形

C_1的容量/μF	电路的时间常数 τ/ms	τ与周期 T 的比值	u_C的波形
0.051	0.051	0.051	
0.1	0.1	0.1	
1	1	1	
5	5	5	

3.7　课外实践　电子产品的安装、调试与检修

本节介绍电子产品的安装步骤、调试与检修技术，这些内容在电子制作中十分重要。

1．电子产品的安装步骤

对于初次参加电子制作的学生，电子产品应按照如下步骤进行安装：

（1）清点、分类元器件

首先应对照元件清单清点元器件是否齐全，然后按照元器件的种类进行分类放置，同一类元器件要按阻值大小或电容量大小等进行归类，便于以后查找。

（2）检查元器件

检查并测量元器件的好坏，更换质量差或损坏的元器件。小电阻、电容等元器件一般不易损坏，重点是检查变压器、晶体管等元器件。

（3）整形安装

分立元器件有立式和卧式两种安装形式，如图 3-28（a）所示。安装前要将元器件整形，以适应安装位置。安装到印制板上的元器件，要将管脚稍微向外折一下，防止焊接时脱落，如图 3-28（b）所示。不允许将管脚折平，否则很难拆卸，如图 3-28（c）所示。

（4）焊接

按照焊接工艺要求将元器件焊接到印制板上，要求焊点圆润、饱满、牢固，不应有虚焊。焊接时间要短，否则会烫坏元器件。

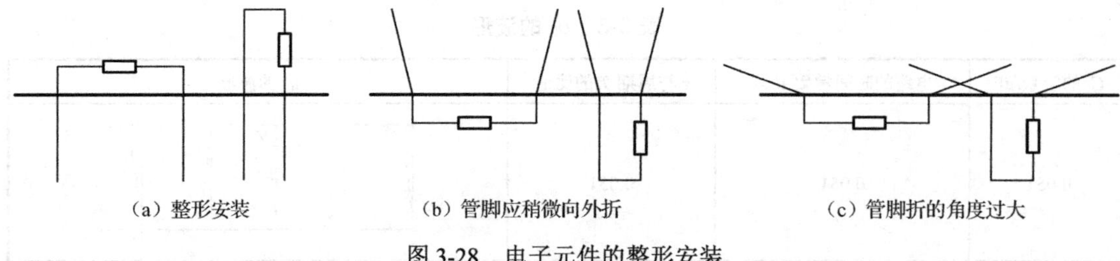

图 3-28　电子元件的整形安装

(5) 剪脚

焊接后，将管脚多余的部分剪掉，斜口钳或指甲刀都是良好的剪脚工具。

2. 电子产品的调试

电子产品安装完成后，首先对各单元电路进行调试，使之能正常工作，然后再进行整机统调，以达到设计要求的性能指标。

(1) 单元电路调试

单元电路调试的内容主要是直流静态工作点的调试，通过调试使电路中关键点处的电压或电流符合电路设计要求。一般情况下，直流静态工作点正常时，各级电路都能正常工作。调试时，应先进行电源部分的调试，只有在电源部分工作正常时，其他部分才能正常工作。

(2) 整机统调

当各级电路都能正常工作时，输出端一般有信号输出，但不一定能达到电路设计指标。例如安装收音机时，往往出现收台少或声音小的现象。这需要根据电路原理，用一些特殊方法，配合使用一些特殊电子仪器进行调试。

3. 故障检修方法

元器件损坏、安装错误等都会造成电子产品不能工作，这时就需要进行故障检修，检查出损坏的部分，电子产品主要有以下检修方法：

(1) 直流电压法

通过测量各级电源电压、各级直流工作点电压、各关键点电压，判断电路的故障。

(2) 直流电流法

通过测量各级工作电流、各级直流工作点电流、各关键点电流，判断电路的故障。

(3) 在路电阻法

在关断电源的情况下，测量各元件的在路电阻，从而判断电路的故障。

(4) 信号注入法

从前级向后级逐级加入信号，直到负载上有输出信号，也可以从最后一级逐级向前加入信号，直到负载上的输出信号消失，这样可判断故障出在哪一级。如果配合示波器等观察各级波形，效果更好，更容易判断出故障的范围和性质。

小　结

暂态分析是对电路过渡过程的分析，研究对象是电路中电压和电流随时间变化的规律。储能元件的储能在换路后发生变化，能量的储存和释放产生电路的过渡过程。

储能元件在换路瞬间其 u_C 和 i_L 不能突变，即换路瞬间电容上的电压与电感中的电流不能突变，这一规律称为换路定则，用公式表示为

$$\left.\begin{aligned} u_C(0_+) &= u_C(0_-) \\ i_L(0_+) &= i_L(0_-) \end{aligned}\right\}$$

上式是确定换路后电路初始值的重要公式。

一阶电路是指包含一个储能元件、多个电阻或电源的电路，对电路列出的方程是含有一阶导数的微分方程。根据有无电源激励和储能元件初始储能，一阶电路的暂态响应可以分为三种类型：全响应、零状态响应和零输入响应。

若储能元件的初始状态不为零，激励也不为零，电路的响应是由储能元件和激励共同作用所产生的，这样的响应称为全响应。零状态响应和零输入响应分别是全响应在储能元件的初始状态为零和电源激励为零情况下的特例。

电压和电流全响应是按指数规律变化的，变化的快慢由时间参数 τ 决定。RC 电路和 RL 电路时间常数的公式分别为

$$\tau = RC\,, \quad \tau = \frac{L}{R}$$

根据一阶电路求解的三要素法，全响应可写成下列通用表达式：

$$f(t) = f(\infty) + [f(0_+) - f(\infty)]\mathrm{e}^{-\frac{t}{\tau}}$$

式中，$f(t)$为电压或电流，$f(\infty)$是稳态值，$f(0_+)$是初始值，τ 是电路的时间常数。

利用三要素法求解一阶线性电路的步骤为：分别求出电量的初始值 $f(0_+)$、稳态值 $f(\infty)$ 和电路的时间常数 τ，将 $f(0_+)$、$f(\infty)$、τ 这 3 个要素代入通用表达式中，即可求得 $f(t)$的响应。

习　题

3-1　在换路的瞬间，下列各项中（　　）不能发生突变。

A．电感电压　　B．电感电流　　C．电容电流　　D．电阻电压

3-2　对换路前没有储能的电感和换路前具有储能的电感元件，在换路后的瞬间，分别可视为（　　）。

A．短路，电流源　　B．开路，电压源

C．短路，电压源　　D．开路，电流源

3-3　在一阶 RC 电路中，R 一定，C 越大，换路时过渡过程进行得（　　）。

A．越快　　B．越慢　　C．不确定

3-4　在 RC 电路的零输入响应过程中，时间常数 τ 等于电压 u_C 衰减到初始值 U_0 的（　　）倍所需要的时间。

A．0.362　　B．0.368　　C．0.632　　D．0.638

3-5　在一阶 RL 电路中，若电感中的初始电流为 8A，换路后的稳态值为 0A，这种瞬态过程属于（　）响应。

A．全　　B．零输入　　C．零状态　　D．不确定

3-6　某 RC 电路的全响应为 $u_C = (5 - 3\mathrm{e}^{-100t})\mathrm{V}$，可知其稳态值 $u_C(\infty)$和初始值 $u_C(0_+)$分别为（　　）。

A．5V，3V　　B．3V，5V　　C．3V，8V　　D．5V，2V

3-7　某 RC 电路的三要素分别为$i_C(\infty)=2A$、$i_C(0_+)=3A$、$\tau=0.005s$，其全响应 i_C 为（　　）。

A．$(2+e^{-200t})A$　　B．$(2+3e^{-200t})A$

C．$(2+3e^{-0.005t})A$　　D．$(2+e^{-0.005t})A$

3-8　电路如图 3-29 所示，已知 $u_C(0_-)=4V$，$i_L(0_-)=1A$，$U_S=12V$，$R=2\Omega$，在 $t=0$ 时开关 S 闭合。换路后 $i_C(0_+)$、$i_L(0_+)$的数值分别为（　　）。

A．2A，1A　　B．1A，3A　　C．3A，1A　　D．4A，1A

3-9　电路如图 3-30 所示，已知 $I_S=3A$，$R_1=3\Omega$，$R_2=6\Omega$，$C=100\mu F$，换路前电路已稳定，在 $t=0$ 时开关 S 闭合。S 闭合后 u_C 和 i_C 的表达式分别为（　　）。

A．$(6-6e^{-5000t})V$，$-3e^{-5000t}A$　　B．$(6-6e^{-200t})V$，$3e^{-200t}A$

C．$(6-6e^{-5000t})V$，$3e^{-5000t}A$　　D．$(6-6e^{-200t})V$，$-3e^{-200t}A$

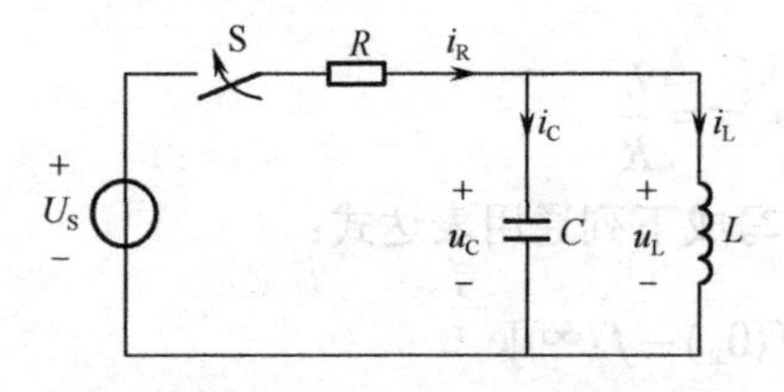

图 3-29　习题 3-8 的图

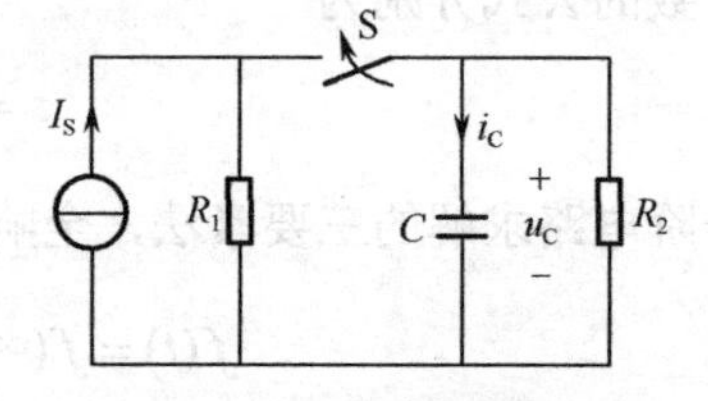

图 3-30　习题 3-9 的图

3-10　电路如图 3-31 所示，$U_S=16V$，$R_1=4\Omega$，$R_2=4\Omega$，换路前电路的状态已稳定，$t=0$ 时开关 S 闭合，求：（1）换路后电路的初始值 $u_C(0_+)$、$i_C(0_+)$；（2）换路后电路的稳态值 $u_C(\infty)$、$i_C(\infty)$。

3-11　电路如图 3-32 所示，$I_S=6A$，$R_1=4\Omega$，$R_2=4\Omega$，$R_3=2\Omega$，换路前电路的状态已稳定，$t=0$ 时开关 S 断开，求：（1）换路后电路的初始值 $u_L(0_+)$、$i_L(0_+)$；（2）换路后电路的稳态值 $u_L(\infty)$、$i_L(\infty)$。

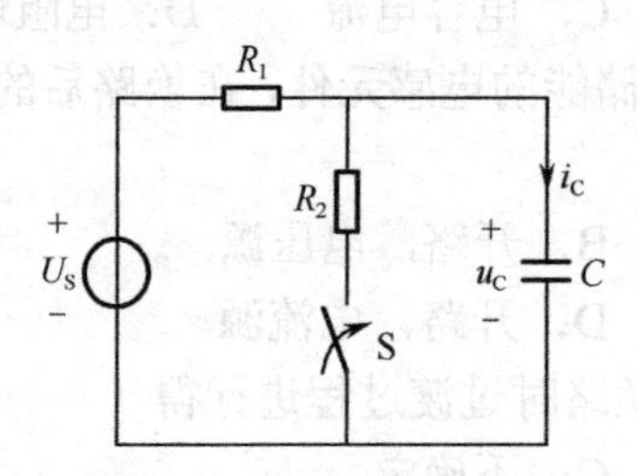

图 3-31　习题 3-10 的图

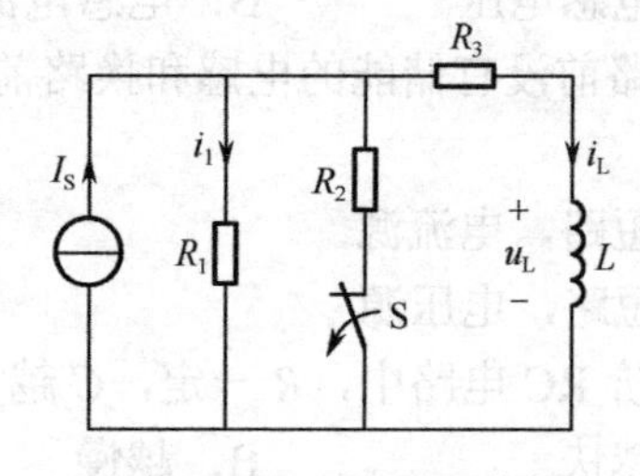

图 3-32　习题 3-11 的图

3-12　电路如图 3-33 所示，已知 $U_S=12V$，$R_1=2\Omega$，$R_2=4\Omega$，换路前电路的状态已稳定，$u_C(0_-)=0V$，$t=0$ 时开关 S 闭合，求：（1）换路后电路的初始值 $u_C(0_+)$、$i_C(0_+)$、$u_L(0_+)$、$i_L(0_+)$；（2）换路后电路的稳态值 $u_C(\infty)$、$i_C(\infty)$、$u_L(\infty)$、$i_L(\infty)$。

3-13　电路如图 3-34 所示，设 $R_1=4\Omega$，$R_2=2\Omega$，$C=5\mu F$，$U_S=18V$。换路前电路已稳定，$t=0$ 时开关 S 闭合。试求换路后 u_C、i_C 的表达式。

3-14　电路如图 3-35 所示，设 $R_1=4\Omega$，$R_2=4\Omega$，$R_3=3\Omega$，$C=4\mu F$，$I_S=10A$。换路前电路已稳定，$t=0$ 时开关 S 闭合。试求换路后 u_C、i_C 的表达式。

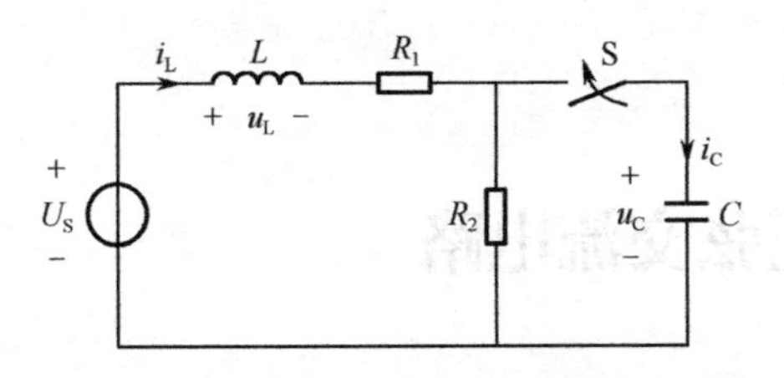

图 3-33　习题 3-12 的图

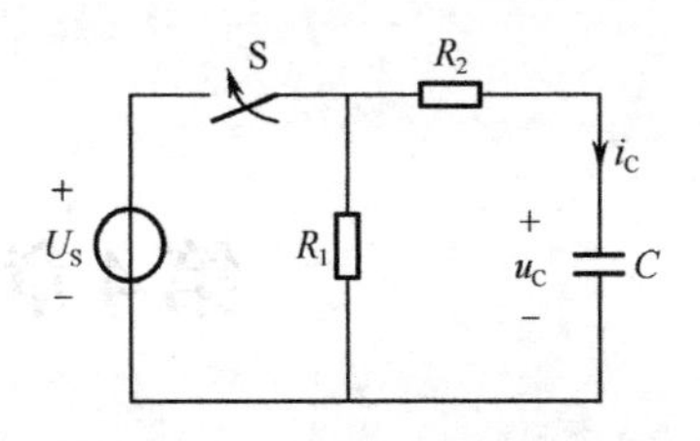

图 3-34　习题 3-13 的电路

3-15　电路如图 3-36 所示，设 $R_1=3\Omega$，$R_2=3\Omega$，$R_3=12\Omega$，$C=50\mu F$，$U_S=15V$。换路前电路已稳定，$t=0$ 时开关 S 断开。试求换路后 u_C、i_C 的表达式。

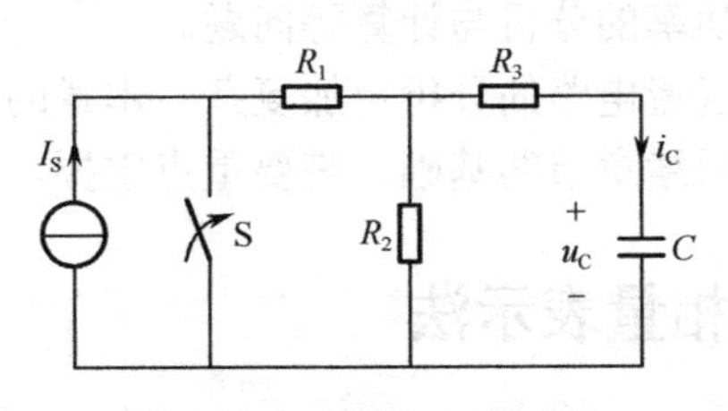

图 3-35　习题 3-14 的电路

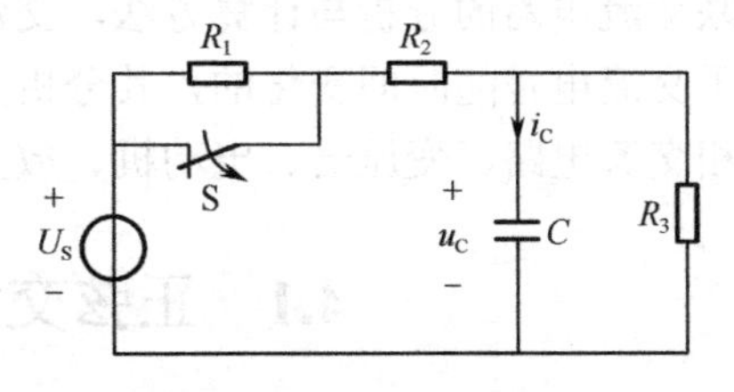

图 3-36　习题 3-15 的电路

3-16　电路如图 3-37 所示，设 $R_1=3\Omega$，$R_2=6\Omega$，$R_3=3\Omega$，$L=0.5H$，$U_S=15V$。换路前电路已稳定，$t=0$ 时开关 S 闭合。试求换路后 u_L 与 i_L 的表达式。

3-17　电路如图 3-38 所示，设 $R_1=12\Omega$，$R_2=6\Omega$，$L=3H$，$I_S=6A$。换路前电路已稳定，$t=0$ 时开关 S 闭合。试求换路后 u_L 与 i_L 的表达式。

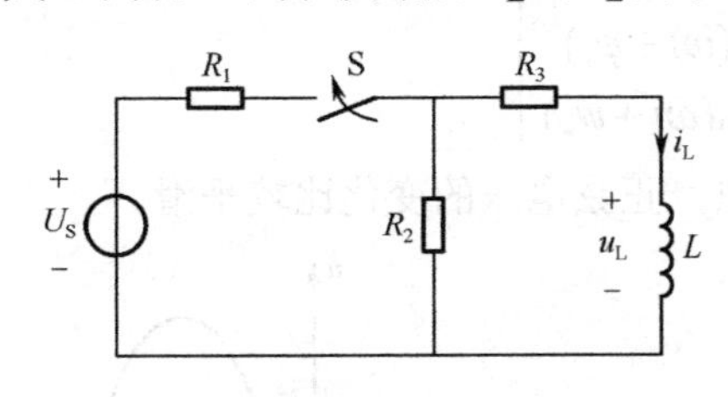

图 3-37　习题 3-16 的电路

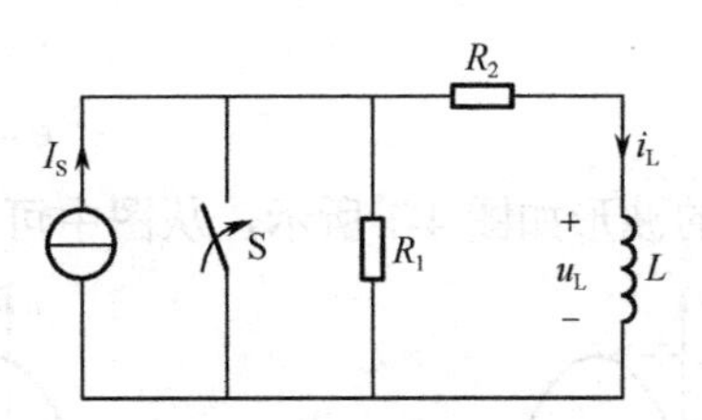

图 3-38　习题 3-17 的电路

3-18　电路如图 3-39 所示，设 $R_1=3\Omega$，$R_2=1\Omega$，$L=0.05H$，$I_S=8A$。换路前电路已稳定，$t=0$ 时开关 S 闭合。试求换路后 u_L 与 i_L 的表达式。

3-19　电路如图 3-40 所示，设 $R_1=3\Omega$，$R_2=6\Omega$，$C=25\mu F$，$U_S=27V$。换路前电路已稳定，$t=0$ 时开关 S 闭合。试用三要素法求换路后 i_1、i_2 和 i_C 的表达式。

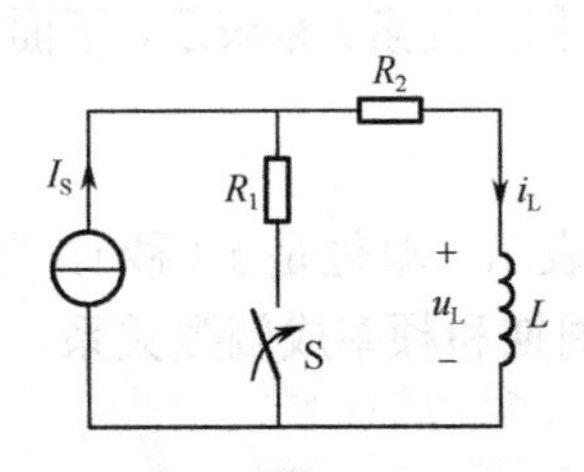

图 3-39　习题 3-18 的电路

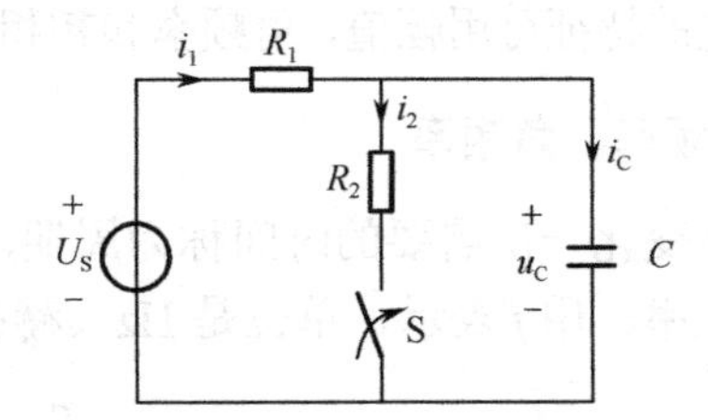

图 3-40　习题 3-19 的电路

3-20　电路如图 3-32 所示，$I_S=12A$，$R_1=R_2=R_3=2\Omega$，$L=0.25H$，换路前电路的状态已稳定，$t=0$ 时开关 S 断开，试用三要素法求换路后 i_1 和 i_L 的表达式。

第 4 章　正弦交流电路

正弦交流电，简称为交流电，因为其具有易于产生、传输和变换的特点，在工农业生产与日常生活中得到了广泛的应用。

本章主要介绍正弦交流电的相量表示法，电阻、电感、电容元件在交流电路中的特点，串、并联交流电路的分析与计算方法，交流电路中功率的分析与计算等问题。

由于交流电是随时间变化的，其分析方法要比直流电路的分析更加复杂。本章的知识是学习三相交流电路、变压器、电动机、放大电路等后续章节的基础，需要重点掌握。

4.1　正弦交流电的相量表示法

4.1.1　正弦交流电的基本概念

大小和方向随时间按一定规律做周期性变化的电压、电流、电动势统称为交流电，在交流电作用下的电路称为交流电路。正弦交流电即按正弦规律变化的交流电，其表达式为

$$\left.\begin{aligned} u &= U_{\mathrm{m}}\sin(\omega t+\psi_u) \\ i &= I_{\mathrm{m}}\sin(\omega t+\psi_i) \\ e &= E_{\mathrm{m}}\sin(\omega t+\psi_e) \end{aligned}\right\} \tag{4-1}$$

正弦电压的波形如图 4-1 所示，从图中可以看出，正弦电压的变化比较平滑。

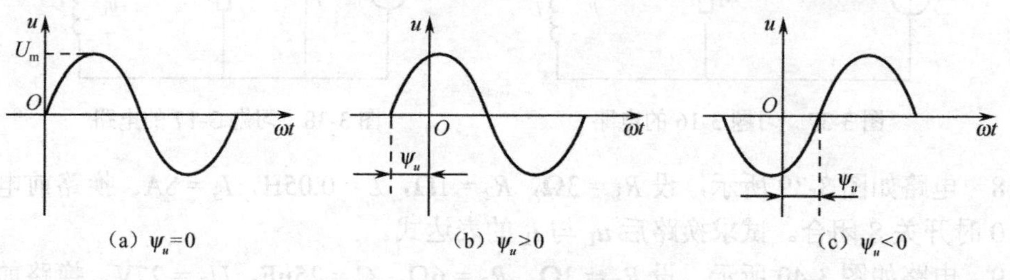

图 4-1　正弦电压 u 的波形

正弦交流电的特征可用幅值、角频率和初相位（简称三要素）来表示，下面分别予以介绍。

1．周期、频率、角频率

正弦交流电变化一次需要的时间称为周期，用 T 表示，单位是 s（秒）。交流电每秒钟变化的次数称为频率，用 f 表示，单位是 Hz（赫兹）。周期和频率成倒数关系，即

$$T=\frac{1}{f} \tag{4-2}$$

各国电力系统一般使用 50Hz 或 60Hz 的交流电，这种交流电也称为工频交流电，我国电力系统使用 50Hz 的交流电。

角频率 ω 等于交流电每秒内变化的弧度数，单位是 rad/s（弧度/秒）。由于交流电变化一

个周期要经过 2π rad，所以ω的表达式为

$$\omega = \frac{2\pi}{T} = 2\pi f \tag{4-3}$$

式中的ω、T、f都是反映交流电变化快慢的量。

2．最大值和有效值

正弦交流电任一时刻的值称为瞬时值，用小写字母来表示，式（4-1）中的u、i、e分别表示正弦电压、电流和电动势的瞬时值。瞬时值中的最大值也称为幅值，用大写字母加下标“m”来表示，式（4-1）中的U_m、I_m、E_m分别表示正弦电压、电流和电动势的最大值。

工程上交流电的大小通常用有效值来表示，有效值是按电流的热效应来定义的。在一个电阻上分别通入直流电流和交流电流，若在一个周期内产生的热量相等，即

$$I^2RT = \int_0^T i^2R\mathrm{d}t$$

则称该直流电流的大小等于交流电流的有效值，因此

$$I = \sqrt{\frac{1}{T}\int_0^T i^2\mathrm{d}t} \tag{4-4}$$

电流的有效值也称为方均根值，上式适合于计算任何周期性交流电流的有效值，但不能用于非周期量的计算。将正弦交流电流$i = I_m\sin(\omega t + \psi_i)$代入式（4-4）中，可得

$$I = \sqrt{\frac{1}{T}\int_0^T I_m^2\sin^2(\omega t + \psi_i)\mathrm{d}t} = \frac{I_m}{\sqrt{2}} \tag{4-5}$$

同理，可得正弦交流电压和电动势的有效值分别为

$$U = \frac{U_m}{\sqrt{2}},\ E = \frac{E_m}{\sqrt{2}} \tag{4-6}$$

我国工频交流电的有效值是$U = 220\text{V}$，幅值为$U_m = 220\sqrt{2} \approx 311\text{V}$。

3．相位

式（4-1）中的$(\omega t + \psi_u)$表示电压u在任意时刻的电角度，称为相位角，简称相位。ψ_u称为电压u的初相位，它对应$t = 0$时的相位角。

初相位的大小与计时起点的选择有关，计时起点不同，初相位就不同。规定电压u由负变正的零点作为变化起点。若变化起点与计时起点相同，则$\psi_u = 0$，如图 4-1（a）所示；若变化起点在计时起点的左边，则$\psi_u > 0$，如图 4-1（b）所示；若变化起点在计时起点的右边，则$\psi_u < 0$，如图 4-1（c）所示。

两个同频率正弦量的相位之差称为相位差，用字母φ来表示，在式（4-1）中，电压u和电流i的相位差为

$$\varphi = (\omega t + \psi_u) - (\omega t + \psi_i) = \psi_u - \psi_i \tag{4-7}$$

由此式可知，正弦量的相位差等于其初相位的差。

相位差用于描述两个同频率正弦量之间的超前、滞后关系。在式（4-7）中，若$\varphi = 0$，称电压u和电流i同相位，如图 4-2（a）所示；若$\varphi > 0$，称电压u超前电流i，或电流i滞后电压u，如图 4-2（b）所示；若$\varphi = 180°$，称电压u与电流i反相，如图 4-2（c）所示。

只有同频率的正弦量才能进行相位超前和滞后的比较，不同频率的正弦量进行相位比较没有意义。

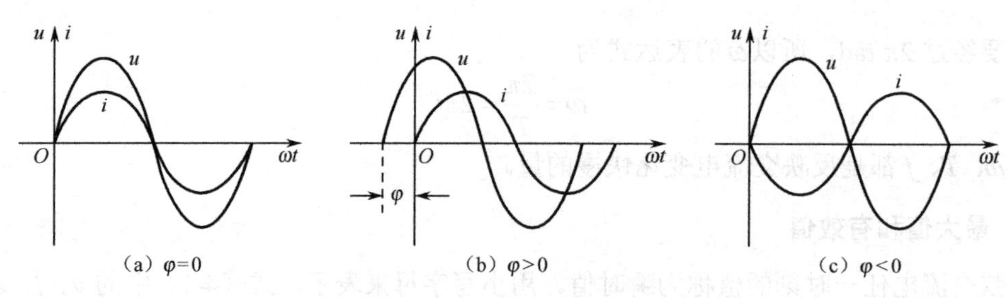

(a) $\varphi=0$　　(b) $\varphi>0$　　(c) $\varphi<0$

图 4-2　电压 u 与电流 i 的相位关系

4.1.2　复数

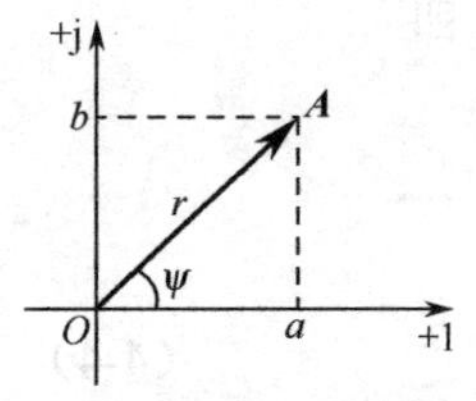

图 4-3　用有向线段表示复数

复数 $\boldsymbol{A}$ 可用复平面上的一条有向线段来表示，如图 4-3 所示。其中，复数 $\boldsymbol{A}$ 的实部为 a，虚部为 b，模为 r，辐角为 ψ。字母 j 表示虚数单位（数学上用 i 表示，电工技术中 i 已用于表示电流）。

1. 复数的表示法

复数 $\boldsymbol{A}$ 可表示为以下 4 种形式：

$$\boldsymbol{A}=a+\mathrm{j}b \qquad \text{（代数式）}$$

$$\boldsymbol{A}=r\cos\psi+\mathrm{j}r\sin\psi \qquad \text{（三角函数式）}$$

$$\boldsymbol{A}=r\mathrm{e}^{\mathrm{j}\psi} \qquad \text{（指数式）}$$

$$\boldsymbol{A}=r\angle\psi \qquad \text{（极坐标式）}$$

利用以下关系式，复数可以进行以上几种形式之间的转换：

$$a=r\cos\psi;\ b=r\sin\psi \tag{4-8}$$

$$r=\sqrt{a^2+b^2};\ \psi=\arctan\frac{b}{a} \tag{4-9}$$

2. 复数的四则运算

复数的加减运算通常使用复数的代数式进行，将复数的实部和虚部分别进行加减运算。复数的乘除运算通常使用极坐标式进行，也可使用指数式。运算时将复数的模相乘除，将复数的辐角相加减。

设 $\boldsymbol{A}=a_1+\mathrm{j}b_1=r_1\angle\psi_1=r_1\mathrm{e}^{\mathrm{j}\psi_1}$，$\boldsymbol{B}=a_2+\mathrm{j}b_2=r_2\angle\psi_2=r_2\mathrm{e}^{\mathrm{j}\psi_2}$，则

$$\boldsymbol{A}\pm\boldsymbol{B}=(a_1\pm a_2)+\mathrm{j}(b_1\pm b_2)$$

$$\boldsymbol{A}\times\boldsymbol{B}=r_1r_2\angle(\psi_1+\psi_2)=r_1r_2\mathrm{e}^{\mathrm{j}(\psi_1+\psi_2)}$$

$$\frac{\boldsymbol{A}}{\boldsymbol{B}}=\frac{r_1}{r_2}\angle(\psi_1-\psi_2)=\frac{r_1}{r_2}\mathrm{e}^{\mathrm{j}(\psi_1-\psi_2)}$$

4.1.3　正弦量的相量表示法

1. 相量

在线性电路中，各处的响应（电压、电流等）是与电源的频率相同的正弦量。因此，在分析正弦交流电路时，可不考虑频率的差别，只考虑幅值和初相位这两个要素的差别。

工程上，为了方便地用数学工具分析正弦交流电路，通常将正弦量用复数来表示，称为相量表示法。其表示方法是：用复数的模表示正弦量的幅值，用复数的辐角表示正弦量的初相位。表示正弦量的复数就称为相量。为了与一般的复数区别，在相量上加一个小圆点。一般的复数不用加小圆点。

对于正弦电压$u = U_{\mathrm{m}}\sin(\omega t+\psi_u)$，可以用最大值相量$\dot{U}_{\mathrm{m}} = U_{\mathrm{m}}\angle\psi_u$来表示。$\dot{U}_{\mathrm{m}}$的模$U_{\mathrm{m}}$等于正弦量的最大值，辐角$\psi_u$等于正弦量的初相位。

对于正弦电压$u = \sqrt{2}U\sin(\omega t+\psi_u)$，可以用有效值相量$\dot{U} = U\angle\psi_u$来表示。$\dot{U}$的模$U$等于正弦量的有效值，辐角$\psi_u$等于正弦量的初相位。一般情况下，有效值相量的使用多于最大值相量。

例题 4.1.1 正弦交流电路如图 4-4 所示，已知$i_1 = 6\sqrt{2}\sin(\omega t+30^\circ)\mathrm{A}$，$i_2 = 8\sqrt{2}\sin(\omega t-60^\circ)\mathrm{A}$。要求：（1）写出总电流$i$的瞬时值表达式；（2）画出电流$i_1$、$i_2$、$i$的相量图。

解：（1）先写出电流i_1、i_2的相量表达式

$$\dot{I}_1 = 6\angle 30^\circ\mathrm{A} = (5.2+\mathrm{j}3)\mathrm{A}$$

$$\dot{I}_2 = 8\angle -60^\circ\mathrm{A} = (4-\mathrm{j}6.9)\mathrm{A}$$

由此求得电流i的相量表达式

$$\begin{aligned}\dot{I} &= \dot{I}_1+\dot{I}_2 = [(5.2+\mathrm{j}3)+(4-\mathrm{j}6.9)]\mathrm{A}\\ &= (9.2-\mathrm{j}3.9)\mathrm{A} = 10\angle -23.1^\circ\mathrm{A}\end{aligned}$$

再由电流i的相量表达式写出其瞬时值表达式

$$i = 10\sqrt{2}\sin(\omega t-23.1^\circ)\mathrm{A}$$

（2）电流i_1、i_2、i的相量图如图 4-5 所示。

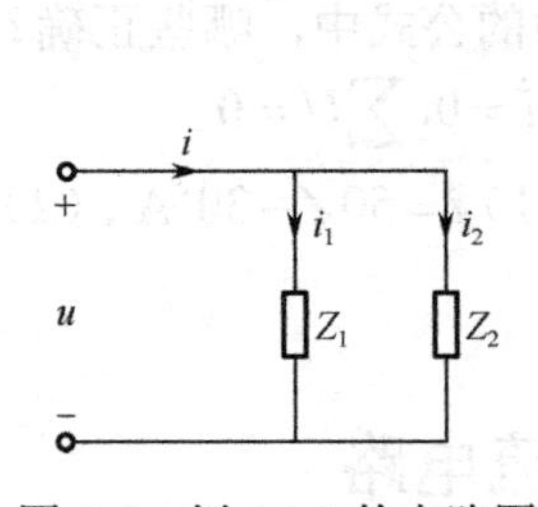

图 4-4　例 4.1.1 的电路图

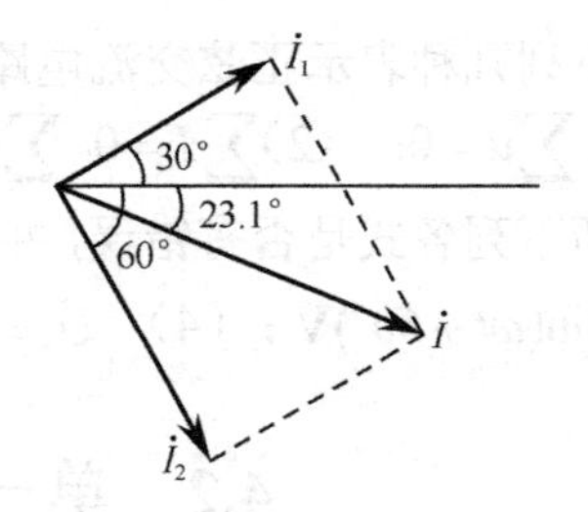

图 4-5　例 4.1.1 的相量图

相量图的画法与向量图的画法相同，先按辐角确定相量的方向，再按比例确定相量的长度，就可画出相量图。在相量图上，能形象地看出各正弦量的大小和相互间的相位关系。用平行四边形法则或三角形法则可进行两个相量的加、减法运算，得到两个相量的和或差。

这里需要指出的是：

（1）相量只是用于表示正弦量的复数，相量不等于正弦量。

（2）只有同频率正弦量的相量才能进行运算。

（3）只有同频率正弦量的相量才能画在同一张相量图上。

2．虚数 j 的意义

因为

$$\mathrm{j}=0+\mathrm{j}1=1\angle 90^\circ,\ \mathrm{j}\dot{I}=1\angle 90^\circ\times I\angle\psi=I\angle(\psi+90^\circ)$$

$$-\mathrm{j}=0-\mathrm{j}1=1\angle-90^\circ,\ -\mathrm{j}\dot{I}=1\angle-90^\circ\times I\angle\psi=I\angle(\psi-90^\circ)$$

当一个复数乘以 j 时，复数的模不变，辐角增大 90°；乘以-j 时，复数的模不变，辐角减小 90°。因此，将 j 称为旋转因子。

设有一个电流相量 $\dot{I}=6\angle 30^\circ\text{A}$，乘以 j 或-j 后变为

$$\mathrm{j}\dot{I}=1\angle 90^\circ\times 6\angle 30^\circ\text{A}=6\angle 120^\circ\text{A}$$

$$-\mathrm{j}\dot{I}=1\angle-90^\circ\times 6\angle 30^\circ\text{A}=6\angle-60^\circ\text{A}$$

3. 基尔霍夫定律的相量形式

在正弦交流电路中，基尔霍夫定律仍然成立，其相量形式为

$$\sum\dot{I}=0,\ \sum\dot{U}=0$$

用基尔霍夫定律列方程的方法与直流电路中的方法相同。对于某个结点，流入的电流取正号，流出的电流取负号；对于某一条闭合的回路，与回路绕行方向相同的电压取正号，与回路绕行方向相反的电压取负号。

练习与思考

4.1.1　已知 $u=220\sqrt{2}\sin(314t+60^\circ)\text{V}$，试写出其有效值、频率和初相位，并画出波形图。

4.1.2　已知某交流电流的周期为 0.002s，最大值为 20A，初相位为-30°，试写出其瞬时值表达式。

4.1.3　某电流的表达式为 $i=310\sin(314t-45^\circ)\text{A}$，试写出其有效值相量表达式，并画出相量图。

4.1.4　在下列几种表示正弦交流电路基尔霍夫定律的公式中，哪些正确？哪些是不正确的？(1) $\sum i=0,\sum u=0$；　(2) $\sum I=0,\sum U=0$；　(3) $\sum\dot{I}=0,\sum\dot{U}=0$。

4.1.5　判断下列各式是否有错误，并指出其错误：(1) $i=50\angle-30^\circ\text{A}$；(2) $I=25\angle 45^\circ\text{A}$；(3) $U=20\sqrt{2}\sin(\omega t+60^\circ)\text{V}$；(4) $\dot{U}=10\angle-60^\circ\text{V}$。

4.2　单一参数的交流电路

只包含一种理想电路元件（电阻、电感或电容）的交流电路称为单一参数交流电路。本节介绍单一参数交流电路中电压与电流的关系，为分析复杂电路打下基础。

4.2.1　电阻元件

图 4-6（a）所示是一个线性电阻元件的交流电路，电压和电流的参考方向如图中所示，设通过电阻元件上的电流为正弦电流

$$i=\sqrt{2}I\sin\omega t \tag{4-10}$$

根据欧姆定律，可得电阻元件上的电压为

$$u=Ri=\sqrt{2}RI\sin\omega t=\sqrt{2}U\sin\omega t \tag{4-11}$$

比较式（4-10）和式（4-11），可以看出电阻元件上的电压与电流同频率、同相位。电压

和电流的波形如图 4-6（b）所示。

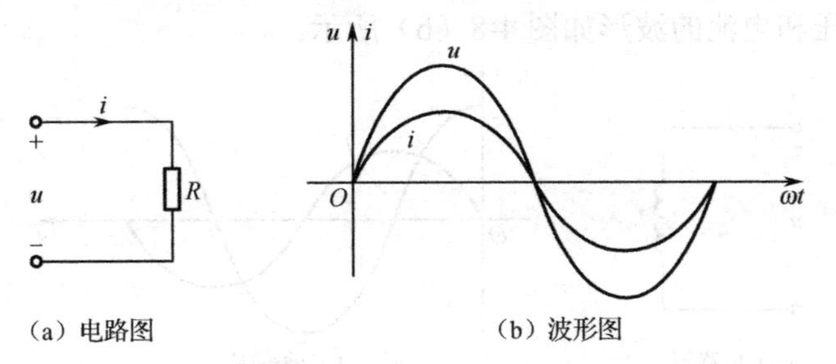

图 4-6　电阻元件的交流电路

从式（4-11）中可以看出，电压有效值与电流有效值之间关系为

$$U = RI \tag{4-12}$$

电压有效值与电流有效值也符合欧姆定律。

将式（4-10）、式（4-11）中的电流和电压分别写成相量形式

$$\dot{I} = I\angle 0°，\dot{U} = U\angle 0° \tag{4-13}$$

将上式中的电压相量和电流相量相除，可得

$$\frac{\dot{U}}{\dot{I}} = \frac{U\angle 0°}{I\angle 0°} = \frac{U}{I}\angle 0° = R\angle 0° = R \tag{4-14}$$

$$\dot{U} = R\dot{I} \tag{4-15}$$

上式反映了电阻元件上电压、电流相量之间的关系，称为相量形式的欧姆定律，或欧姆定律的相量形式。

在分析交流电路时，电阻元件上通常标出的是电压相量和电流相量，如图 4-7（a）所示。根据式（4-13）画出电阻元件的相量图如图 4-7（b）所示。

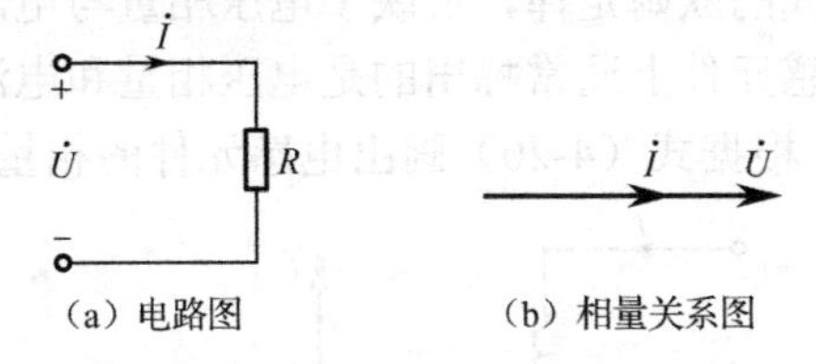

图 4-7　电阻元件上的电压和电流相量

在电阻元件上，电压和电流的最大值之间、最大值相量之间的关系是

$$U_{\mathrm{m}} = RI_{\mathrm{m}}，\dot{U}_{\mathrm{m}} = R\dot{I}_{\mathrm{m}}$$

4.2.2　电感元件

图 4-8（a）所示是一个线性电感元件的交流电路，电压和电流的参考方向如图中所示，设通过电感元件上的电流为正弦电流

$$i = \sqrt{2}I\sin\omega t \tag{4-16}$$

根据电感元件上电压与电流的关系，可得电感元件上的电压

$$\begin{aligned} u &= L\frac{\mathrm{d}i}{\mathrm{d}t} = L\frac{\mathrm{d}(\sqrt{2}I\sin\omega t)}{\mathrm{d}t} = \sqrt{2}\omega LI\cos\omega t \\ &= \sqrt{2}\omega LI\sin(\omega t + 90°) = \sqrt{2}U\sin(\omega t + 90°) \end{aligned} \tag{4-17}$$

比较式（4-16）和式（4-17），可以看出电感元件上的电压与电流频率相同，相位相差 90°，电压超前电流。电压和电流的波形如图 4-8（b）所示。

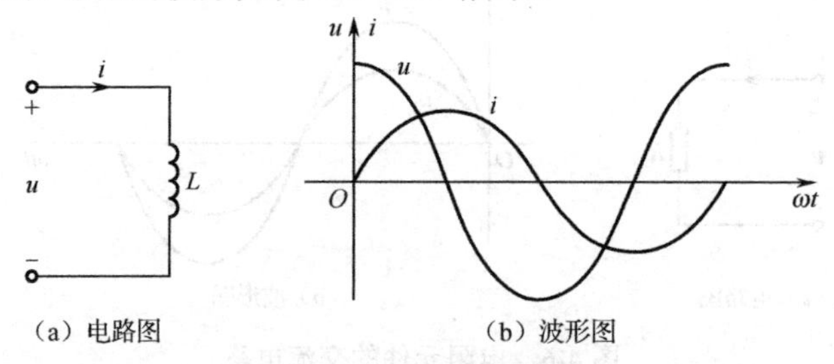

（a）电路图　　（b）波形图

图 4-8　电感元件的交流电路

从式（4-17）中可以看出，电压有效值与电流有效值之间关系为

$$U = \omega LI = X_{\mathrm{L}} I \tag{4-18}$$

式中，X_{L} 称为电感的感抗，单位是Ω（欧姆）。它反映了电感元件上电压与电流有效值之间的约束关系，感抗还可以写成

$$X_{\mathrm{L}} = \omega L = 2\pi fL \tag{4-19}$$

式中，f 为交流电源的频率。频率 f 越高，感抗 X_{L} 越大。

将式（4-16）、式（4-17）中的电流和电压分别写成相量形式

$$\dot{I} = I\angle 0°，\dot{U} = U\angle 90° \tag{4-20}$$

将上式中的电压相量和电流相量相除，可得

$$\frac{\dot{U}}{\dot{I}} = \frac{U\angle 90°}{I\angle 0°} = \frac{U}{I}\angle 90° = X_{\mathrm{L}}\angle 90° = \mathrm{j}X_{\mathrm{L}} \tag{4-21}$$

$$\dot{U} = \mathrm{j}X_{\mathrm{L}}\dot{I} \tag{4-22}$$

上式称为电感元件上相量形式的欧姆定律，反映了电压相量与电流相量之间的关系。

在分析交流电路时，电感元件上通常标出的是电压相量和电流相量，以及感抗的复数形式 $\mathrm{j}X_{\mathrm{L}}$，如图 4-9（a）所示。根据式（4-20）画出电感元件的相量图如图 4-9（b）所示。

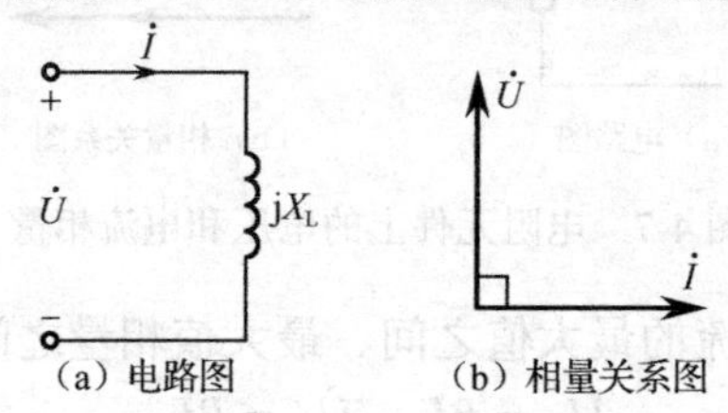

（a）电路图　　（b）相量关系图

图 4-9　电感元件上的电压和电流相量

在电感元件上，电压和电流的最大值之间、最大值相量之间的关系是

$$U_{\mathrm{m}} = X_{\mathrm{L}} I_{\mathrm{m}}，\dot{U}_{\mathrm{m}} = \mathrm{j}X_{\mathrm{L}}\dot{I}_{\mathrm{m}}$$

例 4.2.1　把一个 0.127H 的电感接到电压 $u = 220\sqrt{2}\sin(314t + 30°)\mathrm{V}$ 的交流电源上，试写出其电流 i 的瞬时值表达式，并画出电压和电流的相量图。

解：先求出电感的感抗，再求出其电流相量

$$X_{\mathrm{L}} = \omega L = 314 \times 0.127\Omega = 40\Omega$$

$$\dot{I} = \frac{\dot{U}}{\mathrm{j}X_{\mathrm{L}}} = \frac{220\angle 30°}{\mathrm{j}40}\mathrm{A} = 5.5\angle -60°\mathrm{A}$$

由电流相量写出其瞬时值表达式

$$i = 5.5\sqrt{2}\sin(314t - 60^\circ)\text{A}$$

电压和电流的相量图如图 4-10 所示。

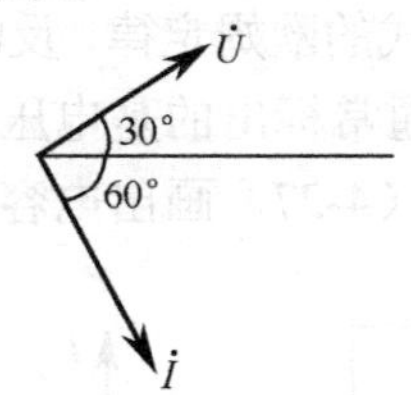

图 4-10　例 4.2.1 的图

4.2.3　电容元件

图 4-11（a）所示是一个线性电容元件的交流电路，电压和电流的参考方向如图中所示，设加在电容元件上的电压为正弦电压

$$u = \sqrt{2}U\sin\omega t \tag{4-23}$$

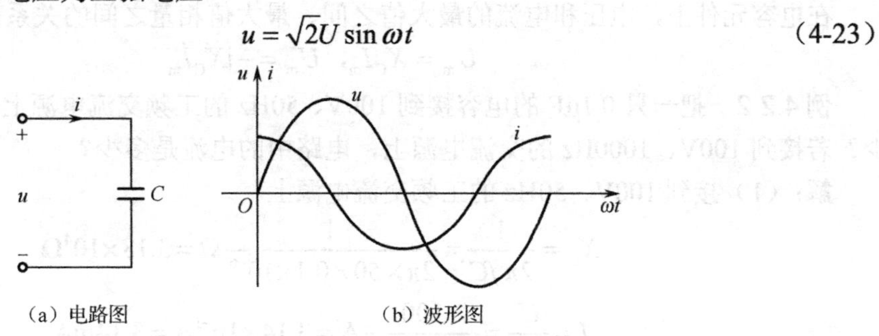

（a）电路图　　　　（b）波形图

图 4-11　电容元件的交流电路

根据电容元件上电流与电压的关系，可得电容元件上的电流

$$\begin{aligned} i &= C\frac{\mathrm{d}u}{\mathrm{d}t} = C\frac{\mathrm{d}(\sqrt{2}U\sin\omega t)}{\mathrm{d}t} = \sqrt{2}\omega CU\cos\omega t \\ &= \sqrt{2}\omega CU\sin(\omega t + 90^\circ) = \sqrt{2}I\sin(\omega t + 90^\circ) \end{aligned} \tag{4-24}$$

比较式（4-23）和式（4-24），可以看出电容元件上的电压与电流频率相同，相位相差 90°，电流超前电压。电压和电流的波形如图 4-11（b）所示。

从式（4-24）中可以看出，电压有效值与电流有效值之间关系为

$$I = \omega CU,\ \frac{U}{I} = \frac{1}{\omega C} = X_{\text{C}} \tag{4-25}$$

式中，X_{C} 称为电容的容抗，单位是Ω（欧姆）。它反映了电容元件上电压与电流有效值之间的约束关系，容抗还可以写成

$$X_{\text{C}} = \frac{1}{\omega C} = \frac{1}{2\pi fC} \tag{4-26}$$

式中，f 为交流电源的频率。频率 f 越高，容抗 X_{C} 越小。

将式（4-23）、式（4-24）中的电压和电流分别写成相量形式

$$\dot{U} = U\angle 0^\circ,\ \dot{I} = I\angle 90^\circ \tag{4-27}$$

将上式中的电压相量和电流相量相除，可得

$$\frac{\dot{U}}{\dot{I}}=\frac{U\angle 0^{\circ}}{I\angle 90^{\circ}}=\frac{U}{I}\angle -90^{\circ}=X_{C}\angle -90^{\circ}=-\mathrm{j}X_{C} \tag{4-28}$$

$$\dot{U}=-\mathrm{j}X_{C}\dot{I} \tag{4-29}$$

式（4-29）称为电容元件上相量形式的欧姆定律，反映了电压相量与电流相量之间的关系。

在分析交流电路时，电容元件上通常标出的是电压相量和电流相量，以及容抗的复数形式$-\mathrm{j}X_C$，如图 4-12（a）所示。根据式（4-27）画出电容元件的相量图，如图 4-12（b）所示。

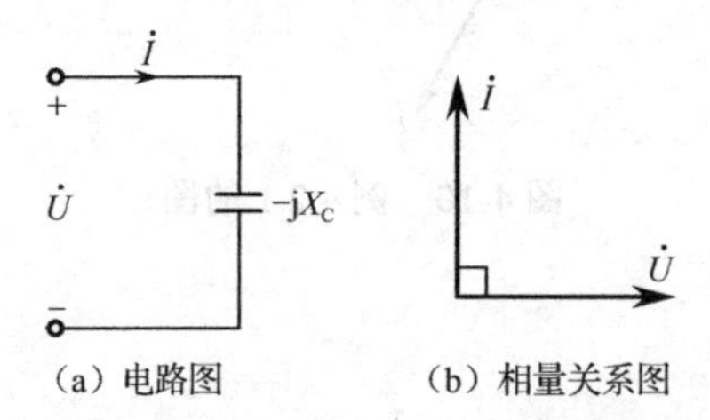

图 4-12　电容元件上的电压和电流相量

在电容元件上，电压和电流的最大值之间、最大值相量之间的关系是

$$U_{\mathrm{m}}=X_{C}I_{\mathrm{m}},\ \dot{U}_{\mathrm{m}}=-\mathrm{j}X_{C}\dot{I}_{\mathrm{m}}$$

例 4.2.2　把一只 0.1μF 的电容接到 100V、50Hz 的工频交流电源上，电路中的电流是多少？若接到 100V、1000Hz 的交流电源上，电路中的电流是多少？

解：（1）接到 100V、50Hz 的工频交流电源上

$$X_{C}=\frac{1}{2\pi fC}=\frac{1}{2\pi\times 50\times 0.1\times 10^{-6}}\Omega=3.18\times 10^{4}\Omega$$

$$I=\frac{U}{X_{C}}=\frac{100}{3.18\times 10^{4}}\mathrm{A}=3.14\times 10^{-3}\mathrm{A}=3.14\mathrm{mA}$$

（2）接到 100V、1000Hz 的交流电源上

$$X_{C}=\frac{1}{2\pi fC}=\frac{1}{2\pi\times 1000\times 0.1\times 10^{-6}}\Omega=1.59\times 10^{3}\Omega$$

$$I=\frac{U}{X_{C}}=\frac{100}{1.59\times 10^{3}}\mathrm{A}=0.0628\mathrm{A}=62.8\mathrm{mA}$$

由计算可知，随着电源频率的增大，电容的容抗变小，电源有效值不变的情况下，电流增大。所以电容元件具有通高频阻低频的特性。

练习与思考

4.2.1　判断下列各式的对错：

（1）$u=\omega Li$；（2）$u=L\frac{\mathrm{d}i}{\mathrm{d}t}$；（3）$u=C\frac{\mathrm{d}i}{\mathrm{d}t}$；（4）$\frac{U}{I}=\frac{1}{2\pi fC}$；

（5）$\frac{U}{I}=\omega C$；（6）$\frac{\dot{U}}{\dot{I}}=X_{L}$；（7）$\dot{I}=-\mathrm{j}\frac{\dot{U}}{\omega L}$；（8）$\dot{U}=\frac{\dot{I}}{\mathrm{j}\omega C}$。

4.2.2　什么是感抗？感抗与哪些因素有关？什么是容抗？容抗与哪些因素有关？

4.2.3　在由电阻（或电感、电容）元件组成的单一参数交流电路中，电压与电流的相位关系是什么？

4.2.4　某交流电路如图 4-13 所示，当电源频率为某一数值时，白炽灯 L1、L2、L3 的亮度相同。电源电压不变，若电源频率升高，每只灯的亮度是否变化？如何变化？若电源频率降低，每只灯的亮度是否变化？如何变化？

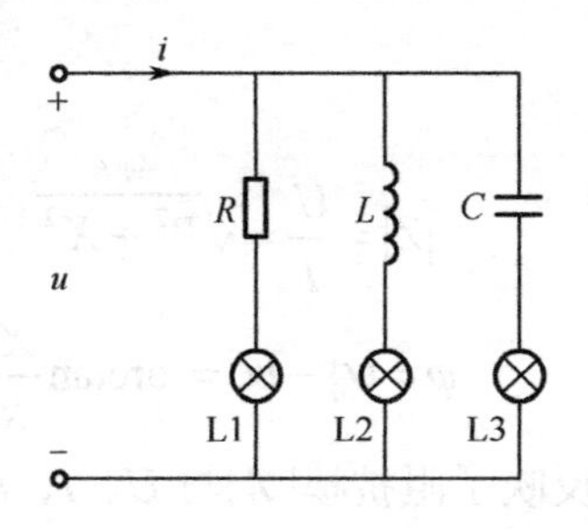

图 4-13　练习与思考 4.2.4 的图

4.2.5　将正弦交流电压 $u = 25\sqrt{2}\sin(314t - 35^\circ)$V 加到 $X_L = 5\Omega$的电感上，则通过电感的电流为多少？试写出其瞬时值表达式。

4.3　正弦交流电路的计算

4.2 节介绍了单一参数的交流电路，本节介绍由多个电阻、电感、电容元件组成的复杂交流电路的分析计算方法。

4.3.1　阻抗

1．阻抗的定义

若一个二端网络内部仅包含若干个电阻、电感、电容等无源元件，则称为无源二端网络。在交流电路中，无源二端网络的性质可用一个阻抗 Z 来等效，如图 4-14 所示。阻抗定义为二端网络两端的电压相量 $\dot{U}$ 与流入端口的电流相量 $\dot{I}$ 的比值，即

$$Z = \frac{\dot{U}}{\dot{I}} \tag{4-30}$$

式（4-30）称为欧姆定律的相量形式。式中，Z 称为二端网络的复阻抗，简称阻抗，单位是Ω（欧姆）。Z 是一个用于表示电路参数的复数，不是用于表示正弦量的复数，Z 不是相量，书写时不用在顶部加小圆点。

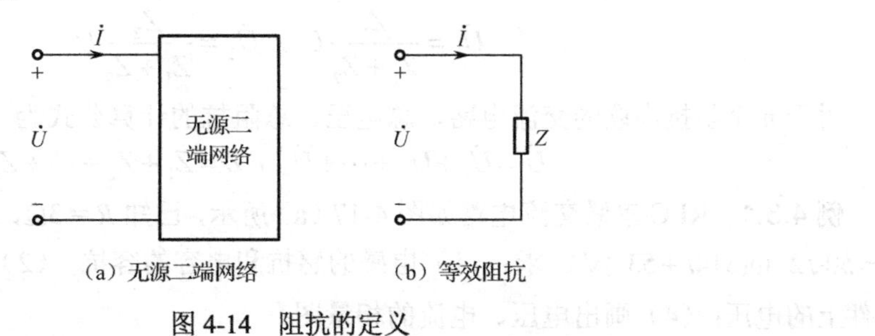

图 4-14　阻抗的定义

式（4-30）可进一步写成

$$Z=\frac{\dot U}{\dot I}=\frac{U\angle\psi_u}{I\angle\psi_i}=\frac{U}{I}\angle(\psi_u-\psi_i)=|Z|\angle\varphi=R+\mathrm{j}X \tag{4-31}$$

式中，$|Z|$称为阻抗模，R是二端网络的等效电阻，X是等效电抗，它们的单位都是Ω（欧姆），φ称为阻抗角。

由式（4-31）可得

$$|Z|=\frac{U}{I}=\sqrt{R^2+X^2} \tag{4-32}$$

$$\varphi=\psi_u-\psi_i=\arctan\frac{X}{R} \tag{4-33}$$

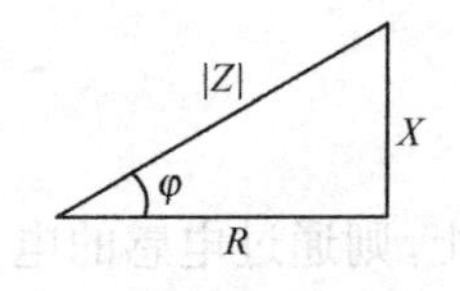

图 4-15　阻抗三角形

式（4-32）反映了阻抗模$|Z|$与U、I、R、X之间的关系。式（4-33）表示阻抗角φ等于电压与电流的相位差，φ可由电路的参数R、X求出。

$|Z|$与R、X、φ之间符合三角形关系，称为阻抗三角形，如图 4-16 所示。

为分析方便，以后将二端网络简称为电路。

2．单一参数交流电路的阻抗

单一参数交流电路作为无源二端网络的特例，其阻抗可由式（4-31）推导得出：

（1）电阻元件，因$\dot U=R\dot I$，故其阻抗为$Z_{\mathrm{R}}=R$；

（2）电感元件，因$\dot U=\mathrm{j}X_{\mathrm{L}}\dot I$，故其阻抗为$Z_{\mathrm{L}}=\mathrm{j}X_{\mathrm{L}}$；

（3）电容元件，因$\dot U=-\mathrm{j}X_{\mathrm{C}}\dot I$，故其阻抗为$Z_{\mathrm{C}}=-\mathrm{j}X_{\mathrm{C}}$。

4.3.2　阻抗的串联

两个阻抗串联的交流电路如图 4-16 所示。在阻抗串联的交流电路中，各个阻抗上的电流相等，总电压等于各阻抗上的电压相加，即

$$\dot U=\dot U_1+\dot U_2 \tag{4-34}$$

将上式的两边同除以电流并整理，可得

$$\frac{\dot U}{\dot I}=\frac{\dot U_1}{\dot I}+\frac{\dot U_2}{\dot I},\ Z=Z_1+Z_2 \tag{4-35}$$

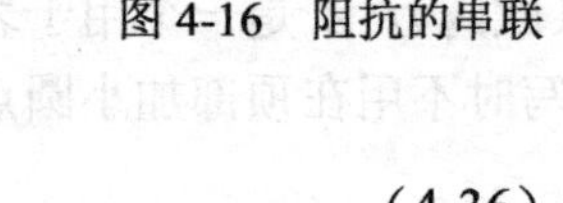
图 4-16　阻抗的串联

可见，串联电路的总阻抗等于各个阻抗相加。

两个阻抗串联时，符合分压公式，即

$$\dot U_1=\frac{Z_1}{Z_1+Z_2}\dot U\ ,\ \dot U_2=\frac{Z_2}{Z_1+Z_2}\dot U \tag{4-36}$$

对于n个阻抗串联的交流电路，总电压、总阻抗的计算公式为

$$\dot U=\dot U_1+\dot U_2+\cdots+\dot U_n\ ,\ Z=Z_1+Z_2+\cdots+Z_n \tag{4-37}$$

例 4.3.1　RLC 串联交流电路如图 4-17（a）所示，已知$R=3\Omega$，$L=25.5\mathrm{mH}$，$C=800\mu\mathrm{F}$，$u=50\sqrt{2}\sin(314t+53^\circ)\mathrm{V}$。求：（1）电感的感抗和电容的容抗；（2）电路中的电流；（3）各元件上的电压；（4）画出电压、电流的相量图。

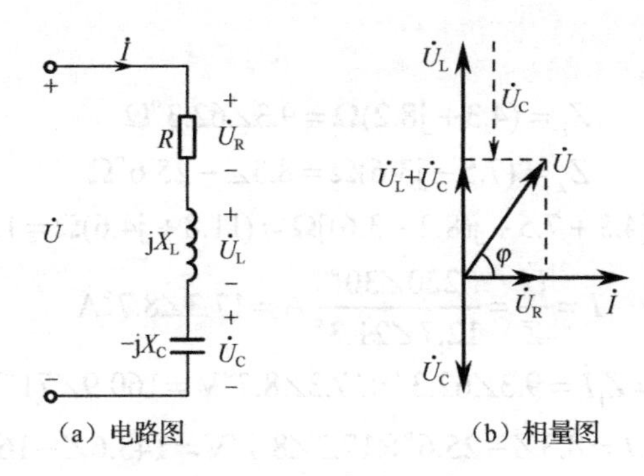

（a）电路图　　　　　（b）相量图

图 4-17　RLC 串联电路

解：（1）求电感的感抗和电容的容抗：

$$X_L = \omega L = 314 \times 25.5 \times 10^{-3}\Omega = 8\Omega$$

$$X_C = \frac{1}{\omega C} = \frac{1}{314 \times 800 \times 10^{-6}}\Omega = 4\Omega$$

（2）先求出电路的总阻抗，再求出总电流：

$$Z = Z_R + Z_L + Z_C = R + jX_L - jX_C = (3 + j8 - j4)\Omega = (3 + j4)\Omega = 5\angle 53^\circ\Omega$$

$$\dot{I} = \frac{\dot{U}}{Z} = \frac{50\angle 53^\circ}{5\angle 53^\circ}A = 10\angle 0^\circ A = 10A$$

（3）先写出各元件上的电压相量，再写出其瞬时值表达式：

$$\dot{U}_R = R\dot{I} = 3 \times 10\angle 0^\circ V = 30\angle 0^\circ V$$

$$\dot{U}_L = jX_L\dot{I} = j8 \times 10\angle 0^\circ V = 80\angle 90^\circ V$$

$$\dot{U}_C = -jX_C\dot{I} = -j4 \times 10\angle 0^\circ V = 40\angle -90^\circ V$$

$$u_R = 30\sqrt{2}\sin(314t + 0^\circ)V$$

$$u_L = 80\sqrt{2}\sin(314t + 90^\circ)V$$

$$u_C = 40\sqrt{2}\sin(314t - 90^\circ)V$$

（4）电压、电流的相量图如图 4-17（b）所示。

从图 4-17（b）中可以看出，在 RLC 串联电路中，$\dot{U}_R$ 与 $\dot{I}$ 同相，$\dot{U}_L$ 超前电流 $\dot{I}$ 90°，$\dot{U}_C$ 滞后电流 $\dot{I}$ 90°。φ 等于电压 $\dot{U}$ 与电流 $\dot{I}$ 的相位差，φ 的变化范围是 −90°～90°。

RLC 串联电路的阻抗 Z 和阻抗角 φ 的计算公式如下：

$$Z = R + jX_L - jX_C = R + j(X_L - X_C) = R + jX$$

$$X = X_L - X_C$$

$$\varphi = \arctan\frac{X}{R} = \arctan\frac{X_L - X_C}{R}$$

由于电阻、感抗、容抗的大小不同，RLC 串联电路表现出不同的电路性质：

（1）若 $X_L > X_C$，$\varphi > 0$，电路呈电感性；

（2）若 $X_L < X_C$，$\varphi < 0$，电路呈电容性；

（3）若 $X_L = X_C$，$\varphi = 0$，电路呈电阻性。

例 4.3.2　两个阻抗串联的交流电路如图 4-16 所示，已知 $Z_1 = (4.3 + j8.2)\Omega$，$Z_2 = (7.5 - j3.6)\Omega$，$\dot{U} = 220\angle 30^\circ V$。试求电路中的电流和各个阻抗上的电压，并画出相量图。

解：

$$Z_1 = (4.3 + \mathrm{j}8.2)\Omega = 9.3\angle 62.3^\circ\Omega$$

$$Z_2 = (7.5 - \mathrm{j}3.6)\Omega = 8.3\angle -25.6^\circ\Omega$$

$$Z = Z_1 + Z_2 = [4.3 + 7.5 + \mathrm{j}(8.2 - 3.6)]\Omega = (11.8 + \mathrm{j}4.6)\Omega = 12.7\angle 21.3^\circ\Omega$$

$$\dot{I} = \frac{\dot{U}}{Z} = \frac{220\angle 30^\circ}{12.7\angle 21.3^\circ}\mathrm{A} = 17.3\angle 8.7^\circ\mathrm{A}$$

$$\dot{U}_1 = Z_1\dot{I} = 9.3\angle 62.3^\circ \times 17.3\angle 8.7^\circ\mathrm{V} = 160.9\angle 71^\circ\mathrm{V}$$

$$\dot{U}_2 = Z_2\dot{I} = 8.3\angle -25.6^\circ \times 17.3\angle 8.7^\circ\mathrm{V} = 143.6\angle -16.9^\circ\mathrm{V}$$

电压和电流的相量图如图 4-18 所示。

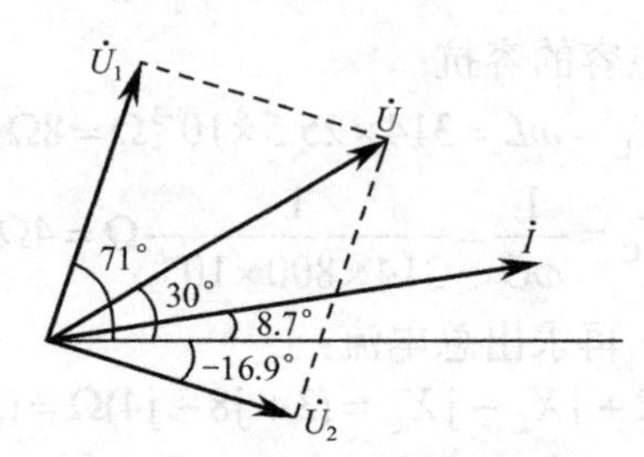

图 4-18　例 4.3.2 的相量图

4.3.3　阻抗的并联

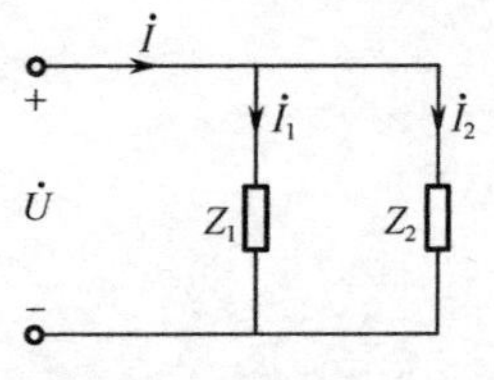

图 4-19　阻抗的并联

两个阻抗并联的交流电路如图 4-19 所示。在阻抗并联的交流电路中，各个阻抗上的电压相等，总电流等于各阻抗上的电流之和，即

$$\dot{I} = \dot{I}_1 + \dot{I}_2 \tag{4-38}$$

将上式做如下整理：

$$\frac{\dot{U}}{Z} = \frac{\dot{U}}{Z_1} + \frac{\dot{U}}{Z_2}$$

可得总阻抗的计算公式

$$\frac{1}{Z} = \frac{1}{Z_1} + \frac{1}{Z_2},\quad Z = \frac{Z_1 Z_2}{Z_1 + Z_2} \tag{4-39}$$

两个阻抗并联时，符合分流公式，即

$$\dot{I}_1 = \frac{Z_2}{Z_1 + Z_2}\dot{I}\ ,\ \dot{I}_2 = \frac{Z_1}{Z_1 + Z_2}\dot{I} \tag{4-40}$$

对于 n 个阻抗并联的交流电路，总电流、总阻抗的计算公式为

$$\dot{I} = \dot{I}_1 + \dot{I}_2 + \cdots + \dot{I}_n\ ,\ \frac{1}{Z} = \frac{1}{Z_1} + \frac{1}{Z_2} + \cdots + \frac{1}{Z_n} \tag{4-41}$$

例 4.3.3　两个阻抗并联的交流电路如图 4-19 所示，已知 $Z_1 = (4.3 + \mathrm{j}8.2)\Omega$，$Z_2 = (7.5 - \mathrm{j}3.6)\Omega$，$\dot{U} = 220\angle 30^\circ\mathrm{V}$。试求电路中的总电流和各个阻抗上的电流，并画出相量图。

解：

$$Z_1 = (4.3 + \mathrm{j}8.2)\Omega = 9.3\angle 62.3^\circ\Omega$$

$$Z_2 = (7.5 - \mathrm{j}3.6)\Omega = 8.3\angle -25.6^\circ\Omega$$

$$Z=\frac{Z_1Z_2}{Z_1+Z_2}=\frac{9.3\angle 62.3^\circ\times 8.3\angle -25.6^\circ}{4.3+\mathrm{j}8.2+7.5-\mathrm{j}3.6}\Omega$$

$$=\frac{77.2\angle 36.7^\circ}{11.8+\mathrm{j}4.6}\Omega=\frac{77.2\angle 36.7^\circ}{12.7\angle 21.3^\circ}\Omega=6.1\angle 15.4^\circ\Omega$$

$$\dot{I}_1=\frac{\dot{U}}{Z_1}=\frac{220\angle 30^\circ}{9.3\angle 62.3^\circ}\mathrm{A}=23.7\angle -32.3^\circ\mathrm{A}$$

$$\dot{I}_2=\frac{\dot{U}}{Z_2}=\frac{220\angle 30^\circ}{8.3\angle -25.6^\circ}\mathrm{A}=26.5\angle 55.6^\circ\mathrm{A}$$

$$\dot{I}=\frac{\dot{U}}{Z}=\frac{220\angle 30^\circ}{6.1\angle 15.4^\circ}\mathrm{A}=36.1\angle 14.6^\circ\mathrm{A}$$

电压和电流的相量图如图 4-20 所示。

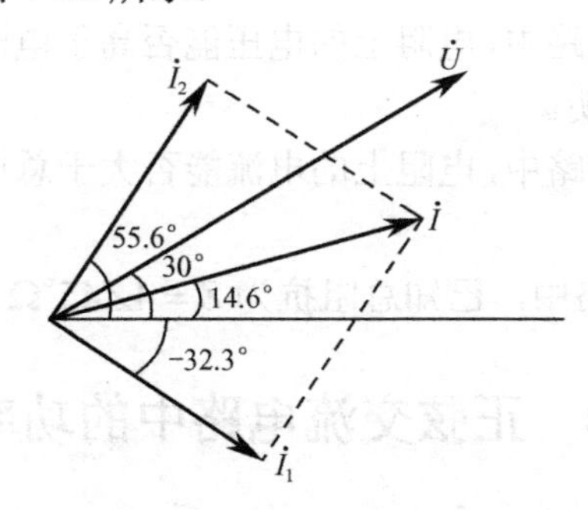

图 4-20　例 4.3.3 的相量图

4.3.4　复杂交流电路的计算

对于由多个阻抗串、并联组成的复杂交流电路，可将串联的阻抗或并联的阻抗合并，逐步简化电路，最终简化成一个阻抗，计算出电路的总电压或总电流。计算出电路的总电压或总电流后，再利用分压公式或分流公式，逐步计算各支路或各阻抗上的电压或电流。

若电路中含有多个交流电源，可用直流电路中学过的方法分析电路，如支路电流法、结点电压法、叠加定理、戴维南定理等。

例 4.3.4　RLC 串并联电路如图 4-21 所示，已知 $R_1=30\Omega$，$R_2=60\Omega$，$X_C=80\Omega$，$X_L=40\Omega$，$\dot{U}=50\angle 45^\circ\mathrm{V}$。试求电路中的总阻抗 Z 和总电流相量 $\dot{I}$。

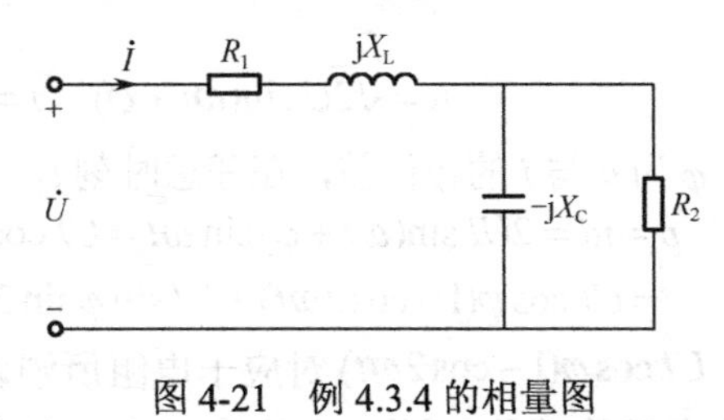

图 4-21　例 4.3.4 的相量图

解：

$$Z=R_1+\mathrm{j}X_L+\frac{R_2\times(-\mathrm{j}X_C)}{R_2-\mathrm{j}X_C}=\left[30+\mathrm{j}40+\frac{60\times(-\mathrm{j}80)}{60-\mathrm{j}80}\right]\Omega$$

$$= \left(30 + \mathrm{j}40 + \frac{-\mathrm{j}4800}{100\angle -53^\circ}\right)\Omega = (30 + \mathrm{j}40 + 48\angle -37^\circ)\Omega$$

$$= (30 + \mathrm{j}40 + 38.4 - \mathrm{j}28.8)\Omega = (68.4 + \mathrm{j}11.2)\Omega = 69.3\angle 9.3^\circ\Omega$$

$$\dot{I} = \frac{\dot{U}}{Z} = \frac{50\angle 45^\circ}{69.3\angle 9.3^\circ}\mathrm{A} = 0.72\angle 35.7^\circ\mathrm{A}$$

练习与思考

4.3.1　试分别写出由电阻、电感、电容元件组成的单一参数交流电路中的阻抗 Z、阻抗模$|Z|$、阻抗角 φ 的大小。

4.3.2　在 RLC 串联交流电路中，阻抗角 φ 的变化范围是多少？什么时候电路呈电感性（电容性、电阻性）？

4.3.3　在 RLC 串联交流电路中，电阻上的电压能否高于电源电压？电感和电容上的电压能否高于电源电压？试举例说明。

4.3.4　在 RLC 并联交流电路中，电阻上的电流能否大于总电流？电感和电容上的电流能否大于总电流？试举例说明。

4.3.5　在 RL 并联交流电路中，已知总阻抗为 $Z = 4\angle 45^\circ\Omega$，则 R 和 X_L 分别为多少？

4.4　正弦交流电路中的功率

在正弦交流电路中，电阻元件会消耗能量。电感和电容元件虽不消耗能量，但是能够存储能量，并且存储的能量会随电流或电压不断变化，因而不断与电源进行能量的交换。在电感储能时，将电源提供的电能转化为磁场能量；电感释放储能时，将电感储存的磁场能量转化为电源的电能。在电容储能时，将电源提供的电能转化为电场能量；电容释放储能时，将电容储存的电场能量转化为电源的电能。

正弦交流电路的能量转换关系比较复杂，为了方便对电路进行分析，引入了瞬时功率、有功功率、无功功率、视在功率、功率因数等概念。

4.4.1　瞬时功率

图 4-22 所示为一个无源二端网络的交流电路，u 和 i 的参考方向如图中所示，设其表达式为

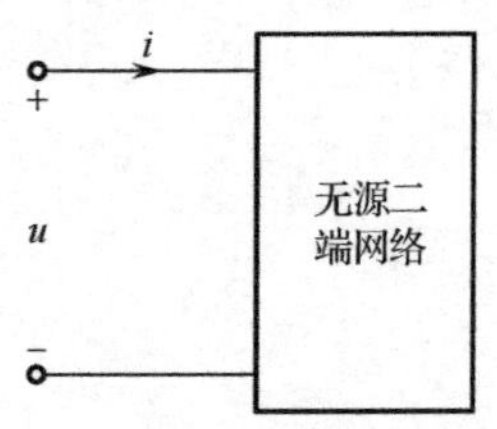

图 4-22　无源二端网络的交流电路

$$u = \sqrt{2}U\sin(\omega t + \varphi)\text{，}i = \sqrt{2}I\sin\omega t \tag{4-42}$$

式中，φ 为 u 与 i 的相位差，在任意时刻 t，二端网络吸收的瞬时功率为

$$p = ui = 2UI\sin(\omega t + \varphi)\sin\omega t = UI\cos\varphi - UI\cos(2\omega t + \varphi)$$

$$= UI\cos\varphi(1 - \cos 2\omega t) + UI\sin\varphi\sin 2\omega t \tag{4-43}$$

式中，$UI\cos\varphi(1 - \cos 2\omega t)$ 对应于电阻所消耗的功率，其瞬时值和平均值总是大于等于零。$UI\sin\varphi\sin 2\omega t$ 对应于电路中的电抗与电源的能量交换，其瞬时值有正有负，平均值为零。

瞬时功率 p 的波形如图 4-23 所示。当 $p > 0$ 时，表示二端网络吸收能量；当 $p < 0$ 时，表示二端网络释放能量。

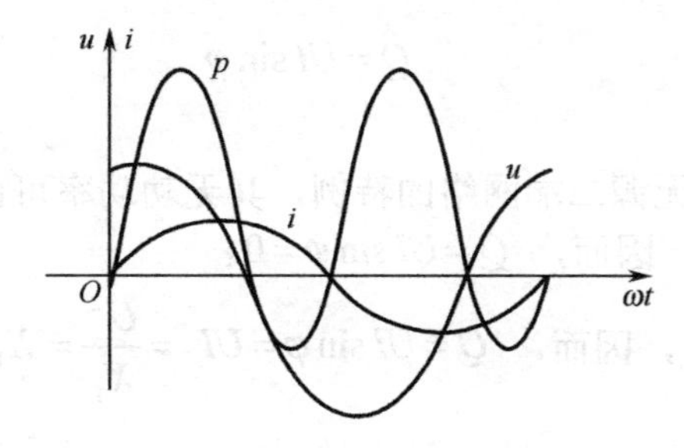

图 4-23　瞬时功率的波形

单一参数的交流电路作为无源二端网络的特例，其瞬时功率可由式（4-43）推导得出。

（1）电阻元件，$\varphi = 0°$，因而，$p = UI(1-\cos 2\omega t)$；

（2）电感元件，$\varphi = 90°$，因而，$p = UI\sin 2\omega t$；

（3）电容元件，$\varphi = -90°$，因而，$p = -UI\sin 2\omega t$。

4.4.2　有功功率

瞬时功率在一个周期内的平均值称为平均功率或有功功率，有功功率定义为

$$P = \frac{1}{T}\int_0^T p\,\mathrm{d}t = \frac{1}{T}\int_0^T [UI\cos\varphi(1-\cos 2\omega t) + UI\sin\varphi\sin 2\omega t]\mathrm{d}t = UI\cos\varphi \qquad (4\text{-}44)$$

在一般的交流电路中，由于$-90° \leqslant \varphi \leqslant 90°$，故$\cos\varphi \geqslant 0$，$P \geqslant 0$。有功功率对应于二端网络中电阻的耗能，单位是 W（瓦特）。

单一参数的交流电路作为无源二端网络的特例，其有功功率可由式（4-44）推导得出。

（1）电阻元件，$\varphi = 0°$，因而，$P = UI\cos\varphi = UI = \dfrac{U^2}{R} = RI^2$；

（2）电感元件，$\varphi = 90°$，因而，$P = UI\cos\varphi = 0$；

（3）电容元件，$\varphi = -90°$，因而，$P = UI\cos\varphi = 0$。

电感和电容元件的有功功率 $P = 0$，表示它们不消耗能量。

例 4.4.1　一只额定电压 220V、额定功率 25W 的白炽灯，可以看作电阻元件，其电阻为多少？若每天工作 8 小时，一年的用电量是多少？一只 3W 的 LED（发光二极管）节能灯，其亮度与 25W 的白炽灯相等，若用 LED 节能灯替换白炽灯，一年能节约多少电？

解：白炽灯的电阻为

$$R = \frac{U^2}{P} = \frac{220^2}{25}\Omega = 1936\Omega$$

一只白炽灯一年的用电量为

$$W = Pt = 25\times 8\times 365\mathrm{W}\cdot\mathrm{h} = 73\mathrm{kW}\cdot\mathrm{h}$$

用 LED 节能灯替换白炽灯，一年节约的电能为

$$W = Pt - P't = (25\times 8\times 365 - 3\times 8\times 365)\mathrm{W}\cdot\mathrm{h} = 64.24\mathrm{kW}\cdot\mathrm{h}$$

4.4.3　无功功率

在瞬时功率的表达式（4-43）中，$UI\sin\varphi\sin 2\omega t$ 这一项对应电路中的电抗与电源能量交换的数值。为反映电路与电源能量交换规模的大小，把 $UI\sin\varphi\sin 2\omega t$ 的幅值定义为无功功率 Q，即

$$Q = UI\sin\varphi \tag{4-45}$$

无功功率单位是 var（乏）。

单一参数交流电路作为无源二端网络的特例，其无功功率可由式（4-45）推导得出。

（1）电阻元件，$\varphi = 0°$，因而，$Q = UI\sin\varphi = 0$；

（2）电感元件，$\varphi = 90°$，因而，$Q = UI\sin\varphi = UI = \dfrac{U^2}{X_L} = X_L I^2$；

（3）电容元件，$\varphi = -90°$，因而，$Q = UI\sin\varphi = -UI = -\dfrac{U^2}{X_C} = -X_C I^2$。

电阻元件只消耗能量，不存储能量，也不与电源进行能量交换，因而其无功功率为零。电感的无功功率为正，电容元件的无功功率为负。若一个电路中既有电感又有电容，当电感存储能量时，电容正在释放储能；当电感释放储能时，电容正在存储能量。因而电路中的电感和电容可以互相进行能量的交换，减少了与电源能量交换的规模。

在一般的交流电路中，无功功率具有以下特点：

（1）当电压与电流的相位差$\varphi > 0°$时，$Q = UI\sin\varphi > 0$，电路呈电感性；

（2）当电压与电流的相位差$\varphi = 0°$时，$Q = UI\sin\varphi = 0$，电路呈电阻性；

（3）当电压与电流的相位差$\varphi < 0°$时，$Q = UI\sin\varphi < 0$，电路呈电容性。

4.4.4 视在功率与功率因数

视在功率 S 定义为电路中电压 U 与电流 I 的乘积，即

$$S = UI \tag{4-46}$$

视在功率 S 的单位是 V·A（伏·安）。

视在功率 S、有功功率 P 与无功功率 Q 之间的关系如下：

$$\begin{aligned} P &= UI\cos\varphi = S\cos\varphi \\ Q &= UI\sin\varphi = S\sin\varphi \\ S &= \sqrt{P^2 + Q^2} \end{aligned} \tag{4-47}$$

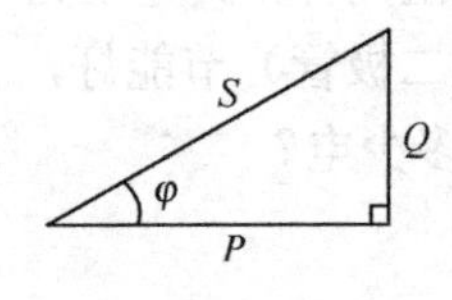

图 4-24 功率三角形

S、P、Q 之间符合直角三角形关系，如图 4-24 所示，该三角形称为功率三角形。

对于发电机、变压器等交流电源来说，视在功率用于表示其容量或最大有功功率输出。若某发电机的额定电压为 U_N，额定电流为 I_N，其容量 S_N 定义为 U_N 与 I_N 的乘积，即

$$S_N = U_N I_N \tag{4-48}$$

S_N 的单位是 V·A（伏·安），容量 S_N 也称为额定视在功率。

交流电路的有功功率与视在功率的比值称为功率因数，可用 $\cos\varphi$ 或 λ 表示，即

$$\lambda = \cos\varphi = \frac{P}{S} \tag{4-49}$$

式中，φ 称为功率因数角，也称为阻抗角。在电阻元件的交流电路中，$P = S$，$\cos\varphi = 1$；在电感或电容元件的交流电路中，$P = 0$，$\cos\varphi = 0$；在一般的交流电路中，$0 \leqslant \cos\varphi \leqslant 1$。

例 4.4.2 某电感元件的阻抗为 $Z = (4.3 + \mathrm{j}8.2)\Omega$，将其接到 220V 的工频交流电源上，试求电路中的电流有效值 I、视在功率 S、有功功率 P、无功功率 Q、功率因数 $\cos\varphi$。

解：

$$Z=(4.3+\mathrm{j}8.2)\Omega=9.3\angle 62.3^\circ\Omega$$

$$\varphi=62.3^\circ$$

$$\cos\varphi=\cos 62.3^\circ=0.46$$

$$I=\frac{U}{|Z|}=\frac{220}{9.3}\mathrm{A}=23.7\mathrm{A}$$

$$S=UI=220\times 23.7\mathrm{V\cdot A}=5214\mathrm{V\cdot A}$$

$$P=S\cos\varphi=5214\times\cos 62.3^\circ\mathrm{W}=2424\mathrm{W}$$

$$Q=S\sin\varphi=5214\times\sin 62.3^\circ\mathrm{var}=4616\mathrm{var}$$

交流电路中，总的有功功率等于各个负载上的有功功率之和，等于各个电阻上的有功功率之和，也等于各个支路的有功功率之和，即

$$P=\sum P_i=\sum R_i I_i^2 \tag{4-50}$$

电路中总的无功功率等于各个负载上的无功功率之和，等于各个电感、电容上的无功功率之和，也等于各个支路的无功功率之和，即

$$Q=\sum Q_i=\sum(Q_{\mathrm{L}i}+Q_{\mathrm{C}i})=\sum Q_{\mathrm{L}i}-\sum|Q_{\mathrm{C}i}| \tag{4-51}$$

电路中总的视在功率一般不等于各个负载或各个支路的视在功率之和，即

$$S\neq\sum S_i$$

在有多个负载的电路中，视在功率用下式计算：

$$S=\sqrt{P^2+Q^2} \tag{4-52}$$

例 4.4.3 将例 4.3.3 中电路的参数画出，如图 4-25 所示，已知 $R_1=4.3\Omega$，$R_2=7.5\Omega$，$X_1=8.2\Omega$，$X_2=3.6\Omega$，$\dot{U}=220\angle 30^\circ\mathrm{V}$，$\dot{I}_1=23.7\angle-32.3^\circ\mathrm{A}$，$\dot{I}_2=26.5\angle 55.6^\circ\mathrm{A}$，$\dot{I}=36.1\angle 14.6^\circ\mathrm{A}$。试求电路中总的有功功率 P、无功功率 Q、视在功率 S。

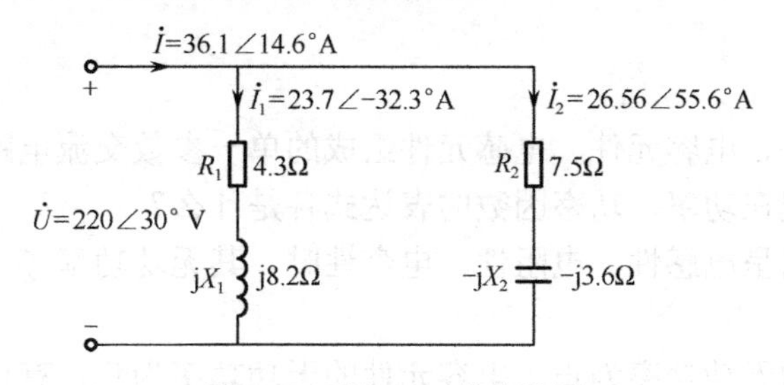

图 4-25 例 4.4.4 的电路图

解： 方法 1：由总电压、总电流求总功率

$$\varphi=\psi_u-\psi_i=30^\circ-14.6^\circ=15.4^\circ$$

$$P=UI\cos\varphi=220\times 36.1\cos 15.4^\circ\mathrm{W}=7660\mathrm{W}$$

$$Q=UI\sin\varphi=220\times 36.1\sin 15.4^\circ\mathrm{var}=2100\mathrm{var}$$

$$S=UI=220\times 36.1\mathrm{V\cdot A}=7940\mathrm{V\cdot A}$$

方法 2：由支路功率求总功率

$$\begin{aligned}P&=P_1+P_2=UI_1\cos\varphi_1+UI_2\cos\varphi_2=UI_1\cos(\psi_u-\psi_{i1})+UI_2\cos(\psi_u-\psi_{i2})\\&=\{220\times 23.7\cos[30^\circ-(-32.3^\circ)]+220\times 26.5\cos(30^\circ-55.6^\circ)\}\mathrm{W}\\&=(2420+5240)\mathrm{W}=7660\mathrm{W}\end{aligned}$$

$$Q = Q_1 + Q_2 = UI_1 \sin\varphi_1 + UI_2 \sin\varphi_2 = UI_1 \sin(\psi_u - \psi_{i1}) + UI_2 \sin(\psi_u - \psi_{i2})$$
$$= \{220\times 23.7\sin[30^\circ - (-32.3^\circ)] + 220\times 26.5\sin(30^\circ - 55.6^\circ)\}\text{var}$$
$$= (4620 - 2520)\,\text{var} = 2100\,\text{var}$$
$$S = \sqrt{P^2 + Q^2} = \sqrt{7600^2 + 2100^2} = 7940\text{V}\cdot\text{A}$$

方法 3：由元件的功率求总功率

$$P = R_1 I_1^2 + R_2 I_2^2 = (4.3\times 23.7^2 + 7.5\times 26.5^2)\text{W} = 7660\text{W}$$
$$Q = X_1 I_1^2 - X_2 I_2^2 = (8.2\times 23.7^2 - 3.6\times 26.5^2)\text{var} = 2100\text{var}$$
$$S = \sqrt{P^2 + Q^2} = \sqrt{7600^2 + 2100^2} = 7940\text{V}\cdot\text{A}$$

例 4.4.4 在 220V 的工频交流电路中，接有一台功率为 0.8kW 的电动机和 30 只功率为 40W 的日光灯。已知电动机的功率因数 $\cos\varphi_1 = 0.85$，日光灯的功率因数 $\cos\varphi_2 = 0.5$。试求电路中总的电流 I、有功功率 P、无功功率 Q、视在功率 S、功率因数 $\cos\varphi$。

解：因为 $\cos\varphi_1 = 0.85$，故 $\varphi_1 = \arccos 0.85 = 31.8^\circ$

因为 $\cos\varphi_2 = 0.5$，故 $\varphi_2 = \arccos 0.5 = 60^\circ$

总有功功率 $P = P_1 + P_2 = (800 + 40\times 30)\text{W} = 2000\text{W}$

由图 4-24 所示的功率三角形可求得各负载的无功功率及总无功功率

$$Q = Q_1 + Q_2 = P_1 \tan\varphi_1 + P_2 \tan\varphi_2$$
$$= (800\times\tan 31.8^\circ + 40\times 30\times\tan 60^\circ)\text{var} = 2570\text{var}$$
$$S = \sqrt{P^2 + Q^2} = \sqrt{2000^2 + 2570^2}\ \text{V}\cdot\text{A} = 3260\text{V}\cdot\text{A}$$
$$I = \frac{S}{U} = \frac{3260}{220}\text{A} = 14.8\text{A}$$
$$\cos\varphi = \frac{P}{S} = \frac{2000}{3260} = 0.61$$

练习与思考

4.4.1 由电阻元件、电容元件、电感元件组成的单一参数交流电路中，其瞬时功率、有功功率、无功功率、视在功率、功率因数的表达式各是什么？

4.4.2 当交流电路呈电感性、电阻性、电容性时，其无功功率 Q 和功率因数 $\cos\varphi$ 有什么特点？

4.4.3 电感元件的无功功率为正，电容元件的无功功率为负，有什么意义？可否说，电感元件消耗无功功率，电容元件产生无功功率？

4.4.4 在两个阻抗串联的交流电路中，$P = P_1 + P_2$，$Q = Q_1 + Q_2$，$S = S_1 + S_2$，这些表达式是否成立？在什么条件下成立？

4.5 功率因数的提高

本节专门讨论如何提高功率因数的问题，它在工程实践中有重要意义。

4.5.1 提高功率因数的意义

1. 提高供电设备的利用率

对于发电机或变压器等供电设备，额定容量 S_N 是一定的，其输出的有功功率 P 与负载的功率因数 $\cos\varphi$ 有关，即

$$P = S_N\cos\varphi \tag{4-53}$$

$\cos\varphi$ 越高，其输出的有功功率 P 越大，可使供电设备的容量得到更充分地利用。

2. 减少线路的传输损耗

在远距离输电时，传输的功率 P 和电压等级 U 是一定的，线路的电流 I 与负载的功率因数 $\cos\varphi$ 有关，即

$$I = \frac{P}{U\cos\varphi} \tag{4-54}$$

$\cos\varphi$ 越高，I 越小，不仅可减小线路的传输损耗，还可以采用较细的导线，降低线路的投资。

4.5.2 提高功率因数的方法

在生产与生活中，大量使用的是感性负载（如电动机、日光灯等），所以常用与感性负载并联电容的方法来提高电路的功率因数，如图 4-26（a）所示。

为说明图 4-26（a）所示的工作原理，写出其功率因数的公式为

$$\cos\varphi = \frac{P}{S} = \frac{P}{\sqrt{P^2 + Q^2}} = \frac{P}{\sqrt{P^2 + (Q_L + Q_C)^2}} \tag{4-55}$$

从式中可以看出，有功功率 P 一定时，减小无功功率 Q，可提高电路的功率 $\cos\varphi$。

由于 $Q = Q_L + Q_C$，Q_L 为正，Q_C 为负，Q_L 和 Q_C 相加会使 Q 减小。因此，并联电容可减小无功功率 Q，从而减小视在功率 S，提高电路的功率因数 $\cos\varphi$。

在感性负载两端并联电容，使得电感与电容之间就近进行能量的交换，从而减小了负载与电源之间能量交换的规模，进而减小了电路的无功功率和电流。

对于图 4-26（a），需要说明的是：并联电容前后，负载两端的电压 U 和电流 I_1 不变；总的有功功率 P 不变；变化的是线路中的总电流 I、总的无功功率 Q 和总的视在功率 S。

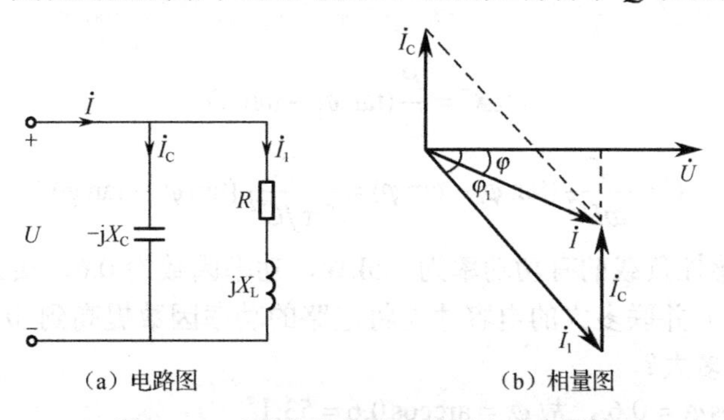

（a）电路图　　（b）相量图

图 4-26　感性负载并联电容提高功率因数

从控制成本等因素考虑，可以采用在主配电室（或变电所）中进行集中补偿，在分配电

室（或变电所）中进行分散补偿，或对个别大容量的负载进行就地补偿。通过三种方式配合使用，可将变电、送电、用电网络的无功功率补偿到一个合理的程度。

例 4.5.1 一个感性负载电路如图 4-26（a）所示，已知负载端电压为 U，电源频率为 f，有功功率为 P，功率因数为 $\cos\varphi_1$。若将电路的功率因数提高到 $\cos\varphi$，需要并联多大的电容 C？

解：

方法一：无功功率分析法

由功率三角形（见图 4-24）可知，感性负载的无功功率 Q_1 为

$$Q_1 = P\tan\varphi_1$$

并联电容后总的无功功率 Q 为

$$Q = P\tan\varphi$$

若电容的无功功率为 Q_C，则

$$Q_C = Q - Q_1 = P\tan\varphi - P\tan\varphi_1$$

根据电容的性质，有

$$Q_C = -UI_C = -\frac{U^2}{X_C} = -U^2\omega C$$

故

$$-U^2\omega C = P\tan\varphi - P\tan\varphi_1$$

$$C = \frac{P}{\omega U^2}(\tan\varphi_1 - \tan\varphi) = \frac{P}{2\pi f U^2}(\tan\varphi_1 - \tan\varphi) \tag{4-56}$$

方法二：相量图法

设电压 $\dot{U}$ 为参考相量，画出的相量图如图 4-26（b）所示，图中 $\dot{U} = U\angle 0°$，$\dot{I}_C$ 超前 $\dot{U}$ 90°，$\dot{I}_1$ 滞后 $\dot{U}$ 的角度为 φ_1，$\dot{I}$ 滞后 $\dot{U}$ 的角度为 φ。$\dot{I}_C$、$\dot{I}_1$、$\dot{I}$ 之间符合平行四边形法则。以 $\dot{U}$ 为直角边，以 $\dot{I}_1$ 和 $\dot{I}$ 为斜边构成的两个直角三角形的边长之间符合下列关系：

$$I_C = I_1\sin\varphi_1 - I\sin\varphi = \left(\frac{P}{U\cos\varphi_1}\right)\sin\varphi_1 - \left(\frac{P}{U\cos\varphi}\right)\sin\varphi = \frac{P}{U}(\tan\varphi_1 - \tan\varphi)$$

因为

$$I_C = \frac{U}{X_C} = U\omega C$$

故

$$U\omega C = \frac{P}{U}(\tan\varphi_1 - \tan\varphi)$$

$$C = \frac{P}{\omega U^2}(\tan\varphi_1 - \tan\varphi) = \frac{P}{2\pi f U^2}(\tan\varphi_1 - \tan\varphi)$$

例 4.5.2 一电感性负载的有功功率为 1.5kW，功率因数为 0.6，接到 50Hz、220V 的交流电源上。试问：（1）并联多大的电容才能将电路的功率因数提高到 0.95？（2）并联电容前后电路中的电流为多大？

解：（1）因为 $\cos\varphi_1 = 0.6$，故 $\varphi_1 = \arccos 0.6 = 53.1°$

因为 $\cos\varphi = 0.95$，故 $\varphi = \arccos 0.95 = 18.2°$

由式（4-56）求得

$$C = \frac{P}{2\pi fU^2}(\tan\varphi_1 - \tan\varphi) = \frac{1500}{2\pi \times 50 \times 220^2}(\tan 53.1° - \tan 18.2°)\text{F} = 99\mu\text{F}$$

（2）并联电容前电路中的电流 I_1 为

$$I_1 = \frac{P}{U\cos\varphi_1} = \frac{1500}{220 \times 0.6}\text{A} = 11.4\text{A}$$

并联电容后电路中的电流 I 为

$$I = \frac{P}{U\cos\varphi} = \frac{1500}{220 \times 0.95}\text{A} = 7.2\text{A}$$

练习与思考

4.5.1 对于感性负载，能否用串联电容的方法提高电路的功率因数？

4.5.2 对于感性负载，为提高电路的功率因数，是否并联的电容量越大，效果越好？试用相量图加以说明。

4.5.3 感性负载并联电容时，电路中的哪些量变化？哪些量不变？

4.6 交流电路的谐振

在含有 L、C 的交流电路中，感抗和容抗是随频率变化的，在某一频率上，感抗和容抗的作用相互抵消，电路呈纯电阻性，这种现象称为谐振。谐振时电感产生的无功功率和电容产生的无功功率相抵消，电路的无功功率为零，电路不与电源进行能量的交换，只存在电感元件与电容之间的能量交换。谐振是交流电路的一种特殊现象，在电子工程中有广泛的应用，有必要进行深入研究。谐振现象分为串联谐振和并联谐振两种情况。

4.6.1 串联谐振

RLC 串联电路如图 4-27 所示，其阻抗为

$$Z = R + \text{j}(X_L - X_C) = R + \text{j}\left(\omega L - \frac{1}{\omega C}\right)$$

当 $X_L = X_C$ 时，电路发生谐振，因此，电路谐振的条件是

$$\omega_0 L = \frac{1}{\omega_0 C}\text{，或 } 2\pi f_0 L = \frac{1}{2\pi f_0 C}$$

$$f_0 = \frac{1}{2\pi\sqrt{LC}} \quad (4\text{-}57)$$

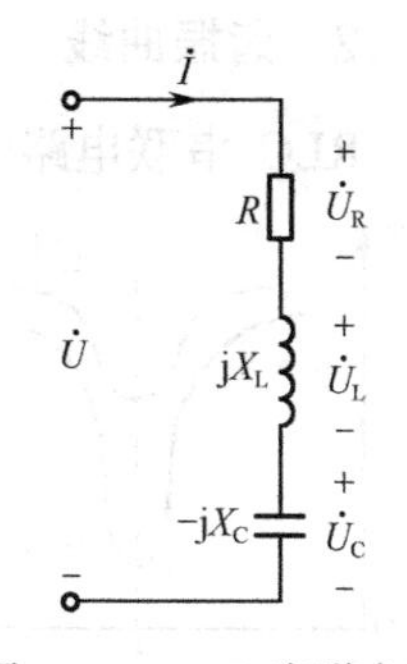

图 4-27 RLC 串联电路

式中，f_0 称为谐振频率，也称为电路的固有谐振频率，它与电路的参数 L、C 有关。

当电路参数不变时，改变电源的频率，使式（4-57）成立，电路产生谐振。当电源频率不变时，通过改变电路的参数 L、C，使式（4-57）成立，也能使电路产生谐振。

1．谐振电路的特点

（1）电路呈纯电阻性，电压与电流同相位。

谐振时电路的阻抗为

$$Z = R + \mathrm{j}(X_\mathrm{L} - X_\mathrm{C}) = R \tag{4-58}$$

（2）电路的阻抗模最小，电流的有效值最大。

由式（4-58）可知

$$|Z| = \sqrt{R^2 + (X_\mathrm{L} - X_\mathrm{C})^2} = R$$

谐振时电路的阻抗模为最小。由欧姆定律可知

$$I = \frac{U}{|Z|} = \frac{U}{R}$$

谐振时电流的有效值为最大。

（3）电路的无功功率 $Q = 0$。

$$Q = Q_\mathrm{L} + Q_\mathrm{C} = U_\mathrm{L}I - U_\mathrm{C}I = X_\mathrm{L}I^2 - X_\mathrm{C}I^2 = 0$$

（4）电阻上的电压等于总电压。

$$\dot{U} = R\dot{I} + \mathrm{j}X_\mathrm{L}\dot{I} - \mathrm{j}X_\mathrm{C}\dot{I} = R\dot{I} = \dot{U}_\mathrm{R}$$

若 $X_\mathrm{L} = X_\mathrm{C} \gg R$，则 $X_\mathrm{L}I = X_\mathrm{C}I \gg RI$，即 $U_\mathrm{L} = U_\mathrm{C} \gg U_\mathrm{R}$，会在电感和电容上产生很高的电压。因此，串联谐振也称为电压谐振。

U_L（或 U_C）与电路总电压 U 的比值称为 RLC 串联谐振电路的品质因数 Q，即

$$Q = \frac{U_\mathrm{L}}{U} = \frac{U_\mathrm{L}}{U_\mathrm{R}} = \frac{X_\mathrm{L}I}{RI} = \frac{\omega_0 L}{R}$$

品质因数 Q 是反映电路谐振强度的一个指标，品质因数 Q 越大，谐振强度越大，电感或电容上的电压越大。谐振电路的品质因数 Q 可达几十到几百倍。

2．谐振曲线

RLC 串联电路中，阻抗模与频率之间的特性曲线如图 4-28 所示。从图中可以看出，对应于谐振频率 f_0，电路的阻抗模最小。电路的品质因数 Q 越大，谐振曲线越尖锐；反之，谐振曲线越平缓。

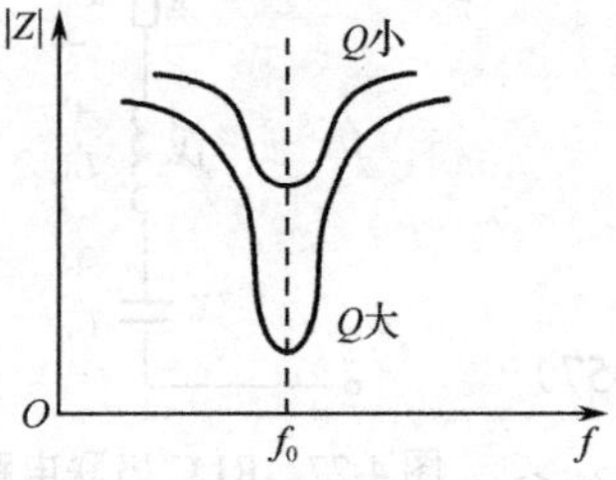

图 4-28　RLC 串联电路的阻抗特性

例 4.6.1　RLC 串联电路如图 4-28 所示，已知 $R = 5\Omega$，$X_\mathrm{L} = 100\Omega$，$X_\mathrm{C} = 100\Omega$，$\dot{U} = 10\angle 0^\circ\mathrm{V}$。求电路中的电流和各元件上的电压。

解：

$$Z = R + \mathrm{j}(X_\mathrm{L} - X_\mathrm{C}) = [5 + \mathrm{j}(100 - 100)]\Omega = 5\Omega$$

$$\dot{I} = \frac{\dot{U}}{Z} = \frac{10\angle 0^\circ}{5}\mathrm{A} = 2\mathrm{A}$$

$$\dot{U}_\mathrm{R} = R\dot{I} = 5 \times 2\mathrm{V} = 10\mathrm{V}$$

$$\dot{U}_\mathrm{L} = \mathrm{j}X_\mathrm{L}\dot{I} = \mathrm{j}100 \times 2\mathrm{V} = 200\angle 90^\circ\mathrm{V}$$

$$\dot{U}_\mathrm{C} = -\mathrm{j}X_\mathrm{C}\dot{I} = -\mathrm{j}100 \times 2\mathrm{V} = 200\angle -90^\circ\mathrm{V}$$

$$\dot{U}_\mathrm{X} = \dot{U}_\mathrm{L} + \dot{U}_\mathrm{C} = 0$$

4.6.2　并联谐振

RLC 并联电路如图 4-29 所示，其阻抗为

$$\frac{1}{Z}=\frac{1}{R}+\frac{1}{\mathrm{j}X_L}+\frac{1}{-\mathrm{j}X_C}$$

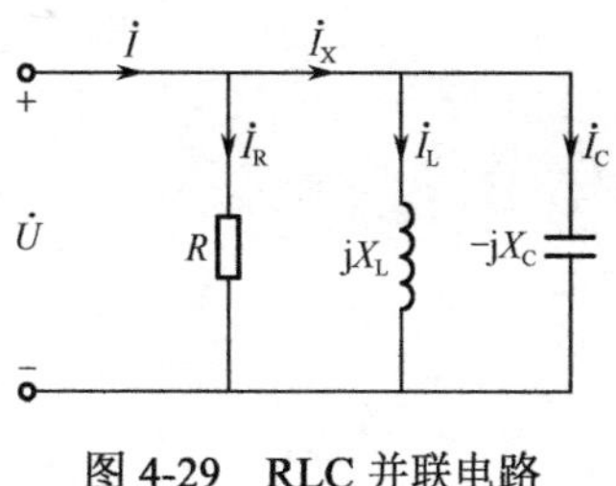

图 4-29　RLC 并联电路

当 $X_L = X_C$ 时，电路发生谐振，因此，电路谐振的条件是

$$\omega_0 L=\frac{1}{\omega_0 C}\ \text{或}\ 2\pi f_0 L=\frac{1}{2\pi f_0 C}$$

$$f_0=\frac{1}{2\pi\sqrt{LC}} \tag{4-59}$$

式中，f_0 为并联电路的谐振频率，与串联电路相同。改变电源频率，或改变电路的参数 L、C，都能使电路产生谐振。

1．谐振电路的特点

（1）电路呈纯电阻性，电压与电流同相位。

谐振时电路的阻抗为

$$\frac{1}{Z}=\frac{1}{R}+\frac{1}{\mathrm{j}X_L}+\frac{1}{-\mathrm{j}X_C}=\frac{1}{R},\ Z=R \tag{4-60}$$

（2）电路的阻抗模最大，总电流的有效值最小。

（3）电路的无功功率 $Q=0$。

$$Q=Q_L+Q_C=UI_L-UI_C=\frac{U^2}{X_L}-\frac{U^2}{X_C}=0$$

（4）电阻上的电流等于总电流。

$$\dot{I}=\dot{I}_R+\dot{I}_L+\dot{I}_C=\frac{\dot{U}}{R}+\frac{\dot{U}}{\mathrm{j}X_L}+\frac{\dot{U}}{-\mathrm{j}X_C}=\frac{\dot{U}}{R}=\dot{I}_R$$

若 $X_L = X_C \ll R$，则 $I_L = I_C \gg I_R$，会在电感和电容上产生很高的电流。因此，并联谐振也称为电流谐振。

I_L（或 I_C）与电路总电流 I 的比值称为 RLC 并联谐振电路的品质因数 Q，即

$$Q=\frac{I_L}{I}=\frac{I_L}{I_R}=\frac{U/X_L}{U/R}=\frac{R}{\omega_0 L}$$

2．谐振曲线

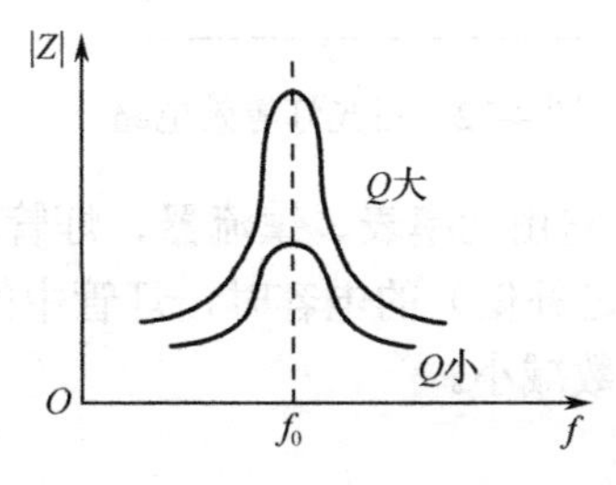

图 4-30　RLC 并联电路的阻抗特性

RLC 并联电路中阻抗模与频率之间的特性曲线如图 4-30 所示。从图中可以看出，对应于谐振频率 f_0，电路的阻抗模最大。电路的品质因数 Q 越大，谐振曲线越尖锐；反之，谐振曲线越平缓。

例 4.6.2　RLC 并联电路如图 4-29 所示，已知 $R = 100\Omega$，$X_L = 5\Omega$，$X_C = 5\Omega$，$\dot{U}=10\angle 0°\text{V}$。求电路中总电流和各元件上的电流。

解：

$$\frac{1}{Z}=\frac{1}{R}+\frac{1}{\mathrm{j}X_\mathrm{L}}+\frac{1}{-\mathrm{j}X_\mathrm{C}}=\frac{1}{100}+\frac{1}{\mathrm{j}5}+\frac{1}{-\mathrm{j}5}=\frac{1}{100}$$

$$Z=100\Omega$$

$$\dot{I}=\frac{\dot{U}}{Z}=\frac{10\angle 0^\circ}{100}\mathrm{A}=0.1\mathrm{A}$$

$$\dot{I}_\mathrm{R}=\frac{\dot{U}}{R}=\frac{10\angle 0^\circ}{100}\mathrm{A}=0.1\mathrm{A}$$

$$\dot{I}_\mathrm{L}=\frac{\dot{U}}{\mathrm{j}X_\mathrm{L}}=\frac{10\angle 0^\circ}{\mathrm{j}5}\mathrm{A}=-\mathrm{j}2\mathrm{A}=2\angle -90^\circ\mathrm{A}$$

$$\dot{I}_\mathrm{C}=\frac{\dot{U}}{-\mathrm{j}X_\mathrm{C}}=\frac{10\angle 0^\circ}{-\mathrm{j}5}\mathrm{A}=\mathrm{j}2\mathrm{A}=2\angle 90^\circ\mathrm{A}$$

$$\dot{I}_\mathrm{X}=\dot{I}_\mathrm{L}+\dot{I}_\mathrm{C}=(-\mathrm{j}2+\mathrm{j}2)\mathrm{A}=0$$

4.7　Multisim14 仿真实验　日光灯电路及功率因数的提高

1．实验目的

（1）通过实验，进一步理解感性负载提高功率因数的意义和方法。

（2）熟悉仿真软件 Multisim14 中功率表的应用。

2．实验原理

日光灯由镇流器、灯管和启动器等组成，如图 4-31 所示。

镇流器相当于一个有内电阻的大电感，灯管相当于一个负载电阻，启动器相当于一个电子开关，它只在日光灯启动时起作用，日光灯正常工作时不起作用（相当于开路）。因此，正常工作时的日光灯电路可用感性负载来等效，如图 4-32 所示。

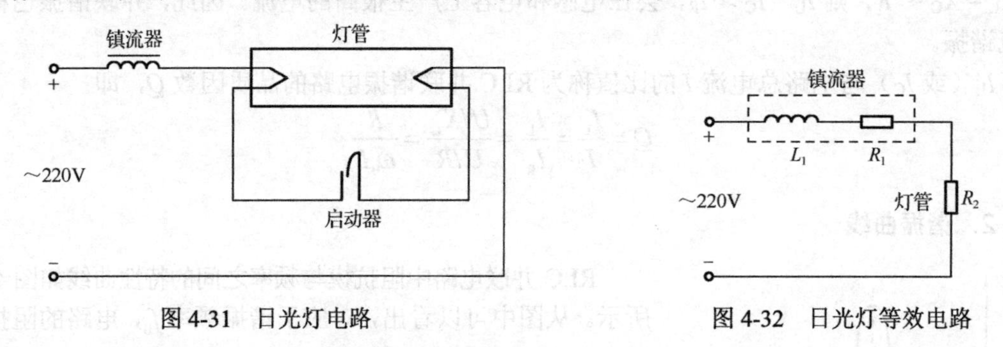

图 4-31　日光灯电路　　　　图 4-32　日光灯等效电路

日光灯并联电容提高功率因数的实验电路如图 4-33 所示，它由功率表、镇流器、灯管、启动器、电容等元件组成。在并联不同容量（不太大，太大会过补偿）的电容时，灯管中的电流 I_D 不变，总电流 I 减小，总的有功功率不变，总的功率因数减小。

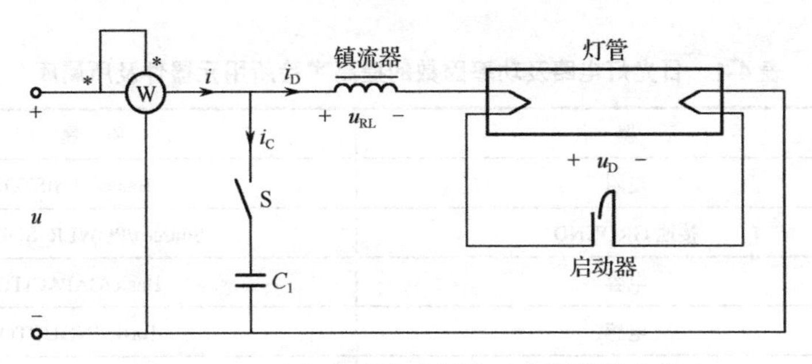

图 4-33　日光灯并联电容提高功率因数的电路

日光灯并联电容提高功率因数的仿真电路如图 4-34 所示，在图 4-34 中，用 R1、L1 代表镇流器，用 R2 代表灯管，用电流表 I1、I2、I3 分别测量电流 I、I_D、I_C，用电压表 U1 测量镇流器上的电压 U_{RL}，用电压表 U2 测量灯管上的电压 U_D。

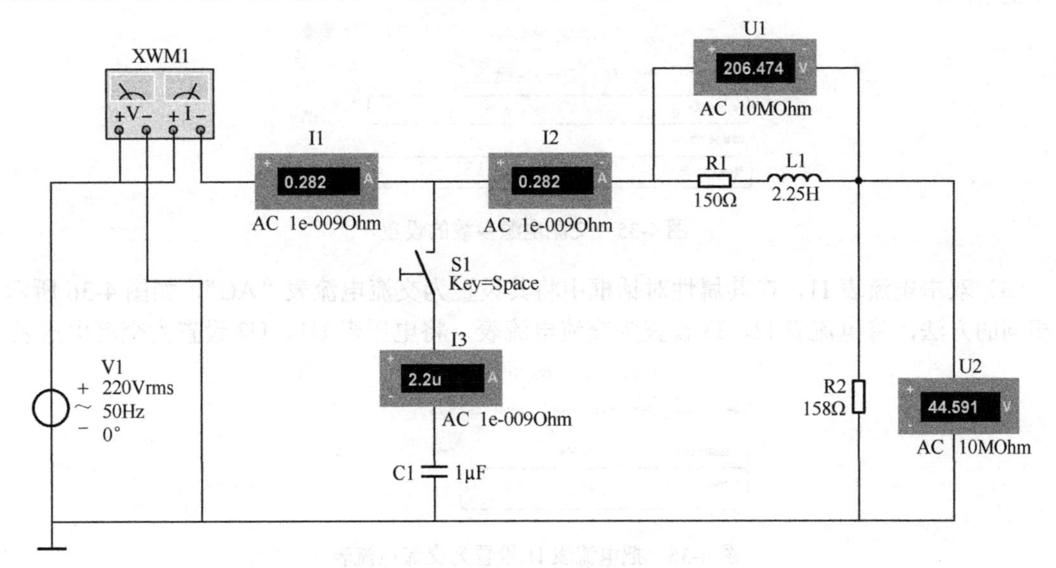

图 4-34　日光灯并联电容提高功率因数的仿真电路

3. 预习要求

（1）查找资料学习日光灯电路的工作原理。

（2）学习 Multisim14 中交流电压表、电流表和功率表的使用方法。

4. 实验内容及步骤

（1）选取元器件构建电路。

新建一个设计，命名为“实验四 日光灯电路及功率因数的提高”并保存。

从元件库中选取交流电源、电阻、电容、电感、电压表、电流表、功率表等元件，放置到电路设计窗口中，修改元件的参数和名称，构建实验电路。各元器件的所属库如表 4-1 所示。

表 4-1　日光灯电路及功率因数的提高实验所用元器件及所属库

序　　号	元　器　件	所　属　库
1	电阻	Basic/RESISTOR
2	接地 GROUND	Sources/POWER_SOURCES
3	电容	Basic/CAPACITOR
4	电感	Basic/INDUCTOR
5	单刀单掷开关 SPST	Basic/SWITCH
6	交流电源 AC_POWER	Sources/POWER_SOURCES

（2）设置信号交流电源的输出电压有效值为 220V，频率为 50Hz。交流电源的设置如图 4-35 所示。

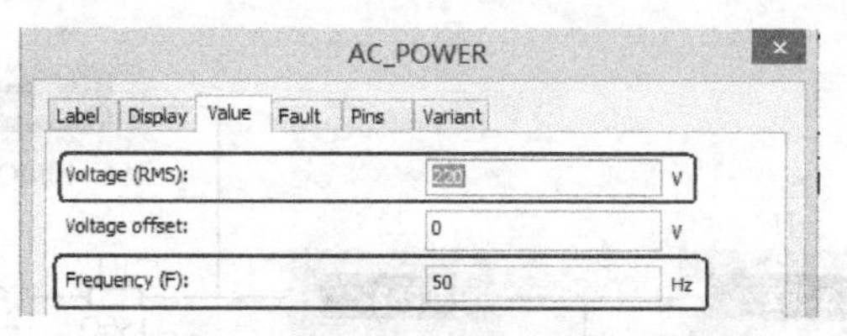

图 4-35　交流电源参数的设置

（3）双击电流表 I1，在其属性对话框中将其设置为交流电流表“AC”，如图 4-36 所示。用相同的方法，将电流表 I2、I3 设置为交流电流表，将电压表 U1、U2 设置为交流电压表。

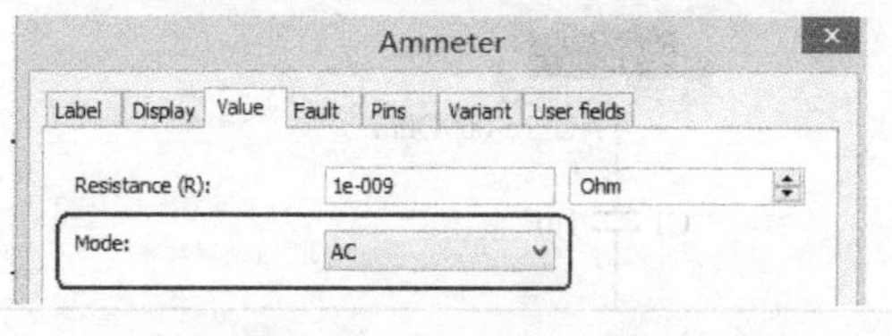

图 4-36　把电流表 I1 设置为交流电流表

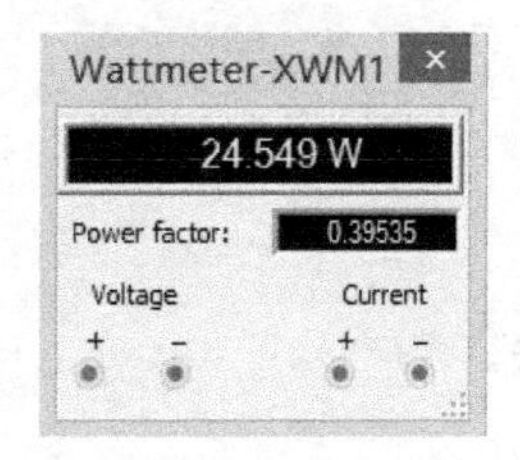

图 4-37　功率表的读数

（4）功率表 XWM1 的电压输入端子应当与被测电路并联，电流输入端子应当与被测电路串联，连接方法如图 4-34 所示。双击功率表 XWM1，可打开其显示窗口，如图 4-37 所示，在大窗口中显示电路的功率，在小窗口“Power factor”项中显示电路的功率因数。

（5）分别在断开、接通开关 S1 并设置电容 C_1 的容量为 1μF、2.2μF、4.7μF 等情况下，观测各仪表的读数，并填入表 4-2 中。

表 4-2　测量结果

C_1/μF	I/A	I_D/A	I_C/A	U/V	U_D/V	U_{RL}/V	P/W	$\cos\varphi$
0								
1								
2.2								
4.7								

（6）根据测量结果，总结并联电容对感性负载功率因数的影响。

4.8 课外实践 电子小制作（声控小夜灯）

本节介绍一个电子小制作的实例——声控小夜灯。将声控小夜灯放在婴儿的旁边，在夜里，婴儿醒来时的啼哭声会点亮小夜灯，方便父母照顾婴儿。

声控小夜灯的原理电路如图 4-38 所示，由驻极体话筒、电阻、电容、晶体三极管、电池盒、小灯泡等组成，它采用 2 节 5 号电池供电，点亮时灯泡不是太亮，不会刺激到婴儿。

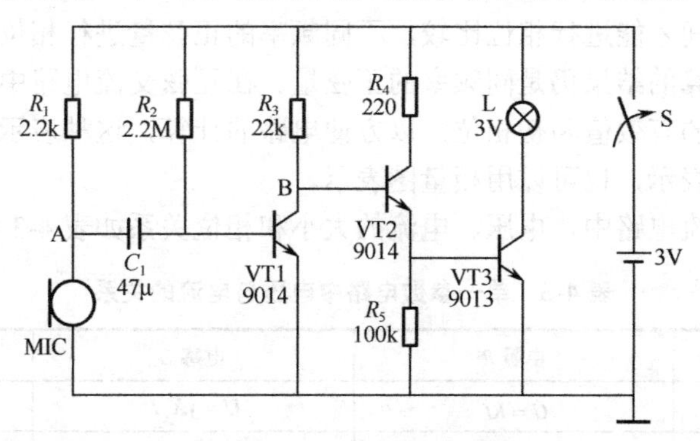

图 4-38 声控小夜灯电路

R_1是话筒的偏置电阻。R_2是晶体管 VT1 的偏置电阻，平时 VT1 工作在微导通状态，以节约电能，提高电池的使用时间，由于 R_3数值较大，故 B 点的电位较低，接近于零，VT2 和 VT3 截止。

婴儿啼哭时，话筒产生音频交流信号。在音频信号的正半周，A 点电位升高，信号经过 C_1、VT1 的发射结形成回路，给电容 C_1充电（左正右负），同时加深 VT1 的导通，VT2、VT3 仍截止。在音频信号的负半周，A 点电位降低，VT1 截止，B 点电位升高，使 VT2、VT3 导通，灯 L 点亮。

婴儿停止啼哭后，电容 C_1上的充电电压使 VT1 仍然截止，VT2、VT3 仍导通，灯 L 保持点亮。经过一定延时后，C_1上左正右负的电压经 R_1、R_2逐渐放掉，VT1 重新导通，VT2、VT3 变为截止，灯 L 熄灭。调整 C_1的大小可以改变点亮后延时熄灭的时间，容量小，延时时间短；容量大，延时时间长；可以在 1μF 到几百微法之间选取。改变 R_2阻值的大小可以改变 VT1 的导通程度，也就是改变灵敏度，阻值大，灵敏度高，反之则低。

驻极体话筒内部含有一个场效应晶体管放大电路，因此需要外加直流电源供电。话筒的电极有正、负极性之分，与铝外壳相连的电极为负极。若电源的极性接反，则话筒不能工作。在使用时，需要为话筒安装两个引线，如图 4-39 所示，可以使用剪下的管脚弯曲后焊到话筒上作引线。

图 4-39 加装引线的驻极体话筒

小　结

正弦交流电是随时间按正弦规律变化的周期函数，其幅值、频率和初相位称为正弦交流电的三要素。

周期、频率、角频率之间的关系是：$\omega = \dfrac{2\pi}{T} = 2\pi f$。

幅值（最大值）、有效值之间的关系是：$U_m = \sqrt{2}U$，$I_m = \sqrt{2}I$。

同频率正弦量之间才能进行相位比较，不同频率的正弦量进行相位比较没有意义。

同频率正弦量运算的结果仍是同频率的正弦量。在正弦交流电路中，可以用复数的模和辐角分别表示正弦量的有效值和初相位，以方便电路的计算，这种表示正弦量的复数称为相量。相量可以用公式表示，也可以用相量图表示。

在单一参数的交流电路中，电压、电流的大小和相位关系如表 4-3 所示。

表 4-3　单一参数电路中电压与电流的关系

元件名称	电阻 R	电感 L	电容 C
相量关系	$\dot{U} = R\dot{I}$	$\dot{U} = \mathrm{j}X_L\dot{I}$	$\dot{U} = -\mathrm{j}X_C\dot{I}$
有效值关系	$U = RI$	$U = X_L I$	$U = X_C I$
相位关系	$\psi_u = \psi_i$	$\psi_u = \psi_i + 90^\circ$	$\psi_u = \psi_i - 90^\circ$
相量图	$\dot{I}$　$\dot{U}$	$\dot{U}$　$\dot{I}$	$\dot{I}$　$\dot{U}$

在正弦交流电路中，基尔霍夫定律仍然成立，即$\sum\dot{I} = 0$，$\sum\dot{U} = 0$

在正弦交流电路中，电压与电流的关系用阻抗来表示，定义为

$$Z = \frac{\dot{U}}{\dot{I}} = \frac{U\angle\psi_u}{I\angle\psi_i} = \frac{U}{I}\angle(\psi_u - \psi_i) = |Z|\angle\varphi = R + \mathrm{j}X$$

当$\varphi = 0$时，电路呈电阻性；当$\varphi > 0$时，电路呈电感性；当$\varphi < 0$时，电路呈电容性。

阻抗模$|Z|$、电阻R、电抗X和阻抗角φ之间的关系可以用阻抗三角形来表示。

阻抗串联时，总的阻抗等于各个阻抗相加，即$Z = Z_1 + Z_2 + \cdots + Z_n$。

阻抗并联时，总阻抗的计算公式为$\dfrac{1}{Z} = \dfrac{1}{Z_1} + \dfrac{1}{Z_2} + \cdots + \dfrac{1}{Z_n}$。

有功功率表示电路中的电阻元件所消耗的电能，公式为$P = UI\cos\varphi$。

无功功率表示电路中的电感和电容元件与电源能量交换的数值，公式为$Q = UI\sin\varphi$。

视在功率表示电路中电压与电流的乘积，公式为$S = UI$。

有功功率P、无功功率Q、视在功率S之间的关系可以用功率三角形来表示。

通常用并联电容的方法来提高电路的功率因数，并联电容后电路中总电流减小，总的无功功率减小，总的有功功率不变。

当电路发生谐振时，电路呈电阻性。串联谐振可以在电感和电容上产生很高的电压，并

联谐振可以在电感和电容上产生很大的电流。谐振频率的计算公式为$f_0=\dfrac{1}{2\pi\sqrt{LC}}$。

习　题

4-1　某正弦交流电压的有效值为220V，周期为0.02s，在$t=0$时电压的初始值为220V，则该电压的瞬时值表达式为（　　）。

A．$u=220\sin 0.02\pi t$ V　　B．$u=310\sin(314t+45^\circ)$V

C．$u=220\sin(314t+90^\circ)$V　　D．$u=310\sin(0.02\pi t+45^\circ)$V

4-2　某电容元件上的电压为$u=U_{\mathrm{m}}\sin(314t+30^\circ)$V，电流为$i=I_{\mathrm{m}}\sin(314t+\varphi)$A，$\varphi$角应为（　　）。

A．−90°　　B．−60°　　C．90°　　D．120°

4-3　已知某负载的阻抗为4−j3Ω，该负载可能的结构为（　　）。

A．RL串联　　B．RL并联　　C．RC并联　　D．LC并联

4-4　某电感性负载用并联电容法提高电路的功率因数后，电路中总的有功功率P将（　　）。

A．减小　　B．增大　　C．保持不变　　D．不确定

4-5　将正弦交流电压$u=20\sin(314t+45^\circ)$V加到$X_{\mathrm{L}}=4\Omega$的电感上，则通过电感的电流为（　　）。

A．$i=5\sqrt{2}\sin(314t+135^\circ)$A　　B．$i=5\sin(314t+135^\circ)$A

C．$i=5\sqrt{2}\sin(314t-45^\circ)$A　　D．$i=5\sin(314t-45^\circ)$A

4-6　电路如图4-40所示，$R=X_{\mathrm{L}}$，已知电流表A2的读数是10A，则电流表A1的读数是（　　）。

A．5A　　B．7.07A　　C．14.14A　　D．20A

4-7　正弦交流电路如图4-41所示，已知$Z_2=(8+\mathrm{j}6)\Omega$，$X_{\mathrm{C}}=12\Omega$，$U_2=100$V，则总电压$U$的有效值为（　　）。

A．80V　　B．100V　　C．84.84V　　D．120V

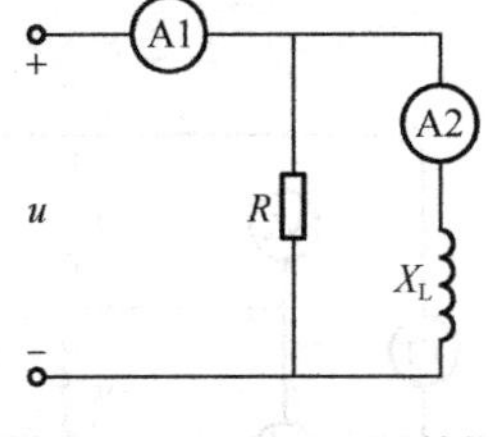

图4-40　习题4-6题的图

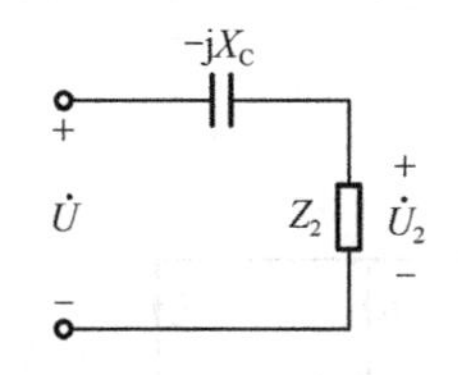

图4-41　习题4-7的图

4-8　某感性负载的有功功率是800W，无功功率是600var，则其视在功率为（　　）。

A．200V·A　　B．800V·A　　C．1000V·A　　D．1400V·A

4-9　在RL串联交流电路中，已知总电压$u=20\sqrt{2}\sin(314t+30^\circ)$V，$R=3\Omega$，$X_{\mathrm{L}}=4\Omega$，电感上电压$u_{\mathrm{L}}$的表达式为（　　）。

A．$u_{\mathrm{L}}=16\sqrt{2}\sin(314t-23^\circ)$V　　B．$u_{\mathrm{L}}=16\sqrt{2}\sin(314t-7^\circ)$V

C. $u_L = 16\sqrt{2}\sin(314t + 67°)$V　　　　　D. $u_L = 16\sqrt{2}\sin(314t + 83°)$V

4-10　RLC 串联交流电路中，已知 $R = 3\Omega$，$X_L = 8\Omega$，$X_C = 4\Omega$，$u = 100\sqrt{2}\sin(314t + 53°)$V。电路的有功功率和无功功率分别为（　　）。

A. 1200W，1600var　　　　　B. 1200W，−1600var

C. 1600W，1200var　　　　　D. 1600W，−1200var

4-11　设电流相量 $\dot{I} = (3 + j4)$A，试写出其极坐标式、指数式、瞬时值表达式，并画出相量图。

4-12　某交流电路，已知 $u_1 = 60\sqrt{2}\sin(314t + 90°)$V，$u_2 = 80\sqrt{2}\sin(314t)$V，$u = u_1 + u_2$。试写出 u 的瞬时值表达式，并画出 u_1、u_2 和 u 的相量图。

4-13　一个电感线圈，其电阻可忽略不计，把它接到电压 $u = 110\sqrt{2}\sin(314t - 30°)$V 的交流电源上，测得电流为 3.2A，试求其感抗、电感，并写出电流 i 的瞬时值表达式。

4-14　电路如图 4-42 所示，已知 $R = 10\Omega$，$L = 31.8$mH，$C = 318\mu$F，$U = 100$V，求：（1）当频率 $f = 50$Hz，开关 S 分别合向 a、b、c 时，电流 I 的大小；（2）当频率 $f = 1000$Hz，开关 S 分别合向 a、b、c 时，电流 I 的大小。

4-15　LC 串联电路如图 4-43 所示，已知 $i = 2\sqrt{2}\sin(6280t - 30°)$mA，$L = 0.3$H，$C = 0.2\mu$F，试写出 u_L、u_C、u 的瞬时值表达式，并画出相量图。

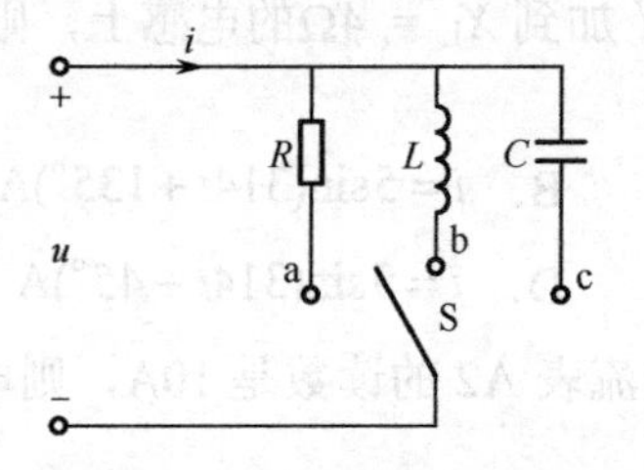

图 4-42 习题 4-14 的图

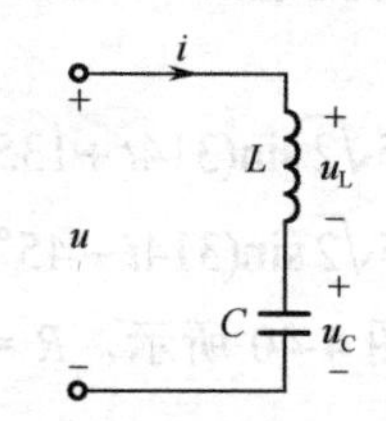

图 4-43　习题 4-15 的图

4-16　LC 并联电路如图 4-44 所示，已知 $i = 2\sqrt{2}\sin(314t - 30°)$A，$i_1 = 3\sqrt{2}\sin(314t + 150°)$A，$X_L = 5\Omega$，试写出电压 u 的瞬时值表达式，并求电容 C 的数值。

4-17　RLC 串联电路如图 4-45 所示，已知电路中电流的有效值 $I = 2$A，$R = X_L = X_C = 10\Omega$，试求各电压表 V1、V2、V3、V4、V5 的读数。

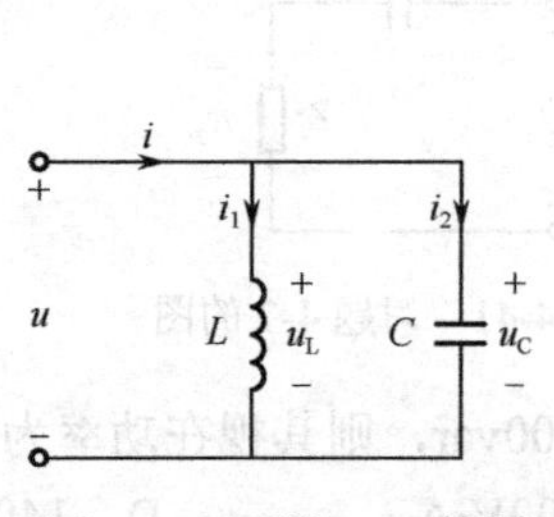

图 4-44　习题 4-16 的图

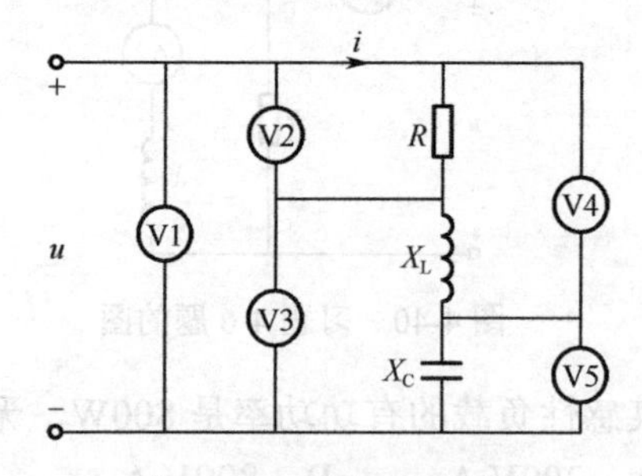

图 4-45 习题 4-17 的图

4-18　电路如图 4-46 所示，已知 $U = 15$V，$R = 3\Omega$，$X_L = 4\Omega$，求：（1）X_C 为何值时，开关 S 闭合前电流 I 的有效值最大？这时电流 I 是多少？（2）X_C 为何值时（$X_C \neq 0$），开关 S

闭合前后电流 I 的有效值不变？这时电流 I 是多少？

4-19　RLC 并联交流电路如图 4-47 所示，已知 $R = 20\Omega$，$X_C = 10\Omega$，$X_L = 20\Omega$，$u = 220\sqrt{2}\sin 314t\text{V}$。求：（1）总电流 I 和各个元件上的电流 I_R、I_L、I_C；（2）电路的视在功率 S、有功功率 P、无功功率 Q、功率因数 $\cos\varphi$。

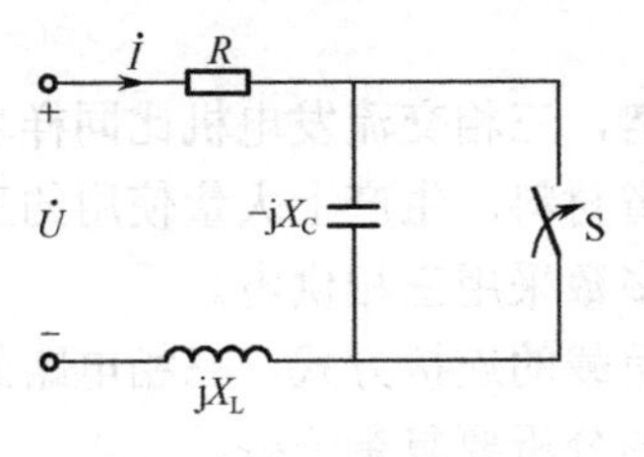

图 4-46　习题 4-18 的图

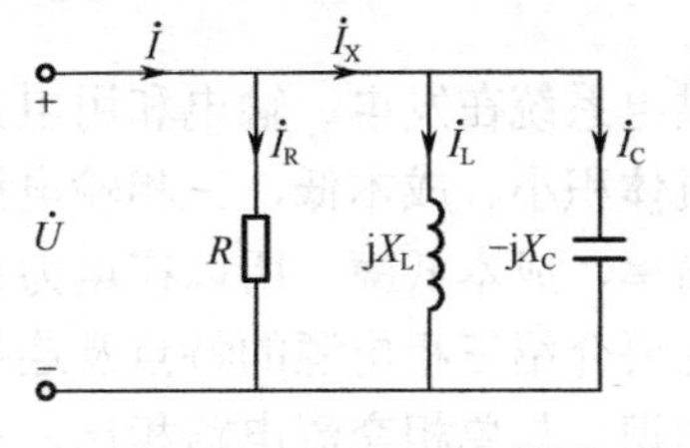

图 4-47　习题 4-19 的图

4-20　电路如图 4-48 所示，已知 $R_1 = 8\Omega, R_2 = 6\Omega, X_C = 8\Omega, X_L = 6\Omega$，$u = 220\sqrt{2}\sin 314t\text{V}$。求：（1）各支路电流相量 $\dot{I}_1$，$\dot{I}_2$；（2）电路的视在功率 S、有功功率 P、无功功率 Q、功率因数 $\cos\varphi$。

4-21　电路如图 4-49 所示，在电压为 220V 的工频交流电源上接一日光灯，灯管两端电压为 $U_R = 100\text{V}$，电流为 $I = 0.4\text{A}$，镇流器功率为 $P_L = 8\text{W}$。试求：（1）灯管电阻 R、镇流器电阻 R_L 和电感 L；（2）灯管的有功功率 P_R、电路总有功功率 P、功率因数 $\cos\varphi_1$；（3）若将电路的功率因数提高到 $\cos\varphi = 0.95$，需要并联多大的电容 C？

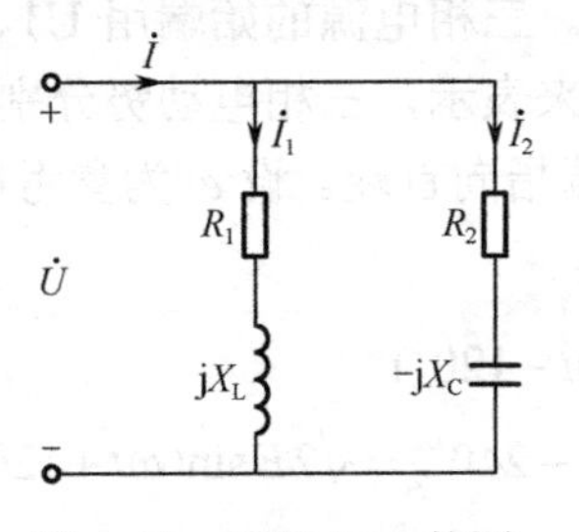

图 4-48　习题 4-20 的图

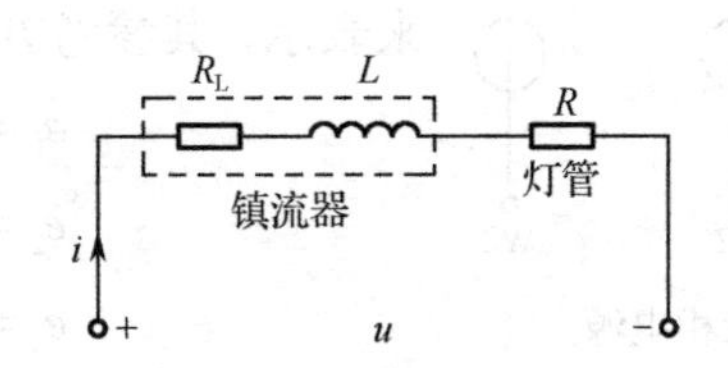

图 4-49 习题 4-21 的图

4-22　电路如图 4-50 所示，Z_1 为感性负载，把它接在 220V 的工频交流电路中时，$P_1 = 1.6\text{kW}$，$\cos\varphi_1 = 0.8$。Z_2 为一容性负载，当开关闭合后，电路中的有功功率增加了 200W，无功功率减少了 400var。试求开关闭合后电路的总有功功率 P、无功功率 Q、视在功率 S、电流 I、功率因数 $\cos\varphi$。

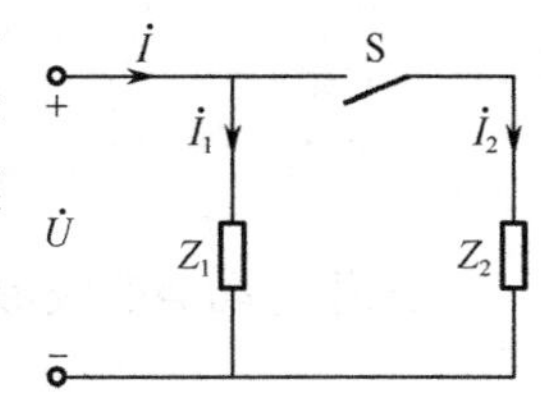

图 4-50　习题 4-22 的图

4-23　在 220V、50Hz 的交流电源上并联两台电动机，其中 $P_1 = 2\text{kW}$，$\cos\varphi_1 = 0.6$，$P_2 = 1.6\text{kW}$，$\cos\varphi_2 = 0.8$。求：（1）电路的总电流 I、有功功率 P、无功功率 Q、视在功率 S、功率因数 $\cos\varphi$；（2）若将电路的功率因数提高到 $\cos\varphi' = 0.92$，需要并联多大的电容 C？

4-24　某电感线圈（$R = 250\Omega$，$L = 8\text{mH}$）与电容器（$C = 80\text{pF}$）串联，接在 $U = 50\text{V}$ 的电源上，当电源的频率 $f = 200\text{kHz}$ 时发生谐振，求谐振时的电流 I 和电容器上的电压 U_C。

第5章　三相电路

三相供电系统在发电、输电和用电方面有许多优势，三相交流发电机比同样功率的单相交流发电机体积小、成本低，三相输电比单相输电节省材料。生产上大量使用的三相异步电动机结构简单、成本低廉，所以在电力系统中，绝大多数采用三相供电。

本章主要介绍三相电源的特点及连接方式，三相负载的连接方式，三相电路的计算，安全用电等知识。与单相交流电路相比，三相交流电路的分析要复杂一些。

5.1　三相电源

1．对称三相电源

三相电源是由三相交流发电机产生的3个单相正弦交流电源组成的。这3个正弦交流电源的电动势大小相等、频率相同、相位上彼此相差120°，称为对称三相电源。

每个正弦交流电源称为三相电源中的一相，分别用字母U、V、W来表示，简称为U相、V相、W相，如图5-1所示。三相电源的始端用U1、V1、W1来表示，末端用U2、V2、W2来表示，三相电动势分别用e_1、e_2、e_3来表示，其参考方向均由末端指向首端。设e_1为参考电动势，则有

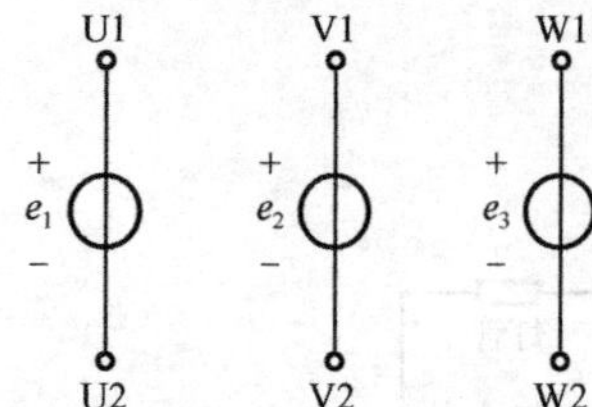

图5-1　三相电源

$$\left.\begin{aligned} e_1 &= \sqrt{2}E\sin\omega t \\ e_2 &= \sqrt{2}E\sin(\omega t-120^\circ) \\ e_3 &= \sqrt{2}E\,\mathrm{in}(\omega t-240^\circ)=\sqrt{2}E\sin(\omega t+120^\circ) \end{aligned}\right\} \tag{5-1}$$

三相电动势的相量表达式为

$$\left.\begin{aligned} \dot{E}_1 &= E\angle 0^\circ \\ \dot{E}_2 &= E\angle -120^\circ \\ \dot{E}_3 &= E\angle +120^\circ \end{aligned}\right\} \tag{5-2}$$

三相电动势的波形图和相量图如图5-2所示。

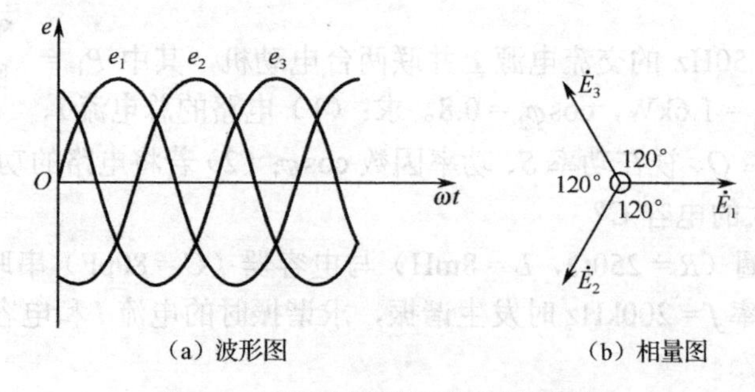

（a）波形图　　（b）相量图

图5-2　三相电源的波形图和相量图

可以证明，对称三相电动势的瞬时值之和及相量之和均为零，即

$$e_1 + e_2 + e_3 = 0$$

$$\dot{E}_1 + \dot{E}_2 + \dot{E}_3 = 0$$

三相交流电源依次达到正幅值的顺序称为相序。若按 U、V、W 相的顺序出现正幅值，称为正序，否则称为逆序或反序。若无特殊说明，三相电源电压均为正相序。原则上 U 相可以任意选定，U 相确定后，比它滞后 120° 的为 V 相，比它超前 120° 的为 W 相。供配电系统中，分别用黄、绿、红颜色的导线代表 U 相、V 相、W 相电源。

三相电源有星形连接（Y）和三角形连接（Δ）两种方式，在低压供电系统中常用星形接法。

2．三相电源的星形连接

三相电源的星形连接方式如图 5-3 所示。从三相电源的始端 U1、V1、W1 引出的导线，称为相线或端线（俗称为火线），分别用 L1、L2、L3 表示。将三相电源的末端 U2、V2、W2 连接在一起，称为中性点 N，从中性点引出的导线称为中性线或中线。三相电源采用 3 条相线和 1 条中线的连接方式，称为三相四线制。

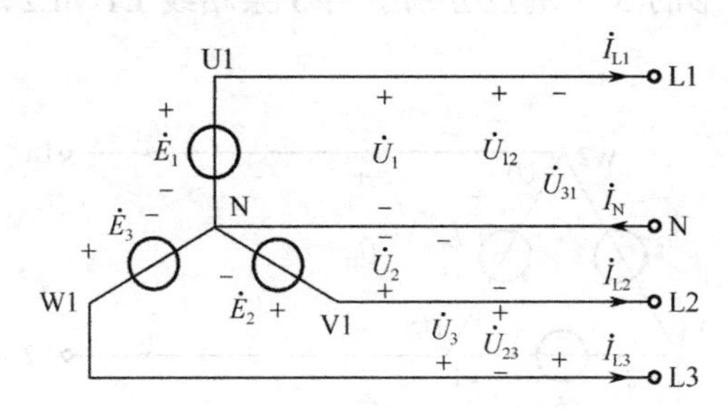

图 5-3 三相电源的星形连接

相线与中线之间的电压称为相电压，分别用 $\dot{U}_1$、$\dot{U}_2$、$\dot{U}_3$ 来表示，相电压等于各相电源的电动势，即

$$\left.\begin{aligned} \dot{U}_1 &= \dot{E}_1 = U\angle 0^\circ \\ \dot{U}_2 &= \dot{E}_2 = U\angle -120^\circ \\ \dot{U}_3 &= \dot{E}_3 = U\angle +120^\circ \end{aligned}\right\} \tag{5-3}$$

相线与相线之间的电压称为线电压，分别用 $\dot{U}_{12}$、$\dot{U}_{23}$、$\dot{U}_{31}$ 来表示，由基尔霍夫定律可知相电压与线电压之间的关系为

$$\left.\begin{aligned} \dot{U}_{12} &= \dot{U}_1 - \dot{U}_2 \\ \dot{U}_{23} &= \dot{U}_2 - \dot{U}_3 \\ \dot{U}_{31} &= \dot{U}_3 - \dot{U}_1 \end{aligned}\right\} \tag{5-4}$$

线电压与相电压之间的大小和相位关系可以通过相量表达式求得，设相电压 $\dot{U}_1$ 为参考相量，即 $\dot{U}_1 = U\angle 0^\circ$，则

$$\left.\begin{aligned} \dot{U}_{12} &= \dot{U}_1 - \dot{U}_2 = U\angle 0^\circ - U\angle -120^\circ = \sqrt{3}U\angle 30^\circ = \sqrt{3}\dot{U}_1\angle 30^\circ \\ \dot{U}_{23} &= \dot{U}_2 - \dot{U}_3 = U\angle -120^\circ - U\angle 120^\circ = \sqrt{3}U\angle -90^\circ = \sqrt{3}\dot{U}_2\angle 30^\circ \\ \dot{U}_{31} &= \dot{U}_3 - \dot{U}_1 = U\angle 120^\circ - U\angle 0^\circ = \sqrt{3}U\angle 150^\circ = \sqrt{3}\dot{U}_3\angle 30^\circ \end{aligned}\right\} \tag{5-5}$$

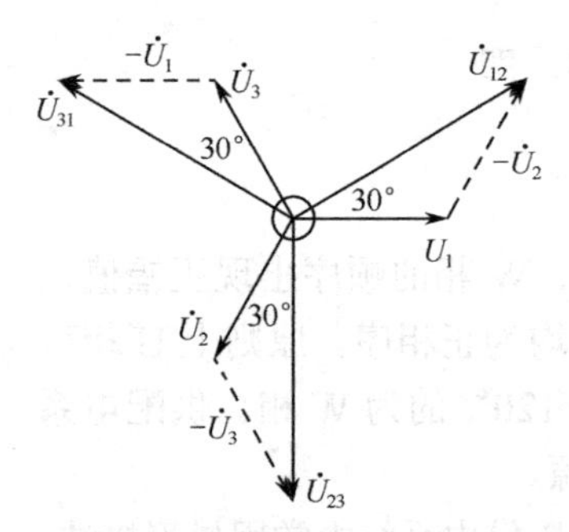

图 5-4　线电压的相量图

上式表明：3 个线电压都超前相应的相电压 30°，3 个线电压大小都是相电压的$\sqrt{3}$倍，3 个线电压也是对称三相电压。即 3 个线电压大小相等，在相位上彼此互差 120°。线电压的相量图如图 5-4 所示。

三条相线中的电流$\dot{I}_{L1}$、$\dot{I}_{L2}$和$\dot{I}_{L3}$称为线电流，中线中的电流$\dot{I}_N$称为中线电流。

在对称三相电路中，线电压、线电流的有效值通常用 U_L、I_L 来表示，相电压、相电流的有效值通常用 U_P、I_P 来表示。对称三相电源星形连接时 U_L 与 U_P 的大小关系为

$$U_L = \sqrt{3}U_P \tag{5-6}$$

3. 三相电源的三角形连接

三相电源的三角形连接方式如图 5-5 所示。将三相电源的始端和末端依次连接在一起，构成一个三角形，从三角形的 3 个端点分别引出 3 条相线 L1、L2、L3，这样的供电系统称为三相三线制。

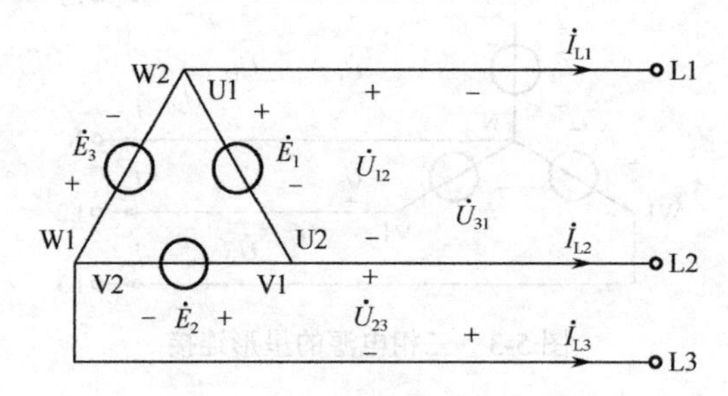

图 5-5　三相电源的三角形连接

在三角形连接的电路中，相线之间的电压称为线电压，分别用$\dot{U}_{12}$、$\dot{U}_{23}$、$\dot{U}_{31}$来表示。不难看出，线电压等于各相电源的电动势，即

$$\left.\begin{aligned} \dot{U}_{12} &= \dot{E}_1 = U\angle 0^\circ \\ \dot{U}_{23} &= \dot{E}_2 = U\angle -120^\circ \\ \dot{U}_{31} &= \dot{E}_3 = U\angle +120^\circ \end{aligned}\right\} \tag{5-7}$$

需要指出，三相电源三角形连接时，3 个电源形成了一个闭合的回路，在这个回路中总的电动势为

$$\dot{E}_\Delta = \dot{E}_1 + \dot{E}_2 + \dot{E}_3$$

当电源连接正确时，由于三相电动势对称，三相电动势之和为零，即$\dot{E}_\Delta = 0$，回路中没有环行电流。当电源连接错误时，即某相电源接反，则$\dot{E}_\Delta \neq 0$，由于电源内部的阻抗很小，回路中就会产生很大的环形电流，造成电源的损坏。

练习与思考

5.1.1　对称三相电源的特点是什么？

5.1.2　星形连接的三相对称电源，已知$u_1 = 220\sqrt{2}\sin(\omega t + 30^\circ)$V，试写出 u_2、u_{23} 的瞬时

值表达式和相量表达式。

5.1.3　三角形连接的对称三相电源，空载运行时，三相电动势会不会在三相电源内部的三角形回路中产生环形电流？

5.1.4　某三相发电机，其绕组连接成星形，每相绕组的电压是 220V。实验中测得各相电压和线电压的数据分别为 $U_1 = U_2 = U_3 = 220\text{V}$、$U_{12} = U_{23} = 220\text{V}$、$U_{31} = 380\text{V}$，试分析产生这种现象的原因。

5.2　三相负载的星形连接

三相电路的负载一般分为两类：一类是对称负载，如三相交流电动机，其特点是每相负载的阻抗相等；另一类是非对称负载，是由单相负载构成的不对称三相负载，如电灯、各种家用电器等，分别接到三相电源上，构成了不对称的三相负载。

三相电路中负载的连接方法有两种：一种是星形连接，另一种是三角形连接。

对称负载可以作星形连接，也可以作三角形连接，这类负载具体采用哪种连接方法，要依据电源电压的大小和负载的额定电压确定，必须保证每相负载所加的电压等于其额定值。

单相负载一般接在相线与中线之间。大量使用这类负载时，不能集中接在某一相中，要均匀地分配到各相电路中，如图 5-6 所示。这种连接方法也称为星形连接。

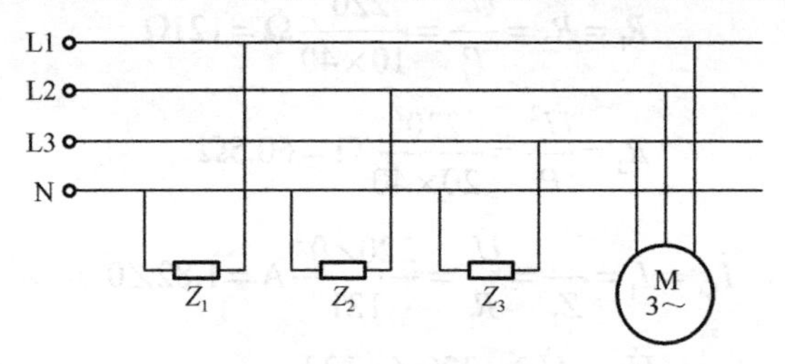

图 5-6　负载的连接方法

负载星形连接的三相四线制电路如图 5-7 所示，三相负载的 3 个末端连接在一起，接到电源的中线上，3 个首端分别接到电源的三根相线上。电压与电流的参考方向如图中所示。

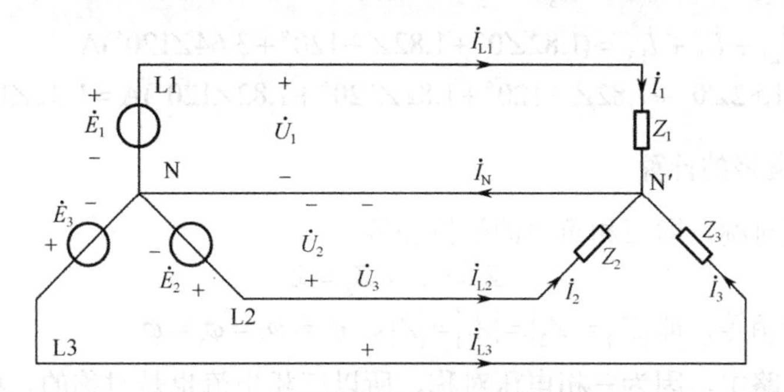

图 5-7　负载星形连接的三相四线制电路

在三相四线制电路中，因为负载的相电压等于电源相电压，负载的线电压等于电源线电压，故不论负载是否对称，负载上总能得到对称的相电压和线电压。设电压 $\dot{U}_1$ 为参考相量，则

$$\dot{U}_1 = U_P\angle 0^\circ,\ \dot{U}_2 = U_P\angle -120^\circ,\ \dot{U}_3 = U_P\angle 120^\circ$$

在三相四线制电路中，线电流等于对应的相电流，即

$$I_L = I_P \tag{5-8}$$

用相量表示为

$$\dot{I}_{L1} = \dot{I}_1,\ \dot{I}_{L2} = \dot{I}_2,\ \dot{I}_{L3} = \dot{I}_3 \tag{5-9}$$

中线电流等于各相电流之和，即

$$\dot{I}_N = \dot{I}_1 + \dot{I}_2 + \dot{I}_3 \tag{5-10}$$

1．不对称三相电路的计算

在三相四线制电路中，当三相负载不对称时，先分别计算出每一相的相电流，再计算中线电流，计算公式为

$$\dot{I}_1 = \frac{\dot{U}_1}{Z_1} = \frac{U_P\angle 0°}{Z_1},\ \dot{I}_2 = \frac{\dot{U}_2}{Z_2} = \frac{U_P\angle -120°}{Z_2},\ \dot{I}_3 = \frac{\dot{U}_3}{Z_3} = \frac{U_P\angle 120°}{Z_3},\ \dot{I}_N = \dot{I}_1 + \dot{I}_2 + \dot{I}_3$$

例 5.2.1 某三相四线制电路如图 5-7 所示，已知 $u_1 = 220\sqrt{2}\sin\omega t\text{V}$，L1、L2、L3 相分别接 40W 的白炽灯 10 只、10 只、20 只，试求各相电流与线电流。

解：

$$\dot{U}_1 = 220\angle 0°\ \text{V}$$

$$R_1 = R_2 = \frac{U^2}{P_1} = \frac{220^2}{10\times 40}\Omega = 121\Omega$$

$$R_3 = \frac{U^2}{P_3} = \frac{220^2}{20\times 40}\Omega = 60.5\Omega$$

$$\dot{I}_{L1} = \dot{I}_1 = \frac{\dot{U}_1}{Z_1} = \frac{\dot{U}_1}{R_1} = \frac{220\angle 0°}{121}\text{A} = 1.82\angle 0°\text{A}$$

$$\dot{I}_{L2} = \dot{I}_2 = \frac{\dot{U}_2}{Z_2} = \frac{\dot{U}_2}{R_2} = \frac{220\angle -120°}{121}\text{A} = 1.82\angle -120°\text{A}$$

$$\dot{I}_{L3} = \dot{I}_3 = \frac{\dot{U}_3}{Z_3} = \frac{\dot{U}_3}{R_3} = \frac{220\angle 120°}{60.5}\text{A} = 3.64\angle 120°\text{A}$$

$$\begin{aligned}\dot{I}_N &= \dot{I}_{L1} + \dot{I}_{L2} + \dot{I}_{L3} = (1.82\angle 0° + 1.82\angle -120° + 3.64\angle 120°)\text{A} \\ &= (1.82\angle 0° + 1.82\angle -120° + 1.82\angle 120° + 1.82\angle 120°)\text{A} = 1.82\angle 120°\text{A}\end{aligned}$$

2．对称三相电路的计算

所谓三相负载对称，即三相负载的阻抗相等

$$Z_1 = Z_2 = Z_3 = Z$$

或阻抗模和阻抗角相等，即$|Z_1| = |Z_2| = |Z_3| = |Z|$、$\varphi_1 = \varphi_2 = \varphi_3 = \varphi$。

在对称三相电路中，因为三相电压对称，所以三相电流也是对称的。此时，只需计算出某一相的电流即可，其余两相电流不需要计算，根据对称关系可直接写出，中线电流为零。

用有效值计算时，三相电流的计算公式为

$$I_1 = I_2 = I_3 = I_P = \frac{U_P}{|Z|}$$

$$I_N = 0$$

用相量计算时，公式为

$$\dot{I}_1 = \frac{\dot{U}_1}{Z_1} = \frac{U_P\angle 0^\circ}{Z_1} = I_P\angle\varphi,\ \dot{I}_2 = I_P\angle(\varphi-120^\circ),\ \dot{I}_3 = I_P\angle(\varphi+120^\circ),\ \dot{I}_N = 0$$

例 5.2.2 某三相四线制电路如图 5-7 所示，已知 $u_1 = 220\sqrt{2}\sin\omega t$ V，每相负载的电阻 $R = 6\Omega$，感抗 $X_L = 8\Omega$。试求各相电流与线电流的大小。

解：

$$|Z| = \sqrt{R^2 + X_L^2} = \sqrt{6^2 + 8^2}\Omega = 10\Omega$$

$$I_L = I_P = \frac{U_P}{|Z|} = \frac{220}{10}\text{A} = 22\text{A}$$

$$I_N = 0\text{A}$$

当三相负载对称时，中线电流为零，可省去中线，电路变为三相三线制，如图 5-8 所示。三相三线制供电系统在生产上有广泛的应用，因为很多三相负载是对称的（如电动机）。

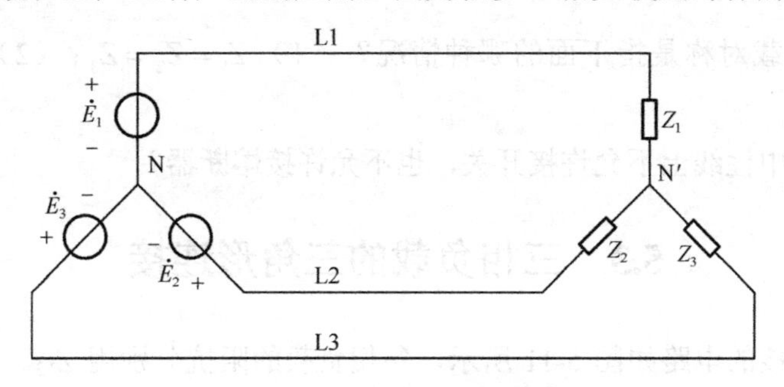

图 5-8 三相三线制电路

3. 中性线的作用

在三相四线制电路中，中性线的作用是保证在某相负载出现短路或断路故障时，其他两相负载上所加的电压不受影响；当三相负载不对称时，各相负载上的电压保持不变。下面通过例题加以说明。

例 5.2.3 电路如图 5-9 所示，若：（1）L1 相负载短路，中性线又断开，试分析电路的工作状态；（2）L1 相负载短路，中性线没有断开，试分析电路的工作状态。

解：（1）此时三相负载的中性点 N′与相线 L1 重合，在这种情况下，L2 相和 L3 相白炽灯上所加的电压都为 380V，超过其额定工作电压 220V，这是不容许的。

（2）此时 L1 相电路短路电流很大，将 L1 相电路中的熔断器熔断，L2 相和 L3 相不受影响，其相电压仍为 220V。

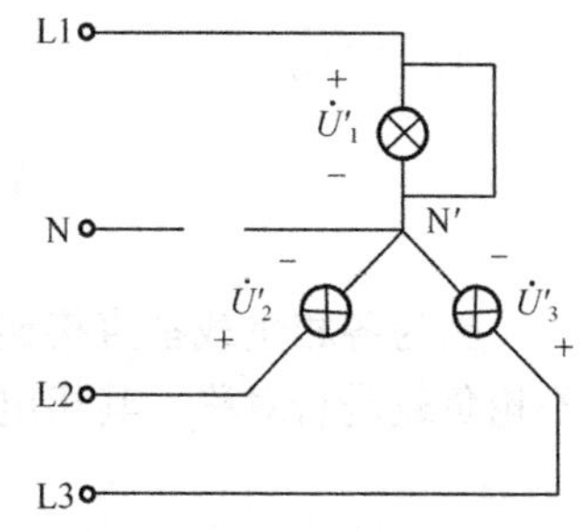

图 5-9 例 5.2.3 的电路

例 5.2.4 电路如图 5-10 所示，若：（1）L1 相负载断路，中性线又断开，试分析电路的工作状态；（2）L1 相负载断路，中性线没有断开，试分析电路的工作状态。

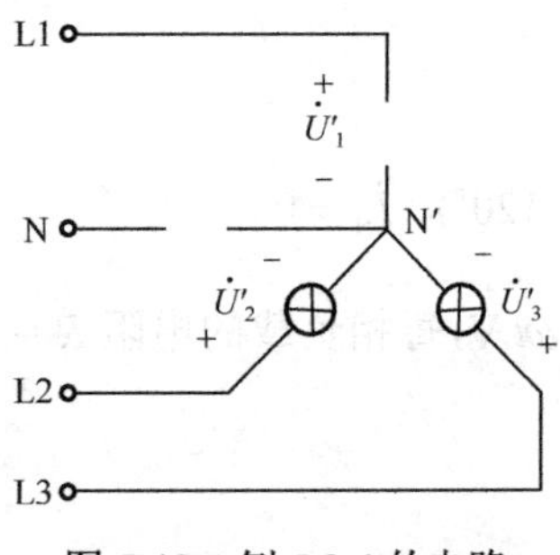

图 5-10　例 5.2.4 的电路

解：（1）此时电路已成为单相电路，即 L2 相和 L3 相的白炽灯串联，接在线电压 U_{23} = 380V 的电源上。L2 相和 L3 相的负载成分压关系，若 L2 相和 L3 相负载阻抗不相等，则分压不均匀，会造成某一相电压高，而另一相电压低的情况，这也是不容许的。

（2）此时 L1 相电流为零，其他各相负载上的电压不受影响，相电压仍为 220V。

通过上述例题可以看出，当某一相负载出现短路或断路故障时，若中性线断开，其他两相负载均受影响；若中性线不断开，其他两相负载均不受影响。

另外，当三相负载不对称时，若中性线断开，各相负载上的电压也不对称，有高有低；若中性线不断开，则各相电压对称。

综上所述，中性线不允许断开，在中性线上不允许接开关或熔断器。

练习与思考

5.2.1　三相负载对称是指下面的哪种情况？（1）$Z_1 = Z_2 = Z_3$；（2）$|Z_1| = |Z_2| = |Z_3|$；（3）$\varphi_1 = \varphi_2 = \varphi_3$。

5.2.2　为什么中性线上不允许接开关，也不允许接熔断器？

5.3　三相负载的三角形连接

负载三角形连接的电路如图 5-11 所示，各相负载的阻抗分别用 Z_{12}、Z_{23} 和 Z_{31} 来表示。电压和电流的参考方向都已在图中标出。

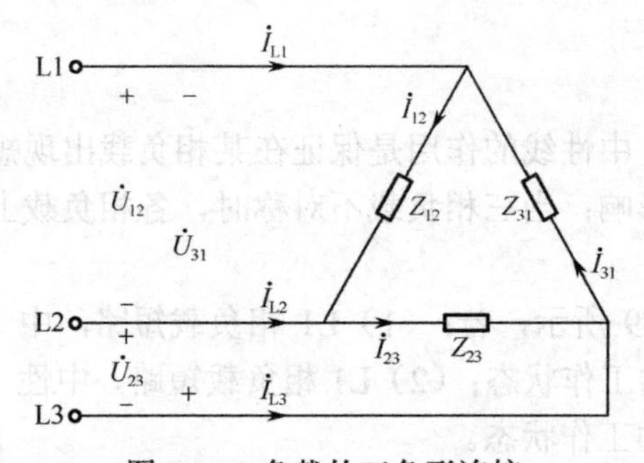

图 5-11　负载的三角形连接

因为各相负载都直接连接到电源的两条相线之间，所以负载的相电压等于电源的线电压。不论负载是否对称，其相电压总是对称的。即

$$U_{12} = U_{23} = U_{31} = U_L = U_P$$

1. 不对称三相电路的计算

三相负载不对称时，先计算出各相负载上的相电流，再计算线电流。设 $\dot{U}_{12}$ 为参考相量，即 $\dot{U}_{12} = U_L \angle 0^\circ$，则计算公式为

$$\dot{I}_{12}=\frac{\dot{U}_{12}}{Z_{12}}=\frac{U_{\mathrm{L}}\angle 0^\circ}{Z_{12}},\ \dot{I}_{23}=\frac{\dot{U}_{23}}{Z_{23}}=\frac{U_{\mathrm{L}}\angle -120^\circ}{Z_{23}},\ \dot{I}_{31}=\frac{\dot{U}_{31}}{Z_{31}}=\frac{U_{\mathrm{L}}\angle 120^\circ}{Z_{31}}$$

$$\dot{I}_{\mathrm{L1}}=\dot{I}_{12}-\dot{I}_{31},\ \dot{I}_{\mathrm{L2}}=\dot{I}_{23}-\dot{I}_{12},\ \dot{I}_{\mathrm{L3}}=\dot{I}_{31}-\dot{I}_{23}$$

2．对称三相电路的计算

当三相负载对称时，即 $Z_1=Z_2=Z_3=Z$，因为相电压是对称的，故相电流也是对称的。设 $\dot{I}_{12}$ 为参考相量，则

$$\dot{I}_{12}=I_{\mathrm{P}}\angle 0^\circ,\ \dot{I}_{23}=I_{\mathrm{P}}\angle -120^\circ,\ \dot{I}_{31}=I_{\mathrm{P}}\angle 120^\circ$$

此时线电流也是对称的，证明过程如下：

$$\left.\begin{aligned}\dot{I}_{\mathrm{L1}}&=\dot{I}_{12}-\dot{I}_{31}=I_{\mathrm{P}}\angle 0^\circ-I_{\mathrm{P}}\angle 120^\circ=\sqrt{3}I_{\mathrm{P}}\angle -30^\circ=\sqrt{3}\dot{I}_{12}\angle -30^\circ\\ \dot{I}_{\mathrm{L2}}&=\dot{I}_{23}-\dot{I}_{12}=I_{\mathrm{P}}\angle -120^\circ-I_{\mathrm{P}}\angle 0^\circ=\sqrt{3}I_{\mathrm{P}}\angle -150^\circ=\sqrt{3}\dot{I}_{23}\angle -30^\circ\\ \dot{I}_{\mathrm{L3}}&=\dot{I}_{31}-\dot{I}_{23}=I_{\mathrm{P}}\angle 120^\circ-I_{\mathrm{P}}\angle -120^\circ=\sqrt{3}I_{\mathrm{P}}\angle 90^\circ=\sqrt{3}\dot{I}_{31}\angle -30^\circ\end{aligned}\right\}\quad(5\text{-}11)$$

从式中可以看出，3 个线电流都滞后相应的相电流 30°，3 个线电流的大小都是相电流的 $\sqrt{3}$ 倍，即 3 个线电流也是大小相等、在相位上彼此相差 120° 的对称电流。

线电流与相电流的大小关系可用下式表示：

$$I_{\mathrm{L}}=\sqrt{3}I_{\mathrm{P}}\qquad(5\text{-}12)$$

表示线电流与相电流的关系的相量图如图 5-12 所示。

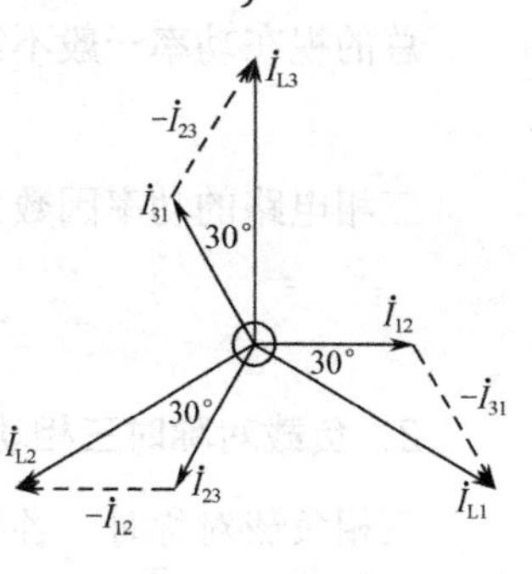

图 5-12　线电流与相电流的相量图

计算三角形连接的对称三相电路时，只需要算出一相负载的相电流，其他的相电流不需要计算，根据对称关系可直接写出。计算出各相电流后，线电流可根据式（5-11）或式（5-12）直接写出。

例 5.3.1　电路如图 5-11 所示，已知 $u_{12}=380\sqrt{2}\sin(314t+30^\circ)\mathrm{V}$，每相负载的阻抗为 $Z=(40+\mathrm{j}30)\Omega$，试计算各相电流和线电流的大小。

解：

$$Z=(40+\mathrm{j}30)\Omega=50\angle 36.9^\circ\Omega$$

$$U_{\mathrm{P}}=U_{\mathrm{L}}=380\mathrm{V}$$

$$I_{\mathrm{P}}=\frac{U_{\mathrm{P}}}{|Z|}=\frac{380}{50}\mathrm{A}=7.6\mathrm{A}$$

$$I_{\mathrm{L}}=\sqrt{3}I_{\mathrm{P}}=\sqrt{3}\times 7.6\mathrm{A}=13.2\mathrm{A}$$

练习与思考

5.3.1　在对称负载三角形连接的三相电路中，线电压与相电压之间有什么关系？线电流与相电流之间有什么关系？三相负载不对称时，上述关系是否仍然成立？

5.3.2　图 5-7 所示的电路称为 $\mathrm{Y_N/Y_N}$连接，图 5-8 所示的电路称为 Y/Y 连接，图 5-11 所示的电路能否构成 Y/Δ 连接或 Δ/Δ 连接，三相电源与三相负载之间是否还有其他接法？

5.4 三相功率

1．负载不对称时三相功率的计算

三相负载不对称时，各相负载上的电流和功率不相等，需要先计算出各相负载的有功功率、无功功率，再计算总的有功功率、无功功率、视在功率和功率因数。

总的有功功率等于各相负载的有功功率之和，即

$$P = P_1 + P_2 + P_3 = U_{P1}I_{P1}\cos\varphi_1 + U_{P2}I_{P2}\cos\varphi_2 + U_{P3}I_{P3}\cos\varphi_3 \tag{5-13}$$

式中，U_{P1}、U_{P2}、U_{P3}分别为各相负载的相电压，I_{P1}、I_{P2}、I_{P3}分别为各相负载的相电流，φ_1、φ_2、φ_3分别为各相负载的阻抗角。

总的无功功率等于各相负载的无功功率之和，即

$$Q = Q_1 + Q_2 + Q_3 = U_{P1}I_{P1}\sin\varphi_1 + U_{P2}I_{P2}\sin\varphi_2 + U_{P3}I_{P3}\sin\varphi_3 \tag{5-14}$$

总的视在功率一般不等于各相负载的视在功率之和，视在功率的计算公式为

$$S = \sqrt{P^2 + Q^2} \tag{5-15}$$

三相电路的功率因数为

$$\cos\varphi = \frac{P}{S} \tag{5-16}$$

2．负载对称时三相功率的计算

三相负载对称时，各相负载上的相电压U_P、相电流I_P、阻抗角φ相等，即

$$U_{P1} = U_{P2} = U_{P3} = U_P,\ I_{P1} = I_{P2} = I_{P3} = I_P,\ \varphi_1 = \varphi_2 = \varphi_3 = \varphi \tag{5-17}$$

总的有功功率的计算公式［式（5-13）］可简化为

$$P = 3U_P I_P \cos\varphi \tag{5-18}$$

因为对称负载星形连接时有

$$U_P = \frac{U_L}{\sqrt{3}},\ I_P = I_L \tag{1-19}$$

对称负载三角形连接时有

$$U_P = U_L,\ I_P = \frac{I_L}{\sqrt{3}} \tag{1-20}$$

将式（5-19）或式（5-20）代入式（5-18），都可得出

$$P = 3U_P I_P \cos\varphi = \sqrt{3}U_L I_L \cos\varphi \tag{5-21}$$

上式用于计算总的有功功率，对于星形连接或三角形连接的对称三相电路都适用。

同理可得总的无功功率的计算公式

$$Q = 3U_P I_P \sin\varphi = \sqrt{3}U_L I_L \sin\varphi \tag{5-22}$$

在对称三相电路中，视在功率和功率因数的计算公式［式（5-15）和式（5-16）］仍然成立。此时，总的视在功率等于各相负载的视在功率之和，因此，视在功率也可用下述公式计算：

$$S = S_1 + S_2 + S_3 = 3S_1 = 3U_P I_P = \sqrt{3}U_L I_L \tag{5-23}$$

在对称三相电路中，总的瞬时功率为一常量，且等于总的有功功率。证明过程如下：设

相电压 u_1 为参考电压，即 $u_1=\sqrt{2}U_{\mathrm{P}}\sin\omega t$，则

$$
\begin{aligned}
p&=p_1+p_2+p_3=u_1i_1+u_2i_2+u_3i_3=\sqrt{2}U_{\mathrm{P}}\sin\omega t\times\sqrt{2}I_{\mathrm{P}}\sin(\omega t-\varphi)\\
&\quad+\sqrt{2}U_{\mathrm{P}}\sin(\omega t-120^{\circ})\times\sqrt{2}I_{\mathrm{P}}\sin(\omega t-\varphi-120^{\circ})\\
&\quad+\sqrt{2}U_{\mathrm{P}}\sin(\omega t+120^{\circ})\times\sqrt{2}I_{\mathrm{P}}\sin(\omega t-\varphi+120^{\circ})\\
&=3U_{\mathrm{P}}I_{\mathrm{P}}\cos\varphi=P
\end{aligned}
$$

上式表明，三相负载消耗的瞬时功率不随时间变化，恒等于 P，这一性质称为瞬时功率的平衡性。根据这一性质，三相电动机运行时产生的转矩保持恒定，平稳运行。

例 5.4.1 已知三相电源的线电压 $u_{12}=380\sqrt{2}\sin(314t+60^{\circ})\mathrm{V}$，每相负载的阻抗相等，$Z=(3+\mathrm{j}4)\Omega$，三相负载作星形连接，试计算三相电路的线电流 I、功率因数 $\cos\varphi$、有功功率 P、无功功率 Q、视在功率 S。

解：

$$Z=(3+\mathrm{j}4)\Omega=5\angle 53.1^{\circ}\Omega$$

$$\varphi=53.1^{\circ}$$

$$U_{\mathrm{P}}=\frac{U_{\mathrm{L}}}{\sqrt{3}}=\frac{380}{\sqrt{3}}\mathrm{V}=220\mathrm{V}$$

$$I_{\mathrm{L}}=I_{\mathrm{P}}=\frac{U_{\mathrm{P}}}{|Z|}=\frac{220}{5}\mathrm{A}=44\mathrm{A}$$

$$P=\sqrt{3}U_{\mathrm{L}}I_{\mathrm{L}}\cos\varphi=\sqrt{3}\times380\times44\times\cos53.1^{\circ}\mathrm{W}=17.4\mathrm{kW}$$

$$Q=\sqrt{3}U_{\mathrm{L}}I_{\mathrm{L}}\sin\varphi=\sqrt{3}\times380\times44\times\sin53.1^{\circ}\mathrm{var}=23.2\mathrm{kvar}$$

$$S=\sqrt{3}U_{\mathrm{L}}I_{\mathrm{L}}=\sqrt{3}\times380\times44\mathrm{V\cdot A}=29.0\mathrm{kV\cdot A}$$

$$\cos\varphi=\cos53.1^{\circ}=0.6$$

三相电路中有多个负载时，总的有功功率等于各个负载上的有功功率之和，即

$$P=\sum P_i \tag{5-24}$$

式中，P_i 代表第 i 个负载的有功功率。

电路中总的无功功率等于各个负载上的无功功率之和，即

$$Q=\sum Q_i=\sum(Q_{\mathrm{L}i}+Q_{\mathrm{C}i})=\sum Q_{\mathrm{L}i}-\sum|Q_{\mathrm{C}i}| \tag{5-25}$$

三相电路中有多个负载，且负载不对称时，视在功率只能用式（5-15）计算；当负载对称时，视在功率可用式（5-15）和式（5-23）计算。

例 5.4.2 电路如图 5-6 所示，在 220/380V 的低压供电系统中，分别接有 60 只日光灯和一台三相电动机。已知每只日光灯的额定值为 U_1= 220V，P_1= 40W，$\lambda_1=\cos\varphi_1=0.5$。日光灯分三组均匀接入三相电源。电动机的额定电压为 380V，输入功率为 1.5kW，功率因数为 $\lambda_2=\cos\varphi_2=0.84$，三角形连接。求三相电路总的线电流 I、功率因数 $\cos\varphi$、有功功率 P、无功功率 Q、视在功率 S。

解：

$$\cos\varphi_1=0.5\text{，}\quad\varphi_1=\arccos0.5=60^{\circ}$$

$$\cos\varphi_2=0.84\text{，}\quad\varphi_2=\arccos0.84=32.86^{\circ}$$

$$P=P_1+P_2=(40\times60+1500)\mathrm{W}=3900\mathrm{W}$$

$$Q = Q_1 + Q_2 = P_1 \tan\varphi_1 + P_2 \tan\varphi_2$$
$$= (40\times 60\times \tan 60^\circ + 1500\times \tan 32.86^\circ)\text{var} = 5125.8\text{var}$$
$$S = \sqrt{P^2 + Q^2} = \sqrt{3900^2 + 5125.8^2}\ \text{V}\cdot\text{A} = 6440.8\text{V}\cdot\text{A}$$
$$\cos\varphi = \frac{P}{S} = \frac{3900}{6440.8} = 0.61$$
$$I_{\text{L}} = \frac{S}{\sqrt{3}U_{\text{L}}} = \frac{6440.8}{1.73\times 380}\text{A} = 9.79\text{A}$$

练习与思考

5.4.1　在三相电路中，等式 $S = S_1 + S_2 + S_3$ 是否成立？什么情况下该等式成立？

5.4.2　每相阻抗为 Z 的三相负载，分别以三角形和星形连接接入线电压为 U_{L} 的三相电源上，试问在两种连接方式下，线电流比值是多少？总有功功率的比值是多少？

5.5　安全用电

电能的广泛使用给人们的生产和生活带来了极大的方便，但若不能正确使用，轻则导致设备损坏，重则引起火灾，甚至人身伤亡等严重事故。因此，学习一些安全用电的知识很有必要。

5.5.1　安全用电常识

触电事故中电流对人体的伤害分为电击和电伤两种。电击是指电流通过人体，使内部器官组织受到损伤，严重时会导致伤亡事故。电伤是由电流产生的热效应、化学效应、机械效应对人体外部造成的伤害，如灼伤、金属溅伤等。这两种伤害也可能同时发生，据调查说明，绝大部分的触电事故是由电击引起的，通常所说的触电事故是指电击。

电击的伤害程度与通过人体电流的大小、电流经过人体的路径、电流的持续时间、人体的电阻、电流的频率等因素有关。与相同大小的直流电压相比，50～60Hz 的交流电流通过心脏和肺部时危险性最大。

人体的电阻不是固定的，随所加电压的大小和外部环境而变化。常规环境中，加低电压时人体的电阻可达 $10^5\Omega$，加 220V 电压时人体电阻略大于 1000Ω。在潮湿环境中或皮肤角质层破坏时，人体电阻可降到 500Ω。

1. 安全电压与安全电流

一般情况下，若通过人体的工频电流小于 0.7mA，大多数人没有感觉。若电流超过这个数值，人体由于神经受刺激而感觉到刺痛，这个电流称为感知电流。若电流大于 10mA，触电者将因肌肉痉挛而不能自主摆脱带电体，这个电流称为摆脱电流。若电流达到 50mA，短时间内就会危机触电者的生命安全，称为致命电流。

国际电工委员会（IEC）规定了安全电压的标准，在常规环境下，工频交流电压不超过 50V，直流电压不超过 120V。

我国规定工频电压有效值 42V、36V、24V、12V、6V 为安全电压的有效值。例如，在工厂车间内机床上的照明电压是 36V。在潮湿或有大量粉尘的恶劣工作环境下，应采用 24V、

12V 或 6V 作为安全电压。

2．几种触电方式

（1）两相触电

这种触电方式是指人体同时触及三相电源的两条相线，这时人体承受电源的线电压，这种触电方式最危险，如图 5-13（a）所示。

（2）单相触电

图 5-13（b）为三相四线制供电系统中的单相触电示意图，人体接触到电源的某一相线时，电流会经过人体和大地形成回路。这时，人体承受电源的相电压。这种情况下，若人体与大地的绝缘较好，如穿绝缘防护靴、踩在木凳子上等，通过人体的电流就很小。

图 5-13（c）为中性点不接地的三相三线制供电系统中的单相触电示意图，人体接触到电源的某一相线时，由于导线对地绝缘不良、导线与大地之间存在分布电容等原因，也会有电流通过人体，这也是很危险的。

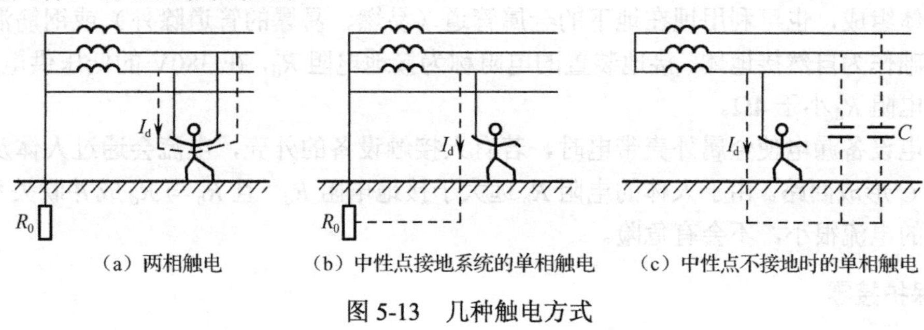

图 5-13　几种触电方式

（3）间接触电

间接触电是指由于绝缘损坏使用电设备出现漏电故障，人体接触到用电设备而导致的触电。

（4）跨步电压触电

当高压线的一条断线落地或某一带电物体接地时，就在接地点周围形成了电流的扩散和不同的电位分布。接地点的电位最高，该点的电位等于高压线的电位或带电物体的电位，离接地体越远，电位越低。在低压供电系统中，离接地点 20m 左右的地方，可以认为电位降为零。

当有人在接地点附近行走时，双脚处于不同的电位作用下，此时两脚之间（步距约为 0.8m）所承受的电压就称为跨步电压，若跨步电压较高，就可能形成跨步电压触电，如图 5-14 所示。在接地点附近的电位并不是均匀降落的，离接地点越近，电位越高，电位降的梯度越大，跨步电压也越大。

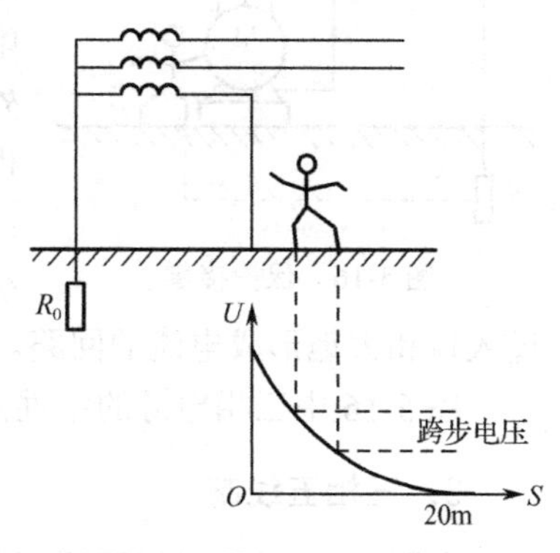

图 5-14　跨步电压触电示意图

5.5.2　防止触电的安全技术

为了有效防止各类触电事故的产生，在供电系统中采取了多种保护措施，以适应各种不同工作环境。

1. 保护接地

在电源中性点不接地的三相三线制供电系统中，将用电设备的金属外壳通过接地装置与大地相连接，这种保护措施称为保护接地，如图 5-15 所示。这种供电系统称为 IT 系统。

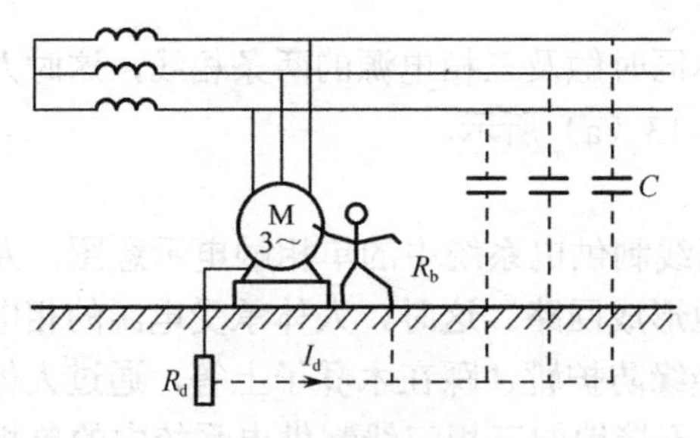

图 5-15 保护接地

接地装置由接地体及连接用电设备的导线组成。接地体由进入地下的钢管、角钢或扁钢等金属导体组成，也可利用埋在地下的金属管道（易燃、易爆的管道除外）或钢筋混凝土建筑物的基础作为自然接地体。接地装置的电阻称为接地电阻 R_d，在 380V 的低压供电系统中，要求接地电阻 R_d 小于 4Ω。

当用电设备漏电使金属外壳带电时，若有人接触设备的外壳，电流会通过人体及导线的分布电容 C 形成回路。由于人体的电阻 R_b 远大于接地电阻 R_d，且 R_b 与 R_d 成并联关系，所以通过人体的电流很小，不会有危险。

2. 保护接零

在电源中性点接地的三相四线制供电系统中，将用电设备的金属外壳与零线连接，这种保护措施称为保护接零，如图 5-16 所示。

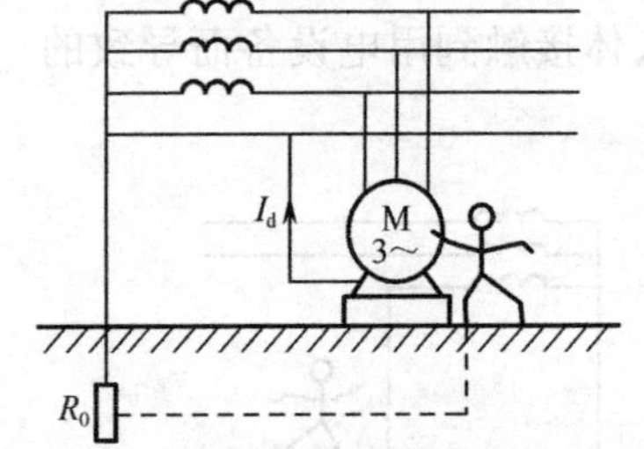

图 5-16 保护接零

当用电设备漏电或一相碰壳时，就形成了短路或接近短路，该相电路上的短路保护装置动作，迅速切断电源，消除触电危险。若漏电电流很小，在短路保护装置动作之前人体触及外壳时，由于人体的电阻远大于零线的电阻，通过人体的电流也微乎其微。

为使这种保护措施可靠工作，要求接地装置的接地电阻 R_0 小于 4Ω，零线要牢固。若零线断开，人体触及外壳时，就通过人体和大地形成电流的回路。

图 5-16 中三相电源的中性点接地称为工作接地。

3. 三相五线制

在图 5-16 所示三相四线制电路中，当负载严重不对称时，零线上会有较大电流通过，因而产生较大的电压降，使用电设备的外壳带电，产生安全隐患。为解决这一问题，将用电设备的金属外壳通过另一条专用的保护零线 PE 接地，保护零线上没有工作电流通过，因而设备外壳上的电压为零，不带电。有工作电流通过的零线称为工作零线，用 N 表示。这样的供电系统称为三相五线制，如图 5-17 所示。

在工程实践中为节省成本，从变电所到用电部门之间的工作零线 N 和保护零线 PE 可合用一条线，然后再将它们分开，如图 5-18 所示，这种供电系统称为 TN-C-S 系统。

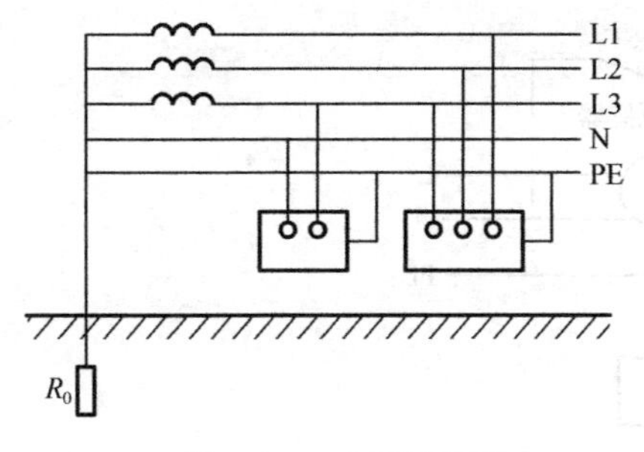

图 5-17 三相五线制

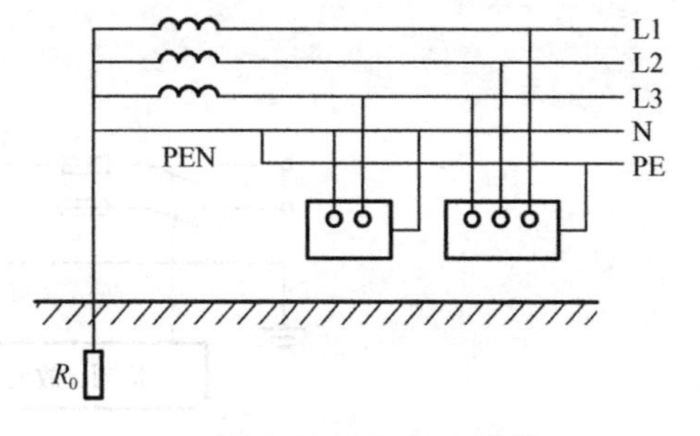

图 5-18 TN-C-S 系统

在图 5-16 中，工作零线 N 和保护零线 PE 完全重合，这种供电系统称为 TN-C 系统。在图 5-17 中，工作零线 N 和保护零线 PE 完全分开，这种供电系统称为 TN-S 系统。

为使保护零线可靠工作，往往将保护零线在多处接地，称为重复接地。工作零线只能在电源的中性点接地，不能采用重复接地措施。

家用电器的接法如图 5-19 所示。作为单相负载，家用电器接在一条相线和工作零线之间，相线和工作零线上需要接开关、熔断器或断路器（用于短路保护或过载保护）。保护零线上不允许接开关、熔断器或断路器。电冰箱等家用电器的外壳要通过三孔插座接到保护零线上。三孔插座上面的插孔接保护零线 PE、左边的插孔接工作零线 N、右边的插孔接相线 L。两孔插座左边的插孔接工作零线 N、右边的插孔接相线 L。电灯这类单相负载接在相线与工作零线之间，控制开关要接到相线上，断开开关时，灯上不带电。

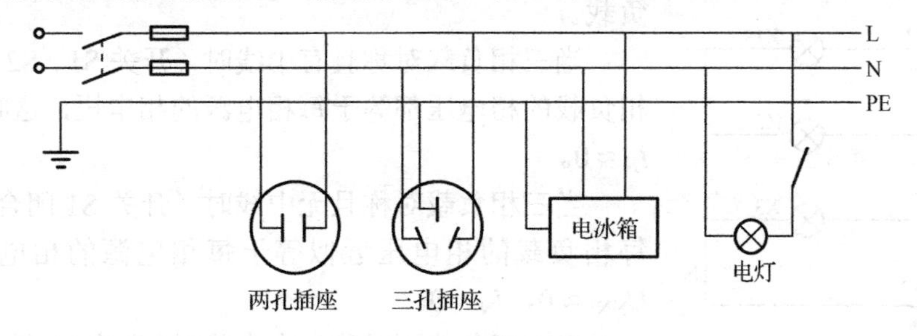

图 5-19 家用电器的接法

4. 漏电保护开关

漏电保护开关也称漏电保护器，其结构如图 5-20 所示，它主要由零序电流互感器、开关 S、试验电阻 RT、试验按钮 ST、检测、放大、执行机构等组成。零序电流互感器就是一个电感线圈，相线和工作零线从线圈中穿过。正常工作时，通过零序电流互感器的电流之和为零，零序电流互感器无信号输出。若电路中有漏电现象产生，则通过零序电流互感器的电流之和不再为零，根据电磁感应原理，这时零序电流互感器就会产生感应信号，经检测和放大电路放大后，通过执行机构将开关 S 断开。

漏电保护开关应当定期进行检测，ST 是试验按钮，按下 ST，就会有电流通过试验电阻 RT，这将导致通过零序电流互感器的电流之和不为零，使漏电保护开关动作。

漏电保护开关的主要参数是漏电动作电流和漏电动作时间。如果作为人身保护，要求选用漏电动作电流小于 30mA、漏电动作时间小于 0.1s 的漏电保护开关。如果作为线路保护与防火使用，应选用漏电动作电流 50～100mA、漏电动作时间 0.2～0.4s 的漏电保护开关。

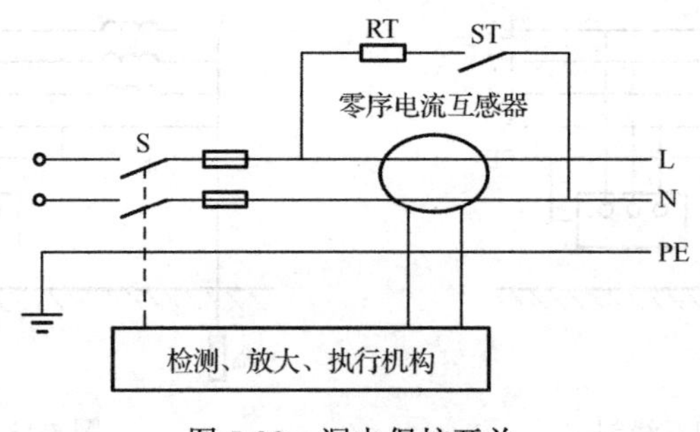

图 5-20　漏电保护开关

5.6 Multisim14 仿真实验　三相电路

1. 实验目的

（1）熟悉三相电路的星形连接方法。

（2）了解三相四线制电路中中性线的作用。

2. 实验原理

三相负载星形连接的三相四线制电路如图 5-21 所示，每相接 1 只 15W 的白炽灯作为负载。

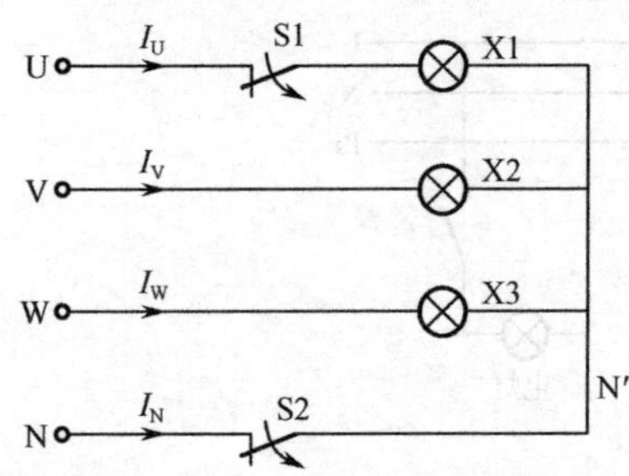

图 5-21　三相负载的星形连接

当三相负载对称且有中线时（开关 S1、S2 都闭合），每相负载的相电压都等于每相电源的相电压，这时，$U_{NN'}=0$，$I_N\approx 0$。

当三相负载对称且无中线时（开关 S1 闭合、S2 断开），每相负载的相电压近似等于每相电源的相电压，这时，$U_{NN'}\approx 0$，$I_N=0$。

当三相负载不对称且有中线时(开关 S1 断开、S2 闭合)，每相负载的相电压都等于每相电源的相电压，这时，$U_{NN'}=0$，$I_N\neq 0$。

当三相负载不对称且无中线时（开关 S1 断开、S2 断开），每相负载上的相电压不等于每相电源的相电压，这时，$U_{NN'}\neq 0$，$I_N=0$。

3. 预习要求

（1）复习三相电路的知识。

（2）计算图 5-21 所示电路在以下 4 种情况下每相负载的相电压及 $U_{NN'}$、I_N 的数值：①S1 闭合、S2 闭合；②S1 闭合、S2 断开；③S1 断开、S2 闭合；④S1 断开、S2 断开。

4. 实验内容及步骤

（1）选取元器件构建电路。

新建一个设计，命名为“实验五　三相电路”并保存。

从元件库中选取三相交流电源、电阻、开关、电压表、电流表放置到电路设计窗口中，修改元件的参数和名称，构建图 5-22 所示的仿真实验电路。各元器件的所属库如表 5-1 所示。

单击“Place/Text”菜单，在电路图中放置“U、V、W、N、N′”等标号。

图 5-22 中的电流表 I1、I2、I3、I4 分别用于测量各相电流和中线电流 I_U、I_V、I_W、I_N，电压表 U1、U2、U3、U4 分别用于测量各相电压和中性点之间的电压 $U_{UN'}$、$U_{VN'}$、$U_{WN'}$、$U_{NN'}$。

表 5-1　日光灯电路及功率因数的提高实验所用元器件及所属库

序　号	元 器 件	所 属 库
1	单刀单掷开关 SPST	Basic/SWITCH
2	接地 GROUND	Sources/POWER_SOURCES
3	白炽灯 VIRTUAL_LAMP	Basic/Indicators
4	三相交流电源 THREE_PHASE_WYE	Sources/POWER_SOURCES

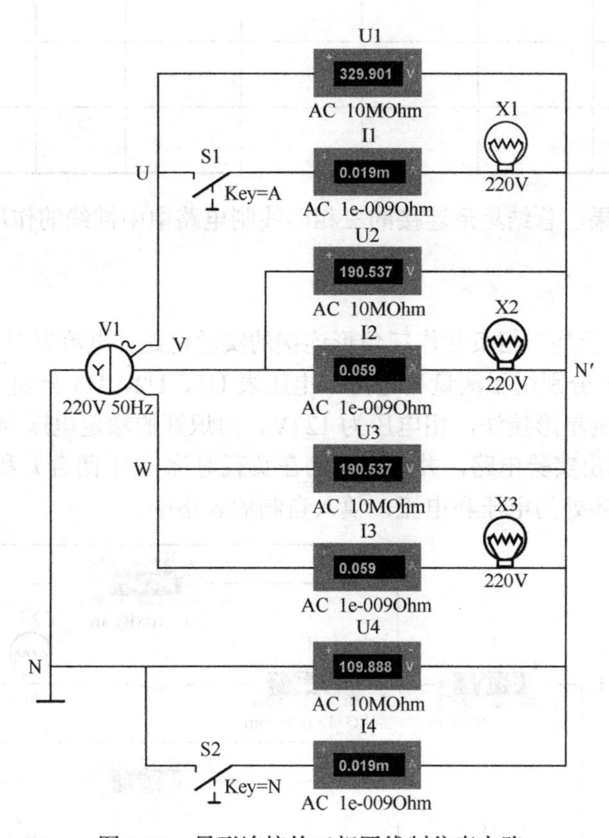

图 5-22　星形连接的三相四线制仿真电路

（2）设置三相电源的相电压有效值为 220V，频率为 50Hz。星形连接三相电源的设置如图 5-23 所示。

（3）双击白炽灯 X1，在其属性对话框中设置其最大额定电压有效值为 220V，最大额定功率为 15W，如图 5-24 所示。其他白炽灯的设置方法相同。

（4）分别在以下 4 种情况下观测各仪表的读数，并填入表 5-2 中：①S1 闭合、S2 闭合；②S1 闭合、S2 断开；③S1 断开、S2 闭合；④S1 断开、S2 断开。

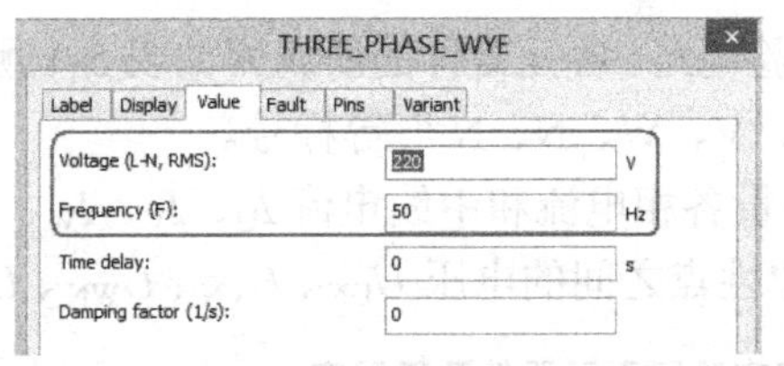

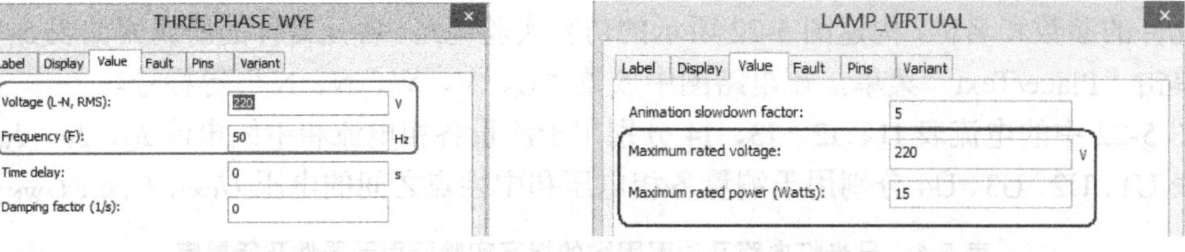

图 5-23　星形连接三相电源参数的设置　　　　图 5-24　白炽灯的设置

表 5-2　测量结果

电路的状态	$U_{UN'}$/V	$U_{VN'}$/V	$U_{WN'}$/V	$U_{NN'}$/V	I_U/A	I_V/A	I_W/A	I_N/A
负载对称，有中线 S1 闭合，S2 闭合								
负载对称，无中线 S1 闭合，S2 断开								
负载不对称，有中线 S1 断开，S2 闭合								
负载不对称，无中线 S1 断开，S2 断开								

（6）根据测量结果，总结星形连接的三相四线制电路中中性线的作用。

练习与思考

5.6.1　图 5-25 所示是三相负载作三角形连接的实验电路，电流表 I1、I3、I5 分别用于测量线电流，I2、I4、I6 分别用于测量相电流，电压表 U1、U2、U3 分别用于测量相电压。三相电源采用三相四线制星形接法，相电压为 127V。白炽灯的额定电压为 220V、额定功率为 15W。按照图 5-25 画出实验电路，并分别观测在负载对称（S1 闭合）和不对称（S1 断开）两种情况下，电路中各处的电压和电流，填入自制的表格中。

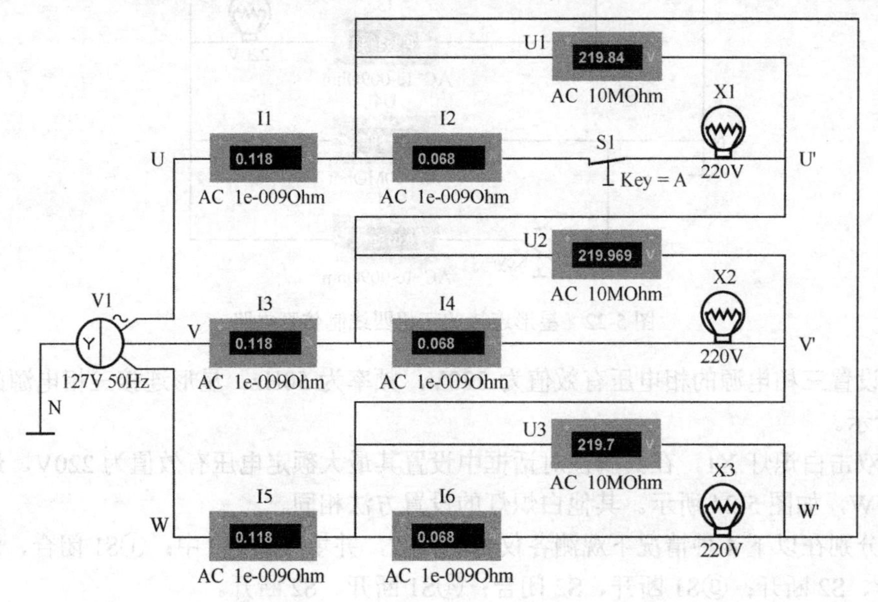

图 5-25　三相负载三角形连接的仿真电路

5.7 课外实践 电子小制作（叮咚门铃）

本节介绍一个电子小制作的实例——叮咚门铃。按下门铃按钮 SB，扬声器 B 发出“叮……”的声音，松开按钮 SB 后，扬声器 B 发出“咚……”的声音，延时后关闭。

叮咚门铃的原理电路如图 5-26 所示，由按钮、二极管、电阻、电容、NE555 集成电路、电池盒、小喇叭等组成，采用 3 节 5 号电池供电。

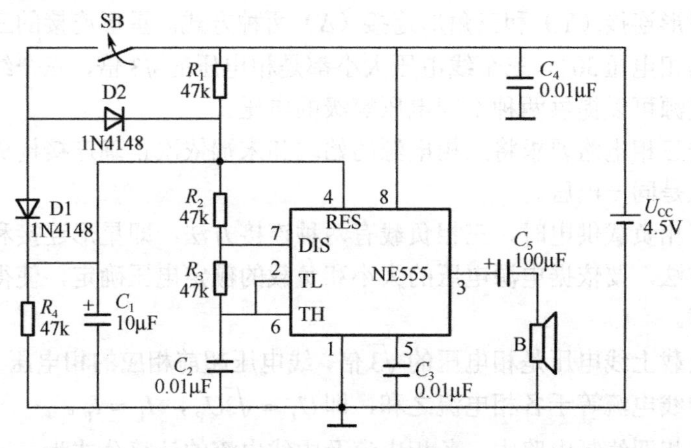

图 5-26 叮咚门铃电路图

叮咚门铃电路的核心部件是 NE555 集成电路，NE555 内部包含比较器、触发器、电子开关等电路。管脚 2 TL、管脚 6 TH 是内部比较器的输入端，管脚 7 DIS 接内部电子开关。管脚 4 RES 是触发器的复位端，当该端接低电平时，内部触发器复位清零，管脚 3 没有信号输出。

按下按钮 SB，电源经 D1 给 C_1 充电，同时使 RES 端为高电平，NE555 开始工作。电源经 D2、R_2、R_3 给 C_2 供电，当 C_2 上的电压达到一定数值，NE555 内部电子开关接通，C_2 经 R_3 和管脚 7 迅速放电。当 C_2 上的电压低于某一数值时，NE555 内部电子开关截止，电源再经 R_2、R_3 给 C_2 充电，以后重复上述过程。R_2、R_3、C_2 构成振荡电路，振荡频率为

$$f_1 = \frac{1}{0.7(R_2 + 2R_3)C_2}$$

经过计算，此时振荡频率约为 1013Hz，扬声器 B 发出“叮……”的声音。

松开按钮 SB 后，靠 C_1 上的电压维持 RES 端为高电平，NE555 电路仍继续工作。这时，由 R_1、R_2、R_3、C_2 等元件构成振荡电路，电源经 R_1、R_2、R_3 给 C_2 充电，C_2 经 R_3 和管脚 7 放电，振荡频率为

$$f_2 = \frac{1}{0.7(R_1 + R_2 + 2R_3)C_2}$$

经过计算，此时振荡频率为 760Hz，扬声器 B 发出“咚……”的声音。

松开按钮 SB 后，C_1 经 R_4 放电，当 C_1 上电压下降到一定数值时，RES 端变为低电平，NE555 电路停止工作。C_1 和 R_4 的数值越大，松开按钮后扬声器 B 发声的时间越长。

小　结

大小相等、频率相同、相位上彼此相差 120° 的三个正弦交流电动势，称为对称三相电源。其相量式为

$$\dot{E}_1 = E\angle 0°,\ \dot{E}_2 = E\angle -120°,\ \dot{E}_3 = E\angle +120°$$

对称三相电动势的瞬时值之和及相量之和均为零。

三相电源有星形连接（Y）和三角形连接（Δ）两种方式。星形连接的三相电路中三个线电压都超前相应的相电压 30°，三个线电压大小都是相电压的 $\sqrt{3}$ 倍，三个线电压也是对称电压。星形连接的电源可以提供两种不同电压等级的电压。

三角形连接的三相电路要求将三相电源的始端和末端依次正确连接构成三相三线制，此时线电压与相电压是同一电压。

三相电源向三相负载供电时，三相负载有两种连接方法，即星形连接和三角形连接。具体采用哪种连接方法，要依据电源电压的大小和负载的额定电压确定，使得每相负载所加的电压等于其额定值。

星形连接的负载上线电压是相电压的 $\sqrt{3}$ 倍，线电压超前相应的相电压 30°，线电流等于对应的相电流，中线电流等于各相电流之和，即 $U_L = \sqrt{3}U_P$，$I_L = I_P$。

星形连接的三相四线制电路中，各相电流及中线电流的计算公式为

$$\dot{I}_1 = \frac{U_P\angle 0°}{Z_1},\ \dot{I}_2 = \frac{U_P\angle -120°}{Z_2},\ \dot{I}_3 = \frac{U_P\angle 120°}{Z_3},\ \dot{I}_N = \dot{I}_1 + \dot{I}_2 + \dot{I}_3$$

当负载对称时，即 $Z_1 = Z_2 = Z_3$ 时，线电流也是对称电流，此时中线电流为零。

在星形连接的三相四线制电路中，中性线的作用是保证在某相负载出现短路或断路故障时，其他两相负载上所加的电压不受影响，在三相负载不对称时，各相负载上的电压保持不变。

在负载为三角形连接的三相对称电路中，线电压等于相电压，三个线电流都滞后相应的相电流 30°，线电流的大小是相电流的 $\sqrt{3}$ 倍，即 $U_L = U_P$，$I_L = \sqrt{3}I_P$。

三相电路中负载对称时的有功功率、无功功率、视在功率及功率因数的计算公式为

$$P = 3U_P I_P \cos\varphi = \sqrt{3}U_L I_L \cos\varphi$$

$$Q = 3U_P I_P \sin\varphi = \sqrt{3}U_L I_L \sin\varphi$$

$$S = \sqrt{P^2 + Q^2} = 3U_P I_P = \sqrt{3}U_L I_L$$

$$\cos\varphi = \frac{P}{S}$$

习　题

5-1　某三相负载为星形连接，已知线电压 $u_{12} = 380\sqrt{2}\sin(314t + 60°)\text{V}$，其相电压 u_1 的相量表达式 $\dot{U}_1$ 为（　　）。

A．$\dot{U}_1 = 380\angle 60°\text{V}$　　B．$\dot{U}_1 = 220\sqrt{2}\angle 30°\text{V}$

C．$\dot{U}_1 = 220\angle 90°\text{V}$　　D．$\dot{U}_1 = 220\angle 30°\text{V}$

5-2　在三相交流电路中，负载对称的条件是（　　）。

A．$\varphi_1 = \varphi_2 = \varphi_3$　　B．$|Z_1| = |Z_2| = |Z_3|$

C．$Z_1 = Z_2 = Z_3$　　D．$I_1 = I_2 = I_3$

5-3　某三相电路中，各相负载的有功功率分别为 P_1、P_2、P_3，则总的有功功率 P 为（　　）。

A．$P = P_1 + P_2 + P_3$　　B．$P = \sqrt{P_1^2 + P_2^2 + P_3^2}$　　C．$P = \sqrt{P_1 + P_2 + P_3}$

5-4　某三相电路中，各相负载的视在功率分别为 S_1、S_2、S_3，则总的视在功率 S 为（　　）。

A．$S = S_1 + S_2 + S_3$　　B．$S = \sqrt{S_1^2 + S_2^2 + S_3^2}$

C．$S = \sqrt{S_1 + S_2 + S_3}$　　D．以上答案都不对

5-5　一对称三相负载分别作星形连接和三角形连接，接入同一三相电源，则星形连接时消耗的有功功率是三角形连接的（　　）倍。

A．$\sqrt{3}$　　B．$1/\sqrt{3}$　　C．3　　D．1/3

5-6　在三相四线制供电电路中，中性线的作用是（　　）。

A．使不对称负载的相电压对称　　B．构成电流的回路

C．使电源线电压对称　　D．使相电流对称

5-7　国际电工委员会（IEC）规定了人体允许长期承受的电压极限值，在常规环境下，工频交流电压的极限值为（　　）。

A．25V　　B．36V　　C．50V　　D．60V

5-8　在三相四线制供电系统中，将电源的中性点接地，称为（　　）。

A．保护接地　　B．保护接零　　C．工作接地

5-9　某三相对称负载，额定功率为 5.6kW，功率因数为 0.6，三角形连接，接于线电压为 380V 的电源上，则相电流为（　　）。

A．3.51A　　B．5.85A　　C．8.19A　　D．10.13A

5-10　在三相负载对称的电路中，每相负载的有功功率和无功功率分别为 80W、60var，则三相负载总的视在功率为（　　）。

A．100V·A　　B．140V·A　　C．300V·A　　D．420V·A

5-11　某实验电路如图 5-27 所示，电源相电压为 220V 的工频交流电，L1 相接 1 只 15W 的白炽灯，L2 相和 L3 相各接 2 只 15W 的白炽灯。试计算各线电流和中线电流的大小。

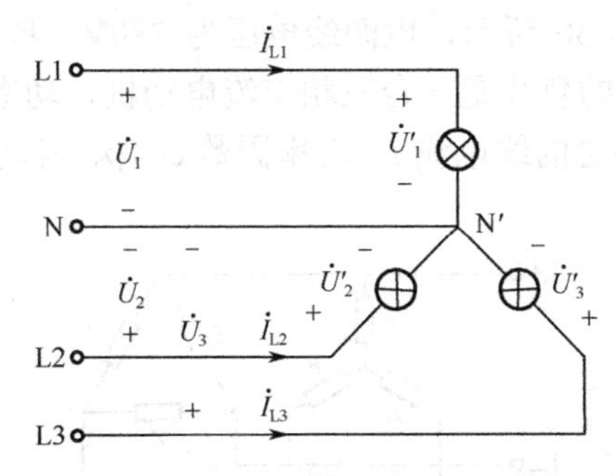

图 5-27　习题 5-11 的图

5-12　在习题 5-11 中，若中性线断开，试求：（1）各相电压 U'_1、U'_2、U'_3 及中性点之间的电压 $U_{N'N}$ 的大小；（2）各相电压是否相等，会出现什么后果？

5-13　在习题 5-11 中，若 L1 相负载和中性线都断开，试求：（1）各相电压 U_1'、U_2'、U_3' 及中性点之间的电压 $U_{N'N}$ 的大小；（2）计算线电流 I_{L2}、I_{L3} 的大小。

5-14　某实验电路如图 5-28 所示，电源线电压为 220V 的工频交流电，UV、VW、WU 相各接 2 只 15W 的白炽灯。（1）计算各线电流和相电流的大小；（2）若 UV 相的白炽灯断开，重新计算各线电流和相电流的大小。

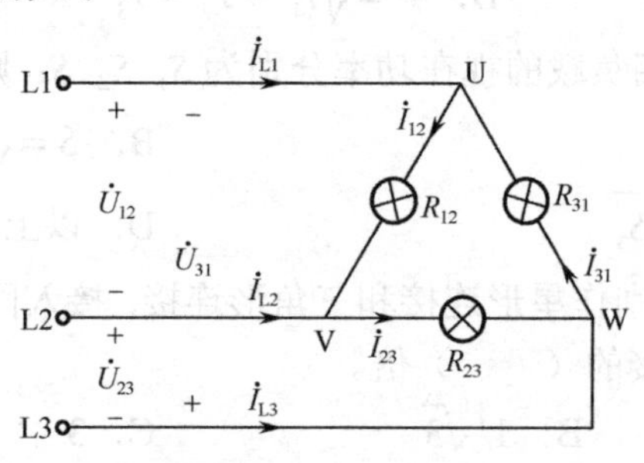

图 5-28　习题 5-14 的图

5-15　某三相四线制电路，已知 $u_1 = 220\sqrt{2}\sin 314t\text{V}$，每相负载的阻抗相等，$Z = (40 + \text{j}60)\Omega$。试写出各相电流和中线电流的相量表达式。

5-16　三相对称负载作三角形连接，已知 $u_{12} = 380\sqrt{2}\sin(314t + 60^\circ)\text{V}$，每相负载的阻抗相等，$Z = (3 + \text{j}4)\Omega$，试写出各相电流和线电流的相量表达式。

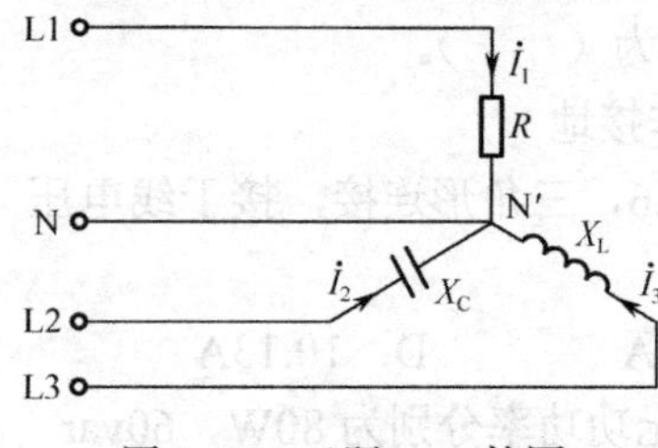

图 5-29　习题 5-17 的图

5-17　三相电路如图 5-29 所示，已知 $R = 22\Omega$，$X_L = 22\Omega$，$X_C = 11\Omega$，$u_{12} = 380\sqrt{2}\sin(\omega t + 60^\circ)\text{V}$。求：（1）各相电流的相量表达式；（2）三相电路总的有功功率 P、无功功率 Q、视在功率 S 和功率因数 $\cos\varphi$。

5-18　某三相对称负载作三角形连接，每相负载的电阻 $R = 80\Omega$，感抗 $X_L = 60\Omega$，接于线电压为 380V 的对称三相电源上，试求：（1）每相负载的阻抗模 $|Z|$、相电流 I_P、线电流 I_L；（2）三相负载总的有功功率 P、无功功率 Q、视在功率 S 和功率因数 $\cos\varphi$。

5-19　某对称三相负载作三角形连接，已知其有功功率为 19.5kW，线电压为 380V，$\cos\varphi = 0.8$，求每相负载的阻抗 Z、三相负载的无功功率 Q 和视在功率 S。

5-20　某三相电路如图 5-30 所示，电源线电压为 380V。星形连接的负载是三相电阻加热炉，$R = 10\Omega$。三角形连接的负载是一台三相交流电动机，功率因数等于 0.8，它消耗的有功功率为 45kW。求三相电路总的线电流 I、功率因数 $\cos\varphi$、有功功率 P、无功功率 Q、视在功率 S。

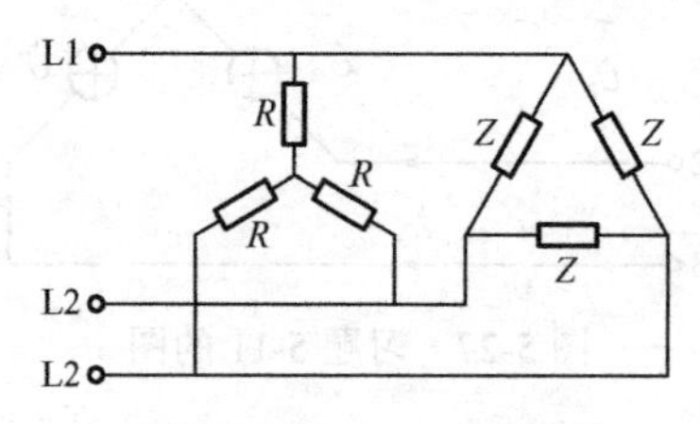

图 5-30　习题 5-20 的图

第 6 章　磁路与变压器

生产中常见的一些电气设备，如变压器、电动机、低压控制电器等，都是利用电磁感应原理工作的，其内部既有电路也有磁路，要想了解它们的工作原理，就必须从磁路和电路两个方面进行研究。

本章先介绍磁路的基本知识，然后介绍铁心线圈、变压器、电磁铁等电气设备的工作原理。

6.1　磁路的基本知识

在变压器、电动机等电气设备中，通常把线圈绕在磁性材料制成的铁心上，由于铁心的导磁能力很强，线圈中的电流产生的磁通绝大部分经过铁心形成回路，这种人为制造的磁通的闭合路径就称为磁路。图 6-1 所示是一个由铁心线圈构成的磁路。

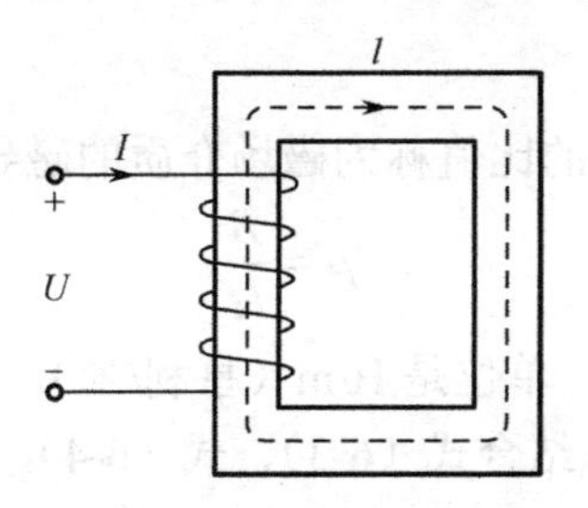

图 6-1　铁心线圈构成的磁路

可以把磁路看作一定路径内的磁场，因此，关于磁场的知识也适用于磁路。

6.1.1　磁场的基本物理量

1．磁感应强度

磁感应强度 B 是用于表示磁场内某一点磁场的强弱和方向的物理量，它是一个矢量。它的方向与产生磁场的电流（称为励磁电流）的方向符合右手螺旋定则。在国际单位制中，磁感应强度 B 的单位是 T（特斯拉）。

如果磁场内各点的磁感应强度大小相等、方向相同，则这样的磁场称为均匀磁场。

2．磁通

在均匀磁场中，磁感应强度 B 与垂直于磁场方向的某一截面积 S 的乘积，称为通过该面积的磁通 Φ，即

$$\Phi = BS \quad 或 \quad B = \frac{\Phi}{S} \tag{6-1}$$

磁通 Φ 的单位是 Wb（韦伯）。由上式可知，磁感应强度在数值上可看作与磁场方向相垂直的

单位面积上所通过的磁通，故又称为磁通密度。为计算方便，对于不均匀磁场，可取磁感应强度 B 的平均值。

3．磁场强度

磁场强度 H 是为进行磁场计算而引入的一个辅助物理量，通过它来确定磁场与励磁电流之间的关系。它是一个矢量，其方向与磁感应强度 B 的方向相同。磁场强度的单位是 A/m（安培/米）。

根据安培环路定律，磁场强度与励磁电流的关系为

$$\oint_l H\mathrm{d}l = \sum I \tag{6-2}$$

式中，左侧为磁场强度 H 沿任意闭合回路的线积分，右侧是穿过该闭合回路所围面积的电流的代数和。对于图 6-1 所示的均匀磁路，式（6-2）可整理为

$$Hl = NI$$

$$H = \frac{NI}{l} \tag{6-3}$$

式中，l 为磁路的平均长度，N 为线圈的匝数。从式中可以看出，磁场强度 H 与励磁电流 I 和磁路的路径有关，与磁路中的铁心材料无关。

4．磁导率

磁感应强度 B 与磁场强度 H 的比值称为磁场介质的磁导率μ，即

$$\mu = \frac{B}{H} \tag{6-4}$$

它是衡量物质导磁能力的物理量，单位是 H/m（亨利/米）。

对于图 6-1 所示的均匀磁路，结合式（6-3）、式（6-4），可得出磁路中的磁感应强度 B 为

$$B = \mu H = \mu \frac{NI}{l} \tag{6-5}$$

从式中可以看出，磁导率μ越高，磁感应强度 B 越大。因此，磁感应强度 B 与磁路中的铁心材料有关。

由实验得出，真空的磁导率为

$$\mu_0 = 4\pi \times 10^{-7}\ \mathrm{H/m}$$

任一物质的磁导率 μ 与真空的磁导率μ_0 的比值称为相对磁导率μ_r，即

$$\mu_r = \frac{\mu}{\mu_0}$$

自然界中的所有物质，按导磁能力的大小可分为磁性材料和非磁性材料。非磁性材料的相对磁导率μ_r 接近于 1，磁性材料的相对磁导率μ_r 很高。

6.1.2 磁性材料的磁性能

1．高导磁性

磁性材料的磁导率很高，$\mu_r \gg 1$，可达数百、数千及至数万。这使得它们具有被强烈磁化的特性。

磁性物质被磁化的过程可以这样来解释：在物质内部的分子中，因电子和原子核的运动

形成分子电流，分子电流也要产生磁场，因此每个分子相当于一个小磁铁。磁性物质内部又分为若干个小区域，这些小区域中的分子磁铁都整齐排列，从而显示出磁性，这些小区域称为磁畴。在没有外部磁场作用时，各个磁畴杂乱无章地排列，其磁场互相抵消，对外不显磁性，如图 6-2（a）所示。在外部磁场的作用下，各个磁畴的方向就顺着外磁场的方向转向，其磁场互相叠加，对外显示出很强的磁性，如图 6-2（b）所示。由磁畴产生的磁场称为磁化磁场，磁化磁场产生的磁感应强度远大于外部磁场产生的磁感应强度。这就是磁性物质被磁化的过程。

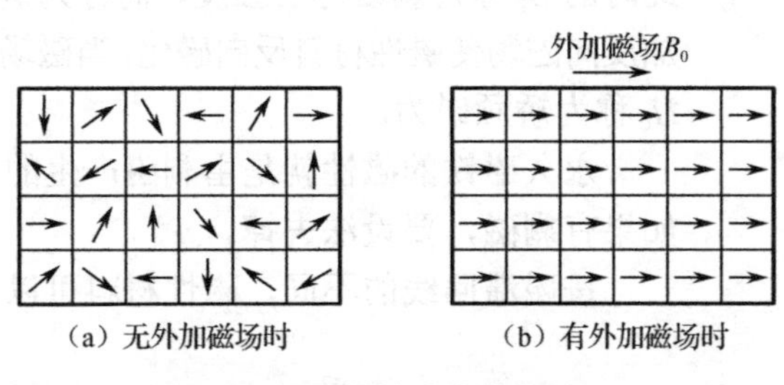

图 6-2　磁性材料的磁化过程

磁性材料的这种高导磁性能被广泛地应用到电气设备中，例如在电动机、变压器的线圈中放置铁心。在这种具有铁心的线圈中通入不大的励磁电流，就可以产生足够大的磁感应强度和磁通。这就解决了既要求磁通大，又要求励磁电流小的矛盾。利用优质的磁性材料，可使电动机、变压器等电气设备的重量和体积大大减小。

2．磁饱和性

将磁性材料放在磁场中，其磁感应强度 B 随磁场强度 H 变化的特性可用磁化曲线（B-H 曲线）来描述，如图 6-3 所示。图中，磁场强度 H 与产生磁场的励磁电流 I 有关；磁感应强度 B 是由两部分组成的：一是外加磁场产生的磁感应强度 B_0，二是磁化磁场产生的磁感应强度。各种磁性材料的磁化曲线可通过实验测出。

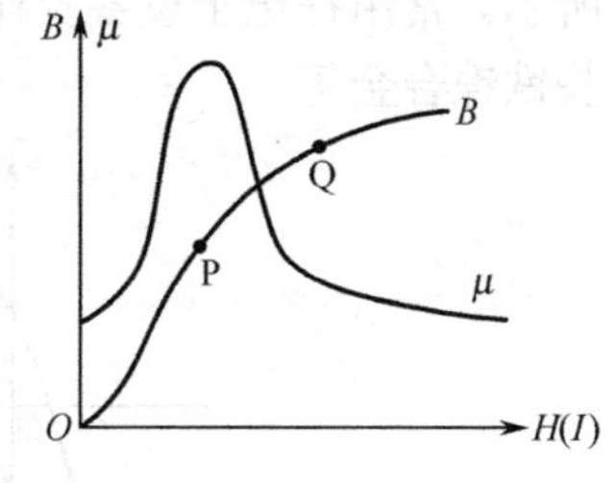

图 6-3　B、μ 与 H 的关系

在图 6-3 中的 OP 段，B 随 H 的增加几乎是线性的；在 PQ 段，B 的增加变得缓慢；在 Q 点右侧，B 的增加变得非常缓慢，进入磁饱和状态。

对磁化曲线的解释如下：在 H 较小时，随 H 的增大，各个磁畴的方向逐渐趋向于一致，故 B 迅速增大，这个过程对应磁化曲线的 OP 段。当 H 大于一定数值后，各个磁畴的方向已经接近于一致，故 B 的增加变得缓慢，这一过程对应磁化曲线的 PQ 段。当 H 达到一定数值后，各个磁畴的方向完全趋于一致，即使 H 再增加，磁化磁场也不再增大，这一特性对应于磁化曲线的 Q 点右侧，这时 B 增加的部分是由外加磁场磁感应强度的增加引起的。

从图 6-3 中可以看出，磁性材料的 B 与 H 之间不是线性关系，因为 $\mu = B/H$，故其磁导率 μ 不是常数。

必须指出，额定工作状态时电气设备的磁感应强度 B 都设计工作在磁化曲线的 PQ 段，即接近磁饱和状态，若磁感应强度（或磁通）再增加，就会进入磁饱和状态，其所需励磁电流急剧增加，导致铁心和线圈过热而损坏。

3．磁滞性

在交流励磁时，随着磁场强度 H 的大小和方向的不断变化，磁感应强度 B 也随之变化，形成如图 6-4 所示的磁滞回线。从图中可以看出，磁感应强度 B 的变化总是滞后于磁场强度 H 的变化，这种现象称为磁性材料的磁滞性。

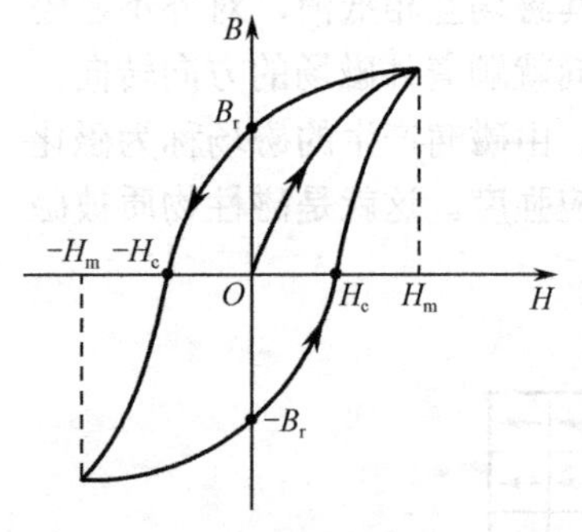

图 6-4 磁滞回线

当磁场强度 H 减小到 0 时，磁感应强度 B 并未回到零值，此时的 B_r 称为剩磁感应强度，简称为剩磁。若要去掉剩磁，应加反向磁场使磁性材料反向磁化，当磁场强度 H 为 $-H_c$ 时，$B=0$，H_c 称为矫顽磁力。

永久磁铁的磁性就是由剩磁产生的。机械加工后的零件上如果有剩磁，要设法去掉。

按磁滞回线的不同，磁性材料可以分成以下 3 类：

（1）软磁材料

软磁材料的剩磁 B_r 和矫顽磁力 H_c 均较小，磁滞回线较窄，如图 6-5（a）所示。其磁导率 μ 较高，常用来制造电动机、变压器等电气设备的铁心。常见的此类材料有铸铁、硅钢、坡莫合金及铁氧体等。

（2）硬磁材料

硬磁材料的剩磁 B_r 和矫顽磁力 H_c 均较大，磁滞回线较宽，如图 6-5（b）所示。其剩磁不易消失，常用来制造永久磁铁。常见的此类材料有碳钢、钴钢、铝镍钴合金等。

（3）矩磁材料

矩磁材料的具有较大的剩磁 B_r 和较小的矫顽磁力 H_c，磁滞回线接近矩形，如图 6-5（c）所示。常用在电子设备及计算机中作为磁记录材料使用。常见的此类材料有镁锰铁氧体和某些铁镍合金等。

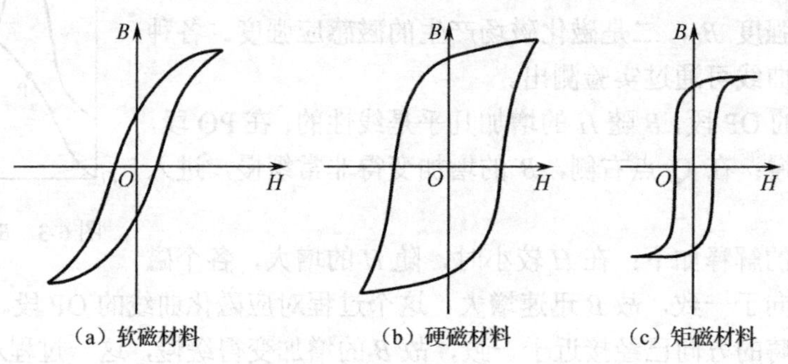

（a）软磁材料　（b）硬磁材料　（c）矩磁材料

图 6-5 磁性物质的分类

6.1.3 磁路的欧姆定律

对于图 6-1 所示的均匀磁路，结合式（6-1）和式（6-5），可以得出

$$\Phi = BS = \mu HS = \mu \frac{NI}{l} S = \frac{NI}{\frac{l}{\mu S}} = \frac{F}{R_m}$$

$$\Phi = \frac{F}{R_m} = \frac{NI}{R_m} \tag{6-6}$$

上式称为磁路的欧姆定律。式中，$F = NI$，称为磁通势，R_m 称为磁路的磁阻，表达式为

$$R_m = \frac{l}{\mu S} \tag{6-7}$$

磁阻 R_m 与磁路的尺寸和材料的磁导率 μ 有关。对于磁性材料，由于磁导率 μ 不是常数，故磁阻 R_m 也不是常数，因此，式（6-7）一般不用于磁路的计算，只用于对磁路做定性分析。

当磁路由几种不同材料组成或各段磁路的截面积不同时，磁路的总磁阻是各段磁阻之和。图 6-6 所示为一个含有空气隙的铁心线圈电路，磁路的总磁阻为铁心的磁阻加空气隙的磁阻。

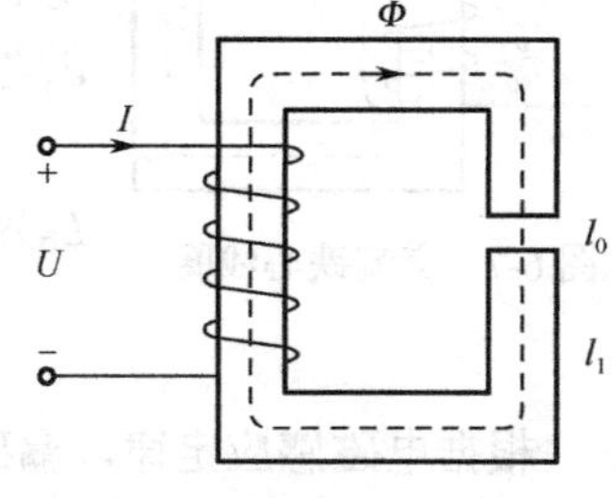

图 6-6　含有空气隙的铁心线圈

需要指出，当磁路中有一小段空气隙时，因空气隙的磁导率 μ 很小，所以磁阻很大，因此，在电动机、变压器等电气设备的磁路中，要通过精加工尽量减小空气隙的大小。

练习与思考

6.1.1　磁性材料有哪些磁性能？

6.1.2　为什么用铁磁材料做线圈的铁心时，通入较小的电流就能在铁心中产生较大的磁通？

6.1.3　磁路中有空气隙时，为什么会使磁路的磁阻大大增加？

6.2　铁心线圈电路

6.2.1　直流铁心线圈电路

将铁心线圈接到直流电源上，就形成直流铁心线圈电路，图 6-1 和图 6-6 所示都是直流铁心线圈电路。这种电路的电磁关系比较简单，总结起来有以下几点：

（1）电流 I 的大小由外加电压 U 和线圈的电阻 R 确定，与铁心材料无关。

（2）磁通 Φ 的大小由电流 I 和铁心材料的磁导率 μ 确定。

（3）功率损耗 P 仅仅由电流 I 在线圈电阻 R 上产生，$P = RI^2$。

（4）因为磁通 Φ 是恒定不变的，故线圈上不产生感应电动势，铁心中也不会产生涡流，铁心可以是整块铁。

6.2.2　交流铁心线圈

将铁心线圈接到交流电源上，就形成交流铁心线圈电路。在交流铁心线圈电路中，由于励磁电流和磁通都是交变的，故铁心线圈中会产生感应电动势，铁心中也会产生涡流，其电磁关系比直流铁心线圈复杂得多。

1. 基本电磁关系

在图 6-7 所示的交流铁心线圈电路中，外加交流电压 u，产生励磁电流 i 和磁通势 Ni。由磁通势 Ni 产生的磁通分为两部分，一部分是通过铁心形成回路的主磁通 Φ，另一部分是通过线圈周围的空气隙形成回路的漏磁通 Φ_σ。这两部分磁通在线圈中分别产生主磁感应电动势 e 和漏磁感应电动势 e_σ。励磁电流 i 与磁通 Φ、Φ_σ 之间，磁通 Φ、Φ_σ 与感应电动势 e、e_σ 之间的参考方向都符合右手螺旋定则。

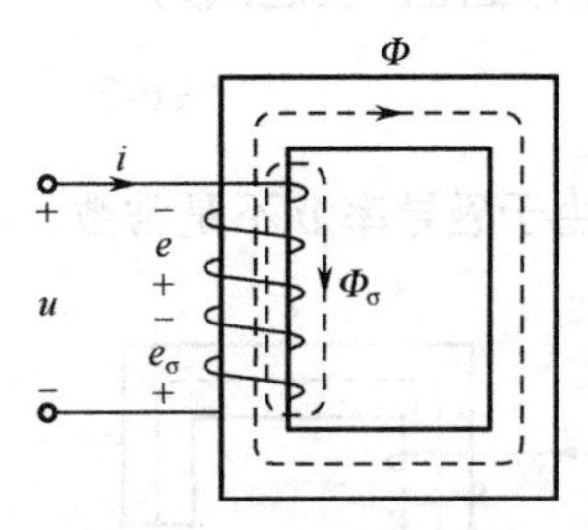

图 6-7　交流铁心线圈

由于漏磁通经过的空气隙的磁导率是一个常数，所以漏磁电感 L_σ 为常数

$$L_\sigma = \frac{N\Phi_\sigma}{i} = \text{常数} \tag{6-8}$$

根据电磁感应定律，漏磁感应电动势 e_σ 为

$$e_\sigma = -N\frac{\mathrm{d}\Phi_\sigma}{\mathrm{d}t} = -L_\sigma\frac{\mathrm{d}i}{\mathrm{d}t} \tag{6-9}$$

根据电磁感应定律，主磁感应电动势 e 为

$$e = -N\frac{\mathrm{d}\Phi}{\mathrm{d}t} \tag{6-10}$$

由于主磁通经过的铁心的磁导率不是常数，故主磁电感 L 不是常数，主磁感应电动势写成 $e = -L\frac{\mathrm{d}i}{\mathrm{d}t}$ 没有意义。

设主磁通为 $\Phi = \Phi_\mathrm{m}\sin\omega t$，将其代入式（6-10），可得

$$e = -N\frac{\mathrm{d}\Phi}{\mathrm{d}t} = N\Phi_\mathrm{m}\omega\sin(\omega t - 90^\circ) = \sqrt{2}E\sin(\omega t - 90^\circ) \tag{6-11}$$

$$E = \frac{N\Phi_\mathrm{m}\omega}{\sqrt{2}} = \frac{2\pi f N\Phi_\mathrm{m}}{\sqrt{2}} = 4.44fN\Phi_\mathrm{m} \tag{6-12}$$

根据基尔霍夫定律，铁心线圈电路中电压与电流的关系为

$$u = Ri - e_\sigma - e \tag{6-13}$$

式中，R 为线圈的电阻。由于线圈电阻上的压降 Ri 及漏磁感应电动势 e_σ 都很小，与主磁感应电动势 e 相比，均可忽略不计，故上式可近似为

$$u \approx -e \tag{6-14}$$

因而

$$U \approx E = 4.44fN\Phi_\mathrm{m} \tag{6-15}$$

式（6-15）反映了外加电压 U、电源频率 f、线圈匝数 N、磁通 Φ_m 之间的关系，是交流铁心线圈电路中最基本的电磁关系，是分析交流磁路的重要依据，在对变压器、电动机等电气设备的电磁关系进行分析时，都要用到这个公式。

2. 功率损耗

交流铁心线圈的功率损耗包括两种：一种是电流通过线圈电阻 R 发热产生的功率损耗，称为铜损耗，简称铜损，用 ΔP_Cu 来表示，$\Delta P_\mathrm{Cu} = RI^2$；另一种是交变磁通在铁心上产生的功率损耗，称为铁损耗，简称铁损，用 ΔP_Fe 来表示，铁损中包括磁滞损耗和涡流损耗。

由于磁滞现象的存在，铁磁物质在交变磁化的过程中会产生功率损耗，使铁心发热，这种损耗称为磁滞损耗，用ΔP_{h}来表示。磁滞损耗的大小与磁滞回线的面积成正比，为减少磁滞损耗，应选用磁滞回线较窄的软磁材料制作铁心。硅钢片就是变压器和电动机中常用的铁心材料。

交变的磁通在铁心内产生感应电动势和感应电流，这种感应电流称为涡流，它在垂直于磁通方向的平面内形成回路，如图 6-8（a）所示。涡流也要产生功率损耗，使铁心发热，这种功率损耗称为涡流损耗，用ΔP_{e}来表示。

为了减小涡流损耗，就要想方设法减小涡流的数值。为此，铁心不是由整块硅钢做成的，而是由表面涂有绝缘漆的硅钢片叠成的，如图 6-8（b）所示。这样，大面积的涡流通路被切断，将涡流限制在很小的截面内流通，以减小涡流。此外，硅钢片中含有一定比例的硅，使电阻率较大，也使涡流大大减小。

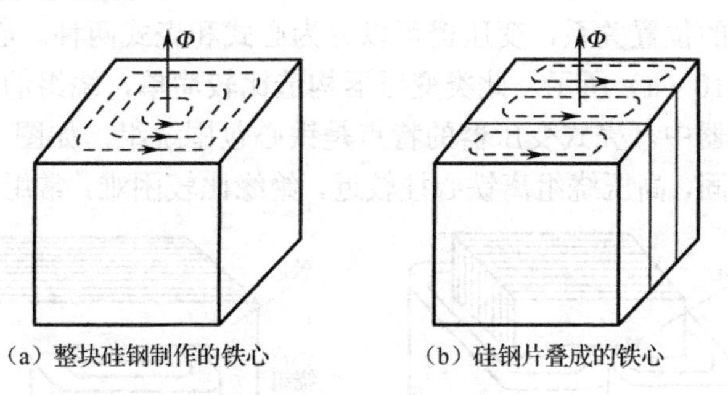

（a）整块硅钢制作的铁心　　（b）硅钢片叠成的铁心

图 6-8　铁心中的涡流

铁心线圈电路总的功率损耗可表示为

$$\Delta P = \Delta P_{\mathrm{Cu}} + \Delta P_{\mathrm{Fe}} = RI^2 + \Delta P_{\mathrm{h}} + \Delta P_{\mathrm{e}} \tag{6-16}$$

铁心线圈的等效电路如图 6-9 所示。图中，R 代表线圈的电阻，X_{σ}代表线圈的漏磁感抗。铁心中的铁损用电阻 R_0 来等效。铁心中磁场能量的储存与释放，用感抗 X_0 来对应。

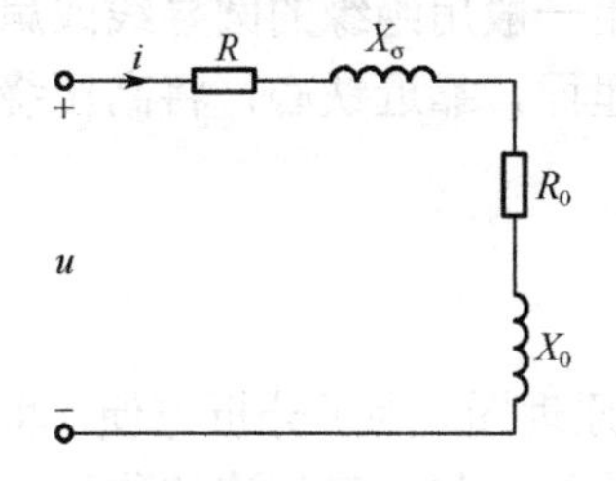

图 6-9　交流铁心线圈的等效电路

练习与思考

6.2.1　为什么空心线圈的电感量是常数，而铁心线圈的电感量不是常数？

6.2.2　为什么铁心线圈的电感量远大于空心线圈的电感量？

6.2.3　直流铁心线圈的电流和磁通的大小是否与铁心材料有关？交流铁心线圈的电流和磁通的大小是否与铁心材料有关？

6.2.4　直流铁心线圈和交流铁心线圈各有哪些损耗？如何减少交流铁心线圈的各种损耗。

6.2.5　将交流铁心线圈接到与其额定电压相等的直流电源上时，会产生什么现象？

6.3 变压器

变压器是利用电磁感应原理制成的一种电气设备，具有电压变换、电流变换、阻抗变换的功能，并能进行能量的传递，因而获得了广泛的应用。在电力系统中，使用变压器将发电厂输出的电压升高，经输电线传输到用户所在地后，再利用降压变压器将电压降低到合适的电压等级供给用户。在电子技术领域，变压器用于实现传递信号、阻抗匹配等。

6.3.1 变压器的基本结构

变压器主要由铁心和绕组两部分组成，铁心构成变压器的磁路部分，绕组构成变压器的电路部分。此外，还有散热装置、外壳等部件。

按照铁心和绕组的位置关系，变压器可以分为心式和壳式两种。心式变压器的特点是绕组包围铁心，如图 6-10（a）所示。此类变压器构造比较简单，绕组的安装和绝缘比较容易，多用于大容量的变压器中。壳式变压器的特点是铁心包围绕组，如图 6-10（b）所示。此类变压器的结构比较坚固，高压绕组离铁心柱较近，绝缘比较困难，常用于小容量的变压器中。

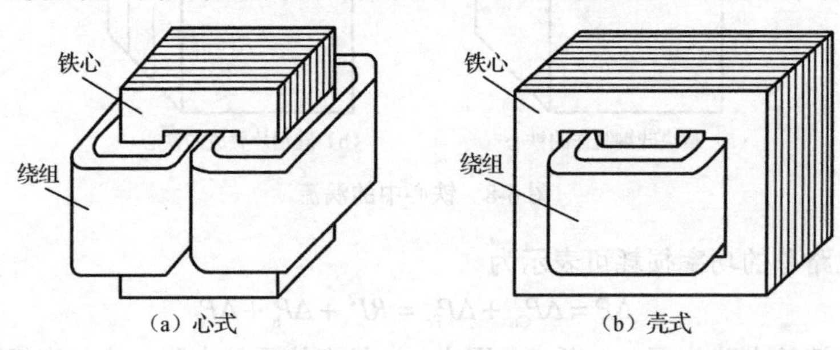

图 6-10　单相电力变压器

为保证绕组的匝间绝缘，绕组一般用绝缘的圆导线或扁导线绕制。为方便绕组与铁心之间的绝缘，通常将低压绕组绕在里面，靠近铁心，将高压绕组绕在外层。绕组之间也要相互绝缘。

6.3.2 变压器的工作原理

图 6-11 所示是单相变压器的原理图。为了分析方便，将一次绕组和二次绕组分别画在铁心两侧。与电源相连的称为一次绕组，与负载相连的称为二次绕组。一、二次绕组的匝数分别为 N_1、N_2。

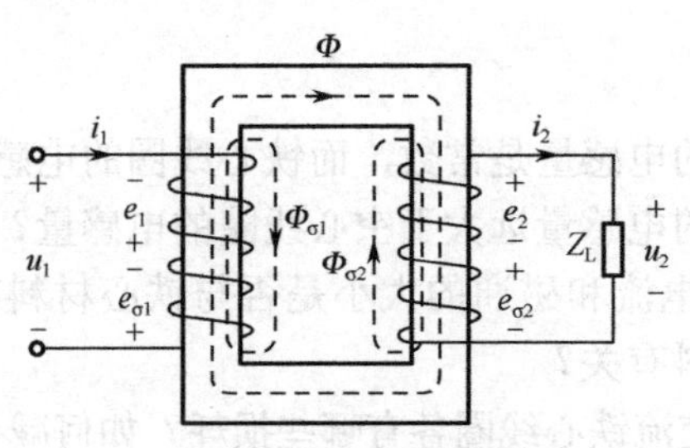

图 6-11　单相变压器的原理图

1．电磁关系

在一次绕组加上电压 u_1，就产生电流 i_1 和磁通势 N_1i_1。磁通势 N_1i_1 在铁心中产生既与一次绕组交链，又与二次绕组交链的主磁通 $\boldsymbol{\Phi}$，还会产生仅与一次绕组交链的经空气等非磁性物质闭合的漏磁通 $\boldsymbol{\Phi}_{\sigma1}$。主磁通在一次绕组上产生感应电动势 e_1，漏磁通 $\boldsymbol{\Phi}_{\sigma1}$ 在一次绕组上产生漏磁电动势 $e_{\sigma1}$。

主磁通 $\boldsymbol{\Phi}$ 在二次绕组上产生感应电动势 e_2，e_2 产生流过负载的电流 i_2，i_2 产生磁通势 N_2i_2。磁通势 N_2i_2 也在铁心中产生既与一次绕组交链，又与二次绕组交链的磁通，因而主磁通 $\boldsymbol{\Phi}$ 是磁通势 N_1i_1 和 N_2i_2 共同作用的结果。磁通势 N_2i_2 还产生仅与二次绕组交链的经空气等非磁性物质闭合的漏磁通 $\boldsymbol{\Phi}_{\sigma2}$。漏磁通 $\boldsymbol{\Phi}_{\sigma2}$ 在二次绕组上产生漏磁电动势 $e_{\sigma2}$。

图 6-11 中各物理量的参考方向符合如下关系：u_1 与 i_1、u_2 与 i_2 之间的参考方向一致；i_1、i_2、e_1、e_2 与主磁通 $\boldsymbol{\Phi}$ 之间，i_1、$e_{\sigma1}$ 与 $\boldsymbol{\Phi}_{\sigma1}$ 之间，i_2、$e_{\sigma2}$ 与 $\boldsymbol{\Phi}_{\sigma2}$ 之间都符合右手螺旋定则。

由于线圈电阻上的压降及漏磁通产生的漏磁感应电动势都很小，以下分析时均被忽略。

2．电压变换

由式（6-12）可知，变压器一次绕组、二次绕组的电动势 E_1、E_2 分别为

$$E_1 = 4.44fN_1\Phi_m$$
$$E_2 = 4.44fN_2\Phi_m$$

式中，Φ_m 是主磁通的幅值。

变压器一次绕组、二次绕组的电动势之比称为变压器的电压比，用 k 表示，即

$$k = \frac{E_1}{E_2} = \frac{N_1}{N_2} \tag{6-17}$$

（1）变压器的空载运行

变压器空载运行是指二次绕组开路，不接负载的情况。此时，一次绕组中的电流称为空载电流 i_0。忽略一次绕组线圈电阻上的压降和漏磁电动势 $e_{\sigma1}$，因而 $u_1 \approx -e_1$，即得

$$U_1 \approx E_1 = 4.44fN_1\Phi_m \tag{6-18}$$

二次绕组线圈电阻上的压降和漏磁电动势 $e_{\sigma2}$ 都为零，二次绕组上的电压称为空载电压 u_{20}，这时 $u_{20} = e_2$，从而得

$$U_{20} = E_2 = 4.44fN_2\Phi_m \tag{6-19}$$

由式（6-18）、式（6-19）可得，变压器空载时，一次绕组、二次绕组上的电压关系为

$$\frac{U_1}{U_{20}} \approx \frac{E_1}{E_2} = \frac{N_1}{N_2} = k \tag{6-20}$$

一次绕组加额定电压 U_{1N} 时，二次绕组上的空载电压 U_{20} 定义为二次绕组的额定电压 U_{2N}，即 $U_{2N} = U_{20}$，因而式（6-20）可写为

$$\frac{U_{1N}}{U_{2N}} = \frac{U_{1N}}{U_{20}} = \frac{N_1}{N_2} = k \tag{6-21}$$

（2）变压器的有载运行

变压器有载时，电流 $i_2 \neq 0$。若忽略一次绕组、二次绕组线圈电阻上的压降和漏磁电动势 $e_{\sigma1}$、$e_{\sigma2}$，则有 $u_1 \approx -e_1$、$u_2 \approx -e_2$，即得

$$U_1 \approx E_1 = 4.44fN_1\Phi_m$$

$$U_2 \approx E_2 = 4.44 f N_2 \Phi_m$$

变压器有载时，一次绕组和二次绕组上的电压关系为

$$\frac{U_1}{U_2} \approx \frac{E_1}{E_2} = \frac{N_1}{N_2} = k \tag{6-22}$$

3．电流变换

变压器一、二次绕组之间的电流变换关系可以通过两种方法来解释：一种是通过功率传递与功率平衡的方法，另一种是通过磁通势平衡方程的方法。

（1）通过功率传递与功率平衡来解释变压器的电流变换关系

变压器不仅能实现电压变换，它还是一个传递能量的装置。它先将一次绕组输入的电能转换为铁心中的磁场能量，然后在二次绕组上将铁心中的磁场能量转换成电能，输出到负载上。变压器在变换和传递能量时，有功率损耗，包括线圈电阻上消耗的功率和铁心中的铁损。若忽略这些功率损耗，则变压器的输入功率 U_1I_1 就等于输出功率 U_2I_2，即

$$U_1 I_1 \approx U_2 I_2$$

从而得出

$$\frac{I_1}{I_2} \approx \frac{U_2}{U_1} = \frac{N_2}{N_1} = \frac{1}{k} \tag{6-23}$$

上式表明，变压器一次绕组、二次绕组的电流之比与其匝数比成反比关系。

*（2）通过磁通势平衡方程来解释变压器的电流变换关系

由式（6-18）可知，当电源电压 U_1、频率 f_1、绕组匝数 N_1 确定后，不论是空载或有载状态，主磁通 Φ_m 不变，因而铁心中的磁通势在空载时（N_1i_0）和有载时（$N_1i_1 + N_2i_2$）相等，即

$$N_1 i_1 + N_2 i_2 = N_1 i_0$$

如用相量表示，则为

$$N_1 \dot{I}_1 + N_2 \dot{I}_2 = N_1 \dot{I}_0 \tag{6-24}$$

由于变压器空载时的电流 I_0 很小，远小于有载时的电流 I_1，一般为 I_{1N} 的 2%～10%。因此，N_1I_0 与 N_1I_1 相比常可忽略，于是式（6-24）可写为

$$N_1 \dot{I}_1 + N_2 \dot{I}_2 \approx 0$$

$$N_1 \dot{I}_1 \approx -N_2 \dot{I}_2 \tag{6-25}$$

式中的负号说明 i_1 与 i_2 的相位相反，即 N_2i_2 对 N_1i_1 有去磁作用。

由式（6-25）可得出一次绕组、二次绕组的电流关系为

$$\frac{I_1}{I_2} \approx \frac{N_2}{N_1} = \frac{1}{k} \tag{6-26}$$

例 6.3.1　已知某单相变压器的额定电压 $U_{1N} = 220\text{V}$，$U_{2N} = 36\text{V}$，一次绕组的匝数 $N_1 =$ 110 匝，在二次绕组上接 $R_L = 6\Omega$的电阻负载。求：（1）变压器的电压比 k；（2）二次绕组的匝数；（3）一次绕组、二次绕组中的电流 I_1、I_2。

解：（1）$k = \dfrac{U_{1N}}{U_{2N}} = \dfrac{220}{36} = 6.11$

（2）$N_2 = \dfrac{U_{2N}}{U_{1N}} N_1 = \dfrac{36}{220} \times 110\text{匝} = 18\text{匝}$

（3）$I_2 = \dfrac{U_{2N}}{R_L} = \dfrac{36}{6}\text{A} = 6\text{A}$

$$I_1 = \frac{N_2}{N_1} I_2 = \frac{18}{110} \times 6\text{A} = 0.98\text{A}$$

4．阻抗变换

所谓阻抗变换，是指阻抗为 Z_L 的负载经过变压器变换阻抗后，等效阻抗变为 Z'_L。对于图 6-12（a）所示的电路，就是将虚线框内的电路用图 6-12（b）所示的一个阻抗 Z'_L 来等效。Z'_L 与 Z_L 的数值关系为

$$|Z'_L| = \frac{U_1}{I_1} = \frac{kU_2}{I_2/k} = k^2 \frac{U_2}{I_2} = k^2 |Z_L| \qquad (6\text{-}27)$$

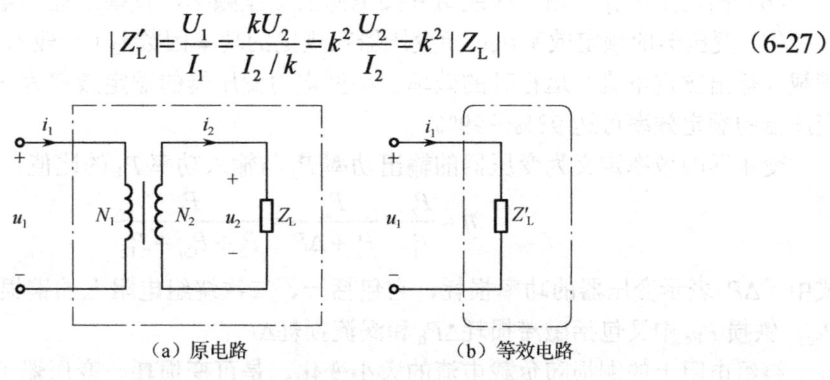

（a）原电路　　（b）等效电路

图 6-12　变压器的阻抗变换

变压器的阻抗变换作用在电子技术中有广泛的应用，它可以实现信号源与负载的阻抗匹配，使负载获得最大输出功率。

例 6.3.2　在图 6-13 中，交流信号源的电动势 $U_S = 100\text{V}$，内阻 $R_0 = 200\Omega$，负载电阻 $R_L = 8\Omega$。（1）当 R_L 折算到一次绕组侧的等效电阻 $R'_L = R_0$ 时，求变压器的电压比 k 和信号源的输出功率；（2）将负载直接与信号源连接时，信号源的输出功率为多大？

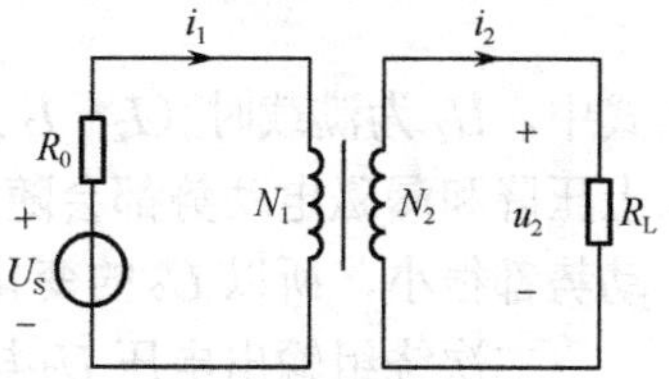

图 6-13　例 6.3.2 的电路

解：（1）由式（6-27）可求得变压器的电压比 k

$$k = \sqrt{\frac{R'_L}{R_L}} = \sqrt{\frac{200}{8}} = 5$$

信号源的输出功率为

$$P' = \left(\frac{U_S}{R_0 + R'_L}\right)^2 R'_L = \left(\frac{100}{200+200}\right)^2 \times 200\text{W} = 12.5\text{W}$$

（2）将负载直接与信号源连接时，信号源的输出功率为

$$P = \left(\frac{U_S}{R_0 + R_L}\right)^2 R_L = \left(\frac{100}{200+8}\right)^2 \times 8\text{W} = 1.8\text{W}$$

由上述计算可见，通过变压器的阻抗变换作用，信号源可有更大的输出功率。可以证明，当 $R'_L = R_0$ 时，信号源可输出最大功率。

6.3.3　变压器的主要技术指标

只有了解变压器的各项性能指标，才能正确地使用变压器，保证变压器长期安全地工作。

变压器的主要技术指标如下。

（1）一次绕组的额定电压 U_{1N}：变压器正常工作时，一次绕组所加的电压。

（2）一次绕组的额定电流 I_{1N}：在 U_{1N} 作用下，一次绕组允许通过的电流限额。

（3）二次绕组的额定电压 U_{2N}：一次绕组在 U_{1N} 作用下，二次绕组的空载电压 U_{20}。

（4）二次绕组的额定电流 I_{2N}：一次绕组在 U_{1N} 作用下，二次绕组允许长期通过的电流限额。

（5）额定容量 S_N。变压器铭牌上给出的额定容量是二次绕组的额定视在功率。通常一次绕组的额定视在功率也设计得和二次绕组相同，即

$$S_N = U_{2N}I_{2N} = U_{1N}I_{1N}$$

（6）额定频率 f_N：指一次绕组外接电源的工作频率，我国工业用电的标准频率是 50Hz。

（7）变压器的额定效率 η_N：指变压器在规定的功率因数 λ_2（一般 $\lambda_2 = 0.8$，感性负载）下，满载（输出额定电流）运行时的效率。小型电力变压器的额定效率为 80%～90%，大型电力变压器的额定效率可达 98%～99%。

变压器的效率定义为变压器的输出功率 P_2 与输入功率 P_1 的比值，即

$$\eta = \frac{P_2}{P_1} = \frac{P_2}{P_2 + \Delta P} = \frac{P_2}{P_2 + P_{Cu} + P_{Fe}}$$

式中，ΔP 表示变压器的功率损耗，它包括一、二次绕组电阻上的铜损 P_{Cu} 和铁心中的铁损 P_{Fe}。铁损 P_{Fe} 中又包括磁滞损耗 ΔP_h 和涡流损耗 ΔP_e。

绕组电阻上的铜损随负载电流的大小变化，是可变损耗。变压器工作时，一次绕组的电压有效值和频率都不变，主磁通不变，铁损也基本不变，因此铁损又称为不变损耗。

（8）电压调整率 $\Delta U\%$：一次绕组在 U_{1N} 作用下，变压器由空载到满载时，二次绕组电压的相对变化量，即

$$\Delta U\% = \frac{U_{20} - U_2}{U_{20}} \times 100\%$$

式中，U_2 为满载时（$I_2 = I_{2N}$），二次绕组的输出电压。当负载电流 I_2 增大时，二次绕组电阻上压降和漏磁电动势都会随之增大，使输出电压 U_2 下降。由于二次绕组电阻上压降和漏磁电动势都很小，所以 U_2 的变化不大，变压器的电压调整率一般为 3%～6%。

二次绕组输出电压 U_2 与电流 I_2 之间的关系 $U_2 = f(I_2)$ 称为变压器的外特性，用曲线表示如图 6-14 所示。变压器向感性负载供电时，负载的功率因数越低，U_2 下降越多。

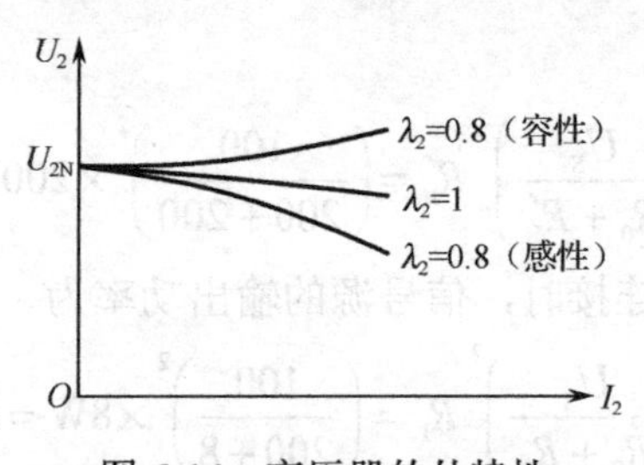

图 6-14　变压器的外特性

例 6.3.3　有一单相变压器，额定容量为 10kV·A，额定电压为 3300/220V，电压调整率忽略不计。试求：（1）一次绕组、二次绕组的额定电流 I_{1N}、I_{2N}；（2）二次绕组可接多少只 220V/40W 的白炽灯？（3）二次绕组可接多少只 220V/40W，功率因数 $\cos\varphi = 0.5$ 的白炽灯？

解：（1）一次绕组、二次绕组的额定电流为

$$I_{1N}=\frac{S_N}{U_{1N}}=\frac{10000}{3300}\text{A}=3.03\text{A}$$

$$I_{2N}=\frac{S_N}{U_{2N}}=\frac{10000}{220}\text{A}=45.45\text{A}$$

（2）二次绕组可接白炽灯的数目

$$n=\frac{S_N}{P}=\frac{10000}{40}\text{只}=250\text{只}$$

（3）二次绕组可接日光灯的数目

$$n=\frac{S_N\cos\varphi}{P}=\frac{10000\times0.5}{40}\text{只}=125\text{只}$$

6.3.4 变压器绕组的极性

变压器绕组的极性与其绕向有关，绕组的绕向不同，它在铁心中产生的磁通的方向就不同。两个绕组都从始端流入电流，若它们在铁心中产生的磁通方向相同，则这两个始端就称为同极性端（或同名端），否则就称为异极性端（或异名端）。在图 6-15（a）中，有 1-2、3-4、5-6 共 3 个绕组，电流从 1、3、5 端流入时，产生的磁通方向相同，因此 1、3、5 端是同极性端。在电路图中，同极性端常标注符号“·”或“*”，以便于区别。

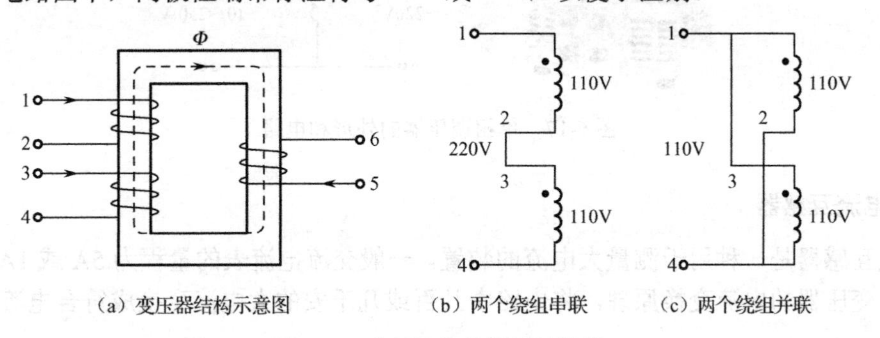

图 6-15 变压器绕组的同极性端

同极性端产生的感应电动势的极性相同。在实际应用中往往无法看清绕组的绕向，通常利用这一特性测试变压器绕组的同极性端。

有些变压器可以通过改变绕组的接法以适应不同的电源电压。在图 6-15（a）中，若绕组 1-2、3-4 的额定电压都是 110V，将这两个绕组串联，可接到 220V 交流电源上作为一次绕组，如图 6-15（b）所示；将这两个绕组并联，可接到 110V 的交流电源上作为一次绕组，如图 6-15（c）所示。在将两个绕组串联或并联连接时，一定要将它们的同极性端接正确。

6.3.5 特殊变压器

1．自耦变压器

图 6-16 所示的是一种自耦变压器，二次绕组是一次绕组的一部分，改变二次绕组的匝数，可得到不同的二次绕组侧电压 U_2。一次绕组、二次绕组之间的电压、电流关系与普通变压器相同，即

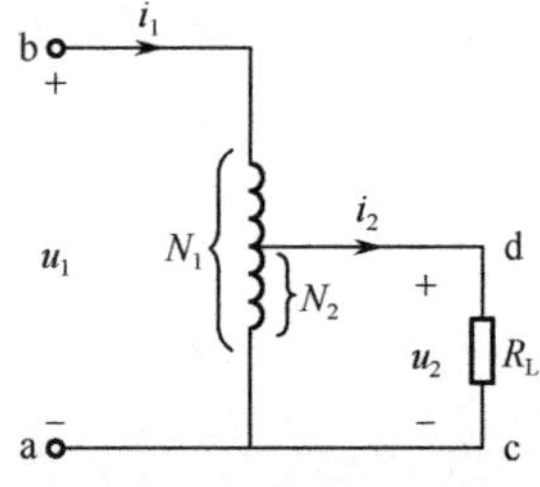

图 6-16　自耦变压器

$$\frac{U_1}{U_2}=\frac{N_1}{N_2}=k\text{ ，}\quad \frac{I_1}{I_2}=\frac{N_2}{N_1}=\frac{1}{k}$$

普通变压器一次绕组、二次绕组之间不存在直接的电气连接关系，只是通过磁路联系起来。这对于小型电子设备的安全用电很有意义，因为二次绕组与电网是隔离的，接触到二次绕组上带低电压的电子元件时不会触电。

自耦变压器的一次绕组、二次绕组之间有直接的电气连接，使二次绕组侧容易产生触电事故。在图 6-16 中，正常情况下，a 端接中线，b 端接电源相线。若 b 端接电源相线，但一次绕组、二次绕组的公共部分断路时，或将 a 端错接到电源的相线上时，二次绕组侧的对地电压将等于或接近于电源的相电压。因此，自耦变压器不是安全变压器。

图 6-17 所示的是实验室中经常使用的单相调压器，它通过手柄改变滑动触点的位置，以改变二次绕组的匝数，从而调节输出电压的数值。

自耦变压器既可以作为降压变压器使用，也可以作为升压变压器使用。

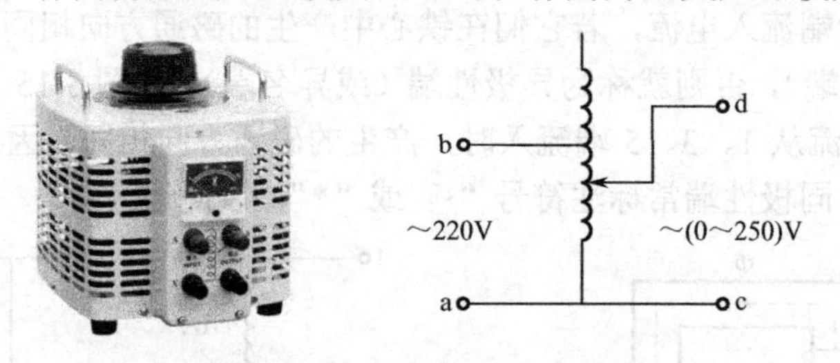

图 6-17　单相调压器的外形和电路

2. 电流互感器

电流互感器是一种用于测量大电流的装置。一般交流电流表的量程为 5A 或 1A，电流互感器利用变压器的电流变换原理，将电路中几百或几千安的大电流变换成符合电流表量程的小电流。

电流互感器的接线图及其符号如图 6-18 所示。一次绕组串联接入被测电路中，二次绕组接电流表等负载。

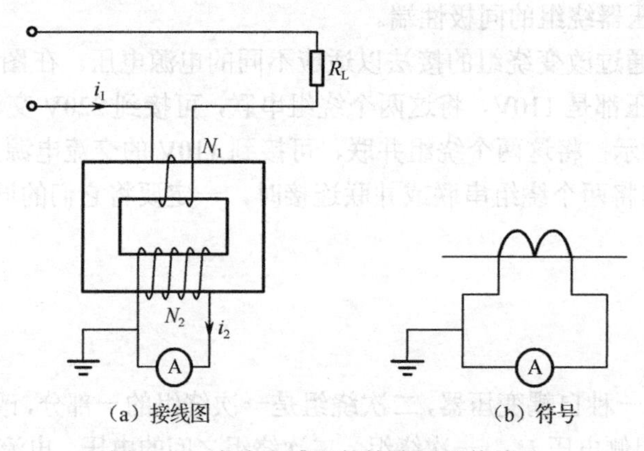

图 6-18　电流互感器的接线图及其符号

根据变压器的电流变换原理，电流互感器中流过电流表的电流为

$$I_2 = \frac{N_1}{N_2} I_1$$

由于电流互感器一次绕组的匝数 N_1 很少（只有一匝或几匝），二次绕组的匝数 N_2 较多，故通过电流表的电流 I_2 很小。

使用电流互感器的另一个优点是将测量仪表与被测电路实现了电气隔离，以保证人身和设备的安全。

正常工作时，由于磁通势 N_2I_2 对 N_1I_1 有抵消作用，主磁通的幅值 Φ_m 很小，二次绕组上产生的感应电压很低。二次绕组开路时，由于失去了 N_2I_2 的抵消作用，磁通势 N_1I_1 会使 Φ_m 变得很大，在二次绕组上产生很高的感应电压，危及操作人员的安全。因此，二次绕组不允许开路。为了安全起见，电流互感器的铁心及二次绕组的一端应接地。

练习与思考

6.3.1 一台 220/15V 的变压器，如果把二次绕组接到 220V 的交流电源上，会出现什么后果。

6.3.2 一台 220/15V 的变压器，如果把一次绕组接到 220V 的直流电源上，会出现什么后果。

6.3.3 当负载变化时，变压器磁路中的磁通是否变化？

6.3.4 满载时变压器的电流等于额定电流，这时的二次电压是否也等于额定电压？

6.3.5 假设变压器满载时的铜损耗为 P_{Cu}，铁损耗为 P_{Fe}。若变压器的工作电流为额定电流的 0.8 倍，这时的铜损耗和铁损耗分别为以下哪一种？（1）P_{Cu}，P_{Fe}；（2）$0.8P_{Cu}$，$0.8P_{Fe}$；（3）P_{Cu}，$0.8P_{Fe}$；（4）$0.8P_{Cu}$，P_{Fe}；（5）$0.64P_{Cu}$，P_{Fe}；（6）P_{Cu}，$0.64P_{Fe}$；（7）$0.64P_{Cu}$，$0.64P_{Fe}$。

6.4 三相变压器*

三相变压器用于变换三相电压，按结构不同，可分为三相组式变压器和三相心式变压器两种。三相组式变压器是由 3 个完全相同的单相变压器组成的，每个单相变压器变换一相电压。这种变压器便于运输，常用于超大型变压器中。三相心式变压器的结构如图 6-19 所示，它有三根铁心柱，每根铁心柱上绕着属于同一相的高压绕组和低压绕组。与三相组式变压器相比，三相心式变压器更节约铁心材料，体积小，常用于中小型变压器中。

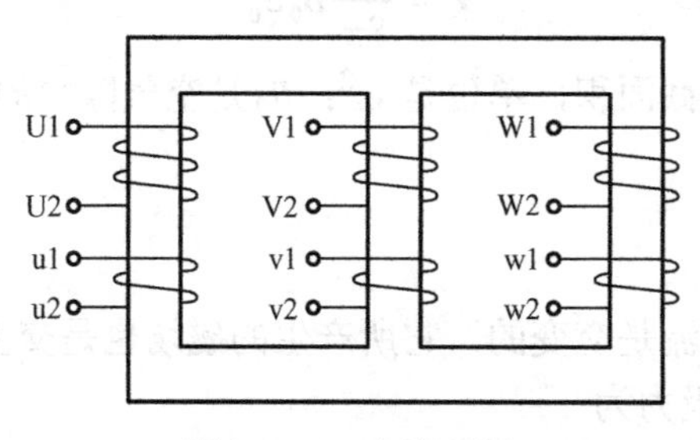

图 6-19 三相变压器

三相变压器的 3 个高压绕组 U1U2、V1V2、W1W2 有 3 种连接方式，分别用大写字母 Y（星形连接）、YN（星形连接有中线）、D（三角形连接）来表示。3 个低压绕组 u1u2、v1v2、w1w2 也有 3 种连接方式，分别用小写字母 y（星形连接）、yn（星形连接有中线）、d（三角形连接）来表示。把高、低压绕组的连接方式组合在一起，就是该变压器的连接方式，变压器最常用的 5 种连接方式是：Yyn、Yd、YNd、Yy、YNy，其中前 3 种用得较多。

三相变压器铭牌上给出的额定电压和额定电流是指高、低压绕组的额定线电压和额定线电流，其额定容量等于其额定输出的视在功率，即

$$S_{\mathrm{N}}=\sqrt{3}U_{2\mathrm{N}}I_{2\mathrm{N}}=\sqrt{3}U_{1\mathrm{N}}I_{1\mathrm{N}}$$

6.5 电磁铁*

电磁铁是一种把电磁能转化成机械能的装置。按工作电流的不同，电磁铁可分为直流电磁铁和交流电磁铁两种。按用途不同，电磁铁可分为制动电磁铁（用于电动机的停车制动）、阀用电磁铁（用于控制各种阀门的开启与关闭）、牵引电磁铁（牵引机械装置完成某种控制功能，如电子密码锁的机械机构）、起重电磁铁和其他用途的电磁铁。

图 6-20 所示是电磁铁的原理图，主要由线圈、铁心和衔铁三部分组成。铁心和线圈是固定不动的，衔铁可以移动。当线圈通电时，铁心被磁化，像磁铁一样具有磁性，铁心与衔铁间产生电磁吸力，将衔铁吸合；当线圈断电时，电磁吸力消失，在外力（如弹簧的弹力）作用下衔铁释放。这样，与衔铁相连的机械部件就会随着线圈的通、断电而产生一定的机械运动。

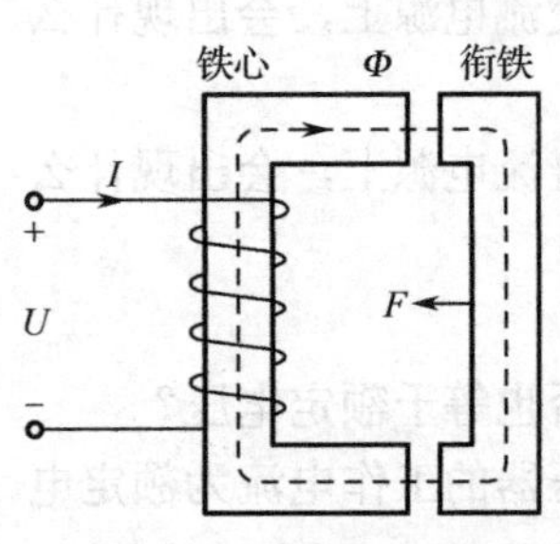

图 6-20 电磁铁的原理图

1．直流电磁铁

直流电磁铁的励磁电流由外加电压 U 和线圈的内电阻 R 决定，即 $I=U/R$。衔铁吸合前后，励磁电流恒定不变，磁通势 NI 也恒定不变。衔铁在吸合过程中，空气隙变小，磁路的磁阻减小，磁路中的磁感应强度 B_0 和磁通 Φ 将会增大，因而电磁吸力将逐渐增大。

由于恒定的磁通不会在铁心上产生磁滞损耗和涡流损耗，因而直流电磁铁的铁心常采用整块的铸钢、软钢或工程纯钢等制成。为加工方便，套有线圈部分的铁心常做成圆柱形，线圈绕成圆筒形。

电磁铁的主要参数是电磁吸力，直流电磁铁电磁吸力的计算公式为

$$F=\frac{10^7}{8\pi}B_0^2S_0 \tag{6-28}$$

式中，S_0 是电磁铁空气隙的截面积，单位是 m^2；B_0 是空气隙中的磁感应强度，单位是 T；F 是电磁吸力，单位是 N。

2．交流电磁铁

交流电磁铁中的励磁电流是交变的，它所产生的磁场也是交变的，设空气隙中的磁感应强度 $B_0=B_{\mathrm{m}}\sin\omega t$，则电磁吸力为

$$\begin{aligned}f&=\frac{10^7}{8\pi}B_{\mathrm{m}}^2S_0\sin^2\omega t=\frac{10^7}{8\pi}B_{\mathrm{m}}^2S_0\frac{1-\cos 2\omega t}{2}\\&=F_{\mathrm{m}}\frac{1-\cos 2\omega t}{2}=\frac{1}{2}F_{\mathrm{m}}-\frac{1}{2}F_{\mathrm{m}}\cos 2\omega t\end{aligned} \tag{6-29}$$

式中，$F_{\mathrm{m}}=\dfrac{10^7}{8\pi}B_{\mathrm{m}}^2S_0$，$F_{\mathrm{m}}$为吸力的最大值。

由式（6-29）可知，电磁吸力是以两倍于电源的频率在零值与最大值F_{m}之间脉动，如图 6-21 所示。因为衔铁不断吸合与断开，因而发生颤动，噪声很大，触点也容易损坏。为了消除这种现象，通常在铁心的某一端安装一个闭合的铜环，称为短路环或分磁环，如图 6-22 所示。短路环中产生感应电流，感应电流又会产生磁通。通过短路环内的磁通$\boldsymbol{\Phi}_2$是$\boldsymbol{\Phi}_1$与感应电流产生的磁通合成的，$\boldsymbol{\Phi}_2$在相位上滞后于短路环外的磁通$\boldsymbol{\Phi}_1$，由于磁通$\boldsymbol{\Phi}_2$与$\boldsymbol{\Phi}_1$存在相位差，二者不同时为零，它们产生的电磁吸力不同时为零，从而消除了衔铁的颤动。

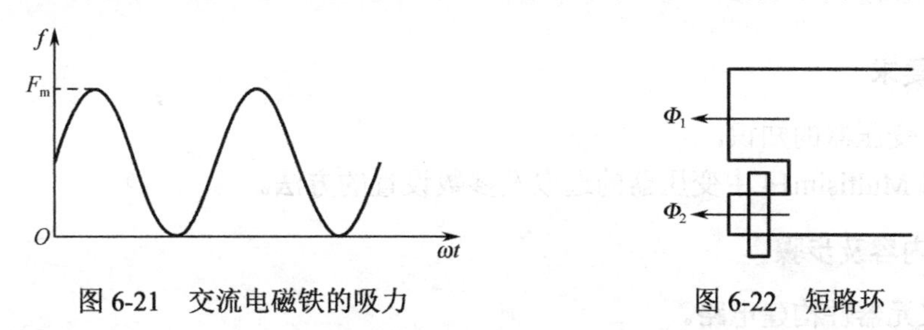

图 6-21　交流电磁铁的吸力　　图 6-22　短路环

交流电磁铁的铁心中会产生磁滞损耗和涡流损耗，为减少铁心损耗，铁心通常由互相绝缘的硅钢片叠成。

由铁心线圈的电磁关系式$U=4.44fN\boldsymbol{\Phi}_{\mathrm{m}}$可知，在外加电源电压不变时，衔铁吸合前后的磁通不变，因而电磁吸力不变。衔铁在吸合过程中，随着空气隙的减小，磁路中的磁阻逐渐减小，磁通势和励磁电流逐渐减小。如果因为机械故障导致衔铁被卡住，通电后长时间不能吸合，过大的电流会使线圈过热，甚至烧毁。

练习与思考

6.5.1　在交流电磁铁的电压有效值等于直流电磁铁的工作电压值的情况下，若将直流电磁铁接到交流电源上，或者把交流电磁铁接到直流电源上，各会产生什么后果？

6.5.2　在直流电磁铁的吸合过程中，励磁电流、磁感应强度、磁通、电磁吸力如何变化？

6.5.3　在交流电磁铁的吸合过程中，励磁电流、磁感应强度、磁通、电磁吸力如何变化？

6.6　Multisim14 仿真实验　变压器的外特性测试

1. 实验目的

（1）学习测量变压器外特性的方法。

（2）学习 Multisim14 中变压器的参数设置。

2. 实验原理

变压器的一次绕组、二次绕组都具有内电阻，即使一次侧电压U_1数值不变，二次侧电压U_2也将随着负载电流I_2的大小而变化。U_2与I_2的关系就是变压器的外特性，其变化曲线如图 6-23 所示。对于电阻性和电感性的负载，U_2随着I_2的增大而减小。

测量变压器外特性的实验电路如图 6-24 所示，将 3 个白炽灯逐个接入电路中，分别测量

电压 U_2 和电流 I_2 的数值，根据这些测量结果就可以作出变压器的外特性曲线。

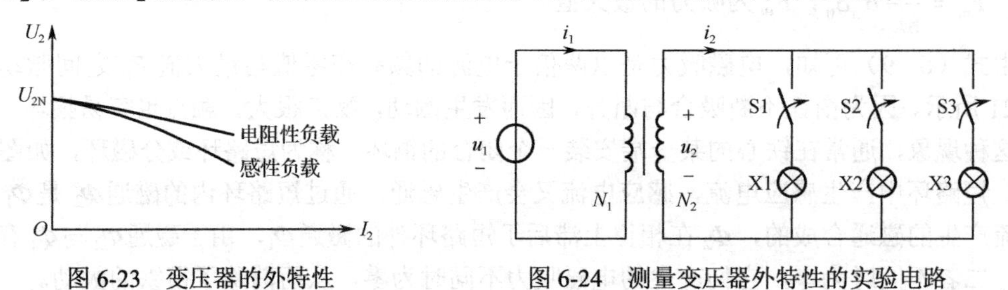

图 6-23　变压器的外特性　　图 6-24　测量变压器外特性的实验电路

3．预习要求

（1）复习变压器的知识。

（2）学习 Multisim14 中变压器的选取及参数设置的方法。

4．实验内容及步骤

（1）选取元器件构建电路。

新建一个设计，命名为“实验六 变压器的外特性测试”并保存。

从元件库中选取单相交流电源、单相变压器、白炽灯、开关、电压表、电流表，放置到电路设计窗口中，修改元件的参数和名称，构建如图 6-25 所示的仿真电路。各元器件的所属库如表 6-1 所示。

表 6-1　变压器的外特性测试实验所用元器件及所属库

序　号	元 器 件	所 属 库
1	单刀单掷开关 SPST	Basic/SWITCH
2	接地 GROUND	Sources/POWER_SOURCES
3	白炽灯 VIRTUAL_LAMP	Basic/Indicators
4	单相变压器 1P1S	Basic/TRANSFORMER
5	单相交流电源 AC_POWER	Sources/POWER_SOURCES

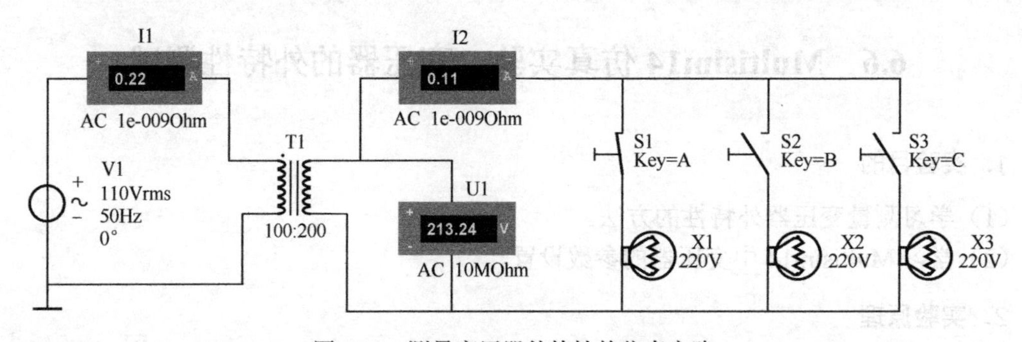

图 6-25　测量变压器外特性的仿真电路

（2）设置单相交流电源 V1 的电压有效值为 110V，频率为 50Hz。

（3）双击变压器 T1，在其属性对话框中设置其一次绕组、二次绕组的匝数“Value/Turns”分别为 100 匝和 200 匝，如图 6-26 所示。设置一次绕组、二次绕组的内电阻“Value/Resistance”

分别为 10Ω和 20Ω，如图 6-27 所示。

注意：若设置变压器的匝数太多或内电阻过大，将导致仿真失败。

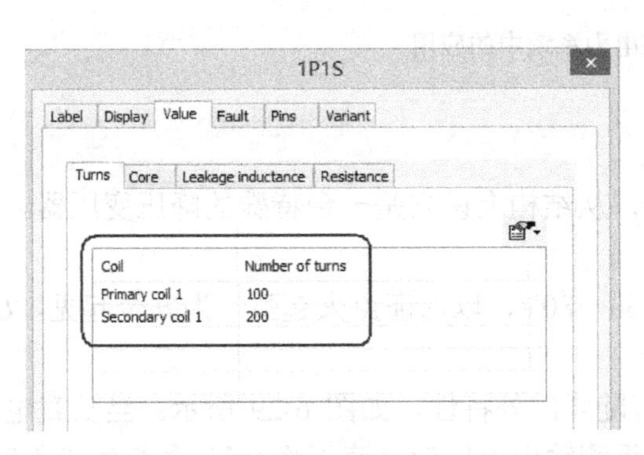

图 6-26　变压器绕组匝数的设置

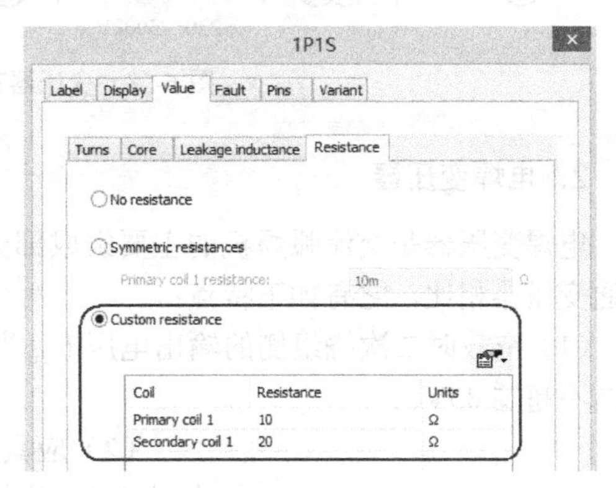

图 6-27　变压器绕组内电阻的设置

（4）设置白炽灯 X1～X3 的额定电压有效值为 220V，功率为 25W。

（5）依次将 3 个白炽灯接入电路，分别观测各仪表的读数，并填入表 6-2 中。

表 6-2　测量结果

电路的状态	I_1/A	I_2/A	U_2/V
空载			
接入 1 只 25W 白炽灯			
接入 2 只 25W 白炽灯			
接入 3 只 25W 白炽灯			

（6）根据测量结果，作出变压器的外特性曲线。

练习与思考

外接白炽灯的数目越多，测得的变压器外特性就越准确，试接入多个白炽灯或电阻，测量变压器的外特性。

6.7　课外实践　变压器的应用举例

变压器的应用非常广泛，它可以用于电力系统中的输变电，用于电气设备中进行电压变换，或用于电子电路中进行阻抗变换等，下面介绍两个变压器的应用实例。

1. 变压器在电力系统中的应用

图 6-28 所示为电力系统输变电线路的组成示意图，发电机发出的电能经过升压变压器送入输电线路，输电线路将电能送到地区变电站，在地区变电站经降压并通过配电线路送到街区或企业变电所，再经过降压后供给负载使用。

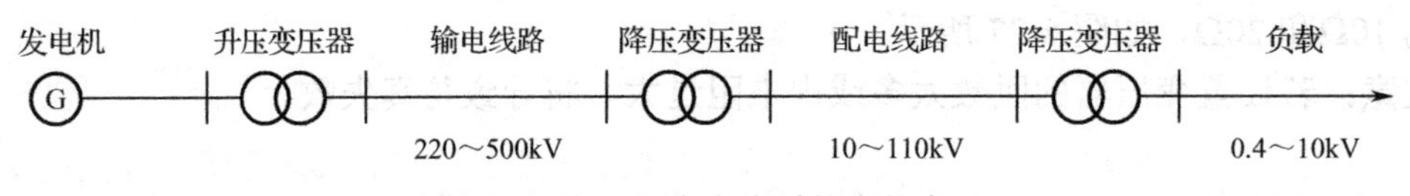

图 6-28　变压器在电力系统中的应用

2．电焊变压器

电焊变压器是交流弧焊机的主要组成部分，从结构上讲它是一台特殊的降压变压器。与普通变压器相比，它有如下特点：

（1）空载时二次绕组侧的输出电压 U_{20} 为 60～80V，以保证点火起弧。为安全起见，U_{20} 最高不超过 85V。

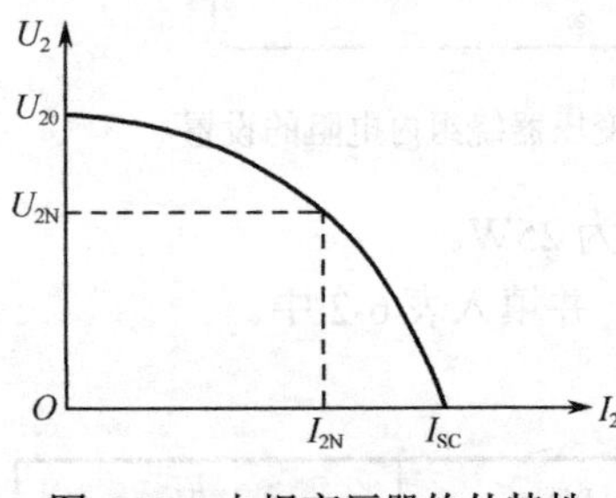

图 6-29　电焊变压器的外特性

（2）应具有陡降的外特性，如图 6-29 所示。当负载电流增大时，二次绕组侧输出电压应迅速下降。当焊条接触工件时，二次绕组侧相当于短路，短路电流 I_{SC} 不能太大，以保护电焊变压器。

（3）正常焊接时（焊条离开工件 3～4mm），二次绕组侧输出额定电压 U_{2N} 为 30V 左右（即电弧上的电压），焊接电流应变化不大，以保持电弧稳定。

（4）为适应不同的加工材料、工件大小和焊条，焊接电流的大小应能调节。

为了满足上述特性要求，电焊变压器的一次绕组、二次绕组分别套在两个铁心柱上，以增大其漏磁感抗，并且在二次绕组的回路中串联一个可调节铁心中空气隙大小的电抗器，如图 6-30 所示。

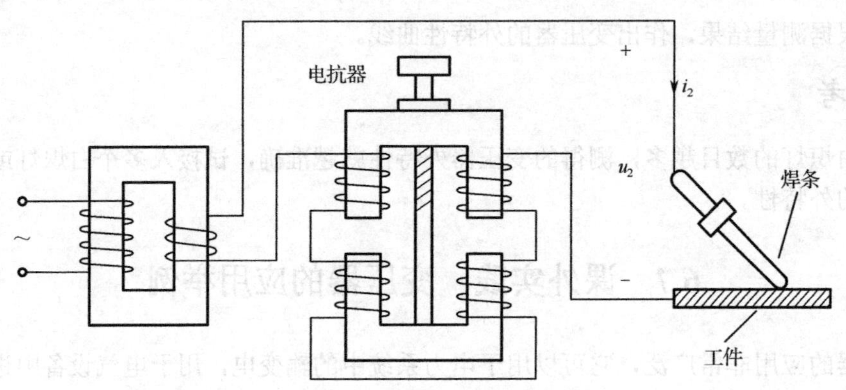

图 6-30　电焊变压器的原理示意图

小结

磁场的基本物理量是磁感应强度 B、磁场强度 H、磁通 Φ、磁导率 μ 等。

磁性材料具有高导磁性、磁饱和性、磁滞性等性质，按照磁滞回线的不同，磁性材料可以分成软磁材料、硬磁材料和矩磁材料。

在高导磁性铁心的线圈中通以不大的励磁电流，就可以产生足够大的磁通和磁感应强度。利用这一特性，可以制造出性能优良的电动机、变压器等电气设备。

磁路的欧姆定律用于分析磁路中磁通势、磁通与磁阻之间的关系，公式为

$$\Phi=\frac{F}{R_{\mathrm{m}}}=\frac{NI}{R_{\mathrm{m}}}$$

交流铁心线圈中，主磁通的幅值Φ_{m}与线圈外加电压U之间的关系为

$$U\approx E=4.44fN\Phi_{\mathrm{m}}$$

这个公式是分析交流磁路的重要依据。

交流铁心线圈的功率损耗包括线圈电阻上的铜损和交变磁通在铁心上的铁损。其中铁损包括磁滞损耗和涡流损耗。为减少磁滞损耗应选用硅钢等磁滞回线较窄的磁性材料制作铁心。为了减小涡流损耗，铁心由表面涂有绝缘漆的硅钢片叠成，以此将涡流限制在很小的截面内流通。

变压器是利用电磁感应原理制成的一种电气设备，具有电压变换、电流变换、阻抗变换功能，并能进行能量的传递，因而获得了广泛的应用。

变压器有载时，一次绕组、二次绕组上的电压之比为

$$\frac{U_1}{U_2}\approx\frac{E_1}{E_2}=\frac{N_1}{N_2}=k$$

变压器一次绕组、二次绕组的电流之比与其匝数比成倒数关系：

$$\frac{I_1}{I_2}\approx\frac{U_2}{U_1}=\frac{N_2}{N_1}=\frac{1}{k}$$

经过变压器变换阻抗后的等效阻抗Z'_{L}与原负载阻抗Z_{L}的数值关系为

$$|Z'_{\mathrm{L}}|=\frac{U_1}{I_1}=\frac{kU_2}{I_2/k}=k^2\frac{U_2}{I_2}=k^2|Z_{\mathrm{L}}|$$

对于单相变压器，额定容量S_{N}与一次绕组、二次绕组的额定值有如下关系：

$$S_{\mathrm{N}}=U_{2\mathrm{N}}I_{2\mathrm{N}}=U_{1\mathrm{N}}I_{1\mathrm{N}}$$

而对于三相变压器，其额定容量与一次绕组、二次绕组的额定值有如下关系：

$$S_{\mathrm{N}}=\sqrt{3}U_{2\mathrm{N}}I_{2\mathrm{N}}=\sqrt{3}U_{1\mathrm{N}}I_{1\mathrm{N}}$$

变压器的效率定义为变压器的输出功率P_2与输入功率P_1的比值，即

$$\eta=\frac{P_2}{P_1}=\frac{P_2}{P_2+\Delta P}=\frac{P_2}{P_2+P_{\mathrm{Cu}}+P_{\mathrm{Fe}}}$$

习　　题

6-1　按磁滞回线的不同，磁性物质可分为硬磁物质、软磁物质和（　　）。

A．铁磁物质　　B．矩磁物质　　C．顺磁物质　　D．反磁物质

6-2　两个完全相同的铁心线圈，分别工作在电压相同而频率不同（$f_1>f_2$）的交流电源上，它们的磁通Φ_1和Φ_2的关系为（　　）。

A．$\Phi_1=\Phi_2$　　B．$\Phi_1<\Phi_2$　　C．$\Phi_1>\Phi_2$

6-3　变压器的变换作用是指电压变换、电流变换和（　　）变换。

A. 电阻　　　　B. 频率　　　　C. 功率　　　　D. 阻抗

6-4　交流铁心线圈由相互绝缘的硅钢片叠成，主要是为了减小（　　）。

A. 涡流损耗　　　　B. 磁滞损耗

C. 磁滞损耗和涡流损耗　　　　D. 铜损耗

6-5　变压器的功率损耗中（　　）。

A. 铁损耗不变，铜损耗可变

B. 铁损耗可变，铜损耗不变

C. 铁损耗和铜损耗都可变

D. 铁损耗和铜损耗都不变

6-6　某变压器的容量为10kV·A，额定电压为3300/220V，一次绕组的匝数为6000匝，则二次绕组的匝数为（　　）匝。

A. 200匝　　　　B. 250匝　　　　C. 400匝　　　　D. 500匝

6-7　内电阻为400Ω的信号源通过变压器接4Ω的负载，变压器一次绕组的匝数为600匝，为实现阻抗匹配使负载得到最大功率，需要变压器二次绕组的匝数为（　　）匝。

A. 80　　　　B. 60　　　　C. 100　　　　D. 120

6-8　有一单相变压器，一次绕组的额定电压为380V，匝数 N_1=1520匝。二次绕组的额定电压为36V。试求：（1）二次绕组的匝数 N_2；（2）若在二次绕组接入 R_L = 50Ω的负载电阻，这时一次绕组和二次绕组中的电流 I_1 和 I_2 各为多少？

6-9　有一单相变压器，额定容量为30kV·A，额定电压为6600/220V，电压调整率忽略不计，要求变压器在额定情况下运行。试求：（1）一次绕组、二次绕组的额定电流 I_{1N}、I_{2N}；（2）欲在二次绕组接入40W/220V的白炽灯，这种白炽灯可接多少只？（3）欲在二次绕组接入40W/220V、功率因数为0.5的日光灯，这种日光灯可接多少只？

6-10　电路如图6-13所示，已知信号源的电压 U_S = 15V，变压器的电压比 k = 5，当负载电阻 R_L = 8Ω时，折算到一次侧的等效电阻与信号源的内电阻相等，求信号源的内电阻 R_0 和输出功率 P。

6-11　某变压器的额定容量为80kV·A，额定电压为10 000/230V，当负载电阻 R_L = 0.64Ω时，正好处于满载状态，求变压器满载时的输出电压 U_2 和电压调整率 $\Delta U\%$。

6-12　某变压器的额定容量为40kV·A，额定电压为3300/230V。试求：（1）电压比 k 和一次绕组、二次绕组的额定电流 I_{1N}、I_{2N}；（2）在满载情况下向 $\cos\varphi$ = 0.82 的感性负载供电，测得二次侧电压为220V，求此时变压器输出的有功功率 P。

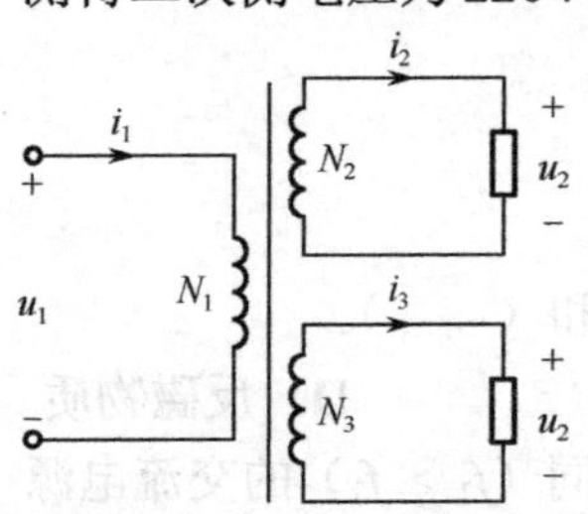

图6-31　习题6-13的图

6-13　有一台变压器如图6-31所示，一次绕组的额定电压为380V，匝数 N_1 = 760。二次绕组有两个，其额定电压分别为110V和24V。试求：（1）二次绕组的匝数 N_2、N_3；（2）若在两个二次绕组上分别接110V/40W的白炽灯和100Ω的电阻，求此时绕组中的电流 I_1、I_2、I_3 的大小。

第7章　电　动　机

电动机的作用是将电能转换为机械能。通常将电动机分为直流电动机和交流电动机两类，交流电动机又分为异步电动机和同步电动机。

直流电动机具有优良的启动和调速性能，缺点是结构复杂、维护麻烦、价格较贵，因而限制了其应用。异步电动机构造简单、运行可靠、维护方便且价格低廉，所以异步电动机在工农业生产与日常生活中得到了广泛的应用。异步电动机的启动和调速性能差，对于要求启动转矩大，或者要求调速范围大而且平滑调速的生产机械，如电气牵引机械、龙门刨床等，均采用直流电动机。同步电动机常用于转速恒定、功率较大且长期工作的生产机械。单相异步电动机常用于功率不大的电动工具和家用电器中。在自动控制系统中还要用到各种控制电动机。

本章主要介绍三相异步电动机的结构、工作原理、机械特性及其启动、调速、制动等性能，并对单相异步电动机的工作原理做简单介绍。

7.1　三相异步电动机的基本结构

三相异步电动机的主要部件是定子和转子，此外还有端盖、轴承、风扇等附属部件，如图 7-1 所示。

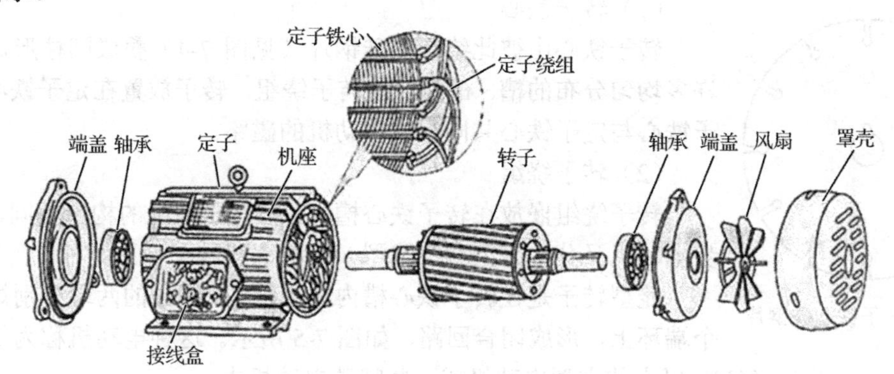

图 7-1　三相笼型异步电动机的部件图

1. 定子

定子是电动机的固定部分，主要由定子铁心、定子绕组和机座等组成。

（1）定子铁心

定子铁心安放在机座内，由彼此绝缘的硅钢片（见图 7-2）叠成圆筒形，内壁有许多均匀分布的槽，槽内嵌放定子绕组。

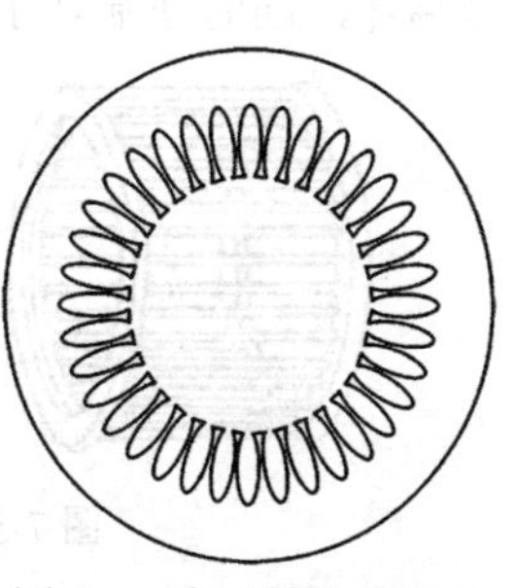

图 7-2　定子铁心硅钢片

（2）定子绕组

定子绕组是对称的三相绕组，一般用高强度的漆包线绕成，按一定规则均匀嵌放在定子铁心槽内，通入三相电流，可以产生旋转的磁场。三相绕组的 6 个出线端（始端 U1、V1、W1，末端 U2、V2、W2）通过机座上的接线盒连接到三相电源上。定子绕组可以接成星形或三角形，以适应电源电压的数值或启动性能的要求，如图 7-3 所示。

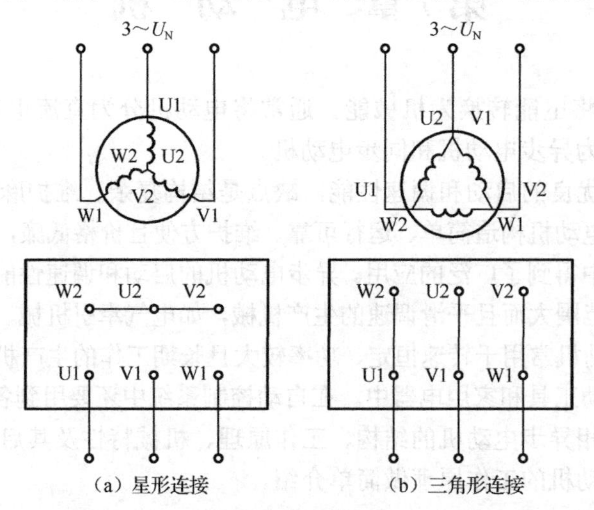

（a）星形连接　（b）三角形连接

图 7-3　定子绕组的星形连接和三角形连接

2．转子

转子是电动机的旋转部分，由转子铁心、转子绕组、转轴等组成。

（1）转子铁心

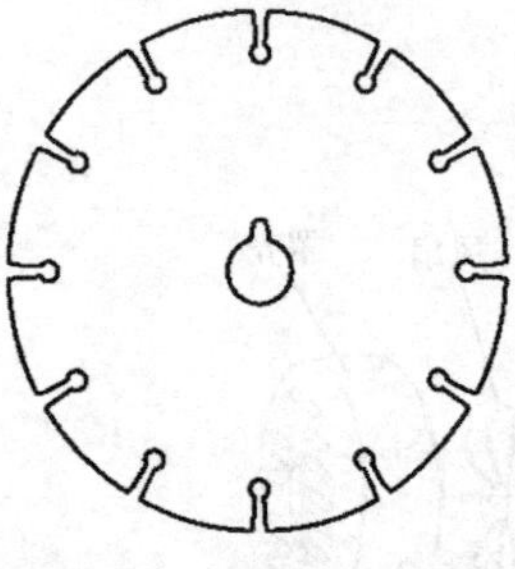

转子铁心由彼此绝缘的硅钢片（见图 7-4）叠成圆柱形，外壁有许多均匀分布的槽，槽内嵌放转子绕组。转子放置在定子铁心内，转子铁心与定子铁心共同组成电动机的磁路。

图 7-4　转子铁心硅钢片

（2）转子绕组

转子绕组嵌放在转子铁心槽内，按转子绕组的构造不同，三相异步电动机又分为笼型和绕线型（或称绕线转子型）两种。

笼型转子是在转子铁心槽内嵌放铜条，铜条的两端分别焊接到两个端环上，形成闭合回路，如图 7-5 所示。这种电动机称为笼型异步电动机，一般用于 100kW 以上的大型电动机或一些特殊电动机中。

中小型笼型异步电动机一般都采用铸铝式转子，即在转子铁心槽内浇铸铝液，铸出导条和端环，同时在端环上铸出风叶作散热风扇用，如图 7-6 所示。

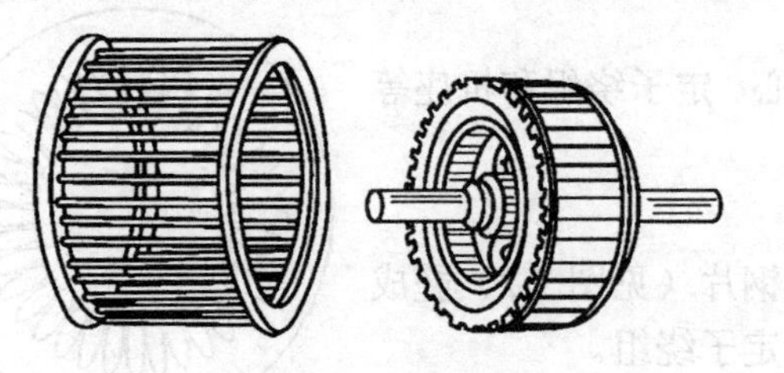

图 7-5　笼型转子

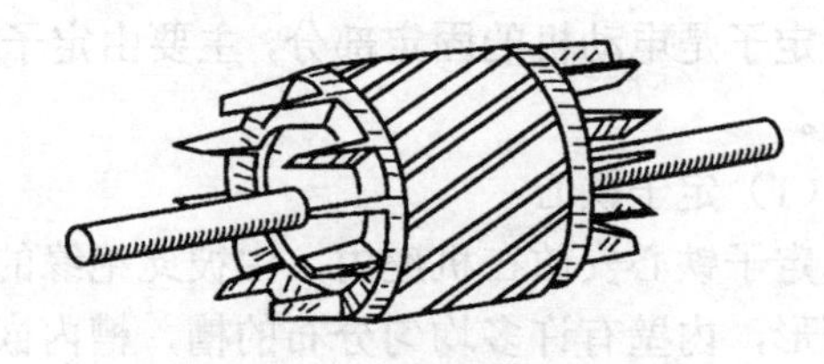

图 7-6　铸铝笼型转子

绕线型异步电动机转子的外形结构如图 7-7 所示，转子铁心槽内嵌放由漆包线绕成的三相对称绕组，三相绕组连接成星形，各相绕组的末端连接在一起，始端分别连接到 3 个铜制的滑环（也称为集电环）上。集电环固定在转轴上，通过电刷与外电路相接，构成转子电路。在转子电路中串联电阻，可改变电动机的启动、调速和制动性能。

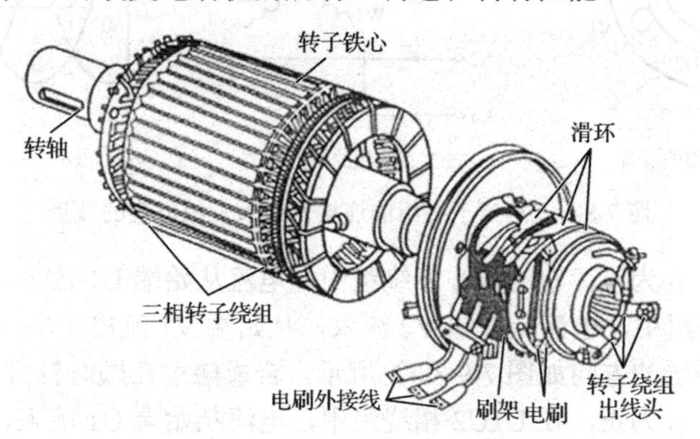

图 7-7　绕线型转子的外形结构

练习与思考

一台三相异步电动机，如何根据外形结构上的特点来判断它是笼型还是绕线型？

7.2　三相异步电动机的转动原理

在定子绕组中通入三相电流，就产生旋转磁场，旋转磁场带动转子转动，这就是三相异步电动机的工作原理。本节主要讨论旋转磁场是如何产生的，旋转磁场的转速、转向及旋转磁场与转子之间的相互作用等问题。

1．两极旋转磁场的产生

图 7-8（a）所示是三相异步电动机的简易模型，三相绕组 U1U2、V1V2、W1W2 的线圈分别嵌放在定子铁心槽内，各相绕组在空间上相差 120°。设三相绕组接成星形，其末端接在一起，始端分别接三相电源 L1、L2、L3，如图 7-8（b）所示。接通电源后，便有三相对称电流 i_1、i_2、i_3 通入，三相电流的波形如图 7-8（c）所示，其表达式为

$$i_1 = I_m \sin \omega t$$
$$i_2 = I_m \sin(\omega t - 120^\circ)$$
$$i_3 = I_m \sin(\omega t + 120^\circ)$$

下面分析旋转磁场的产生过程。

当 $\omega t = 0^\circ$ 时，$i_1 = 0$，故 U1U2 相绕组中没有电流；i_2 为负，在 V1V2 相绕组中，电流从末端 V2 流入，从始端 V1 流出；i_3 为正，在 W1W2 相绕组中，电流从始端 W1 流入，从末端 W2 流出。根据右手螺旋定则，可知由三相电流产生的合成磁场具有两个磁极，其方向如图 7-9（a）所示。

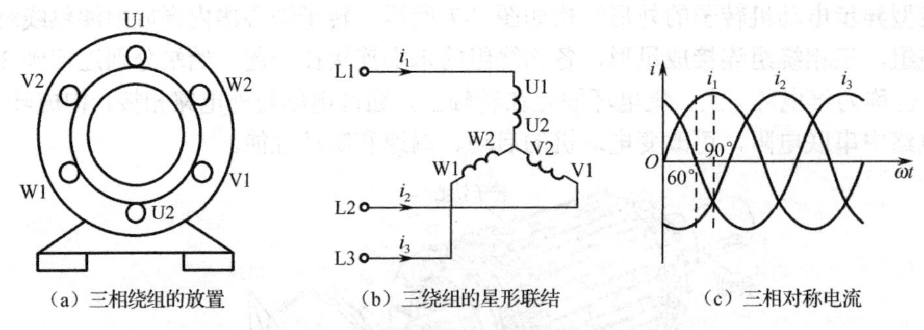

（a）三相绕组的放置　（b）三绕组的星形联结　（c）三相对称电流

图 7-8　三相定子绕组的连接及通入三相电流的波形

当$\omega t = 60°$ 时，i_1为正，在 U1U2 相绕组中，电流从始端 U1 流入，从末端 U2 流出；i_2为负，在 V1V2 相绕组中，电流从末端 V2 流入，从始端 V1 流出；$i_3 = 0$，故 W1W2 相绕组中没有电流。合成磁场的方向如图 7-9（b）所示，合成磁场在顺时针方向旋转了 60°。

当$\omega t = 90°$ 时，i_1为正，在 U1U2 相绕组中，电流从始端 U1 流入，从末端 U2 流出；i_2为负，在 V1V2 相绕组中，电流从末端 V2 流入，从始端 V1 流出；i_3为负，在 W1W2 相绕组中，电流从末端 W2 流入，从始端 W1 流出。合成磁场的方向如图 7-9（c）所示，合成磁场在顺时针方向旋转了 90°。

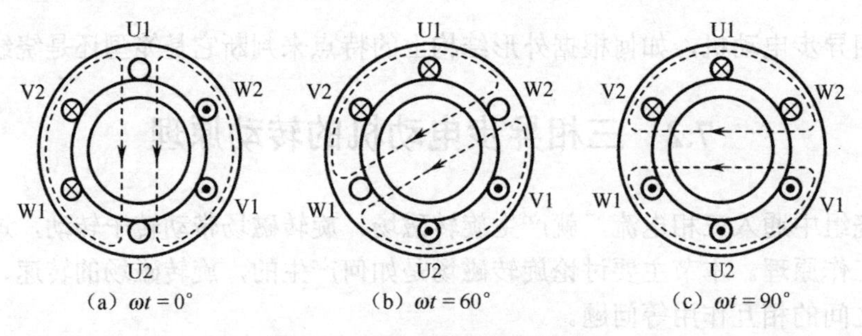

（a）$\omega t = 0°$　（b）$\omega t = 60°$　（c）$\omega t = 90°$

图 7-9　两极旋转磁场的形成

从以上分析可知，定子绕组通入对称三相电流后，它们共同作用产生的合成磁场是随电流的变化在空间中连续旋转的，称为旋转磁场。

2．四极旋转磁场的产生

旋转磁场的磁极数与三相绕组的安排有关，在图 7-8 中，每相绕组只有一个线圈，绕组的始端在空间上放置成相差 120°，则对应的旋转磁场只有一对磁极，即 $p = 1$，p 称为磁极对数。

如将定子每相绕组改为两个线圈串联，如图 7-10（b）所示，各相绕组的始端在空间上放置成相差 60°，如图 7-10（a）所示，则定子绕组中通入如图 7-8（c）所示的三相电流后，产生的旋转磁场具有四个磁极，即两对磁极，$p = 2$，如图 7-11 所示。

在图 7-11 中，画出了$\omega t = 0°$和$\omega t = 90°$两种情况下，旋转磁场在空间中所处的位置。四极旋转磁场的分析方法与两极旋转磁场的分析方法相同，不再赘述。从图中可以看出，当电流从$\omega t = 0°$到$\omega t = 90°$变化 90°时，四极磁场在空间上旋转了 45°。

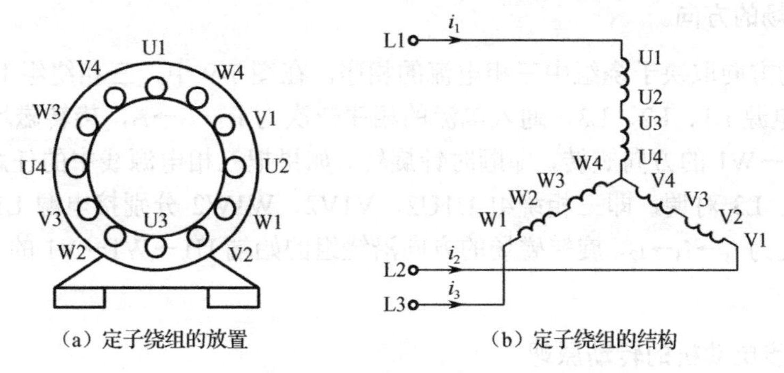

（a）定子绕组的放置　　　　（b）定子绕组的结构

图 7-10　产生四极旋转磁场的定子绕组及其放置

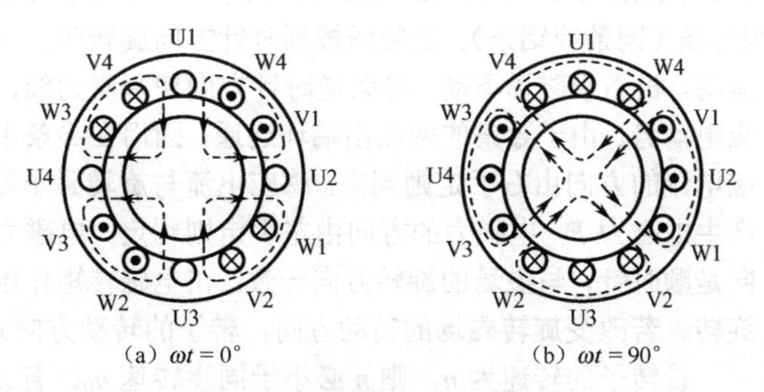

（a）$\omega t = 0°$　　　　（b）$\omega t = 90°$

图 7-11　四极旋转磁场的形成

3．旋转磁场的转速

由图 7-9、图 7-11 可见，旋转磁场的转速与极对数 p 的多少有关。当只有一对磁极，即 $p = 1$ 时，旋转磁场在空间转过的角度与电流变化的电角度相同，电流变化一个周期，则旋转磁场转动一周。若电流的频率为 f_1，则旋转磁场的转速为 $n_0 = 60f_1$，n_0 的单位为 r/min（转/分钟）。旋转磁场的转速 n_0 称为同步转速。

当有两对磁极，即 $p = 2$ 时，旋转磁场在空间转过的角度为电流变化的电角度的一半，电流变化一个周期，旋转磁场在空间上只转过 180°。若电流的频率为 f_1，则旋转磁场的转速为 $n_0 = 60f_1/2$。

由此，可以推广到具有 p 对磁极的旋转磁场，其转速为

$$n_0 = \frac{60f_1}{p} \tag{7-1}$$

由上式可知，旋转磁场的转速 n_0 取决于电源的频率 f_1 和磁场的极对数 p。在 50Hz 工频交流电源作用下，电动机的磁极对数 p（即旋转磁场的极对数 p）与同步转速 n_0 之间的关系，如表 7-1 所示。

表 7-1　不同磁极对数时的异步电动机同步转速

p	1	2	3	4	5	6
n_0/（r/min）	3000	1500	1000	750	600	500

4. 旋转磁场的方向

旋转磁场的方向取决于绕组中三相电流的相序。在图 7-9 中，三相绕组 U1U2、V1V2、W1W2 分别接电源 L1、L2、L3，通入电流的相序依次为 $i_1 \to i_2 \to i_3$，旋转磁场的方向沿绕组的始端 U1→V1→W1 的方向旋转，即顺时针旋转。如果把三相电源线中的任意两根对调，例如将电源线 L2、L3 对调，即三相绕组 U1U2、V1V2、W1W2 分别接电源 L1、L3、L2，通入电流的相序变为 $i_1 \to i_3 \to i_2$，旋转磁场的方向沿绕组的始端 U1→W1→V1 的方向旋转，即逆时针旋转。

5. 三相异步电动机的转动原理

三相异步电动机的转动原理可用图 7-12 来说明。图中 N、S 表示旋转磁场的两个电极，转子中只画出了两根导条（铜条或铝条）。当磁场按顺时针方向旋转时，导条与磁场产生相对运动，相当于磁场不动，导条逆时针方向切割磁力线，因此导条中产生感应电动势。由于导条的两端由端环连通，因而在导条中产生感应电流，感应电流的方向由右手定则判定。感应电流与旋转磁场相互作用，在导条上产生电磁力 F，电磁力的方向由左手定则判定。电磁力产生电磁转矩，方向是顺时针，与磁场的旋转方向一致。在电磁转矩作用下，转子跟随磁场旋转。若改变旋转磁场的转动方向，转子的转动方向必随之改变。

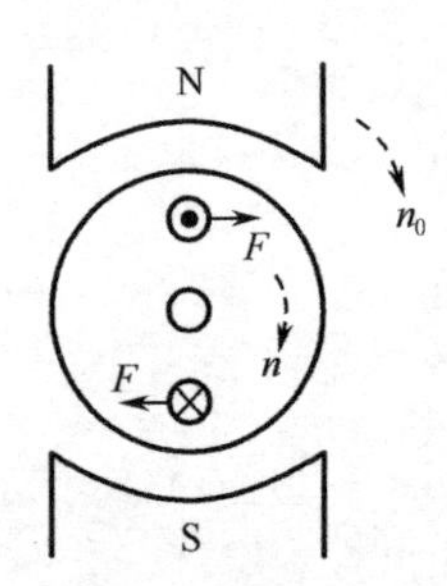

图 7-12 异步电动机的工作原理

设转子的转速为 n，则 n 必小于同步转速 n_0。若 $n = n_0$，转子与旋转磁场之间没有相对运动，转子中的导条就不能切割磁力线，不再产生电磁转矩，电动机会减速。因此，转子的转速总是小于旋转磁场的转速，故这种电动机称为异步电动机。

通常用转差率 s 来表示同步转速 n_0 与转子转速 n 之间相差的程度，即

$$s = \frac{n_0 - n}{n_0} \tag{7-2}$$

转差率 s 是异步电动机的重要参数。异步电动机正常运行时，n 接近于 n_0，转差率 s 很小，约为 0.01～0.07；异步电动机启动时，$n = 0$，$s = 1$。

式（7-2）也经常写成

$$n = (1 - s)n_0 \tag{7-3}$$

例 7.2.1 已知某三相异步电动机的额定转速 $n_N = 720\text{r/min}$，电源频率 $f_1 = 50\text{Hz}$。求电动机的极对数 p 和额定转差率 s_N。

解： 由于电动机的额定转速 n_N 略小于同步转速 n_0，由表 7-1 可知，该电动机的同步转速 $n_0 = 750\text{r/min}$，极对数 $p = 4$。

额定转差率为

$$s_N = \frac{n_0 - n_N}{n_0} = \frac{750 - 720}{750} = 0.04$$

练习与思考

7.2.1 三相异步电动机的同步转速由哪些因素决定？

7.2.2 怎样改变三相异步电动机的转向？

7.2.3 额定转速 $n_N = 1470\text{r/min}$ 的三相异步电动机，其极对数 p 和转差率 s 各为多少？

7.3　三相异步电动机的电路分析

三相异步电动机中的电磁关系与变压器类似，定子绕组相当于变压器的一次绕组，转子绕组（一般是短接的）相当于变压器的二次绕组。定子绕组和转子绕组之间通过磁路传递能量，并将电能转换为机械能。定子绕组和转子绕组的等效电路如图 7-13 所示，每相定子绕组和转子绕组的匝数分别为 N_1 和 N_2。对于笼型转子，每根转子导条相当于一相绕组。

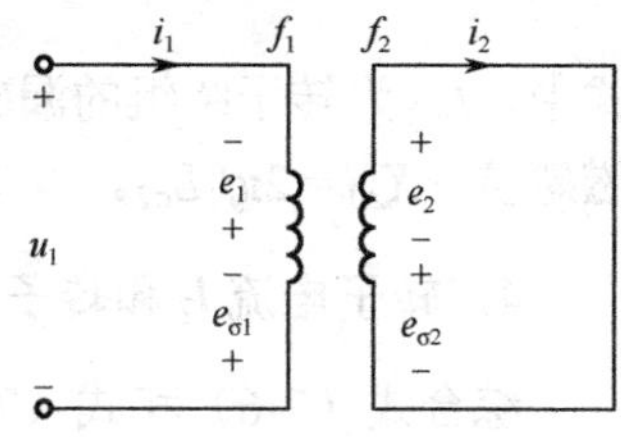

图 7-13　定子绕组和转子绕组的等效电路

定子绕组接上电源电压 u_1，产生电流 i_1，i_1 产生的旋转磁场经过定子铁心和转子铁心构成的磁路闭合。旋转磁场在每相定子绕组和转子绕组中分别产生感应电动势 e_1 和 e_2。e_2 在转子绕组中产生电流 i_2，i_2 也将产生旋转磁场，实际上三相异步电动机中的旋转磁场是由 i_1 和 i_2 共同产生的。此外，定子绕组和转子绕组的漏磁通分别产生漏磁电动势 $e_{\sigma1}$ 和 $e_{\sigma2}$。

7.3.1　定子电路

忽略定子绕组线圈电阻上的压降和漏磁电动势 $e_{\sigma1}$，则 $u_1 \approx -e_1$，即

$$U_1 \approx E_1 = 4.44K_1 f_1 N_1 \Phi_m \tag{7-4}$$

式中，f_1 为电源频率，N_1 为定子每相绕组的匝数，Φ_m 是通过每相定子绕组磁通的最大值，在数值上它等于旋转磁场的每极磁通，K_1 为定子绕组系数，与定子绕组的分布有关，其值小于 1 但接近于 1，可略去。

式（7-4）说明了磁通最大值 Φ_m 与定子绕组相电压 U_1 成比例关系，当 U_1 一定时，不论负载大小，Φ_m 不变。

7.3.2　转子电路

因为转子是转动的，所以转子电路中的各个物理量都与转子的转速 n 或转差率 s 有关。

1．转子电流的频率 f_2

转子电流的频率 f_2 不仅与旋转磁场和转子之间的相对转速 $n_0 - n$ 有关，还与磁场的极对数 p 有关。对于极对数为 p 的旋转磁场，设转子不动，旋转磁场每转动一周，转子导条中产生的电流变化 p 次，故转子电流的频率 f_2 为

$$f_2 = \frac{p(n_0 - n)}{60} = \frac{n_0 - n}{n_0} \times \frac{pn_0}{60} = sf_1 \tag{7-5}$$

电动机刚启动时，$n = 0$，$s = 1$，$f_2 = f_1$；电动机在额定负载下运行时，$s = 0.01 \sim 0.07$，f_2 只有几赫兹。

2．转子电动势 E_2

转子电动势 E_2 的有效值为

$$E_2 = 4.44K_2 f_2 N_2 \Phi_m = 4.44K_2 sf_1 N_2 \Phi_m = sE_{20} \tag{7-6}$$

式中，K_2 为转子绕组系数，N_2 为转子每相绕组的匝数，E_{20} 是电动机刚启动（即 $n=0$，$s=1$）时，转子绕组的感应电动势，$E_{20}=4.44K_2f_1N_2\Phi_m$。

3．转子感抗（漏磁感抗）X_2

转子感抗 X_2 与转子电流的频率 f_2 有关，即

$$X_2 = 2\pi f_2 L_{\sigma 2} = 2\pi s f_1 L_{\sigma 2} = sX_{20} \tag{7-7}$$

式中，$L_{\sigma 2}$ 为转子绕组的漏磁电感，X_{20} 是电动机刚启动（即 $n=0$，$s=1$）时，转子绕组的漏磁感抗，$X_{20}=2\pi f_1 L_{\sigma 2}$。

4．转子电流 I_2 和转子电路的功率因数 $\cos\varphi_2$

综合式（7-6）和式（7-7），可以得出每相转子电路的电流 I_2 和功率因数 $\cos\varphi_2$ 为

$$I_2 = \frac{E_2}{\sqrt{R_2^2 + X_2^2}} = \frac{sE_{20}}{\sqrt{R_2^2 + (sX_{20})^2}} \tag{7-8}$$

$$\cos\varphi_2 = \frac{R_2}{\sqrt{R_2^2 + X_2^2}} = \frac{R_2}{\sqrt{R_2^2 + (sX_{20})^2}} \tag{7-9}$$

式中，R_2 为每相转子绕组的电阻。可见，转子电路的电流 I_2 和功率因数 $\cos\varphi_2$ 亦与转差率 s 有关。I_2、$\cos\varphi_2$ 与 s 的关系曲线如图 7-14 所示。

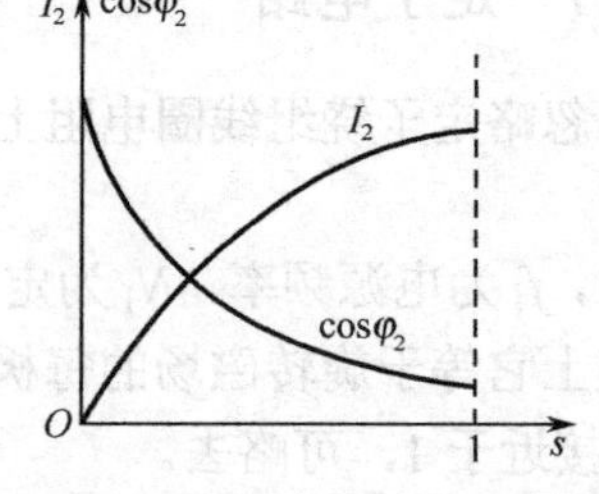

图 7-14　I_2、$\cos\varphi_2$ 与 s 的关系

练习与思考

7.3.1　三相异步电动机刚刚启动时，为什么转子电流 I_2 最大而转子电路的功率因数 $\cos\varphi_2$ 最低？

7.3.2　工作频率为 60Hz 的三相异步电动机，若接到 50Hz 的三相电源上使用，会产生什么后果？

7.3.3　某人在检修三相异步电动机时，将转子抽掉，而在定子绕组上加三相额定电压，这会产生什么后果？

7.4　三相异步电动机的电磁转矩与机械特性

三相异步电动机的电磁转矩与转速之间的关系称为机械特性，它反映了一台电动机的运行性能，是电动机的主要特性。

7.4.1　三相异步电动机的电磁转矩

三相异步电动机的电磁转矩是由旋转磁场与转子电流相互作用而产生的，电磁转矩的大小只与转子电流中的有功分量 $I_2\cos\varphi_2$ 有关。经过分析，电磁转矩与磁通最大值 Φ_m、转子电流 I_2、转子电路的功率因数 $\cos\varphi_2$ 有关，即

$$T = K_T \Phi_m I_2 \cos\varphi_2 \tag{7-10}$$

式中，K_T 为与电动机结构相关的常数。

将式（7-4）、式（7-8）和式（7-9）代入式（7-10），整理后可得电磁转矩的另一个公式

$$T = K\frac{sR_2}{R_2^2 + s^2X_{20}^2}U_1^2 \tag{7-11}$$

式中，K 为一常数，U_1 为定子绕组的相电压。由上式可知，电磁转矩 T 与 U_1 的平方成正比，还与转差率 s 及转子电阻 R_2 有关。

在式（7-11）中，当电源电压 U_1 一定，且 R_2 和 X_{20} 是常数时，电磁转矩 T 只与转差率 s 有关，T 与 s 之间的关系可用转矩特性 $T = f$（s）表示，如图 7-15 所示。图中 T_{max} 表示最大转矩，T_{st} 表示启动转矩，T_N 表示额定转矩。

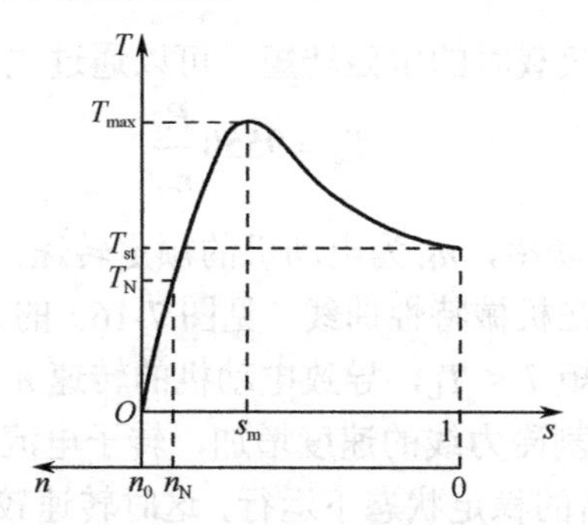

图 7-15　三相异步电动机的转矩特性曲线

7.4.2　三相异步电动机的机械特性

在实际工作中，人们更习惯使用转速 n，而不习惯使用转差率 s 这个物理量。因此，常将图 7-15 中的 s 坐标换成 n 坐标（$s = 1$ 处，对应 $n = 0$；$s = 0$ 处，对应 $n = n_0$），并将 T 轴右移到 $s = 1$ 处，再将曲线顺时针旋转 90°，即得图 7-16 所示的机械特性曲线。异步电动机的机械特性 $n = f(T)$反映了电动机的转速 n 与电磁转矩 T 之间的关系。

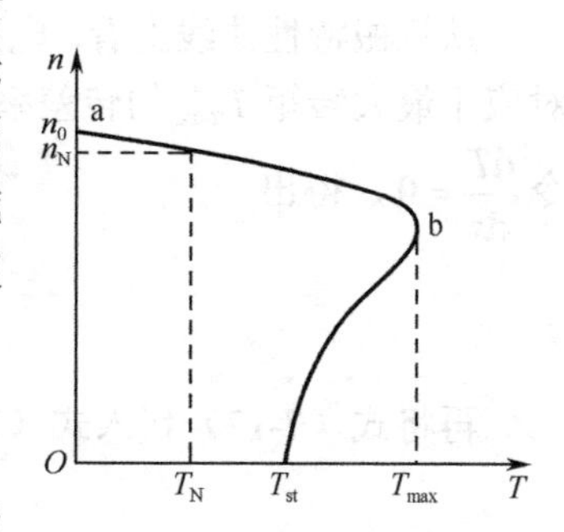

图 7-16　三相异步电动机的机械特性曲线

1．异步电动机转轴上的各种转矩

异步电动机转轴上的各种转矩包括：电磁转矩 T、负载转矩 T_L（生产机械的阻转矩）、空载转矩 T_0（由风阻和轴承摩擦等形成的阻转矩）、输出转矩 T_2。其中，电动机的输出转矩 T_2 等于电磁转矩 T 减去空载转矩 T_0，即

$$T_2 = T - T_0 \tag{7-12}$$

电动机只有在 $T_2 = T_L$ 时，才能匀速运行；若 $T_2 > T_L$，则电动机加速运行；若 $T_2 < T_L$，则电动机减速运行。

电动机的输出转矩 T_2、输出功率 P_2 和转速 n 之间的关系为

$$T_2 = \frac{P_2}{\omega} = \frac{P_2}{\dfrac{2\pi n}{60}} = 9.55\frac{P_2}{n} \tag{7-13}$$

式中，ω 是转子旋转的角速度，单位是 rad/s（弧度/秒）；T_2 的单位是 N·m（牛·米）；n 的单位是 r/min（转/分）；P_2 的单位是 W（瓦）。若 P_2 用 kW（千瓦）作单位，式（7-13）可写为

$$T_2 = 9550\frac{P_2}{n} \tag{7-14}$$

一般情况下，电动机的空载转矩 T_0 很小，常可忽略，这时电磁转矩 T 等于输出转矩 T_2，即

$$T \approx T_2 = 9550\frac{P_2}{n} \tag{7-15}$$

2．额定转矩 T_N

额定转矩是电动机在额定负载时的电磁转矩，可以通过式（7-15）求得，即

$$T_N = 9550\frac{P_N}{n_N} \tag{7-16}$$

式中，P_N 为电动机的额定输出功率，n_N 为电动机的额定转速。

通常三相异步电动机工作在机械特性曲线（见图 7-16）的 ab 段。当负载转矩 T_L 增大时，在最初的瞬间电动机的电磁转矩 $T < T_L$，导致电动机的转速 n 下降，转子与旋转磁场的相对转速 $n_0 - n$ 增加，转子导体切割磁力线的速度增加，转子电流 I_2 增加，从而使得电磁转矩 T 增大，当 $T = T_L$ 时，电动机在新的稳定状态下运行，这时转速较前为低。由于 ab 段比较平坦，当负载转矩增大时，转子的转速 n 下降得不多，这种机械特性称为硬特性。三相异步电动机的这种硬特性使它非常适用于一般的金属切削机床。

3．最大转矩 T_{max}

从机械特性曲线上看，电磁转矩有一个最大值，称为最大转矩或临界转矩，用 T_{max} 表示。对应于最大转矩 T_{max} 的转差率称为临界转差率 s_m，s_m 可由式（7-11）对转差率 s 求导数，并令 $\frac{dT}{ds}=0$，得出

$$s_m = \frac{R_2}{X_{20}} \tag{7-17}$$

再将式（7-17）代入式（7-11）中，可求得最大转矩 T_{max}

$$T_{max} = K\frac{U_1^2}{2X_{20}} \tag{7-18}$$

当负载转矩 T_L 超过最大转矩 T_{max}，即 $T_L > T_{max}$，电动机就带不动负载了，发生闷车现象。闷车后，电动机的电流将升高 5～7 倍，电动机过热，导致烧坏。

$T_N < T_L < T_{max}$ 时，称为电动机的过载状态。电动机可以短时过载，过载越多，允许的过载时间越短。T_{max} 也表示电动机的短时过载能力。T_{max} 与 T_N 的比值称为电动机的过载系数 λ_{max}，即

$$\lambda_{max} = \frac{T_{max}}{T_N} \tag{7-19}$$

一般三相异步电动机的过载系数为 1.8～2.3。

4．启动转矩 T_{st}

电动机启动（$n=0$，$s=1$）时的电磁转矩称为启动转矩 T_{st}。将 $s=1$ 代入式（7-11）得

$$T_{st}=K\frac{R_2U_1^2}{R_2^2+X_{20}^2} \tag{7-20}$$

由上式可知，T_{st}与U_1的平方成正比，也与R_2有关。当电源电压U_1变化或电阻R_2变化时，启动转矩T_{st}会随之变化，如图 7-17 和图 7-18 所示。

电动机的启动转矩T_{st}必须大于负载转矩T_L，电动机才能带负载启动。通常用T_{st}与T_N的比值表示电动机的启动能力，称为启动系数λ_{st}，即

$$\lambda_{st}=\frac{T_{st}}{T_N} \tag{7-21}$$

5. 异步电动机的人为特性

人为改变电源电压U_1或转子电路中的电阻R_2时，异步电动机的机械特性会发生变化，这种机械特性称为人为特性，否则称为固有特性。

由式（7-17）、式（7-18）、式（7-20）可知，s_m与R_2有关，与U_1无关；T_{max}与U_1的平方成正比，与R_2无关；T_{st}与U_1的平方成正比，与R_2有关。上述关系可通过图 7-17 和图 7-18 来说明。

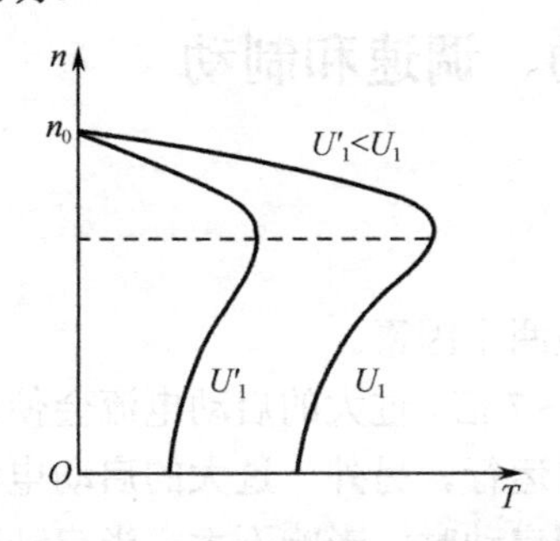

图 7-17　改变电源电压U_1时的机械特性

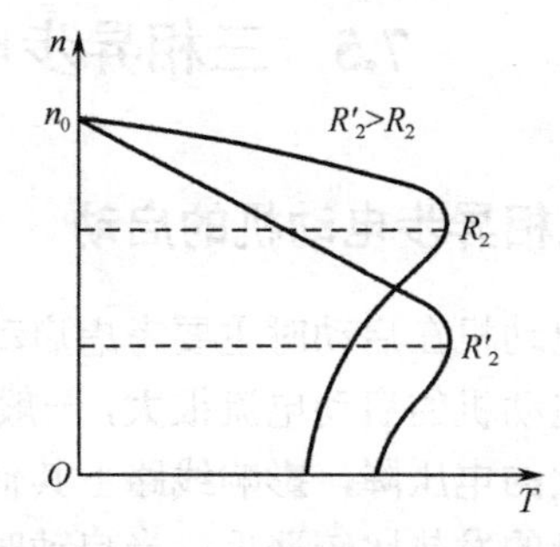

图 7-18　改变转子电阻R_2时的机械特性

在图 7-17 中，当电源电压U_1减小时，最大转矩T_{max}减小，而与T_{max}对应的转速不变，即临界转差率s_m不变，启动转矩T_{st}减小。

在图 7-18 中，当电阻R_2增加时，T_{max}不变，而与T_{max}对应的转速减小，即临界转差率s_m增大，启动转矩T_{st}会发生变化。

例 7.4.1　Y250M-2 型三相异步电动机，额定功率$P_N = 55\text{kW}$，额定转速$n_N = 2970\text{r/min}$，$\lambda_{max} = 2.2$，$\lambda_{st} = 2.0$。若$T_L=300\text{N·m}$，试问能否带此负载（1）长期运行；（2）短时运行；（3）直接启动。

解：（1）电动机的额定转矩

$$T_N=9550\frac{P_N}{n_N}=9550\times\frac{55}{2970}\text{N}\cdot\text{m}=176.9\text{N}\cdot\text{m}$$

由于$T_N < T_L$，故不能带此负载长期运行。

（2）电动机的最大转矩

$$T_{max}=\lambda_{max}T_N=2.2\times176.9\text{N}\cdot\text{m}=389.2\text{N}\cdot\text{m}$$

由于$T_{max} > T_L$，故可以带此负载短时运行。

（3）电动机的启动转矩

$$T_{st} = \lambda_{st} T_N = 2.0 \times 176.9\text{N}\cdot\text{m} = 353.8\text{N}\cdot\text{m}$$

由于 $T_{st} > T_L$，故可以带此负载直接启动。

练习与思考

7.4.1 三相异步电动机在额定负载下运行时，若电源电压降低，电动机的电磁转矩、电流及转速将如何变化？

7.4.2 三相异步电动机在额定状态下运行时，若负载转矩增大，电动机的电磁转矩、电流及转速将如何变化？

7.4.3 三相异步电动机在额定状态下运行时，若负载转矩增大一倍或减小一倍，电动机的转速是否将成倍变化？

7.4.4 三相异步电动机在额定状态下运行时，若转子突然被卡住不能转动，这时电流如何变化，对电动机有什么影响？

7.4.5 电动机过载运行时，过载越多，允许的过载时间越短，为什么？

7.5 三相异步电动机的启动、调速和制动

7.5.1 三相异步电动机的启动

异步电动机在启动时主要考虑启动电流和启动转矩两个因素。

异步电动机的启动电流很大，一般是额定电流的5～7倍。过大的启动电流会使供电线路上产生较大的电压降，影响线路上其他电气设备的正常运行。另外，过大的启动电流也会使电动机本身的发热比较严重，当启动时间较短或不频繁启动时，影响不大；当启动时间较长或频繁启动时，启动电流过大引起的发热问题就会对电动机造成危害。

启动转矩必须大于负载转矩，异步电动机才能启动。若启动转矩过小，异步电动机不能启动或启动时间延长；若启动转矩过大，又会使传动机构受到过大的冲击而损坏。

综上所述，应根据异步电动机是空载启动还是带额定负载启动，及供电线路的容量，选择合适的启动方法，以满足对启动电流和启动转矩的要求。异步电动机常用的启动方法有直接启动、降压启动、转子电路串联电阻启动等。

1. 直接启动

直接启动就是利用开关或交流接触器，将电动机直接接通电源，使之启动并运行，也称为全压启动。这种启动方法的优点是启动设备简单、操作方便，缺点是启动电流大，并且启动电流和启动转矩都不能调整。

一台电动机能否直接启动，要根据电力管理部门的相关规定来确定。如果电动机和照明负载共用一台变压器供电，规定电动机启动时引起供电线路的电压降不超过额定电压的5%；电动机由独立的变压器供电时，如果启动频繁，则其功率不能超过变压器容量的20%，如果不频繁启动，则其功率不能超过变压器容量的30%。

一般小容量（容量小于7.5kW）的电动机常采用直接启动。

2. 降压启动

容量较大的电动机，直接启动时引起的线路的压降较大，所以一般不能直接启动，要采取一定的措施进行启动，降压启动是常用的一种启动方法。降压启动就是在启动时降低定子绕组的电压，待电动机的转速上升到接近额定转速时再加上额定电压运行。降压启动常用的方法有星形-三角形降压启动和自耦变压器降压启动等。

（1）星形-三角形（Y－Δ）降压启动

启动时，将定子绕组接成星形，等转速接近额定值时，再换成三角形连接。这种启动方法适用于正常工作时接成三角形连接的电动机。

Y-Δ 启动的原理电路如图 7-19 所示。启动前，先将开关 Q2 合到“Y 启动”位置，然后合上开关 Q1，电动机在星形接法下启动。待转速上升到接近额定值时，再将开关 Q2 从“Y 启动”位置切换到“Δ 运行”位置，电动机在三角形接法下正常运行。

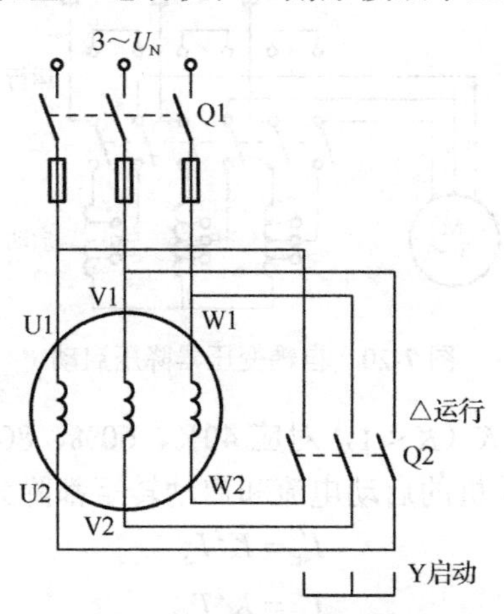

图 7-19　星形-三角形降压启动

设电源线电压为 U_L，定子每相绕组的阻抗为 Z。定子绕组接成星形启动时，启动电流 I_{stY} 等于线电流 I_{LY}，相电压为 U_{PY}，相电流为 I_{PY}。定子绕组接成三角形启动时为直接启动，启动电流 $I_{st\Delta}$ 等于线电流 $I_{L\Delta}$，相电压为 $U_{P\Delta}$，相电流为 $I_{P\Delta}$。则

$$\frac{U_{PY}}{U_{P\Delta}}=\frac{U_L/\sqrt{3}}{U_L}=\frac{1}{\sqrt{3}} \tag{7-22}$$

采用 Y－Δ 降压启动时，定子绕组上的相电压降低到直接启动时的 $1/\sqrt{3}$。

$$\frac{I_{stY}}{I_{st\Delta}}=\frac{I_{LY}}{I_{L\Delta}}=\frac{I_{PY}}{\sqrt{3}I_{P\Delta}}=\frac{\dfrac{U_{PY}}{|Z|}}{\sqrt{3}\dfrac{U_{P\Delta}}{|Z|}}=\frac{\dfrac{U_L}{\sqrt{3}|Z|}}{\sqrt{3}\dfrac{U_L}{|Z|}}=\frac{1}{3} \tag{7-23}$$

采用 Y－Δ 降压启动时，启动电流是直接启动时的 1/3。

根据式（7-20），启动转矩与定子电压的平方成正比，由于 $U_{PY}=U_{P\Delta}/\sqrt{3}$，所以采用 Y－Δ 降压启动时，启动转矩降为全压直接启动的 1/3，即

$$\frac{T_{stY}}{T_{sr\Delta}}=\frac{U_{PY}^2}{U_{P\Delta}^2}=\left(\frac{U_{PY}}{U_{P\Delta}}\right)^2=\left(\frac{1}{\sqrt{3}}\right)^2=\frac{1}{3} \tag{7-24}$$

由于启动转矩降为全压直接启动的1/3，Y–Δ 降压启动只适合于空载或轻载下启动。

（2）自耦变压器降压启动

自耦变压器降压启动是利用三相自耦变压器降低启动时加在电动机上的电源电压，以达到降低启动电流的目的。自耦变压器降压启动的原理电路如图 7-20 所示，启动时将开关 Q2 合到“启动”位置，启动完成后，再将 Q2 合到“运行”位置，切除自耦变压器，电动机直接连接到三相电源上运行。自耦变压器有多个抽头，可以输出多个不同电压（例如，输出电源电压的 65%、80%等），以适应不同启动电流和启动转矩的要求。这种启动方法既适合于三角形连接的电动机，也适合于星形连接的电动机。

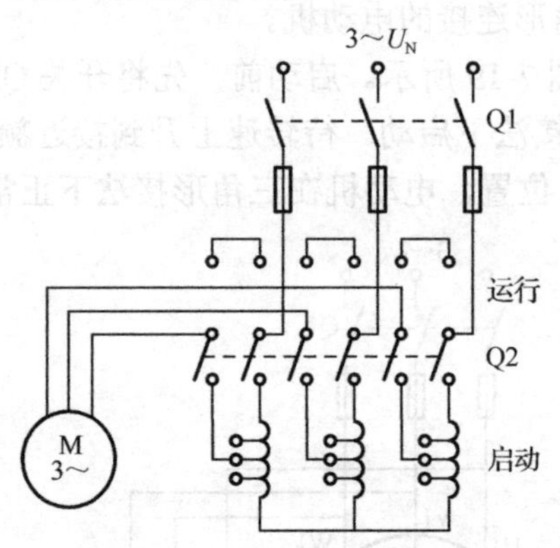

图 7-20　自耦变压器降压启动

若自耦变压器的降压比为 K（$K < 1$，对应 40%、60%、80%等电压输出），$K = 1/k$（k 为自耦变压器的电压比），则电动机的启动电流和启动转矩都降为直接启动的 K^2 倍，即

$$I'_{st} = K^2 I_{st}$$

$$T'_{st} = K^2 T_{st}$$

（3）软启动器启动

前面介绍的 Y–Δ 降压启动和自耦变压器降压启动属于传统的启动方法，在电动机启动瞬间和工作状态切换的瞬间，都会产生较大的冲击电流。软启动器是传统启动设备的升级换代产品，它利用现代电力电子技术和计算机处理技术，能够根据负载对启动转矩的要求、供电线路对启动电流的要求等数据，为电动机提供按一定规律（程序）变化的电源电压和电流，使电动机平稳启动。软启动器不仅能限制启动电流，还具有各种保护功能，如缺相保护、过热保护、过载保护等。软启动器只用于电动机的启动过程，启动过程完成后，旁路接触器闭合，使软启动器退出运行。

3．转子回路串联电阻启动

采用降压启动的方法，在降低启动电流的同时，也降低了启动转矩，因此这种启动方法不能带较重的负载启动。如果既要限制启动电流，又要有较大的启动转矩（如起重设备），往往采用绕线式异步电动机在转子电路串联电阻的启动方法，电路如图 7-21 所示。转子绕组通过集电环和电刷接启动变阻器。启动前，先把启动变阻器调到最大值。合上电源开关 Q，电动机开始启动，随着转速的上升，逐渐减小启动变阻器的电阻值，直到全部切除，使转子绕组短接。

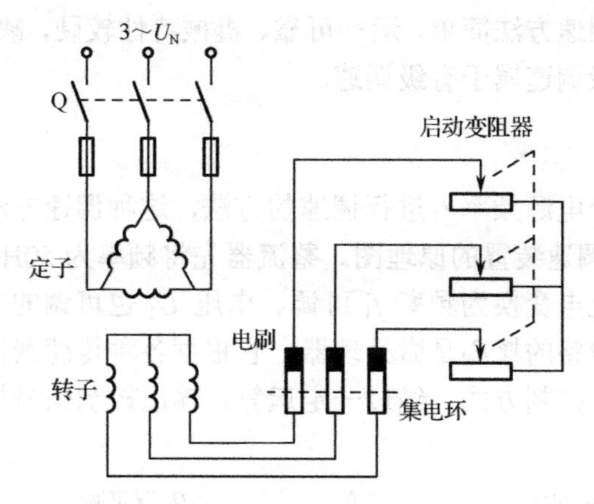

图 7-21　绕线式异步电动机的启动电路

例 7.5.1　某三相异步电动机的启动电流是 120A，启动转矩是 90N·m。（1）若采用星形–三角形降压启动，则启动电流和启动转矩下降到多少？（2）若采用降压比 $K=0.8$ 的自耦变压器降压启动，则启动电流和启动转矩下降到多少？

解：（1）采用星形–三角形降压启动时

$$I_{stY}=\frac{1}{3}I_{st\Delta}=\frac{1}{3}\times 120\text{A}=40\text{A}$$

$$T_{stY}=\frac{1}{3}T_{st\Delta}=\frac{1}{3}\times 90\text{N}\cdot\text{m}=30\text{N}\cdot\text{m}$$

（2）采用自耦变压器降压启动时

$$I'_{st}=K^2I_{st}=0.8^2\times 120\text{A}=76.8\text{A}$$

$$T'_{st}=K^2T_{st}=0.8^2\times 90\text{N}\cdot\text{m}=57.6\text{N}\cdot\text{m}$$

7.5.2　三相异步电动机的调速

有很多机电设备，为适应不同的负载，需要对三相异步电动机进行调速。如金属切削机床，对于不同材质的工件，应采用不同的切削速度。

将异步电动机的转速公式整理，得

$$n=(1-s)n_0=(1-s)\frac{60f_1}{p} \tag{7-25}$$

上式表明，可以通过改变极对数 p、电源频率 f_1 或转差率 s 实现异步电动机的调速。

1．变极调速

由式（7-25）可知，通过改变电动机的磁极对数 p 就可以达到调速的目的，这种调速方式称为变极调速。利用改变极对数调节转速的电动机称为多速电动机。多速电动机的定子绕组是由多个线圈组成的，这些线圈按一定规律连接到接线盒内的多个接线柱上，再通过外部接线连接三相电源。改变接线盒外部的连接方式，就可改变定子绕组的磁极对数 p，从而实现变极调速。

常见的多速电动机有双速、三速、四速等。多速电动机已经普遍应用在机床上，采用多速电动机后，可以极大地简化机床上的齿轮变速箱装置。

变极调速的优点是调速方法简单、运行可靠、机械特性较硬，缺点是只有几档速度可选，不能实现连续调速。变极调速属于有级调速。

2．变频调速

变频调速是通过改变电源频率 f_1 进行调速的方法，这种调速方法可以实现平滑的无级调速。图 7-22 所示是变频调速装置的原理图。整流器先将频率为 50Hz 的三相交流电变换为直流电，再由逆变器将直流电变换为频率 f_1 可调、电压 U_1 也可调的三相交流电，作为笼型异步电动机的电源。控制电路的核心是微处理器，它根据各种传感器检测到的电压、电流、速度、温度等参数和设定的控制方式，经过一定运算，输出控制信号控制整个变频调速装置的工作。

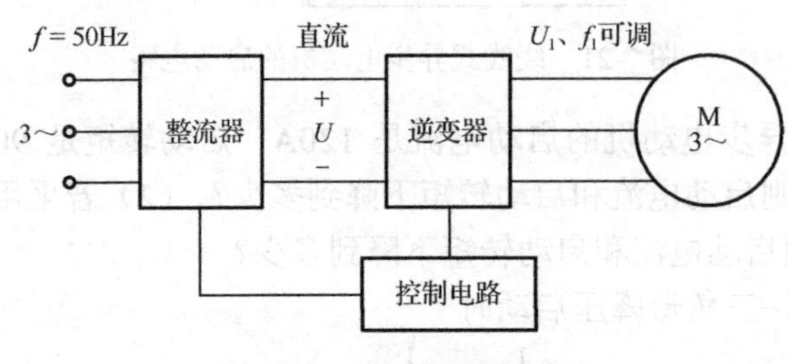

图 7-22　变频调速装置

由公式

$$U_1 \approx E_1 = 4.44K_1 f_1 N_1 \Phi_m$$

可知，调速时若只降低电源频率 f_1，而电压 U_1 不变，则磁通 Φ_m 会增大，使铁心饱和，从而导致励磁电流和铁损耗增大，电动机温升过高，这是不允许的。为保持磁通 Φ_m 基本不变，在改变电源频率 f_1 的同时，电源电压 U_1 也要相应变化，并使 f_1/U_1 为常数。

变频调速是随着电力电子技术和微电子技术发展起来的先进的调速方式，在各个领域都得到了广泛的应用。

变频调速装置也具有软启动功能，而软启动器只具有软启动功能不具有调速功能。

3．变转差率调速

只有绕线式异步电动机才能采用变转差率调速的方法。当绕线式异步电动机在转子电路串联不同电阻（见图 7-21）后，电动机的机械特性曲线会发生改变，如图 7-18 所示。在负载转矩一定时，转子电路串联的电阻不同，对应的转速不同。转子电路串联的电阻越大，电动机的转速越低。这种调速方法的优点是设备简单，投资少，缺点是能量损耗大，系统的效率降低。

7.5.3　三相异步电动机的制动

异步电动机切断电源后，由于惯性作用还会继续转动一段时间才能停下来。为了缩短停车时间，提高工作效率，需要对电动机采取一定的措施，使之迅速停车，这个过程称为制动。异步电动机可以采用电气制动（包括能耗制动、反接制动等）或机械制动（如电磁抱闸制动器）措施。

1．能耗制动

三相异步电动机的能耗制动电路如图 7-23所示。停车时，先断开交流电源开关 Q1，然后立即接通直接电源开关 Q2，在定子两相绕组中通入直流电流。直流电流在定子绕组中产生恒定不变的磁场，转子由于惯性作用继续转动时，转子导条切割恒定磁场的磁力线，并产生感应电流，根据右手定则和左手定则可以判定感应电流在磁场中受力产生的转矩与转子旋转方向相反。在制动转矩的作用下，转子转速下降得很快，当 $n = 0$ 时，制动过程结束。

这种制动方法是将转子的动能转化为电能消耗在转子回路的电阻上，所以称为能耗制动。能耗制动的优点是制动平稳，缺点是需要专门配置一套制动用的直流电源。

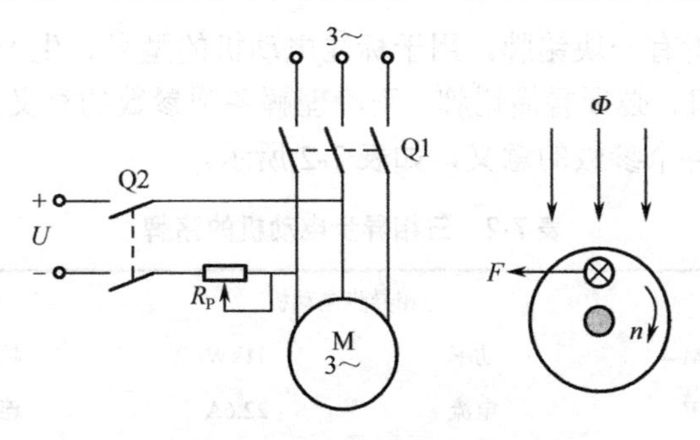

图 7-23　能耗制动原理图

2．反接制动

三相异步电动机的反接制动电路如图 7-24 所示。停车时，先断开电源开关 Q1，接着接通开关 Q2。Q2 接通后，接入电动机的电源相序发生了变化，即 L1、L2 相电源对调，因此旋转磁场改变方向，电动机的转矩方向随之改变，对按惯性仍沿原方向旋转的转子起制动作用。当电动机的转速接近零时，应及时将电源切断，否则电动机将反转。反接制动时，制动时间较短，但制动电流很大，对电动机的冲击也很大。

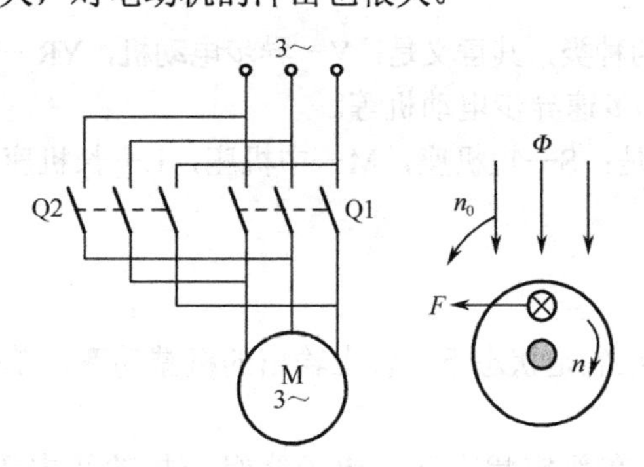

图 7-24　反接制动原理图

练习与思考

7.5.1　三相异步电动机在满载和空载的情况下启动时，其启动电流和启动转矩是否相同？

7.5.2　星形–三角形降压启动是降低了定子线电压还是相电压？自耦变压器降压启动如何呢？

7.5.3　笼型和绕线型两种电动机，哪一种启动性能更好？

7.5.4　额定电压为380/220V的三相异步电动机接到380V的三相电源上工作时，能否采用星形–三角形降压启动？

7.5.5　为什么三相异步电动机的启动电流很大，而启动转矩不是很大？

7.5.6　绕线型异步电动机转子电路串联电阻启动时，为什么会减小启动电流而增大启动转矩？所串联电阻是否越大越好？

7.6　三相异步电动机的铭牌数据

电动机的外壳上都附有一块铭牌，用于标注电动机的型号、生产厂家、出厂日期及其他参数。要正确使用电动机，必须看懂铭牌，正确理解各项参数的意义。下面以Y160M-4型电动机为例，说明铭牌上各个参数的意义，如表7-2所示。

表7-2　三相异步电动机的铭牌

三相异步电动机					
型号	Y160M-4	功率	11kW	频率	50Hz
电压	380V	电流	22.6A	连接	Δ
转速	1460r/min	绝缘等级	B	工作制	S1
××年　××月		编号××××		××　电动机厂	

1. 型号

电动机型号Y160M–4的意义如下：

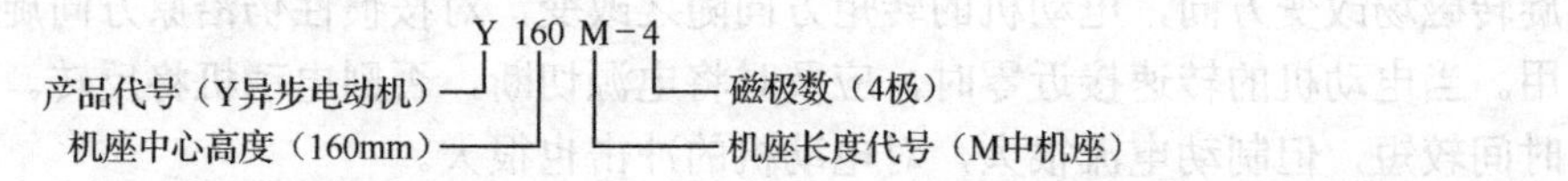

产品代号表示电动机的种类，其意义是：Y—异步电动机，YR—绕线式异步电动机，YB—防爆型异步电动机，YD—多速异步电动机等。

机座长度代号的意义是：S—短机座，M—中机座，L—长机座。

2. 额定数据

（1）额定功率P_N

额定功率是指电动机在额定状态下，轴上输出的机械功率，单位为kW。

（2）额定电压U_N

额定电压是指电动机在额定状态下，定子绕组应加的线电压。它与电动机的接法有关。有些电动机（一般为3kW以下）标有两种额定电压380/660V，并标注两种连接方式△/Y，表示当线电压为380V时，电动机应连接成三角形，当线电压为660V时应连接成星形。

一般规定电动机的电压不高于或低于额定值的5%。电压低于额定值时，引起转矩和转速下降，定子电流增大，使定子绕组过热。当电压高于额定值时，磁通将增大（$U_1 \approx 4.44fN\Phi_m$），引起励磁电流急剧增大（由于磁路饱和），导致铁损增大，铁心和定子绕组过热。

（3）额定电流 I_N

额定电流是指额定状态下，定子绕组的线电流 I_L。若定子绕组有两种接法，则对应两个额定电流。

（4）额定频率 f_N

额定频率是指定子绕组所接交流电源的频率，单位为 Hz。

（5）额定转速 n_N

额定转速是指电动机在额定状态下运行时转子的转速，单位为 r/min。

（6）额定功率因数 $\cos\varphi_N$

电动机在额定状态下运行时定子每相绕组的功率因数。三相异步电动机的功率因数在额定负载时为 0.7～0.9，空载时为 0.2～0.3。

（7）额定效率 η_N

电动机运行时会产生功率损耗 ΔP，包括转动时风阻和轴承摩擦产生的功率损耗、绕组电阻上的功率损耗、铁心中的铁损等。电动机输出的机械功率 P_2 与输入的电功率 P_1 的比值称为电动机的效率 η，即

$$\eta = \frac{P_2}{P_1} = \frac{P_2}{P_2 + \Delta P} \tag{7-26}$$

电动机在额定状态下运行时的效率称为额定效率 η_N

$$\eta_N = \frac{P_N}{P_{1N}} \tag{7-27}$$

（8）绝缘等级

绝缘等级是指电动机中所用绝缘材料的耐热等级，它决定电动机所允许的最高工作温度。电动机的绝缘等级和对应的最高工作温度如表 7-3 所示。

表 7-3　电动机的绝缘等级和最高工作温度

绝缘等级	A	E	B	F	H
最高工作温度/℃	105	120	130	155	180

（9）工作制

电动机的工作制表明电动机在不同负载下的允许工作时间，以保证电动机的温升不超过允许值。电动机的工作制是按照承受负载情况分类的，包括启动、空载持续时间、额定负载持续时间、电制动、停车等情况。电动机的工作制共分为 S1～S10 共 10 类。其中，S1 表示连续工作制，S2 表示短时工作制，S3 表示断续周期工作制。

除上述数据外，电动机的铭牌上还标注工作环境温度，防水、防尘等级，电动机的重量等数据。

例 7.6.1　Y160M-4 型三相异步电动机，已知 $P_N = 11\text{kW}$，$U_N = 380\text{V}$，Δ 连接，$\eta_N = 0.88$，$\cos\varphi_N = 0.84$，$f_N = 50\text{Hz}$，$n_N = 1460\text{r/min}$。求电动机在额定状态下运行时的（1）输入功率 P_1；（2）额定电流 I_N；（3）定子绕组的相电流 I_P。

解：（1）先由式（7-27）求出额定状态下输入的电功率 P_1

$$P_1 = \frac{P_N}{\eta_N} = \frac{11}{0.88}\text{kW} = 12.5\text{kW}$$

（2）由 P_1 求出额定状态下电动机的线电流 I_N

$$I_{\mathrm{N}}=\frac{P_1}{\sqrt{3}\,U_{\mathrm{N}}\cos\varphi_{\mathrm{N}}}=\frac{12500}{\sqrt{3}\times 380\times 0.84}\mathrm{A}=22.6\mathrm{A}$$

也可将上述两个公式合并成一个公式，直接求出 I_N

$$I_{\mathrm{N}}=\frac{P_{\mathrm{N}}}{\sqrt{3}\,U_{\mathrm{N}}\cos\varphi_{\mathrm{N}}\eta_{\mathrm{N}}}=\frac{11000}{\sqrt{3}\times 380\times 0.84\times 0.88}\mathrm{A}=22.6\mathrm{A}$$

（3）定子绕组的相电流 I_P 为

$$I_{\mathrm{P}}=\frac{I_{\mathrm{N}}}{\sqrt{3}}=\frac{22.6}{\sqrt{3}}\mathrm{A}=13.1\mathrm{A}$$

练习与思考

7.6.1　额定电压 380/220V 的三相异步电动机，在什么情况下接成星形？在什么情况下接成三角形？在这两种接法下，其相电压是否相同？相电流是否相等？线电流是否相等，若不相等，差多少倍？

7.6.2　为什么不希望三相异步电动机长期空载或轻载运行？

7.7　单相异步电动机*

单相异步电动机是由单相交流电源供电的小功率电动机，在家用电器、电动工具中应用非常广泛。单相异步电动机的转子都是笼型的，根据定子绕组的不同，可分为电容分相式和罩极式两种。

在定子上放置单相绕组并通入单相交流电流便产生脉动磁场。定子绕组 W1W2 中电流 i_W 的参考方向如图 7-25（a）所示。i_W 的波形如图 7-25（b）所示。在 i_W 的正半周，电流从 W1 端流入，从 W2 端流出，产生的磁场方向向上，如图 7-25（c）所示；在 i_W 的负半周，电流从 W2 端流入，从 W1 端流出，产生的磁场方向向下，如图 7-25（d）所示。这种磁场的大小和方向都变化，但只能在两个方向上变化，称为脉动磁场。脉动磁场不能产生使转子旋转的转矩，故电动机启动不起来。

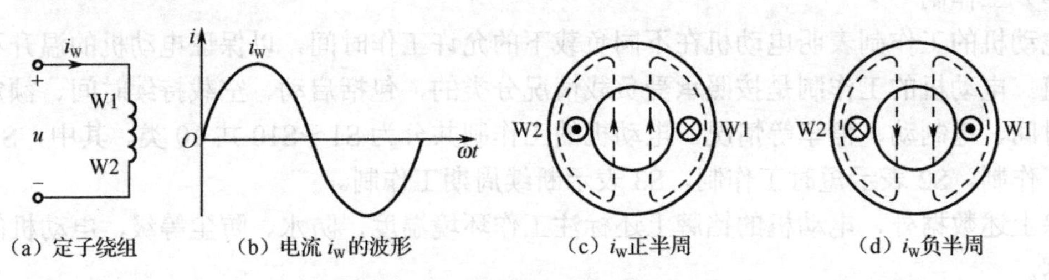

（a）定子绕组　（b）电流 i_W 的波形　（c）i_W 正半周　（d）i_W 负半周

图 7-25　单相电流产生的脉动磁场

1. 电容分相式单相异步电动机

为了使单相异步电动机转动起来，除工作绕组 W1W2 外，还需要增加一个启动绕组 S1S2，如图 7-26（a）所示。在启动绕组上串联一个电容，可使电流 i_S 超前电压 u，而工作绕组中的电流 i_W 滞后于电压 u。选择合适的电容量，使两个绕组中的电流 i_W 和 i_S 在相位上相差 90°，如图 7-26（b）所示。将两个绕组的始端在空间上放置成相差 90°，如图 7-26（c）所示。

这样两个具有90° 相位差的电流 i_W 和 i_S，通入两个空间上相差90° 的绕组 W1W2 和 S1S2 后，就产生旋转磁场，图 7-26（c）、（d）、（e）分别为 $\omega t = 0°$、$\omega t = 45°$、$\omega t = 90°$ 三种情况下，定子绕组产生的旋转磁场的位置。在这个旋转磁场的作用下，转子就会转动起来。

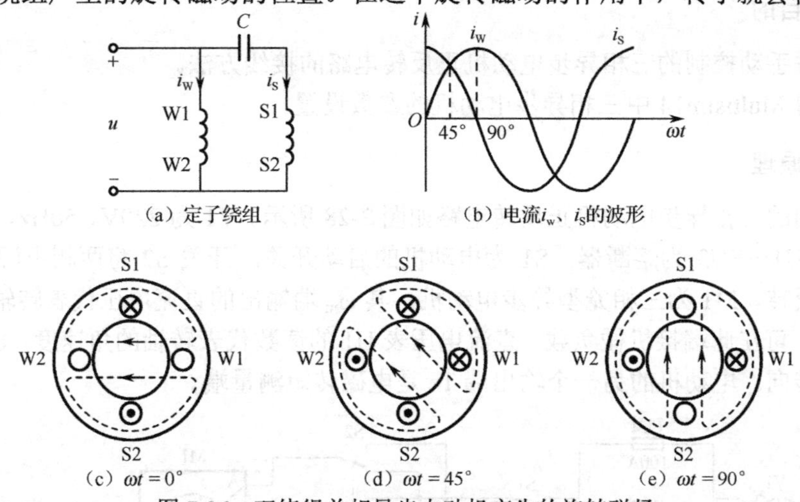

图 7-26 双绕组单相异步电动机产生的旋转磁场

电动机启动后有两种运行方式。一种是在启动绕组中串联一个开关，电动机启动后将启动绕组断开，电动机只在工作绕组通电的情况下工作；另一种是电动机启动后，启动绕组不断开，与工作绕组一起工作。在有些电动机中，两个绕组的参数相同，都是工作绕组，将电容分别接入不同的绕组中，可实现电动机的正转运行和反转运行。

2. 罩极式单相异步电动机

罩极式单相异步电动机的结构如图 7-27所示，其定子制成凸极式磁极，定子绕组绕在磁极上。在磁极表面约 1/3 位置开一个小凹槽，将一个磁极分成大、小两部分。在磁极的较小部分上套上一个闭合的铜环，铜环称为短路环或分磁环。

在定子绕组中通入交流电流后，每个磁极上产生的磁通将分为 Φ_1、Φ_2 两部分，交变磁通 Φ_2 在短路环中产生感应电流，由于这个感应电流的影响，使 Φ_2 在相位上落后于 Φ_1。这样两个在空间上和相位上都相差一定角度的磁通 Φ_1、Φ_2 便合成一个旋转磁场，其方向是从 Φ_1 指向 Φ_2，即从磁极的未罩部分转向被罩部分。在这个旋转磁场作用下，转子就能转动起来。这种电动机的启动转矩较小，一般用于电风扇中。

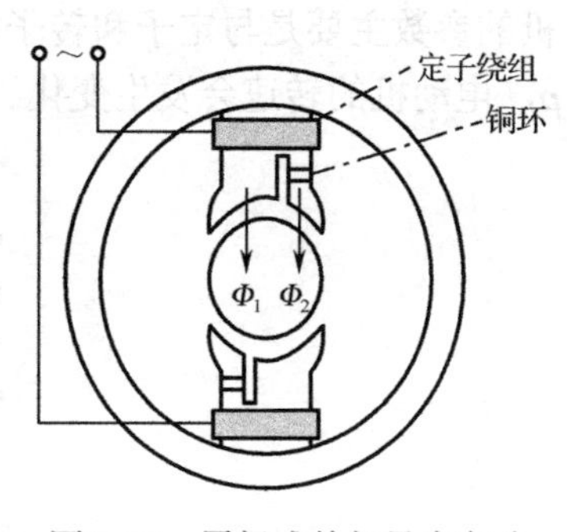

图 7-27 罩极式单相异步电动机的结构

练习与思考

7.7.1 三相异步电动机断了一根电源线后，是否相当于单相异步电动机？能否启动？能否长期运行？

7.7.2 罩极式单相异步电动机转子的转向能否改变？

7.8 Multisim14 仿真实验　手动控制的三相异步电动机正反转电路

1. 实验目的

（1）熟悉手动控制的三相异步电动机正反转电路的接线方法。

（2）学习 Multisim14 中三相异步电动机的参数设置。

2. 实验原理

手动控制的三相异步电动机正反转电路如图 7-28 所示。V1 为 220V、50Hz、Y 形连接的三相电源，FU1～FU3 为熔断器，S1 为电动机的启动开关。开关 S2 将两相电源对调，控制电动机的正反转。M1 为三相笼型异步电动机，其 ω_m 端输出的直流电压代表转轴的角速度，单位是 rad/s，可在此端接机械负载。直流电压表 U1 的读数代表转轴的角速度，U1 的正负号代表转轴的转向。电动机的另一个输出端 Te 是电磁转矩测量端。

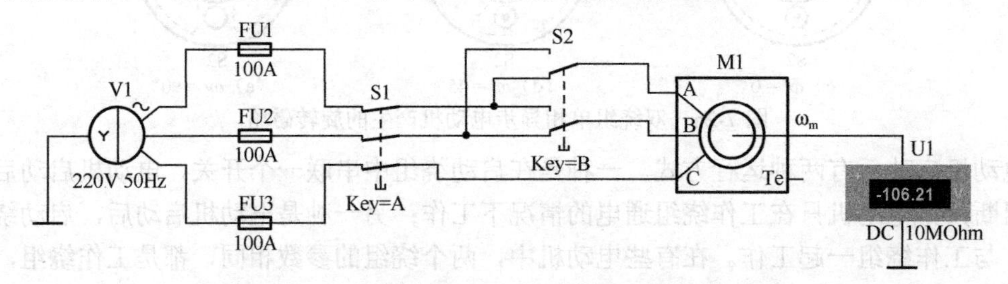

图 7-28　手动控制的三相异步电动机正反转仿真电路

双击电动机符号，打开其参数设置对话框，如图 7-29 所示，可设置电动机的参数。电动机的参数主要是与定子和转子电路中电阻、电感的数值有关，改变三相异步电动机的极对数 *p*，电动机的转速会发生变化。

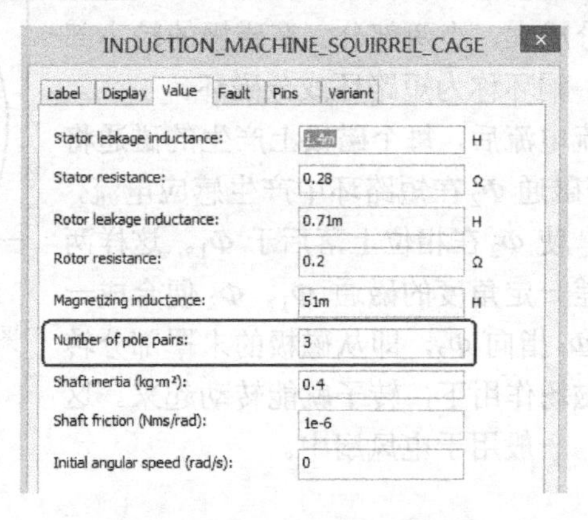

图 7-29　电动机参数的设置

3. 预习要求

（1）复习三相异步电动机的知识。

（2）学习 Multisim14 中笼型三相异步电动机的选取及参数设置的方法。

4．实验内容及步骤

（1）选取元器件构建电路。

新建一个设计，命名为“实验七 手动控制的三相异步电动机正反转电路”并保存。

从元件库中选取三相交流电源、熔断器、开关、电动机、电压表，放置到电路设计窗口中，修改元件的参数和名称，构建如图 7-28 所示的仿真电路。各元器件的所属库如表 7-4 所示。

表 7-4 手动控制的三相异步电动机正反转电路所用元器件及所属库

序 号	元 器 件	所 属 库
1	三刀单掷开关 3PST_SB	Electro_Mechanical/SUPPLEMENTARY_SWITCHES
2	双刀双掷开关 DPDT_SB	Electro_Mechanical/SUPPLEMENTARY_SWITCHES
3	熔断器 FUSE_RATED	Basic/RATED_VIRTUAL
4	接地 GROUND	Sources/POWER_SOURCES
5	笼型三相异步电动机 INDUCTION_MACHINE_SQUIRREL_CAGE	Electro_Mechanical/MACHINES
6	三相交流电源 THREE_PHASE_WYE	Sources/POWER_SOURCES

（2）设置三相交流电源 V1 的相电压有效值为 220V，频率为 50Hz。

（3）设置熔断器的熔断电流为 100A，若设置过小，则仿真时会熔断。

（4）设置开关 S1、S2 对应的键值分别为 A、B。

（5）闭合开关 S1，启动电动机，电压表 U1 的读数逐渐增大，代表电动机逐步加速。切换开关 S2 的状态，U1 的极性变化，代表电动机的转向发生变化。

练习与思考

在 Multisim14 的 Electro_Mechanical/MACHINES 元件库中选取绕线式三相异步电动机 INDUCTION_MACHINE_WOUND，在其转子电子电路中串联可变电阻，在定子电路中串联交流电流表，在 ω_m 端接直流电压表。改变可变电阻的阻值，观察其工作电流、转速的变化规律。

7.9 课外实践 电动机的应用实例

作为电动机的应用实例，本节介绍一款小型雕刻机，通过这个实例，使大家了解电动机在自动加工机床中的应用。雕刻机的外形如图 7-30 所示，主要由工作台、横梁、主轴电动机、雕刻刀等组成。雕刻刀可在 X 轴（左右）方向、Y 轴（前后）方向、Z 轴（上下）方向移动，将加工程序输入电脑，在电脑控制下，雕刻机可自动完成雕刻过程。

雕刻机可用于加工 PCB 板、胶合板、木制品、玻璃、金属、玉石等材料，根据不同加工材料和加工工艺要求，可选用磨削、切割、钻孔用的雕刻刀。

主轴电动机带动雕刻刀转动，500W 以下的主轴电动机一般使用直流电动机和专用调速器，并采用自然风冷的冷却形式。800W 以上的主轴电动机一般使用交流电动机和变频调速器，并采用水冷的冷却形式。

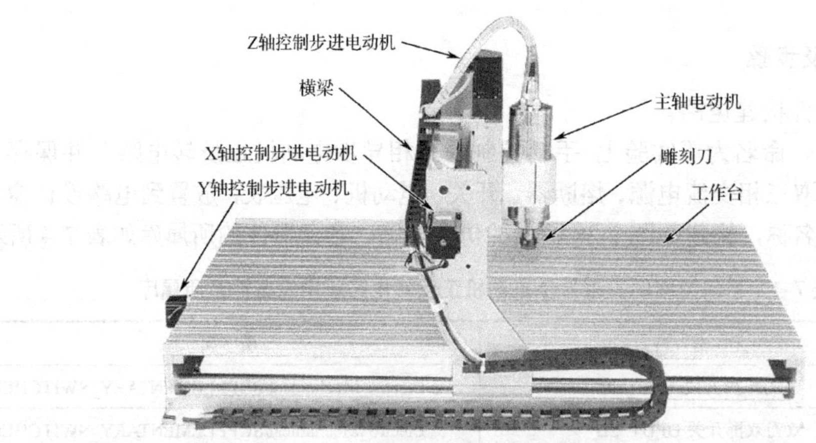

图 7-30　雕刻机的外形

主轴电动机和雕刻刀在 X、Y、Z 轴方向上的运动分别由 3 台步进电动机通过滚珠丝杠进行控制。步进电动机在指令控制下运行，每来一个指令，运行一步，即旋转一定的角度。通过步进电动机的控制，雕刻刀可做到精确定位。

图 7-31（a）、（b）是用雕刻机加工的平面雕刻制品，若要加工图 7-31（c）所示的立体雕刻制品，需要再增加一套机械装置，称为第 4 轴，如图 7-32 所示。

图 7-30 中的雕刻机称为机械加工雕刻机，将其中的主轴电动机和雕刻刀等组件更换成激光加工组件就成为激光雕刻机，也有一些雕刻机能将主轴电动机和雕刻刀组件更换为 3D 打印组件成为 3D 打印机。

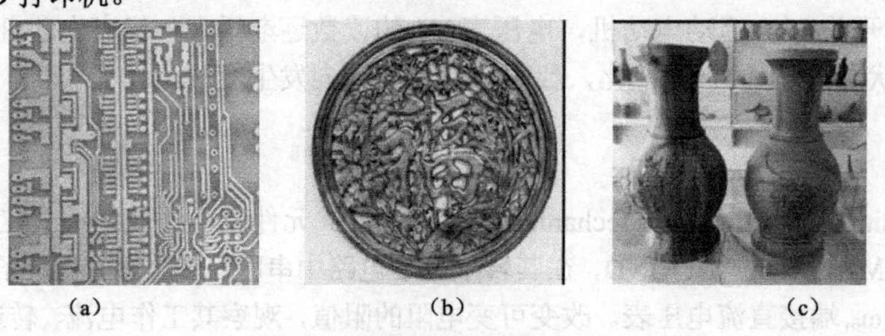

图 7-31　雕刻机雕刻的产品

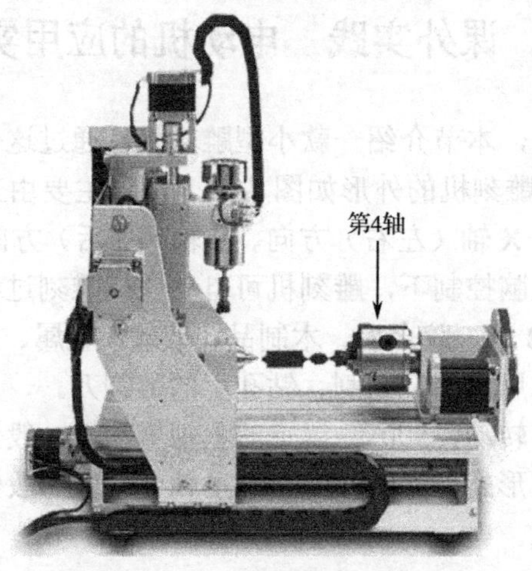

图 7-32　有第 4 轴的雕刻机

小结

三相交流异步电动机主要由定子和转子两部分构成。在定子绕组中通入三相交流电流，就产生旋转磁场。旋转磁场的方向取决于绕组中三相电流的相序，如果把三相电源线中的任意两根对调，则旋转磁场反转。旋转磁场的转速由电源频率及旋转磁场的磁极对数 p 决定，公式为

$$n_0 = \frac{60f_1}{p}$$

三相交流异步电动机的转动原理如下：转子导条与旋转磁场产生相对运动，导条切割磁力线，导条中产生感应电动势和感应电流，感应电流在磁场中受到电磁力的作用，产生电磁转矩 F，在电磁转矩作用下，转子跟随磁场旋转。

由于转子的转速总是小于旋转磁场的转速，故这种电动机称为异步电动机。

通常用转差率 s 来表示同步转速 n_0 与转子转速 n 之间相差的程度，即

$$s = \frac{n_0 - n}{n_0}$$

三相异步电动机中的电磁关系与变压器类似，定子绕组相当于变压器的一次绕组，转子绕组相当于变压器的二次绕组。定子绕组和转子绕组之间通过磁路传递能量，并将电能转换为机械能。

转子电路中的参数，如转子电流的频率、感应电动势、转子感抗、转子功率因数等均与转差率 s 有关。

三相异步电动机的电磁转矩的表达式为

$$T = K\frac{sR_2}{R_2^2 + s^2X_{20}^2}U_1^2$$

电磁转矩 T 与 U_1 的平方成正比，与转差率 s 及转子电阻 R_2 有关。

电动机在额定负载时的额定转矩为

$$T_{\mathrm{N}} = 9550\frac{P_{\mathrm{N}}}{n_{\mathrm{N}}}$$

电磁转矩的最大值称为最大转矩。电动机启动时的电磁转矩称为启动转矩。

异步电动机的启动电流很大，一般是额定电流的 5～7 倍。容量较大的电动机一般要采取降压启动的方法。常用的降压启动方法有星形–三角形降压启动和自耦变压器降压启动等。

星形–三角形（Y–Δ）降压启动方法适用于正常工作时接成三角形连接的电动机。启动电流是全压直接启动的 1/3，启动转矩也降为全压直接启动的 1/3。

采用自耦变压器降压启动时，若自耦变压器的降压比为 K，则电动机的启动电流和启动转矩都降为直接启动的 K^2 倍。

绕线式异步电动机在转子电路串联电阻启动的方法，能够降低启动电流，但不降低（甚至增大）启动转矩，这种启动方法可以用于重载启动的场合。

三相异步电动机常用的调速方法有变极调速、变频调速和变转差率调速。

三相异步电动机常用的制动方法有能耗制动和反接制动。

要正确使用电动机，需要明确其铭牌上各参数的意义。主要应了解：额定功率是指电动

机在额定状态下轴上输出的机械功率，额定电压是指电动机在额定状态下定子绕组应加的线电压，额定电流是指额定状态下定子绕组的线电流。

习 题

7-1 三相异步电动机电磁转矩的产生是由于（ ）的相互作用。

A．定子磁场与定子电流　B．转子磁场与转子电流

C．旋转磁场与定子电流　D．旋转磁场与转子电流

7-2 若三相异步电动机的转差率 $s=1$，则其转速为（ ）。

A．同步转速　B．额定转速　C．零　D．低于额定转速

7-3 某三相异步电动机的额定频率为50Hz，额定转速为980r/min，其极对数 p 为（ ）。

A．1　B．2　C．3　D．4

7-4 电动机的转矩特性是指（ ）的关系特性。

A．电磁转矩与转速　B．电磁转矩与转差率　C．电磁转矩与功率

7-5 有两台三相异步电动机的额定电压分别为①380V/220V、②660/380V，当电源线电压为380V时，哪台三相异步电动机能进行Y-Δ降压启动？（ ）。

A．1　B．2　C．1和2都能　D．1和2都不能

7-6 三相异步电动机在Y-Δ启动时，其启动电流之比 $I_{stY}/I_{st\Delta}$ 和启动转矩之比 $T_{stY}/T_{st\Delta}$ 分别为（ ）。

A．1/3，1/3　B．1/3，3　C．3，1/3　D．3，3

7-7 三相异步电动机铭牌上所标的功率是指它在额定运行时的（ ）。

A．视在功率　B．输入电功率　C．轴上输出的机械功率

7-8 一台三相异步电动机的额定电压为380V/220V，当电源线电压为380V时，不能采用哪种启动方法？（ ）

A．Y-Δ减压启动；　B．自耦变压器减压启动；

C．全压启动；　D．软启动器启动

7-9 一台四个磁极的三相异步电动机，额定转速为1440r/min，额定功率为4kW，则其输出转矩为（ ）。

A．30.5N·m　B．14.3N·m　C．28.4N·m　D．26.5N·m

7-10 某笼型异步电动机的启动电流为90A，启动转矩为400N·m。当采用降压比 $K_A=0.8$ 的自耦变压器降压启动时，启动电流为（ ）。

A．51.2A　B．75.2A　C．68.4A　D．57.6A

7-11 某三相异步电动机的转速为 $n=960$r/min，电源频率 $f_1=50$Hz。求电动机的极对数 p、转差率 s、旋转磁场与转子的相对转速 n_0-n、转子电流频率 f_2。

7-12 一台三角形连接的三相异步电动机，接于线电压 $U_L=380$V 的三相电源上，测得线电流 $I_L=102$A，从电源取得的功率 $P_1=55$kW。求电动机定子绕组的电阻 R 和感抗 X_L。

7-13 一台三相异步电动机的铭牌数据如下：Δ接法，$P_N=15$kW，$n_N=1440$r/min，$U_N=380$V，$I_N=32$A，$\cos\varphi=0.81$，$f_1=50$Hz。求电动机的额定转差率 s_N、定子绕组的相电流 I_P、输入功率 P_1 和效率 η。

7-14　某三相异步电动机的铭牌数据如下：Δ 接法，$P_N = 36kW$，$n_N = 1455r/min$，$U_N = 380V$，$I_N = 78.5A$，$\eta = 0.81$，$f_1 = 50Hz$，$T_{st}/T_N = 1.8$，$I_{st}/I_N = 7.0$。求：（1）转差率 s_N；（2）功率因数 $\cos\varphi$；（3）启动电流 I_{st}；（4）启动转矩 T_{st}。

7-15　在习题 7-14 中，如果采用 Y-Δ 启动，求：（1）启动电流 I_{stY} 和启动转矩 T_{stY}；（2）能否带动 $0.65T_N$ 和 $0.5T_N$ 的负载启动？

7-16　在习题 7-14 中，如果采用自耦变压器降压启动。求：（1）若降压比 $K = 0.8$，求启动电流 I'_{st} 和启动转矩 T'_{st} 分别为多少；（2）若带动 $0.8T_N$ 的负载启动，降压比 K 应为多少？

7-17　一台三相异步电动机的铭牌数据如下：Δ/Y 接法，$P_N = 10kW$，$n_N = 960r/min$，$U_N = 220/380V$，$\cos\varphi = 0.80$，$\eta_N = 0.85$，$f_1 = 50Hz$，$I_{st}/I_N = 6.5$，$T_{st}/T_N = 1.9$。求：（1）Δ 接法时的启动电流 $I_{st\Delta}$ 和启动转矩 $T_{st\Delta}$；（2）Y 接法时的启动电流 I_{stY} 和启动转矩 T_{stY}。

7-18　某三相异步电动机的额定数据如表 7-5 所示。

表 7-5　某三相异步电动机的额定数据

f_1/Hz	P_N/kW	n_N/（r/min）	U_N/V	η_N	I_N/A	T_{st}/T_N	I_{st}/I_N	接法
50	65	1440	380	0.85	135	2.2	6.5	Δ

试求：（1）额定转差率 s_N；（2）输入功率 P_1；（3）功率因数 $\cos\varphi$；（4）额定转矩 T_N。

7-19　某三相异步电动机的额定数据如表 7-5 所示。试求：（1）电动机的启动电流 $I_{st\Delta}$ 和启动转矩 $T_{st\Delta}$；（2）Y-Δ 启动时的启动电流 I_{stY} 和启动转矩 T_{stY}；（3）若采用降压比 $K = 0.6$ 的自耦变压器降压启动，求启动电流 I'_{st} 和启动转矩 T'_{st}。

7-20　一台三相异步电动机，额定功率 $P_N = 40kW$，$n_N = 1450r/min$，$T_{st}/T_N = 1.2$，$T_{max}/T_N = 2.0$，Δ接法，$f_N = 50Hz$，$U_N = 380V$，$\cos\varphi_N = 0.89$，$I_N = 79A$，极对数 $p = 2$。求该电动机的（1）额定转差率 s_N、输入功率 P_1、效率 η_N；（2）额定转矩 T_N、启动转矩 T_{st} 和最大转矩 T_{max}。

第8章　电气自动控制

在现代工农业生产中，生产机械的运动主要由电动机来拖动，通过控制电动机的运行，就能实现生产过程的自动控制。

传统的电气自动控制使用开关、按钮、继电器、接触器等有触点的控制电器来实现，这种控制系统也称为继电接触器控制系统。其优点是设备简单、造价低、维护容易等，缺点是控制精度低、自动化程度低、体积大，现在只用于一些简单的电气设备中。

随着电子技术的发展，出现了晶体管、晶闸管等许多新型半导体器件，利用它们的开关特性，可以通断高电压、大电流的负载，从而代替传统的继电接触器。这些控制器件没有机械触点，具有效率高、反应速度快、寿命长、体积小、重量轻等优点，它们与计算机技术的结合，使电气控制系统的自动化程度更高。现在，在很多较复杂的电气设备中，是将传统继电接触器控制系统与现代电子技术相结合，以提高控制系统的自动化程度。

可编程序控制器（PLC）就是一种用于电气自动控制的专用计算机，用于较复杂的控制系统中取代传统的继电接触器系统。

本章主要介绍继电接触器系统中常用控制电器的结构、工作原理，以及常用控制电路的工作原理，包括电动机的启动、停止、正反转、行程控制、顺序控制、时间控制等；并简要介绍可编程序控制器的使用和编程方法。

8.1　常用低压控制电器

电气元件的品种繁多，功能及用途各不相同，主要的分类方法有：

（1）按工作电压的不同，可分为高压电器和低压电器。

把用于交流电压 1200V 或直流电压 1500V 及以上电路中的电器称为高压电器，如高压断路器、高压熔断器、高压隔离开关等；把用于 50Hz（或 60Hz）交流电压 1200V 或直流电压 1500V 以下电路中的电器称为低压电器，如继电器、接触器等。

（2）按控制方式不同，可分为手动电器和自动电器。

通过人的操作发出动作指令的电器称为手动电器，例如各种刀开关、按钮等；通过电磁力完成动作指令的电器称为自动电器，如接触器、继电器等。

（3）按用途不同，可分为主令电器、保护电器、执行电器等。

用于向电气控制系统中发送指令的电器称为主令电器，如按钮、转换开关等；用于保护电气设备的电器称为保护电器，如熔断器、热继电器等；用于执行某种动作或功能的电器称为执行电器，如电磁铁、接触器等。

1. 按钮

按钮是用于控制电路接通或断电的主令电器，一般由按钮帽、释放弹簧、动触点、静触点、外壳等组成，其外形、结构、符号如图 8-1 所示。

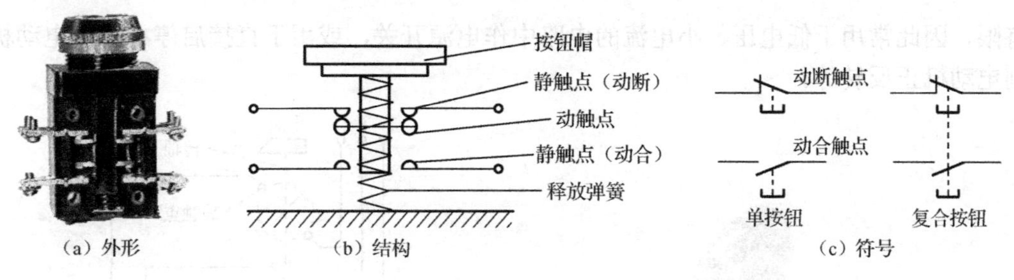

图 8-1　按钮

图 8-1（b）中画出了按钮未按下前的状态。上面的一组静触点与动触点接通，称为动断触点；下面的一组静触点与动触点断开，称为动合触点。若按下按钮帽，动触点向下移，动断触点断开，动合触点闭合。松开按钮帽后，在弹簧作用下按钮复位，动触点向上移，动合触点断开，动断触点闭合。

这种既有动断触点又有动合触点的按钮，称为复合按钮。只有一组动合触点或动断触点的按钮称为单按钮。

需要注意，图 8-1（b）中复合按钮的动断、动合两组触点按一定顺序动作。当按钮按下时，动断触点先断开，动合触点后闭合；当松开按钮帽后，动合触点先断开，动断触点后闭合。动断、动合两组触点的动作时间一般相差十几毫秒。了解这个动作顺序，对分析和设计控制电路非常有用，有些电气控制电路中就利用了这个特性。若不考虑两组触点的动作顺序，控制电路就会出现误动作并产生电气事故。

2. 开关

开关起接通或断开电路的作用，开关的种类很多，包括刀开关、组合开关、行程开关等。

刀开关也称为闸刀开关，其外形如图 8-2 所示，图 8-3 所示是其符号。刀开关按接触刀片的多少，可分为单极、双极、多极等，每种又有单投和双投之分。用刀开关断开感性负载时，在接触刀片与静触点之间会产生电弧。较大的电弧会引起电源相间短路，造成火灾或人身事故，所以在高电压、大电流电路中，刀开关只作隔离开关用，不允许带负荷操作。在低电压、小电流的电路中刀开关可以带负荷操作，一般要加灭弧罩。

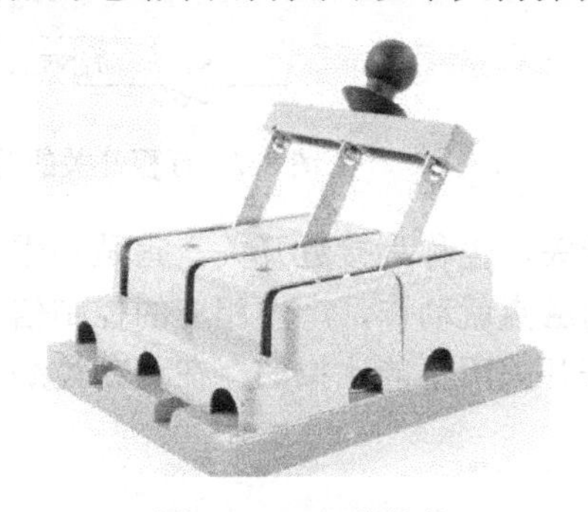

图 8-2　刀开关的外形

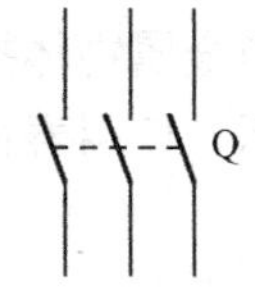

图 8-3　刀开关的符号

组合开关也称为转换开关，是由数层动、静触片组装在绝缘盒内制成的，其外形如图 8-4 所示，其工作原理如图 8-5 所示。动触片装在转轴上，用手柄转动转轴可使动触片与静触片接通或断开。

组合开关中的弹簧可使动、静触片迅速断开，有利于熄灭电弧，但其触片通过电流的能力有限，因此常用于低电压、小电流的电路中作电源开关，或用于直接启停小功率电动机、控制电动机正反转等。

图 8-4　组合开关的外形

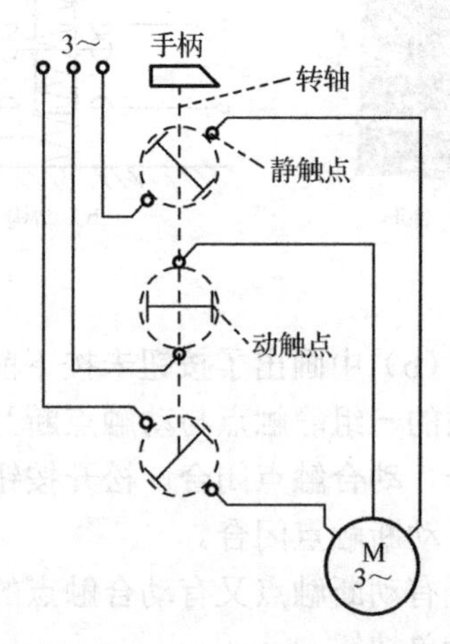

图 8-5　组合开关的工作原理

行程开关也称为限位开关或终点开关，是由运动部件的碰触而动作的。行程开关一般放置在运动部件行程的终点处，当运动部件移动到到终点处时，碰撞行程开关，使行程开关内部的触点动作，产生控制信号，使运动部件停止。行程开关在各类机床和起重机械中得到广泛应用。

行程开关有撞块式（也称直线式）、滚轮式、微动式和组合式等结构。滚轮式又分为自动恢复式和非自动恢复式两种，非自动恢复式需要运动部件的反向撞击才能复位。图 8-6 所示是行程开关的外形，图 8-7 所示是行程开关的符号。

图 8-6　行程开关的外形

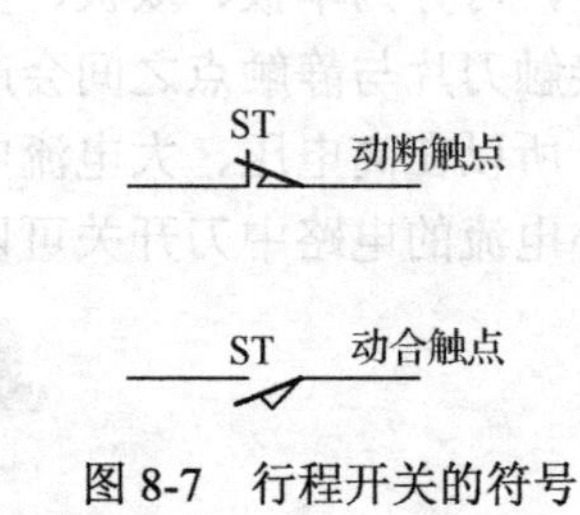

图 8-7　行程开关的符号

随着电子技术的发展，出现了一种无触点开关，也称为接近开关。它是利用电磁感应原理工作的，当金属物体接近感应区域时，内部的触点就动作，产生相应的控制信号。这种开关不容易损坏、使用寿命长，是一般机械式行程开关所不能比拟的，在自动控制系统中得到了广泛应用。

3．熔断器

熔断器是一种保护电器，将其串联在电路中，起到短路保护的作用。熔断器中的熔丝或熔片用电阻率较高的低熔点合金制成，如铅锡合金等，或用截面积很小的良导体制成，例如铜、银等。在额定电流下工作时，熔断器如同普通导线，当发生短路故障或严重过载时，熔断器熔断，切断电源，保护电路上其他电器设备不受损坏。

熔断器按照其结构和特点可分为插入式、螺旋式、无填料密封式、有填料密封式、快速式等，图 8-8 所示是一些熔断器的外形，图 8-9 所示是熔断器的符号。

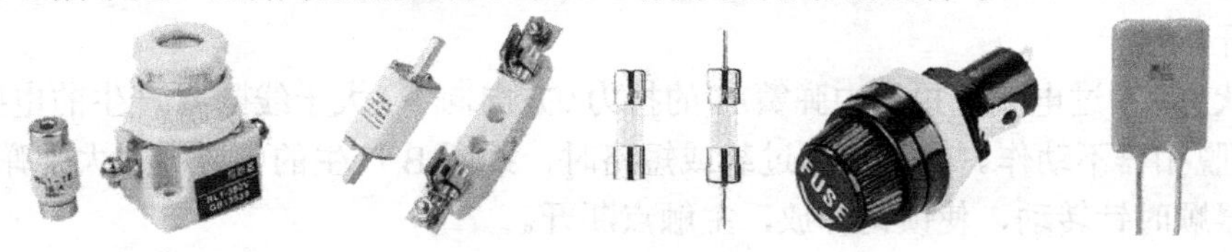

图 8-8　熔断器的外形

图 8-9　熔断器的符号

熔断器额定电流 I_N 的选择方法如下：

（1）对于电灯、电阻炉等电阻性负载，I_N 应等于或略大于负载的额定电流 I_L，即

$$I_N \geqslant I_L$$

（2）对于不频繁启动的电动机

$$I_N \geqslant 电动机的启动电流/2.5$$

（3）对于频率启动的电动机

$$I_N \geqslant 电动机的启动电流/（1.6\sim2）$$

普通熔断器发生短路后熔断熔丝，故障排除后，需更换新的熔断器，而自恢复熔断器是由高科技聚合树脂及纳米导电晶粒经特殊工艺加工制成的新型熔断器。正常情况下，导电晶粒被树脂粘合在一起，形成导电通路。它有一定的电阻，当过载或短路时，大电流使其温度升高，当温度高于熔点时，树脂材料迅速膨胀，导电晶粒之间被隔断，熔断器呈高阻状态，电流被迅速夹断，从而对电路进行快速保护。当断电或故障排除后，其温度降低，树脂材料收缩复原，导电晶粒间的导电通路恢复，自恢复熔断器恢复为正常状态，无须更换。

4．空气断路器

空气断路器也称为自动空气开关，是一种常用的低压电器。除了具有开关功能外，还具有多种保护功能，如短路保护、过载保护、失电压保护、漏电保护等。常用于低压配电网络中接通或切断电源，也可用于不频繁地启动电动机。

空气开关由主触点、灭弧系统、操作机构、保护机构等组成，图 8-10 所示是空气开关的原理图。

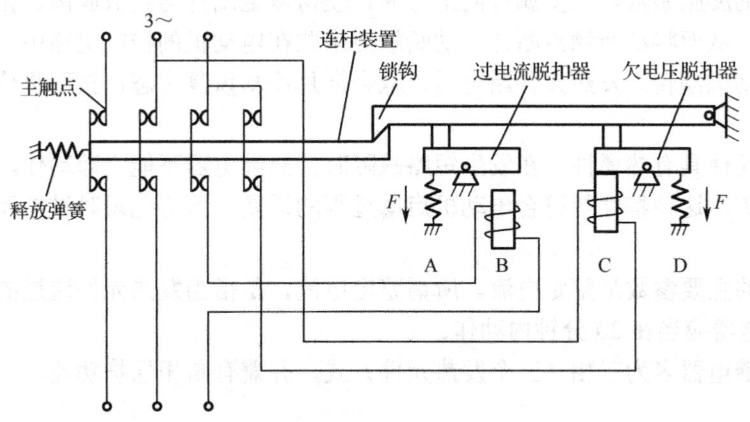

图 8-10　空气开关的原理图

主触点由手动操作机构来闭合，当主触点闭合后，通过连杆装置和锁钩使主触点保持闭合状态。电路出现故障时，锁钩释放（上移），连杆装置在释放弹簧作用下快速向左移动，使主触点断开。

正常状态下，过电流脱扣器中弹簧A的拉力（方向向下）大于线圈B产生的电磁吸力（方向向下），脱扣器不动作。出现严重过载或短路时，线圈B产生的电磁吸力大于弹簧A的拉力，脱扣器顺时针转动，使锁钩释放，主触点断开。

正常状态下，欠电压脱扣器中线圈C产生的电磁吸力（方向向下）大于弹簧D的拉力（方向向下），脱扣器不动作。在电压严重下降或断电时，线圈C产生的电磁吸力小于弹簧D的拉力，脱扣器顺时针转动，使锁钩释放，主触点断开。

脱扣机构动作后，必须重新合闸才能工作。

5. 热继电器

热继电器用作电动机的过载保护，它是利用电流的热效应工作的，主要由发热元件、双金属片、执行机构、整定装置和触点等组成，其外形、工作原理和符号如图8-11所示。

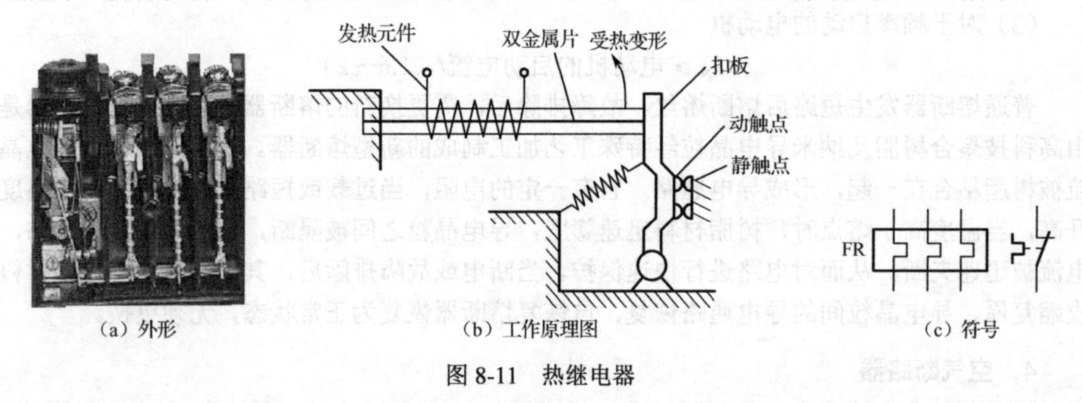

图8-11　热继电器

发热元件是一段电阻不大的电阻丝，串联在电动机的主电路中。双金属片是由两种膨胀系数不同的金属碾压而成的，发热元件绕在双金属片上，两者相互绝缘。

电流不超过额定值时，发热元件的发热不严重，双金属片变形不大，热继电器不动作。若电流超过额定值，发热元件的发热严重，使双金属片变形，由于下面金属片的膨胀系数大于上面金属片的膨胀系数，双金属片向上弯曲，使得双金属片与扣板脱离。扣板在弹簧作用下逆时针转动，从而将动断触点断开。动断触点串联在电动机的控制电路中，使电动机控制电路断电，电动机停转。发热元件断电后，双金属片冷却恢复常态，按下复位按钮可使动断触点复位。

由于发热元件具有热惯性，在发生短路故障时，热继电器不能立即动作，故热继电器不能用作短路保护。这种特性却符合电动机启动过程的需要，可避免短时过电流而造成不必要的停车。

热继电器的主要参数是整定电流。所谓整定电流，是指当发热元件通过的电流超过此值20%时，热继电器应当在20分钟内动作。

目前，热继电器多为三相（三个发热元件）式，并兼有断相保护功能。

6. 交流接触器

交流接触器用于接通或断开电动机或其他电气设备的主电路，是继电接触器控制系统中的主要器件。它利用电磁力控制触点的通断，可做到远距离控制。其触点由银钨合金制成，具有良好的导电性和耐高温烧蚀性，可以频繁地启停交流电动机。

交流接触器主要由电磁系统、触点系统和灭弧系统三大部分组成，其外形如图 8-12 所示，内部结构如图 8-13 所示，符号如图 8-14所示。

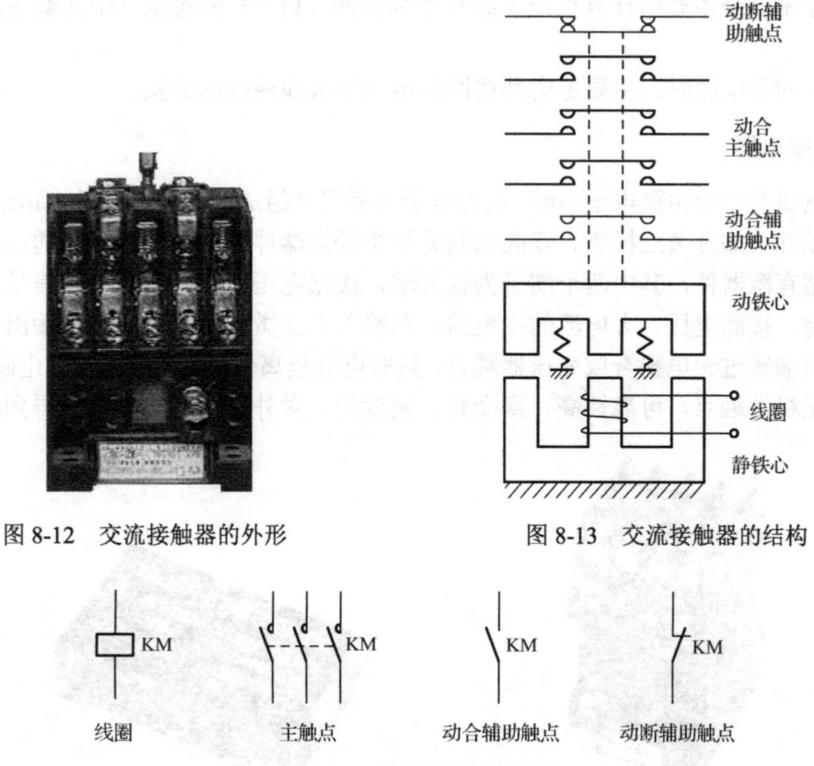

图 8-12　交流接触器的外形

图 8-13　交流接触器的结构

图 8-14　交流接触器的符号

电磁系统由静铁心、动铁心、线圈等组成，依靠动铁心的运动，带动触点接通或断开。触点系统是接触器的执行部分，包括主触点和辅助触点。主触点的作用是接通和分断主回路，可控制较大电流的通断，辅助触点用于控制回路中，实现一定的逻辑控制功能。灭弧装置用来保证在主触点断开电路时，产生的电弧能迅速熄灭，减少电弧对触点的损伤。主触点通常做成桥式，即它有两个断点，这样可降低断开时加在触点上的电压，使电弧更容易熄灭。

在图 8-13 中，当线圈通电时，动铁心被吸合（向下移动），带动触点动作，使动合触点闭合，动断触点断开；当线圈断电时，电磁吸力消失，在释放弹簧作用下动铁心复位（向上移动），使触点恢复到原状态。

交流接触器的主触点一般有 3 个，辅助触点可以有多个。在选用交流接触器时，应注意线圈的额定电压、触点的额定电流以及触点的数量。

将交流接触器和热继电器组装在一起，称为磁力启动器，用作三相异步电动机的启停控制和运行中的过载保护。

7. 中间继电器

中间继电器是为弥补交流接触器的辅助触点数目不足而设计的，其结构与交流接触器相同，它有多个触点，但触点允许通过的电流较小，只能用于控制电路中，不能用于主电路中。它与交流接触器的主要区别是交流接触器有主触点，而中间继电器没有主触点，只有辅助触点。中间继电器的外形如图 8-15 所示。

中间继电器用于控制电路中，可实现一定的逻辑控制要求。在现代电气自动控制系统中，复杂的逻辑控制部分主要由计算机或可编程序控制器（PLC）来实现，中间继电器的使用逐渐减少。

在选用中间继电器时，主要考虑其线圈的电压等级和触点的数量。

8. 固态继电器

固态继电器是一种由微电子电路、电力电子功率器件组成的无触点开关，如图 8-16 所示。它利用电子元件（如开关三极管、双向晶闸管等半导体器件）的开关特性接通或断开电路。它是一种四端有源器件，其中两个端子为输入端，接低电压、小电流的控制信号；另外两个端子为输出端，接高电压、大电流的主电路。在输入端加微小信号，可控制输出端的通断。输入端与输出端通过光电耦合或变压器耦合，具有电气隔离作用。较之普通的电磁式继电器，固态继电器无机械触点，可靠性高、寿命长、速度快、对外界的干扰小，已得到广泛应用。

图 8-15　中间继电器

图 8-16　固态继电器

练习与思考

开关与按钮有什么区别？

8.2　三相异步电动机的启停控制电路

1. 启停控制电路的组成及工作过程

三相异步电动机启停控制电路如图 8-17 所示，由组合开关 Q、熔断器 FU、交流接触器 KM、启动按钮 SB2、停止按钮 SB1、热继电器 FR 等电气元件组成。图中，交流接触器画出了结构图，其他电气元件用符号表示。

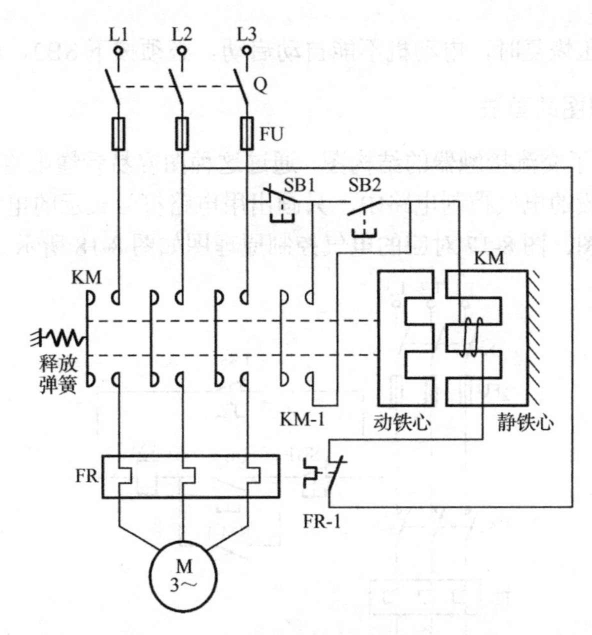

图 8-17　三相异步电动机启停控制电路

（1）启动过程

先合上开关 Q，再按下启动按钮 SB2，接触器 KM 的线圈通电，电磁吸力使动铁心吸合（向右移动），带动三个主触点闭合，电动机通电运行。

（2）连续运行的实现

动铁心吸合时，同时带动辅助触点 KM-1 闭合，KM-1 与 SB2 并联，旁路 SB2，使 KM 的线圈在松开按钮 SB2 后，仍能继续通电，从而实现了电动机连续运行。KM-1 称为自锁触点。电动机的连续运行也称为长动。

若把连接 KM-1 的连线去掉，按下 SB2 时，则 KM 的线圈通电，电动机运行；松开 SB2 后，KM 的线圈就断电，电动机停车，这种运行方式称为点动。

（3）停车

按下停止按钮 SB1，KM 的线圈断电，在弹簧作用下动铁心复位（向左移动），带动三个主触点断开，电动机断电停车。动铁心复位后，自锁触点 KM-1 也随之断开。

2．启停控制电路中的保护措施

为了保证电动机安全、可靠地运行，电路中采取了短路保护、过载保护、失压保护等保护措施。

熔断器 FU 起短路保护作用。一旦发生短路，熔丝立即熔断，电动机停车。

热继电器 FR 起过载保护作用。电动机长时间过载时，发热元件发热，使热继电器的动断触点 FR-1 断开，与其串联的 KM 的线圈断电，电动机停车。

热继电器一般采用三个发热元件，若电动机在运行过程中断了一相成为单相运行时，仍然有两个发热元件工作，对电动机起过载保护作用。若热继电器中只有两个发热元件，也能起到缺相保护作用，但可靠性降低。

失压保护也称为零压保护，是由交流接触器 KM 实现的。在电源电压严重下降或断电时，KM 的线圈产生的电磁吸力减小或降为零，动铁心释放，主触点和自锁触点 KM-1 断开，电动机停车。当电源电压恢复时，电动机不能自动启动。必须按下 SB2，电动机才能启动。

3．电气控制原理图的画法

在图 8-17 中画出了交流接触器的结构图，通过这种图容易看懂电路的工作过程，但画起来却比较麻烦。在一般的电气控制电路中，只画出用电路符号表示的电气控制原理图而不画出其实际的电路结构图。图 8-17 对应的电气控制原理图如图 8-18 所示。

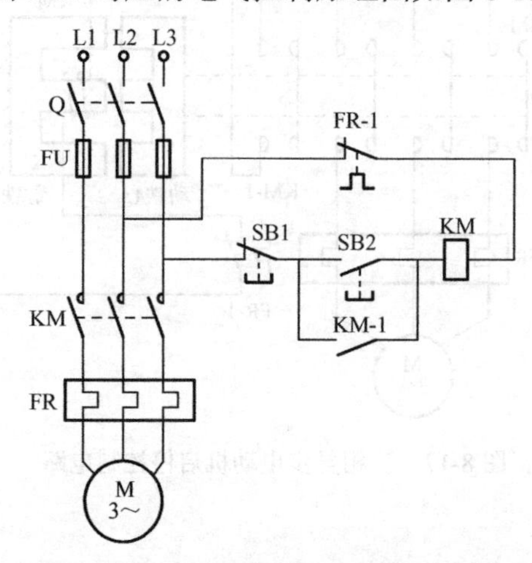

图 8-18　图 8-17 所示的启停控制电路的电气控制原理图

在图 8-18 中，组合开关 Q、熔断器 FU、接触器 KM 的三个主触点、热继电器 FR 的发热元件和电动机组成了电气控制电路中的主电路。主电路就是给电动机供电的电路，通过的电流较大。

停止按钮 SB1、启动按钮 SB2、接触器 KM 的线圈、自锁触点 KM-1、热继电器的动断触点 FR-1 等组成了控制电路。控制电路能控制主电路的通断，并可实现一定的逻辑运算功能。控制电路中通过的电流较小。

为了便于识图，对电气控制原理图的画法做了统一的规定，设定了统一的标准，画图时应遵守相关规定和标准。

（1）各种电气设备要用规定的符号来表示。

（2）同一电气设备的各个部件（如接触器中的线圈与触点）是分散画出的，有些画在主电路中，有些画在控制电路中。为了便于识别，它们应当使用统一的名称[①]。

（3）所有电气设备的触点均画出在起始情况下所处的状态，即没有通电也没有机械动作时的状态；对于按钮，即未按下时的状态；对于交流接触器，即线圈没有通电，铁心未吸合的状态。

练习与思考

8.2.1　热继电器中有三个或两个发热元件时，都能对电动机起到缺相保护作用，若只有

① 规定在电气原理图中交流接触器的线圈、主触点、辅助触点应使用统一名称，如 KM。本教材中为了叙述准确和方便，对辅助触点进行了编号，如图 8-18 中的自锁触点编号为 KM-1。

一个发热元件，能否起到缺相保护作用？

8.2.2 热继电器在电路中是怎样连接的，能否起短路保护作用？

8.2.3 什么是零压保护？直接用刀开关启停电动机的电路有无零压保护作用？

8.3 三相异步电动机的正反转控制电路

很多生产机械需要在正反两个方向运动，一般是通过电动机的正反转来实现的。例如，机床工作台的前进与后退，起重机的上升与下降等。

1. 简单的正反转控制电路

实现电动机正反转的电气控制电路如图 8-19 所示，它相当于两个启停控制电路的简单组合。

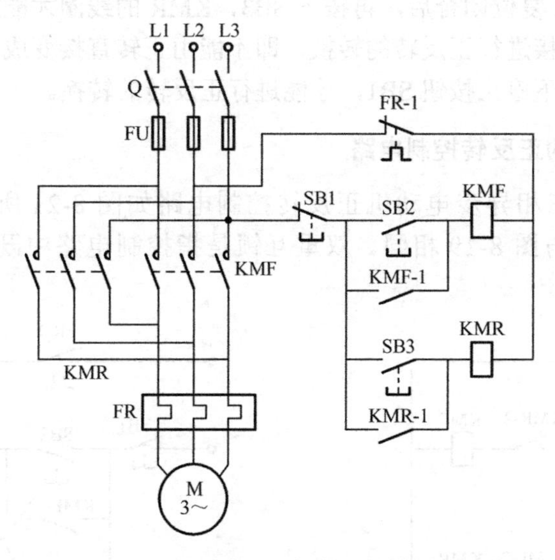

图 8-19 三相异步电动机的正反转控制电路

（1）正转启停控制

正转控制电路由正转接触器 KMF、正转启动按钮 SB2、停止按钮 SB1 等组成。合上开关 Q，按下 SB2，KMF 的线圈通电，其主触点闭合，电动机正转。辅助触点 KMF-1 实现自锁控制。按下 SB1，KMF 的线圈断电，其主触点断开，电动机停转。

（2）反转启停控制

反转控制电路由反转接触器 KMR、反转启动按钮 SB3、停止按钮 SB1 等组成。合上开关 Q，按下 SB3，KMR 的线圈通电，其主触点闭合，实现两相电源对调，电动机反转。辅助触点 KMR-1 实现自锁控制。按下 SB1，KMR 的线圈断电，其主触点断开，电动机停转。

该电路具有短路保护、过载保护和失压保护功能，其工作原理与启停控制电路相同。

该电路存在安全问题，若同时按下 SB1 和 SB2，KMF 和 KMR 的线圈同时通电，它们的主触点同时闭合，将会造成三相电源的短路。

2．具有电气互锁的正反转控制电路

具有电气互锁的三相异步电动机正反转控制电路如图 8-20 所示，图中只画出了控制电路部分，主电路与图 8-19 相同。

在图 8-20 中，KMF 的动断辅助触点 KMF-2 与 KMR 的线圈相串联，当 KMF 的线圈通电时，KMF-2 断开，使 KMR 的线圈不能通电，保证了两个接触器的线圈不能同时通电，它们的主触点不能同时闭合，防止三相电源短路事故的产生。这种保护功能称为互锁或连锁，触点 KMF-2 称为互锁触点。

同理，KMR 的动断辅助触点 KMR-2 与 KMF 的线圈相串联，当 KMR 的线圈通电时，KMR-2 断开，使 KMF 的线圈不能通电，实现了电气互锁控制，KMR-2 也是互锁触点。

正转时，按下反转启动按钮 SB3 不起作用，必须先按下停止按钮 SB1，等 KMF 的线圈断电，互锁触点 KMF-2 复位闭合后，再按下 SB3，KMR 的线圈才能通电，实现电动机的反转。所以该电路不能直接进行正反转的转换，即不能由正转直接变成反转，也不能由反转直接变成正转，必须先按下停止按钮 SB1，才能进行正反转的转换。

3．具有双重互锁的正反转控制电路

具有双重互锁的三相异步电动机正反转控制电路如图 8-21 所示，图中只画出了控制电路部分，主电路与图 8-19 相同。双重互锁是指控制电路中既有电气互锁又有机械互锁。

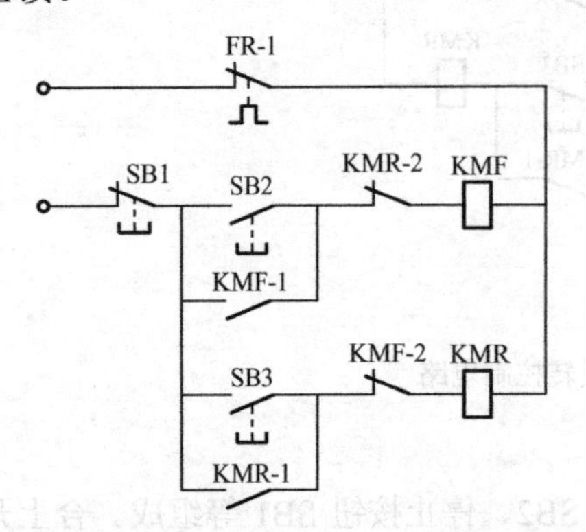

图 8-20　具有电气互锁的正反转控制电路

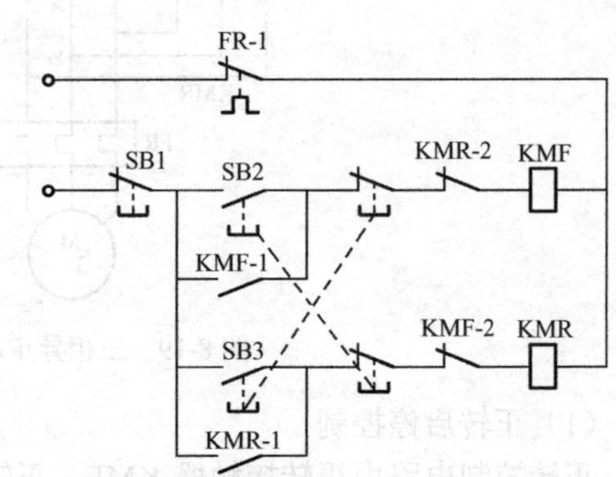

图 8-21　具有双重互锁的三相异步电动机正反转控制电路

在图 8-21 中，SB2 的动断触点与 KMR 的线圈相串联。当 KMR 的线圈通电时，按下 SB2，SB2 的动断触点先断开，使 KMR 的线圈断电，互锁触点 KMR-2 复位闭合，然后 SB2 的动合触点接通，使 KMF 的线圈通电，实现了由反转直接变成正转的控制。同理，SB3 的动断触点与 KMF 的线圈串联，按下按钮 SB3 时，也能实现由正转直接变成反转。

将一个按钮的动合触点和动断触点分别与两个接触器的线圈相串联，以保证按钮按下时，这两个接触器的线圈不能同时通电，这种保护措施称为机械互锁。

练习与思考

自锁与互锁有什么区别？

8.4　行程控制

行程控制也称为限位控制，就是当运动部件到达一定位置时，碰撞行程开关，产生控制信号，改变运动部件的运行方式，或者使运动部件停止运行，再或者使运动部件自动返回。

1. 限位控制

图 8-22 为某生产机械中工作台的运行轨迹示意图，当工作台前进到终点时，撞块 A 碰撞行程开关 STa，工作台便停止；当工作台后退到原点时，撞块 B 碰撞行程开关 STb，工作台便停止。工作台的这种行程控制方式称为限位控制。

工作台的前后运动可通过电动机的正反转带动。实现工作台限位控制的异步电动机正反转控制电路如图 8-23 所示，其主电路与图 8-19 相同。

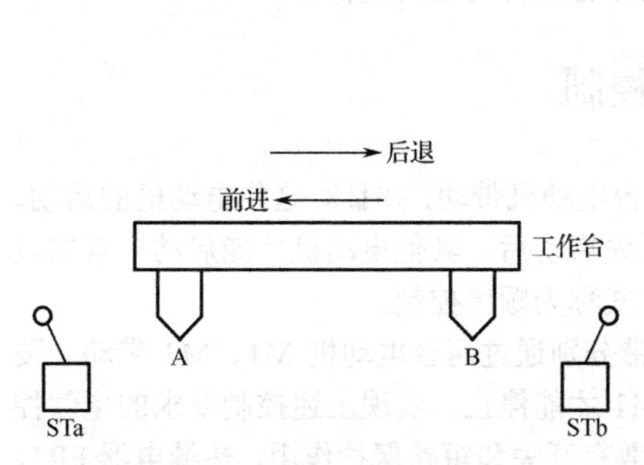

图 8-22　工作台的运行轨迹示意图

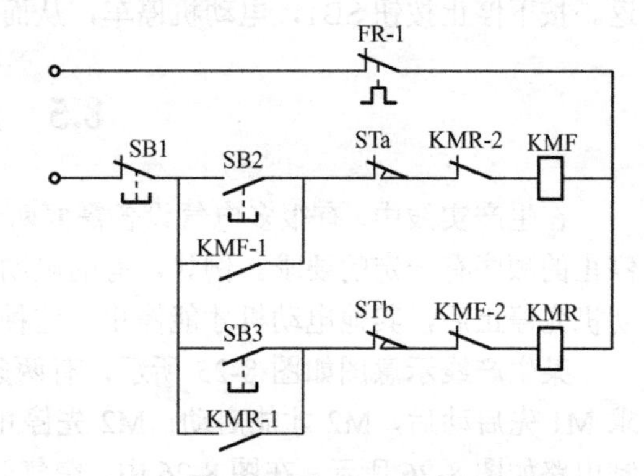

图 8-23　电动机的限位控制电路

在图 8-23 中，按下正转启动按钮 SB2，接触器 KMF 的线圈通电，其主触点闭合，电动机正转。当工作台前进到终点时，撞块 A 碰撞行程开关 STa，使 KMF 的线圈断电，电动机停止。按下反转启动按钮 SB3，接触器 KMR 的线圈通电，其主触点闭合，电动机反转。当工作台后退到原点时，撞块 B 碰撞行程开关 STb，使 KMR 的线圈断电，电动机停止。

2. 自动往返控制

实现工作台自动往返的异步电动机控制电路如图 8-24 所示，其主电路与图 8-19 相同。

将行程开关 STa 的动断触点与 KMF 的线圈串联，动合触点与 SB3 并联。当工作台前进到终点时，撞块 A 碰撞行程开关 STa，STa 的动断触点先断开，使 KMF 的线圈断电，电动机停止正转，并使互锁触点 KMF-2 复位闭合，然后 STa 的动合触点闭合，使 KMR 的线圈通电，电动机反转，工作台后退。

行程开关 STb 的动断触点与 KMR 的线圈串联，动合触点与 SB2 并联。当工作台后退到原点时，撞块 B 碰撞行程开关 STb，STb 的动断触点先断开，使 KMR 的线圈断电，电动机停止反转，并使互锁触点 KMR-2 复位闭合，然后 STb 的动合触点闭合，使 KMF 的线圈通电，电动机正转，工作台前进。

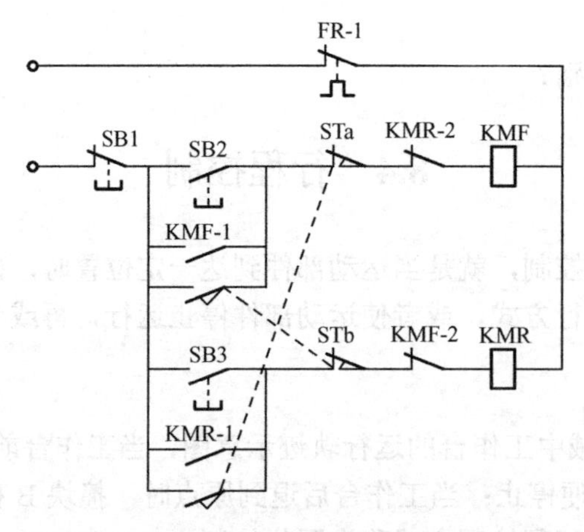

图 8-24　工作台的自动往返控制电路

按下按钮 SB2 或 SB3，都可以启动电动机。电动机启动后，就能带动工作台实现自动往返。按下停止按钮 SB1，电动机停车，从而停止工作台的自动往返运行。

8.5　顺序控制

在生产实践中，有很多电气设备需要两台或多台电动机带动，并且对这些电动机的启动、停止的顺序有一定的要求。例如，有的电动机必须先启动后，其他电动机才能启动；有的电动机先停止后，其他电动机才能停止。这种控制方式称为顺序控制。

某生产线示意图如图 8-25 所示，有两条传送带分别通过两台电动机 M1、M2 带动。要求 M1 先启动后，M2 才能启动；M2 先停止后，M1 才能停止。实现上述控制要求的电气控制电路如图 8-26 所示。在图 8-26 中，空气开关 Q 兼有开关和短路保护作用，热继电器 FR1、FR2 分别对电动机 M1 和 M2 作过载保护。

1．启动顺序

先按下启动按钮 SB2，接触器 KM1 的线圈通电，其主触点闭合，电动机 M1 通电运行。辅助触点 KM1-1 闭合，实现自锁控制。辅助触点 KM1-2 闭合，允许接触器 KM2 的线圈通电。KM1-2 闭合后，再按下启动按钮 SB4，接触器 KM2 的线圈通电，其主触点闭合，电动机 M2 通电运行。

辅助触点 KM1-2 与 KM2 的线圈串联，是实现 M1、M2 顺序启动的关键。当 KM1-2 断开时，按下启动按钮 SB4 不起作用。

2．停止顺序

先按下停止按钮 SB3，KM2 的线圈断电，其主触点断开，电动机 M2 停止。与停止按钮 SB1 并联的辅助触点 KM2-2 复位断开。KM2-2 断开后，再按下 SB1，KM1 的线圈断电，电动机 M1 停止。

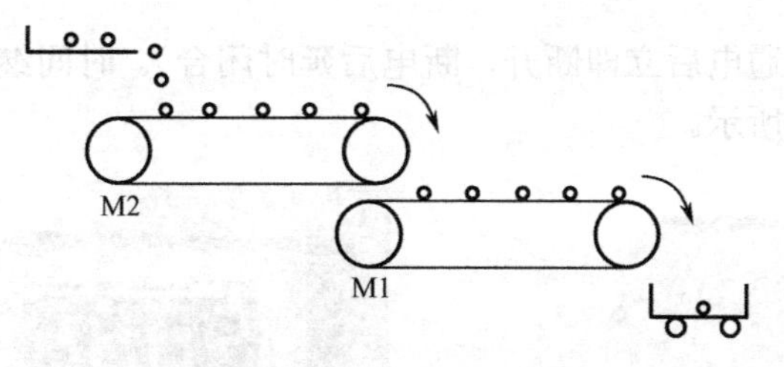

图 8-25　某生产线示意图

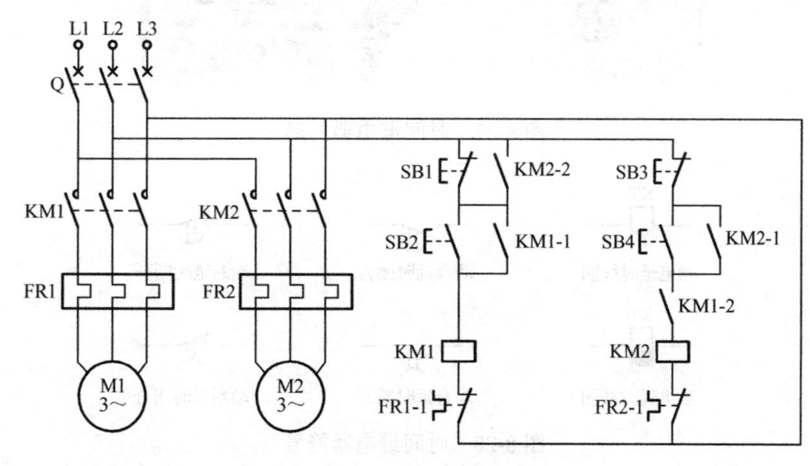

图 8-26　顺序控制电路

辅助触点 KM2-2 与 SB1 并联，是实现 M2、M1 顺序停车的关键。当辅助触点 KM2-2 闭合时，按下停止按钮 SB1 不起作用。

练习与思考

在图 8-26 中，热继电器 FR1 因过载而动作时，能否同时停止电动机 M1 和 M2？热继电器 FR2 因过载而动作时，能否同时停止电动机 M1 和 M2？

8.6　时间控制

1. 时间继电器

时间继电器就是延迟一定时间后，延时触点才动作的控制电器。按照结构不同，时间继电器可分为电磁式和电子式两种，前者是在电磁式继电器上加装空气阻尼装置（如气囊）或机械阻尼装置（如钟表机械）制成的，后者是利用电子电路的延时来实现的；按照计时起始点的不同，可分为通电延时和断电延时两种，前者是通电后开始计时，后者是断电后开始计时；按照供电电源的不同，可分为直流继电器和交流继电器。时间继电器的延时时间长短都可以调整。

时间继电器中有两种触点，即瞬时动作触点（通电或断电时立即动作）和延时动作触点。延时动作触点可分为以下 4 种：动合延时闭合（通电后延时闭合，断电后立即断开）；动断延时断开（通电后延时断开，断电后立即闭合）；动合延时断开（通电后立即闭合，断电后延时断开）；动断延时闭合（通电后立即断开，断电后延时闭合）。时间继电器的外形如图 8-27 所示，电路符号如图 8-28 所示。

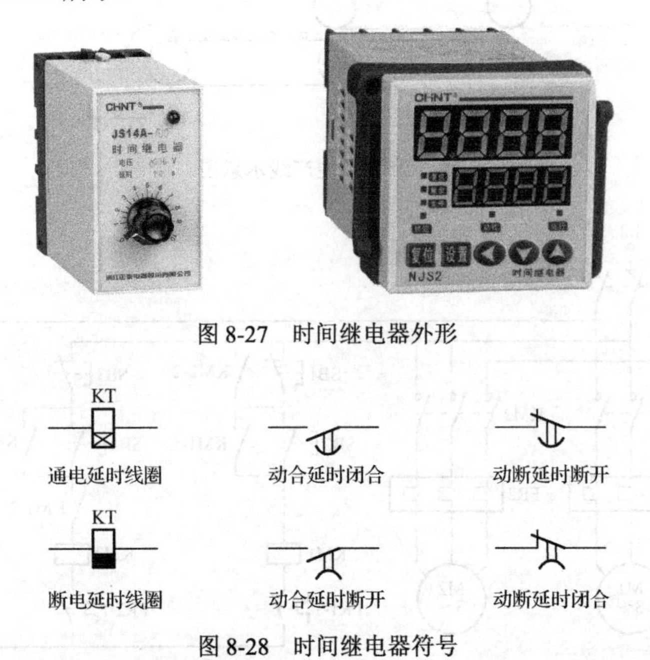

图 8-27　时间继电器外形

图 8-28　时间继电器符号

2．三相异步电动机的能耗制动控制电路

三相异步电动机的能耗制动是在断开交流电源的同时，接通直流电源，直流电流通入电动机的定子绕组，产生制动转矩。

异步电动机的能耗制动控制电路如图 8-29 所示。整流电路将交流电变成直流电，作为制动用的直流电源。接触器 KM1 的主触点控制电动机的通断。接触器 KM2 的主触点控制整流电路的接通或断开。时间继电器 KT 在断电后延时，控制整流电路的接通时间。

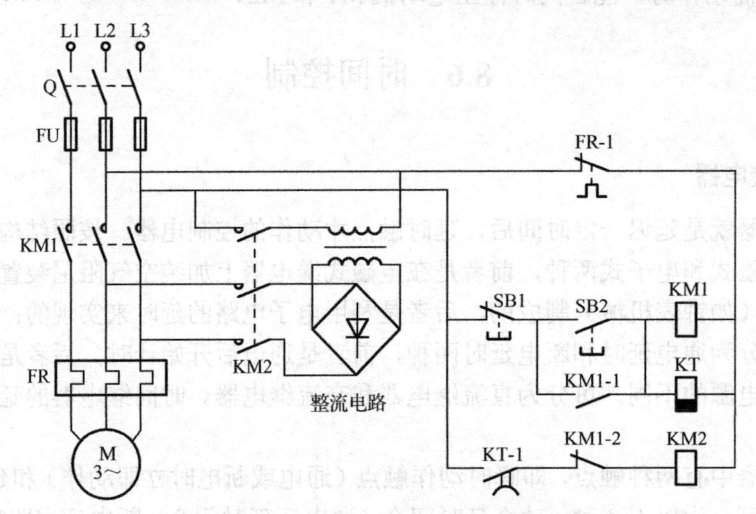

图 8-29　异步电动机的能耗制动控制电路

电动机启动过程如下：按下启动按钮 SB2，KM1 的线圈通电，其主触点闭合，电动机通电运行。辅助触点 KM1-1 闭合，实现自锁。辅助触点 KM1-2 断开，使 KM2 的线圈不能通电，整流电路不能接入。继电器 KT 通电，触点 KT-1 闭合。

电动机停车过程如下：按下停止按钮 SB1，KM1 的线圈断电，其主触点断开，电动机停止。自锁触点 KM1-1 断开，继电器 KT 断电后延时。触点 KM1-2 闭合，使 KM2 的线圈通电，其主触点闭合，将整流电路接入，进行能耗制动。继电器 KT 在断电延时期间，触点 KT-1 仍然是闭合的。继电器 KT 达到设定的延时时间后，触点 KT-1 断开，使 KM2 的线圈断电，其主触点断开，将整流电路切除。

练习与思考

通电延时与断电延时有何区别？时间继电器的 4 种延时触点如何动作？

8.7 可编程序控制器

在传统的继电接触器控制系统中，主要通过各种继电器来实现一定的逻辑控制功能。这种控制方式存在体积大、耗能高、故障率高、可靠性差、接线固定不易修改控制功能、控制逻辑简单、自动化程度低等缺陷，正在逐渐被计算机控制系统所代替。

可编程序控制器就是一种专门用于工业控制的计算机。在可编程序控制器中，用硬件或软件实现传统继电接触器控制系统中的各种继电器的功能。可编程序控制器中有输入继电器、输出继电器、中间继电器、时间继电器、计数器等，其梯形图编程语言也与继电接触器控制系统的电路图非常相似。

可编程序控制器最早称为可编程序逻辑控制器（Programmable Logic Controller，PLC），它是 1969 年由美国 DEC 公司研制生产的。随着电子技术的发展，其功能有了很大提高，从当初的逻辑控制和顺序控制扩展到运动控制和过程控制领域，其名称也改为可编程序控制器（Programmable Controller），由于个人计算机也简称 PC，为了避免混淆，可编程序控制器仍称为 PLC。

PLC 正在向两个方向发展：一是向体积小、速度快、功能强、价格低的方向发展，使其应用范围不断扩大；二是向大型化、网络化、多功能的方向发展，用于组建大型网络化控制系统。

8.7.1 PLC 的基本结构和工作原理

1. PLC 的组成

PLC 就是一种特殊的工业用计算机，其结构与普通计算机类似，由 CPU、存储器、寄存器、I/O 接口等组成，如图 8-30 所示，它增强了 I/O 接口的功能，以便与控制对象进行连接。

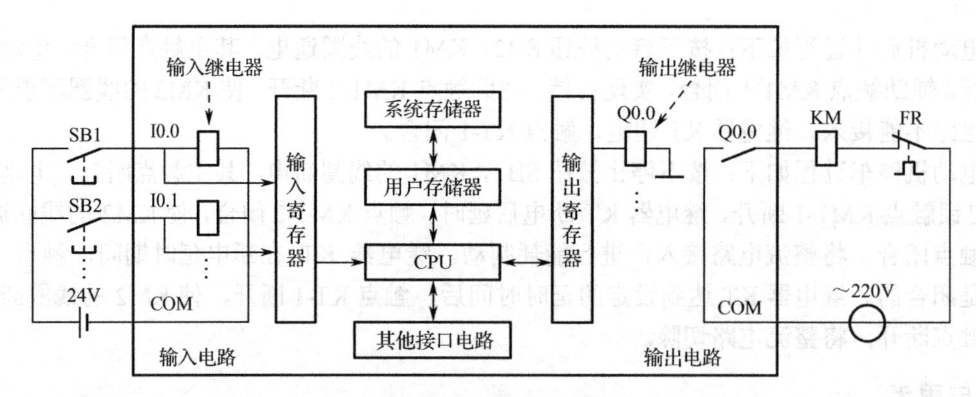

图 8-30 PLC 的组成

（1）输入继电器与输入寄存器

PLC 通过输入端与外部控制电器相连，每个输入端的外部连接一个按钮或其他开关输入器件，内部对应一个输入继电器的线圈。输入继电器只有一个线圈，但有多个动合、动断触点可用于编程。

输入端与公共端 COM 之间接 24V 的正（或负）电源，当外部的按钮接通或断开时，就使其内部的输入继电器通电或断电。

输入继电器一般按八进制或十六进制编号，如 I0.0～I0.7、I1.0～I1.7 等，不同型号的 PLC，其继电器的编号方式不同。

输入寄存器也称为输入映像寄存器，用于保存输入继电器的通断状态，在 CPU 扫描周期的读输入期间将输入继电器的状态读入，并保持不变，直到下一个扫描周期的读输入时。CPU 可读其数值，但不能随意改写。

在程序执行期间，即使输入继电器的状态改变，输入寄存器的状态仍不变。编程时使用的输入继电器动合、动断触点的状态与输入寄存器中保存的状态有关，而与输入继电器的当前状态无关。

（2）输出继电器与输出寄存器

PLC 通过输出端与交流接触器的线圈或其他输出器件相连，每个输出端的内部都与一个输出继电器的动合触点相连。输出继电器除了有一个线圈，一个动合触点接输出端子外，还有多个动合触点或动断触点用于编程。

输出端与公共端 COM 之间接交流电源或直流电源，作为输出器件的供电电源。

输出继电器也按八进制或十六进制编号，如 Q0.0～Q0.7、Q1.0～Q1.7 等。

输出寄存器也称为输出映像寄存器，用于保存输出继电器的通断状态，在程序执行期间，CPU 可以多次读出或改写输出寄存器的状态，在 CPU 扫描周期的写输出期间将输出寄存器最后的状态写入输出继电器。在程序执行期间，输出继电器的状态保持不变，直到下一个扫描周期的写输出期间才会改变。

编程时使用的输出继电器线圈、动合、动断触点的状态，与输出寄存器的当前状态有关，而与输出继电器的状态无关。

（3）存储器

存储器分为系统存储器和用户存储器。系统存储器用于存储系统程序，用户不能改变。用户存储器用于存储用户程序和数据。

（4）CPU 单元

CPU 控制 PLC 执行 I/O 读写、逻辑运算、程序执行等操作，是 PLC 的核心。

（5）其他接口单元

其他接口单元用于提供 PLC 与其他设备进行通信和数据交换等操作。

2．PLC 的工作过程

在程序控制下，PLC 按规定的步骤循环执行，每循环一次，称为一个循环扫描周期。CPU 的一个扫描周期包括：读输入、执行程序、处理通信请求、执行 CPU 自诊断、写输出等操作，如图 8-31 所示。

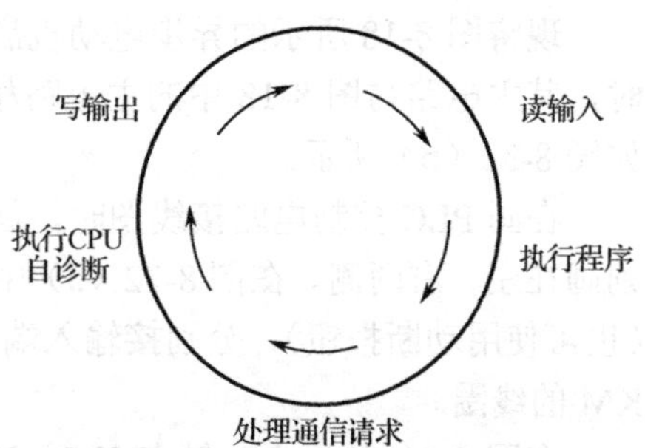

图 8-31　PLC 的循环扫描周期

CPU 采用集中输入的方式，在读输入期间将所有输入继电器的状态读入输入寄存器中。在其他时间，即使输入继电器的状态发生变化，输入寄存器的内容也不会改变。

CPU 根据输入数据执行规定的操作后，还要进行一些其他操作，如处理与其他设备的通信，进行自诊断以防止程序进入死循环等操作。

CPU 采用集中输出的方式，在扫描周期的最后，CPU 将所有输出映像寄存器的值写入输出继电器中，用于控制外部设备的动作，然后进入下一个循环。

3．PLC 的性能指标及分类

PLC 的主要性能指标包括：存储容量、I/O 点数、扫描速度、指令的多少、扩展能力等。

（1）存储容量

PLC 的存储容量越大，即可存储更长的用户程序和更多的数据。

（2）I/O 点数

I/O 点数对应输入、输出端子的数目，I/O 点数越多，PLC 可连接的外部设备越多。

（3）扫描速度

扫描速度是 PLC 的重要指标，决定了每一个循环扫描周期的长短、执行程序的快慢，并且影响系统的实时控制性能和稳定性。

（4）指令的多少

指令的多少是衡量 PLC 性能的重要指标，决定了 PLC 的运算能力、处理能力、控制能力的强弱。

（5）扩展能力

PLC 的扩展能力包括功能的扩展和 I/O 点数的扩展两个方面。PLC 通常按 I/O 点数或结构进行分类。按 I/O 点数的多少可分为微型（32 点以下）、小型（128 点以下）、中型（1024 点以下）、大型（2048 点以下）、超大型（2048 点以上）等 5 种；按结构特点可分为箱体式、模块式和平板式 3 种。

8.7.2　PLC 的编程语言

中、小型 PLC 一般使用梯形图和语句表作为编程语言，下面分别介绍。

1. 梯形图

梯形图是一种通用的编程语言，它是从继电接触器控制系统的基础上演变而来的，因而直观易懂，很容易被电气技术人员熟悉和掌握。

在梯形图中，用符号—◯—（或—( )—、—[ ]—）表示继电器的线圈，用符号—| |—、—|/|—分别表示继电器的动合、动断触点。在同一个继电器中，其线圈、触点的名称相同。

在画梯形图前，一般先画出 PLC 控制系统的接线图，再根据接线图画出梯形图。PLC 控制系统的主电路一般与继电接触器控制系统的主电路相同。

现将图 8-18 所示的异步电动机启停控制电路改用 PLC 控制电路来实现。采用 PLC 控制时，其主电路与图 8-18 中的主电路相同，其控制电路的接线图如图 8-32（a）所示，梯形图如图 8-32（b）所示。

在画 PLC 控制电路接线图时，首先要确定输入、输出端的数目，将输入、输出接线端分别画在左、右两侧。在图 8-32（a）中，使用了两个动合按钮 SB1、SB2 作为启动、停止按钮（也可使用动断按钮），分别接输入端 I0.0 和 I0.1；使用了一个输出端 Q0.0，连接交流接触器 KM 的线圈。

在图 8-32（b）中，触点 I0.0、I0.1 分别对应按钮 SB1、SB2 的状态，线圈 Q0.0 是输出继电器的线圈，输出继电器的动合触点 Q0.0 与触点 I0.0 并联作为自锁触点。

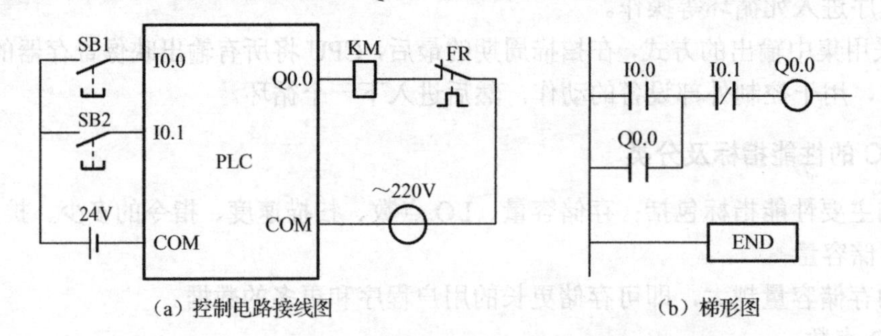

（a）控制电路接线图　（b）梯形图

图 8-32　采用 PLC 构成的异步电动机启停控制电路

电动机的启动过程如下：

按下启动按钮 SB1，输入继电器 I0.0 通电，其动合触点 I0.0 闭合，使输出继电器 Q0.0 的线圈通电，其动合触点 Q0.0 闭合，实现自锁。输出继电器 Q0.0 内部与输出端相连的动合触点闭合，使接触器 KM 的线圈通电，KM 的主触点闭合，电动机通电运行。

电动机的停止过程如下：

按下停止按钮 SB2，输入继电器 I0.1 通电，其动断触点 I0.1 断开，使输出继电器 Q0.0 的线圈断电。输出继电器 Q0.0 内部与输出端相连的动合触点断开，使接触器 KM 的线圈断电，KM 的主触点断开，电动机停止。

画梯形图时需要注意的问题如下：

（1）梯形图要按从上到下、从左到右的顺序绘制，PLC 将按此顺序执行程序。

（2）梯形图最左边的竖线称为起始母线，每个逻辑行都从母线起始，从左到右的顺序依次为触点和线圈。线圈只能画在最右边，不能与左侧的母线相连。

（3）输入继电器的线圈是由外部信号来驱动的，在梯形图中不会出现。输出继电器的线圈在梯形图中只能出现一次。输入、输出继电器的动合、动断触点可出现多次。

（4）一个逻辑行内多个触点之间可以串联、并联连接，将并联触点数目多的放在左侧。

（5）最后一行以 END 结束。

2．指令语句表

PLC 的指令语句表是用指令助记符来编制的程序，它类似于计算机的汇编语言，非常简单，易学易懂。

不同厂家编程时使用的指令助记符不同，表 8-1 中列出了西门子公司和三菱公司 PLC 产品的基本指令及其助记符。

表 8-1　PLC 的基本指令表

指令种类	助记符		内　　容
	西门子	三菱	
触点指令	LD	LD	动合触点与左侧母线相连或处于支路的起始位置
	LDI	LDI	动断触点与左侧母线相连或处于支路的起始位置
	A	AND	动合触点与前面部分串联
	AN	ANI	动断触点与前面部分串联
	O	OR	动合触点与前面部分并联
	ON	ORI	动断触点与前面部分并联
连续指令	OLD	ORB	串联触点组之间的并联
	ALD	ANB	并联触点组之间的串联
特殊指令	=	OUT	驱动线圈的指令
	END	END	结束指令

语句表是根据梯形图来编写的，对于图 8-32（b）所示电动机启停控制电路的梯形图，其指令语句表如表 8-2 所示。

表 8-2　三相异步电动机启停控制电路的指令语句表

地　　址	指　　令
0	LD　I0.0
1	OR　Q0.0
2	ANI　I0.1
3	OUT　Q0.0
4	END

用 PLC 实现图 8-20 所示的异步电动机正反转控制时，其控制电路接线图如图 8-33（a）所示，梯形图如图 8-33（b）所示，其主电路与图 8-19相同。

在图 8-33（a）中，SB1、SB2 分别作为正、反转的启动按钮，SB3 作为停止按钮，输出端 Q0.0、Q0.1 分别接正、反转交流接触器 KMF、KMR 的线圈。

在图 8-33（b）中，线圈 Q0.0 是正转输出继电器的线圈，线圈 Q0.1 是反转输出继电器的线圈。动断触点 Q0.0、Q0.1 实现互锁控制。其余各触点的作用及控制过程请读者自行分析。

实现图 8-33（b）所示的梯形图的指令语句表如表 8-3 所示。

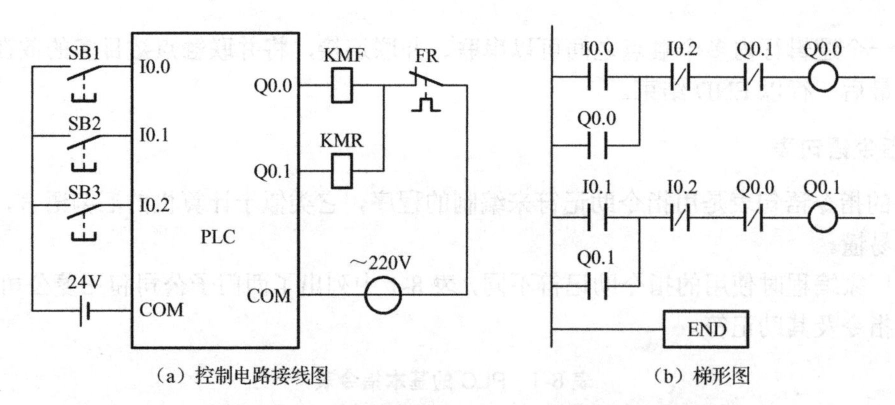

（a）控制电路接线图　　（b）梯形图

图 8-33　采用 PLC 构成的异步电动机正反转控制电路

表 8-3　三相异步电动机正反转控制电路的指令语句表

地　址	指　令
0	LD　I0.0
1	OR　Q0.0
2	ANI　I0.2
3	ANI　Q0.1
4	OUT　Q0.0
5	LD　I0.1
6	OR　Q0.1
7	ANI　I0.2
8	ANI　Q0.0
9	OUT　Q0.1
10	END

练习与思考

8.7.1　试比较 PLC 控制系统与继电接触器控制系统的优缺点。

8.7.2　试将图 8-21 中具有双重互锁的异步电动机正反转控制电路改为 PLC 控制，画出其控制电路接线图、梯形图，并写出指令语句表。

8.8　Multisim14 仿真实验　三相异步电动机的启停控制电路

1．实验目的

（1）加深理解三相异步电动机启停控制电路的工作原理。

（2）熟悉三相异步电动机启停控制电路的接线方法。

（3）学习 Multisim14 中交流接触器、热继电器的参数设置方法。

2. 实验原理

三相异步电动机的启停控制电路如图 8-34 所示。在主电路中，V1 为 220V、50Hz、Y 形连接的三相电源，S1 为隔离开关，FU1～FU3 为熔断器，K1_1～K1_3 是交流接触器 K1 的触点。K2 是热继电器，仿真模型中只有这种一个发热元件的热继电器，没有两个或三个发热元件的热继电器。M1 为三相笼型异步电动机，其 ω_m 端输出的直流电压代表转轴的角速度，单位是 rad/s。直流电压表 U1 的读数代表转轴的角速度，U1 的正负号代表转轴的转向。

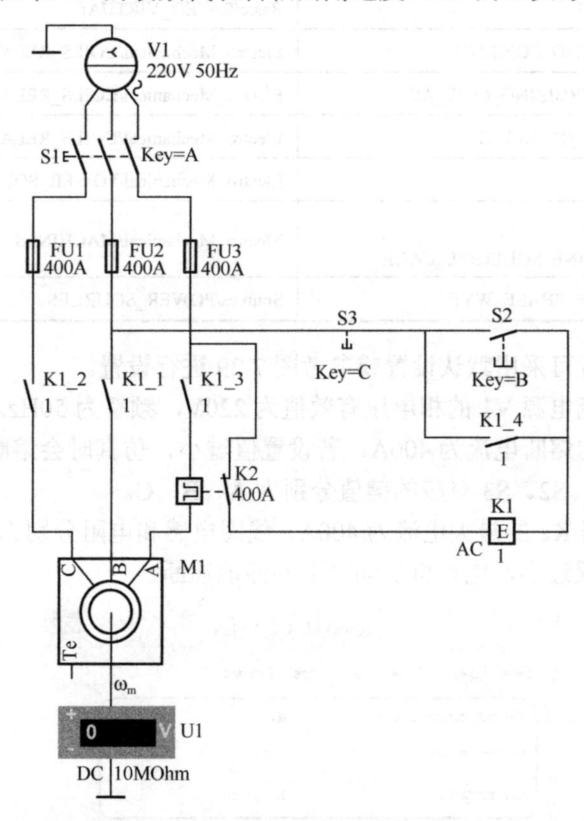

图 8-34　三相异步电动机的启停控制电路

在控制电路中，S3 是停车开关，S2 是启动按钮，K1_4 是交流接触器 K1 的触点，实现电路的自锁控制。K1 是交流接触器的线圈。

3. 预习要求

（1）复习三相异步电动机启停控制电路的知识。

（2）学习 Multisim14 中交流接触器、热继电器等元件的选取及参数设置方法。

4. 实验内容及步骤

（1）选取元器件构建电路。

新建一个设计，命名为“实验八 三相异步电动机的启停控制电路”并保存。

从元件库中选取三相交流电源、熔断器、开关、按钮、电动机、电压表、交流接触器的线圈和触点、热继电器等元件，放置到电路设计窗口中，修改元件的参数和名称，构建如图 8-34 所示的仿真电路。各元器件的所属库如表 8-4 所示。

表 8-4　三相异步电动机启停控制电路所用元器件及所属库

序号	元器件	所属库
1	三刀单掷开关 3PST_SB	Electro_Mechanical/SUPPLEMENTARY_SWITCHES
2	启动按钮 PB_NO	Electro_Mechanical/SUPPLEMENTARY_SWITCHES
3	停车开关 SPST_NO_SB	Electro_Mechanical/SUPPLEMENTARY_SWITCHES
4	熔断器 FUSE_RATED	Basic/RATED_VIRTUAL
5	交流接触器动合触点 NO_CONTACT	Electro_Mechanical/COILS_RELAYS
6	交流接触器线圈 ENERGIZING_COIL_AC	Electro_Mechanical/COILS_RELAYS
7	热继电器 THERMAL_OL_RELAY	Electro_Mechanical/COILS_RELAYS
8	接地 GROUND	Electro_Mechanical/POWER_SOURCES
9	笼型三相异步电动机 INDUCTION_MACHINE_SQUIRREL_CAGE	Electro_Mechanical/MACHINES
10	三相交流电源 THREE_PHASE_WYE	Sources/POWER_SOURCES

异步电动机的设置可采用默认设置或参考图 7-29 进行设置。

（2）设置三相交流电源 V1 的相电压有效值为 220V，频率为 50Hz。

（3）设置熔断器的熔断电流为 400A，若设置值过小，仿真时会熔断。

（4）设置开关 S1、S2、S3 对应的键值分别为 A、B、C。

（5）设置热继电器 K2 的最大电流为 400A，线圈电感和电阻分别为 0.001H、0.1Ω，如图 8-35 所示。若电流设置过小，电动机启动时会不停地通断。

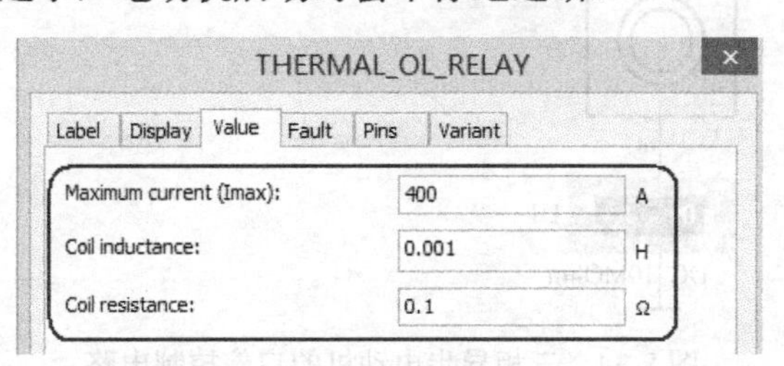

图 8-35　热继电器参数的设置

（6）设置交流接触器 K1 的电感和电阻分别为 1H、1000Ω，励磁线圈的序号（Coil designation）为 1，如图 8-36 所示。

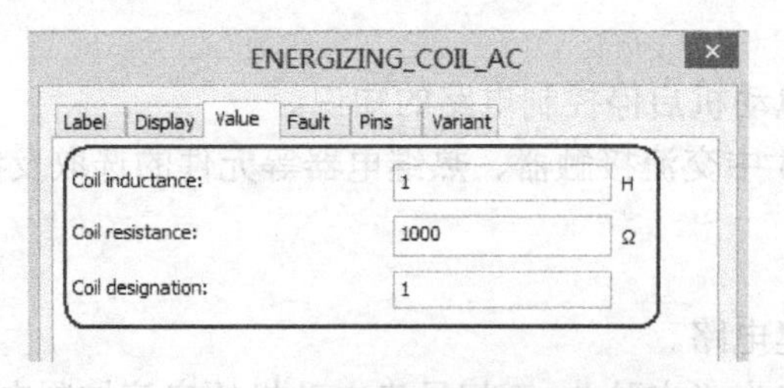

图 8-36　交流接触器线圈参数的设置

（7）设置交流接触器触点 K1_1 ～ K1_4 励磁线圈的序号（Coil designation）为 1，如图 8-37 所示。在 Multisim14 软件中，交流接触器线圈和各个触点的名称不同，但其励磁线圈的序号相同。另外，交流接触器的各个触点都没有电流限制，不分主触点和辅助触点。

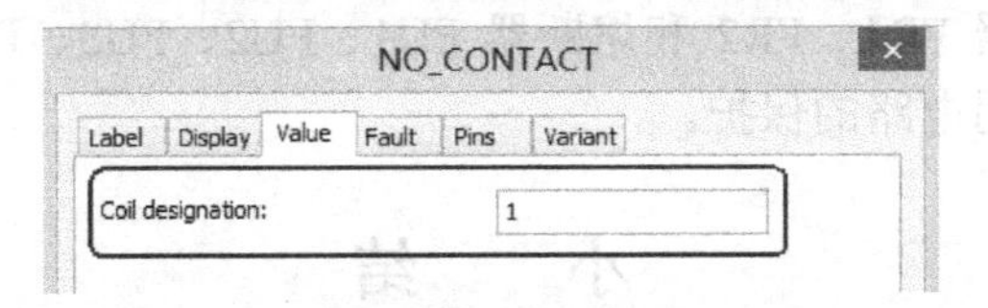

图 8-37　交流接触器触点参数的设置

（8）设置好各元件的参数并完成电路的连接后，按下按钮 SB1 和 SB2，电动机启动运行，按下按钮 SB3，电动机停止运行。

练习与思考

8.8.1　将图 8-34 所示的三相异步电动机启停控制电路改为能在两地启、停的控制电路。

8.8.2　将图 8-34 所示的三相异步电动机启停控制电路改为既能点动又能长动（连续运行）的控制电路。

8.8.3　将图 8-34 所示的三相异步电动机启停控制电路改为能实现正反转的控制电路。

8.9　课外实践　电气自动控制电路的应用实例

图 8-38 所示是 C620-1 型普通车床的控制电路，它由主电路、控制电路、照明电路及保护电路四部分组成。

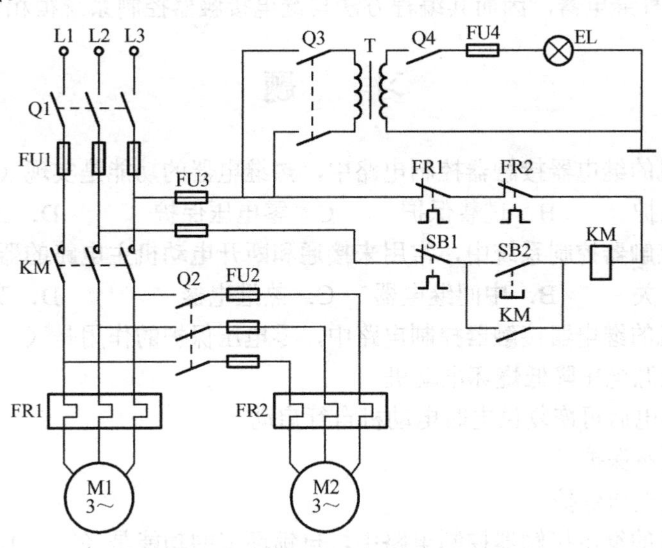

图 8-38　C620-1 型普通车床控制电路

主电路由开关 Q1、Q2，接触器 KM 的主触点，电动机 M1、M2 等组成。M1 是主轴电动机，拖动主轴旋转。M2 是冷却电动机，输出冷却液。开关 Q1 控制整个电路的通断电，开关 Q2 控制电动机 M2 的运行与停止。接触器 KM 的主触点控制电动机 M1 的运行与停止。

控制电路由停止按钮 SB1、启动按钮 SB2、接触器的线圈 KM、热继电器 FR1、FR2 的动断触点等组成。按下启动按钮 SB2，KM 的线圈通电，其主触点闭合，电动机 M1 通电运行。

照明电路由开关Q3、Q4、变压器T、照明灯EL等组成，变压器T的额定电压为380/36V。

保护电路由热继电器FR1、FR2和熔断器FU1、FU2、FU3、FU4等组成，分别实现对主电路、控制电路和照明电路的保护。

小　结

使用开关、按钮、继电器、接触器等有触点的控制电器来实现电气自动控制，称为继电接触器控制系统。

各种刀开关、按钮等属于手动电器，接触器、继电器等属于自动电器。熔断器起短路保护作用。热继电器实现电动机的过载保护。空气断路器除了具有开关功能，还具有短路保护、过载保护、失压保护等功能。交流接触器的主触点用于接通和分断主回路，允许较大电流的通断，辅助触点用于控制回路中，实现一定的逻辑控制功能。

由组合开关Q、熔断器FU、交流接触器KM、按钮SB、热继电器FR等电气元件，可以组成三相异步电动机启停控制电路及正反转控制电路。在基本控制电路的基础上，可以实现顺序、异地、延时、制动等多种控制方法。要求掌握电气控制电路原理图的读图与绘制方法，理解自锁、互锁等控制环节的实现方法，掌握电气控制的工作原理，为工程实践打下基础。

可编程序控制器（PLC）具有体积小、重量轻、耗电少、自动化程度高、能实现联网控制等优点，正逐渐替代传统的继电接触器系统。PLC是一种工业用的计算机，其内部通过硬件和软件制作了多种继电器，因而其编程方法与继电接触器控制系统很相似。

习　题

8-1　在电动机的继电器接触器控制电路中，热继电器的功能是实现（　　）。

A．短路保护　　B．过载保护　　C．零电压保护　　D．三相电源缺相保护

8-2　在继电接触器控制系统中，常用来接通和断开电动机主电路的器件是（　　）。

A．组合开关　　B．中间继电器　　C．热继电器　　D．交流接触器

8-3　在电动机的继电器接触器控制电路中，零电压保护的作用是（　　）。

A．防止电源电压降低烧坏电动机

B．防止停电后再恢复供电时电动机自行启动

C．实现短路保护

D．实现过电压保护

8-4　在电动机的继电器接触器控制电路中，自锁环节的功能是（　　）。

A．保证可靠停车　　B．启动后使电动机连续运行

C．实现点动控制

8-5　在电动机的正、反转控制电路中，电气联锁（互锁）的功能是（　　）。

A．实现正、反转的自动切换

B．阻止、正反转的自动切换

C．防止两个交流接触器的线圈同时通电，以避免主电路被短路

D．防止两个交流接触器的线圈通电，以避免主电路被短路

8-6　某异步电动机接线盒的接线如图 8-39 所示，其采用的接线方式为（　　）连接。

A．星形　　　　B．三角形　　　　C．错误接法

8-7　控制电路如图 8-40 所示，要使 KM1 和 KM2 都通电，正确的启动操作顺序是（　　）。

A．先按按钮 SB1，后按按钮 SB3　　　　B．先按按钮 SB2，后按按钮 SB4

C．先按按钮 SB3，后按按钮 SB1　　　　D．先按按钮 SB4，后按按钮 SB2

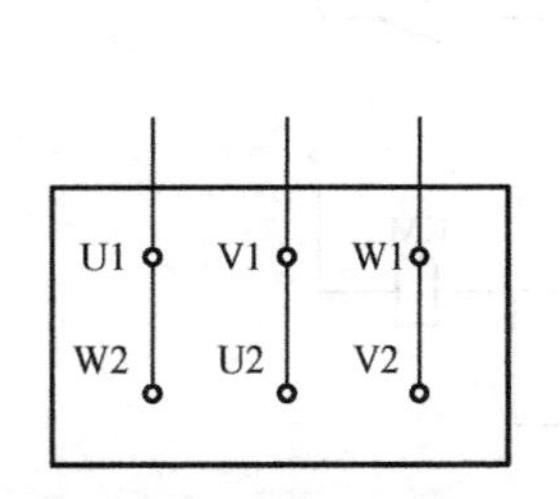

图 8-39　习题 8-6 的电路

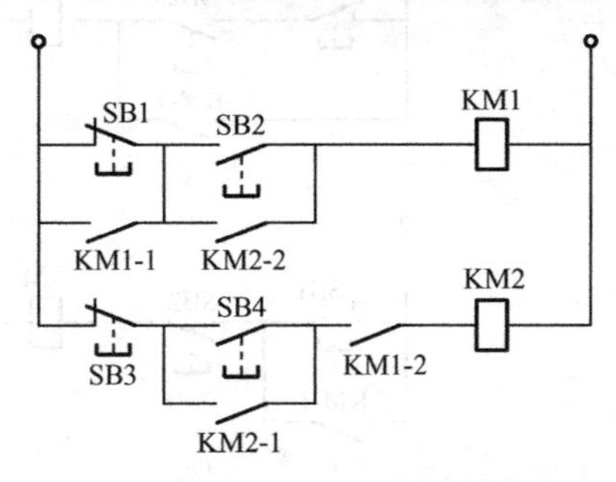

图 8-40　习题 8-7 的电路

8-8　电路如图 8-41 所示，下列说法正确的是（　　）。

A．KM1 通电时，能防止 KM2 通电　　　　B．KM2 通电时，能防止 KM1 通电

C．KM1 通电后，KM2 才能通电　　　　D．KM2 通电后，KM1 才能通电

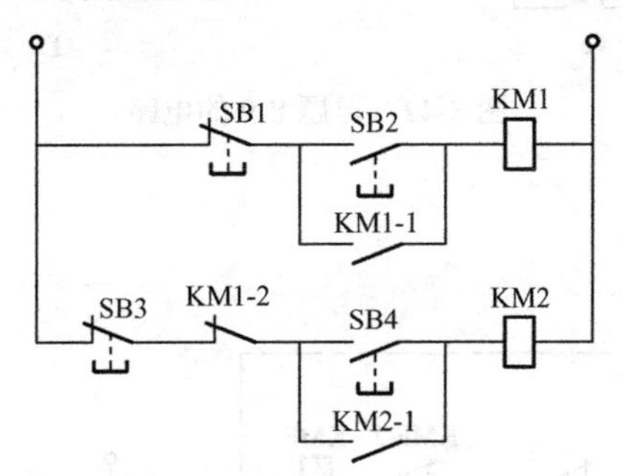

图 8-41　习题 8-8 的电路

8-9　如图 8-42 所示为异步电动机的启停控制电路，图中是否有错误？若有，指出其中的错误。

8-10　画出能在两处启动和停止的异步电动机控制电路和主电路，要求具有短路保护、过载保护和失压保护功能。

8-11　画出既能点动又能长动的异步电动机控制电路和主电路，要求具有短路保护、过载保护和失压保护功能。

8-12　如图 8-43 所示为电动机的正反转控制电路，指出图中有几处错误。

8-13　将图 8-24 所示的工作台自动往返的控制电路修改一下，实现工作台前进到终点时，碰撞行程开关 STa 后自动返回。后退到起点时，碰撞行程开关 STb，停止运行。

8-14　有两台电动机 M1 和 M2，要求 M1 启动后，M2 才能启动，M1 停止时 M2 也停止，M2 能单独停止。试画出其控制电路。

8-15　在图 8-44 所示的控制电路中，KM1 控制电动机 M1 的启停，KM2 控制电动机 M2 的启停，试回答下列问题：

（1）电动机 M1 能否单独启动？如不能，请说明原因；如能，请说明启动过程。

（2）电动机 M2 能否单独启动？如不能，请说明原因；如能，请说明启动过程。

（3）电动机 M1 与 M2 都启动后，M2 能否单独停车？如不能请说明停车顺序。

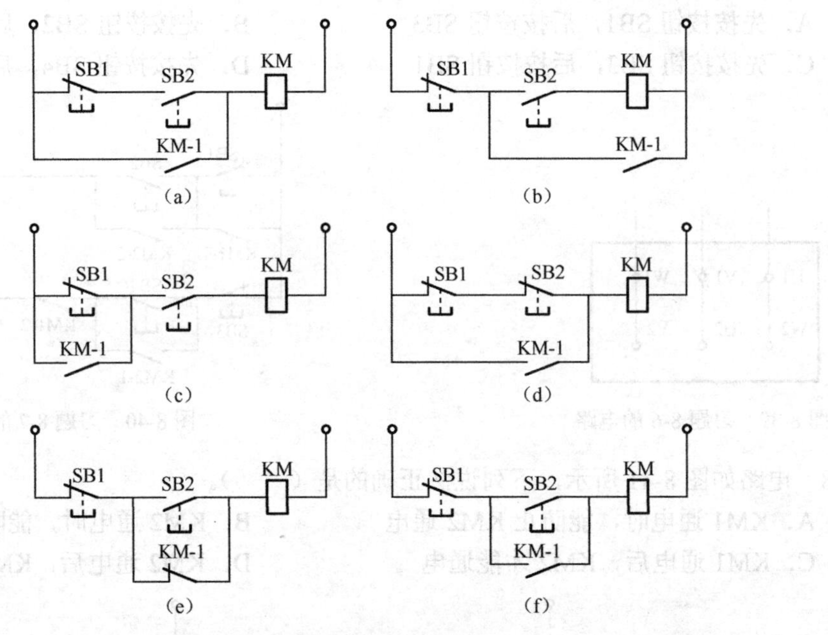

图 8-42　习题 8-9 的电路

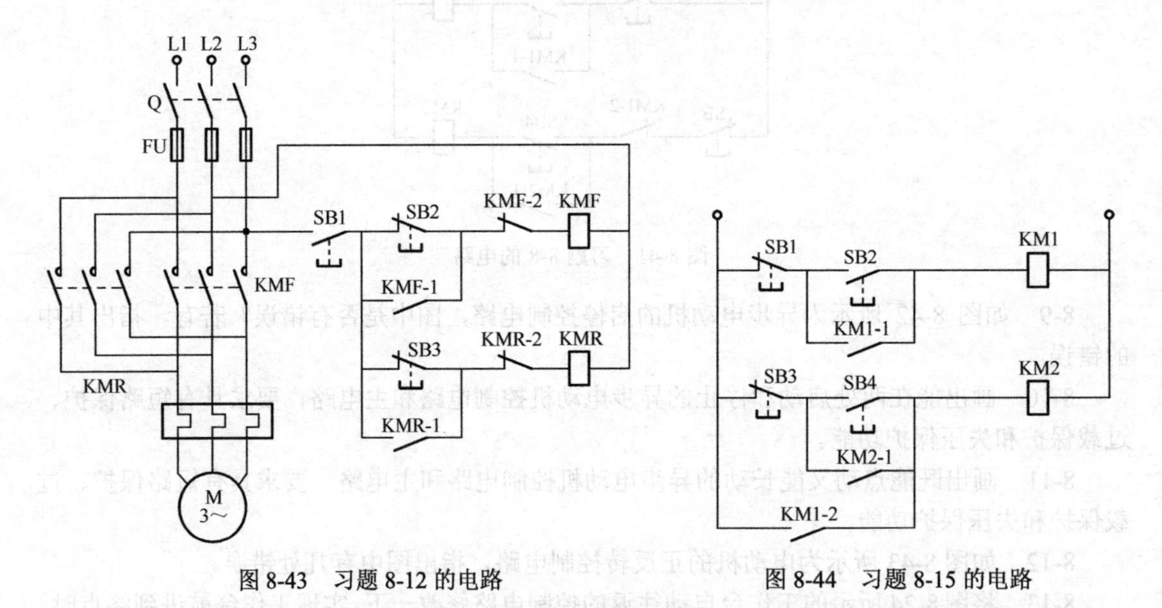

图 8-43　习题 8-12 的电路　　　　图 8-44　习题 8-15 的电路

8-16　有两台电动机 M1 和 M2，分别由交流接触器 KM1 和 KM2 控制启停，工作顺序如下：M1 先启动，经过一定延时后，M2 自行启动；M2 启动后，M1 立即停车。试画出实现上述功能的控制电路。

第 9 章　仿真软件 Multisim14 的使用

电子设计自动化(Electronic Design Automation，EDA)技术，是从计算机辅助设计(CAD)、计算机辅助制造（CAM）、计算机辅助测试（CAT）和计算机辅助工程（CAE）等概念发展而来的。目前 EDA 技术已经在电子设计领域得到广泛应用。发达国家目前已经基本上不存在电子产品的手工设计。一台电子产品的设计过程，从设计方案的确立，到包括电路原理图、印制板图（PCB）、单片机程序、元器件仿真模型的构建及仿真、热稳定性分析、电磁兼容分析、钻孔图、元器件清单、装配图等，全部在计算机上完成。

EDA 软件的种类很多，目前在我国高校中常用的 EDA 软件主要有以下 3 种：

（1）Proteus，可以进行直观的模拟/数字电路的仿真，复杂的单片机仿真，其 PCB 设计功能较少使用。

（2）Altium Designer，可进行简单的模拟/数字电路的仿真，强大的 PCB 设计。

（3）Multisim，可以进行复杂模拟/数字电路的仿真，其单片机仿真和 PCB 设计功能较少使用。

Multisim 是美国国家仪器公司(National Instruments，NI)推出的电路设计套件(NI Circuit Design Suite)中的一部分功能模块。NI 电路设计套件包括 Multisim 和 Ultiboard 模块。其中，Multisim 实现对电路原理图的图形输入、电路硬件描述语言输入、电路分析、电路仿真、仿真仪器测试、射频分析、单片机分析等应用，Ultiboard 实现 PCB 印制板设计。

Multisim 是一款易学易用的仿真软件，进入 Multisim 的开发环境后，就像进入实验室一样，先从元件库中找出各种电子元器件，然后用导线连接成电路，接通电源就可观测实验结果。Multisim 的开发环境中有大量的电子仪器，利用这些仪器可以测量实验结果，观测波形。由于 Multisim 的功能很多，初学者会感到困惑，只要按照学以致用的原则，边学习，边练习，就能很快掌握 Multisim 的基本应用方法。本章只对 Multisim 的使用进行简要介绍，包括常用电子元器件的查找与放置方法，电路图的绘制方法，常用电子仪器、仪表的使用方法，电路的仿真等。通过本章的学习，能够对电工学中常用的实验电路进行仿真，以加深学生对实验内容的理解。

9.1　Multisim14 的安装与设置

9.1.1　Multisim14 的安装

Multisim 最早是由加拿大图像交互技术公司（Interactive Image Technologies，IIT）于 20 世纪 80 年代末推出的一款用于电子线路仿真的软件，称为虚拟电子工作平台（Electronics Workbench，EWB），2001 年推出新版本称为 Multisim2001，2003 年升级为 Multisim7。2005 年 IIT 公司被 NI 公司收购后，推出的新版本称为 Multisim9，最新版本是 Multisim14.1。

Multisim 的不同版本分别支持不同的 Windows 操作系统，其对应关系如表 9-1 所示。另外，不同版本的 Multisim 对系统硬件的要求也不同，应根据计算机的配置，选择合适的版本进行安装。

表 9-1　Multisim 不同版本对 Windows 系统的支持

操作系统/版本	9.0	10.0	10.1	11.0	12.0	13.0	14.0	14.1
Widows XP（32 位）	√	√	√	√	√	√	√	
Widows Vista（32 位和 64 位）			√	√	√	√	√	
Widows 7（32 位和 64 位）				√	√	√	√	√
Widows Server 2003 R2（32 位）					√	√	√	
Widows Server 2008 R2（64 位）					√	√	√	√
Widows 8（32 位和 64 位）						√	√	
Widows 8.1（32 位和 64 位）						√	√	√
Widows Server 2012 R2（64 位）								√
Widows 10（32 位和 64 位）								√

Multisim14 有教师版、学生版、专业版等多个版本，各版本的功能和价格有着明显的差异。

Multisim14 的安装方法与大多数 Windows 应用程序相同，在此不再赘述，可参考网上的图文教程或视频教程进行安装。

9.1.2　Mutisim14 的工作界面

启动 Multisim14 后，软件工作界面如图 9-1 所示。工作界面主要由菜单栏、标准工具栏、主工具栏、视图工具栏、仿真工具栏、元件工具栏、探针工具栏、仪器工具栏、设计工具箱、电路设计窗口、图纸边框、电子表格视窗等组成。

（1）菜单栏：提供了从原理图建立，到工作环境设置、图纸设置、仿真、文件和报表输出及帮助等各种功能。包括“File”文件、“Edit”编辑、“View”查看、“Place”放置、“Simulate”仿真、“Transfer”文件输出、“Tools”工具、“Reports”报告、“Options”选项、“Windows”窗口、“Help”帮助等菜单。

（2）标准工具栏：提供了新建文件、打开文件、复制、粘贴、保存等基本操作按钮，其操作方法与其他 Windows 应用程序相同。

（3）主工具栏：提供了与工作环境设置、元器件属性显示、仿真结果显示等相关的按钮。包括“Design Toolbox”设计工具箱、“Spreadsheet View”电子表格视窗、“SPICE Netlist Viewer”SPICE 网表查看器、“Grapher”图表窗口、“Postprocessor”后处理器窗口、“Component Wizard”元件向导、“Database Manager”数据库管理、“In Use List”正在使用的元件列表、“Electrical Rules Check”电气规则检查等工具。

（4）视图工具栏：提供了图纸的缩放工具按钮。包括“Zoom In”放大、“Zoom Out”缩小、“Zoom Area”缩放区域、“Zoom Sheet”显示整幅图纸、“Full Screen”全屏显示。

（5）仿真工具栏：提供了运行、暂停、停止、交互式仿真等按钮。包括“Run”运行、“Pause”暂停、“Stop”停止、“Interactive”交互仿真。

（6）元件工具栏：提供了各类电子元器件的分类和查找按钮。包括“Source”电源、“Basic”

基本元器件、“Diode”二极管、“Transistor”晶体管、“Analog”模拟元件、“TTL”TTL集成器件、“CMOS”CMOS集成器件、“Misc Digital”其他数字器件、“Mixed”数模混合器件、“Indicator”指示器件、“RF”射频元器件、“Electromechanical”电动机、“Bus”总线等。

（7）探针工具栏：提供了电压探针、电流探针、功率探针、数字探针等工具按钮。

（8）仪器工具栏：提供仿真用的各种电子仪器。包括“Multimeter”万用表、“Function Generator”信号发生器、“Wattmeter”功率表、“Oscilloscope”两通道示波器、“Four Chanel Oscilloscope”四通道示波器、“Bode Plotter”波特图示仪、“Frequency Counter”频率计、“Word Generator”字发生器、“Logic Converter”逻辑分析仪等仪器。

（9）设计工具箱：用于管理工程中的电路图、PCB板图、报表等各种文档。

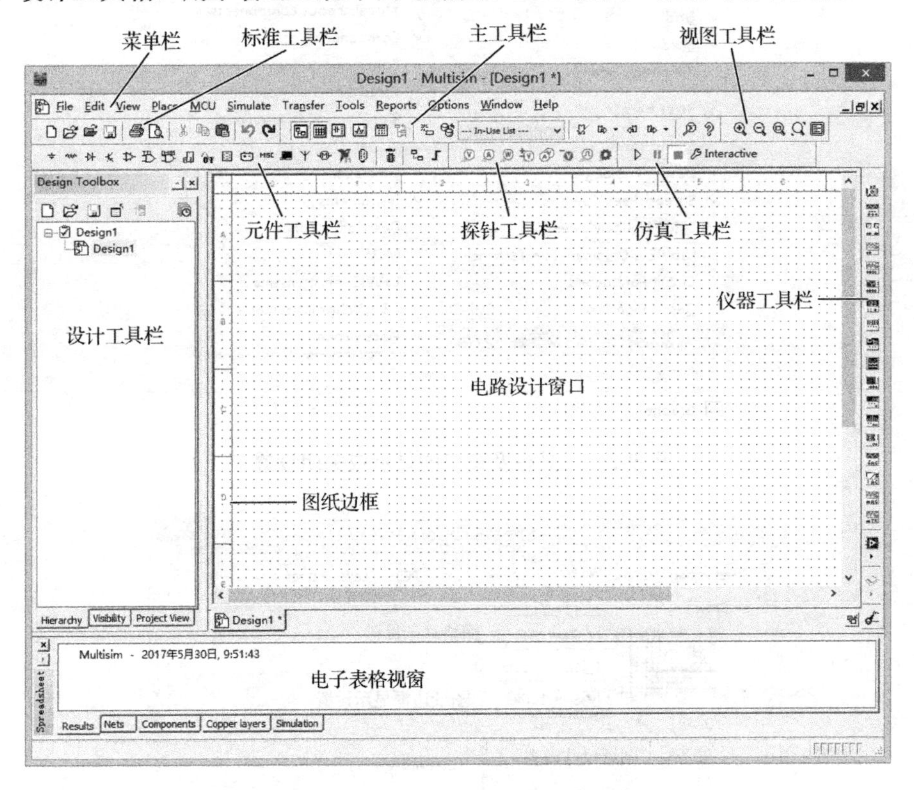

图9-1　Multisim14的基本工作界面

9.1.3　Multisim14工作环境的设置

Multisim14工作环境设置的内容很多，下面介绍电路仿真中常用的一些设置项目。

1．工作界面中的工具栏及窗口显示或关闭设置

工作界面中的各种工具栏及窗口都可以通过“View”菜单及“View/Toolbars”菜单设置为显示或关闭，如图9-2所示，图中打勾项为显示。设计工具箱等窗口也可通过主工具栏中的按钮设置为显示或关闭。

2．图纸大小和方向设置，栅格和图纸边框是否显示的设置

打开“Options”菜单，选择“Sheet Properties/Wordspace”标签页，可设置图纸尺寸大小

和放置方向，工作界面中是否显示栅格和图纸的边框等项目。如图 9-3 所示。显示栅格便于在放置元件时对齐位置，在将电路图复制到其他文档上时，一般要隐藏栅格。

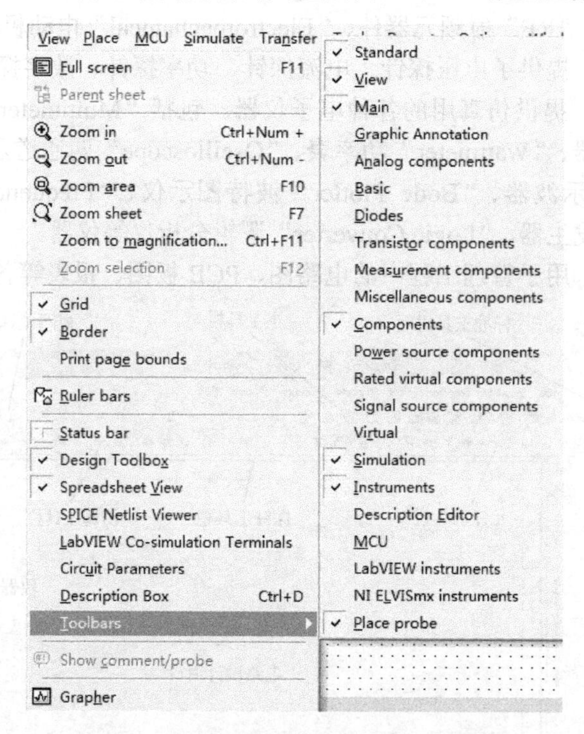

图 9-2 工具栏及窗口的显示或关闭设置

图 9-3 图纸大小和方向设置，栅格和图纸边框是否显示的设置

在图 9-3 所示的“Sheet Properties”菜单下的其他标签页中，还可设置元件的显示项目（如元件名，元件参数等）、图纸背景颜色、导线和总线的宽度、字体等参数。

3. 电气图形符号标准的设置

Multisim 默认设置为元件的电气图形符号按照 ANSI（美国国家标准协会）标准进行显示，如图 9-4（a）所示。通过“Options”菜单，打开“Global Options/Components”窗口，可选择元件的电气图形符号按照 IEC（国际电工委员会）标准进行显示，如图 9-4（b）所示。

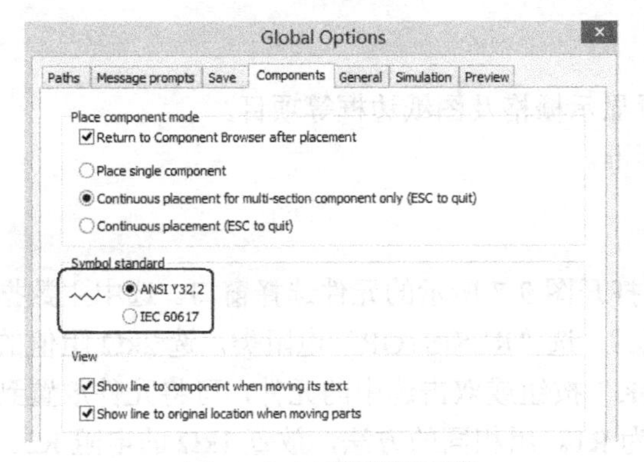

（a）ANSI 电气图形符号标准

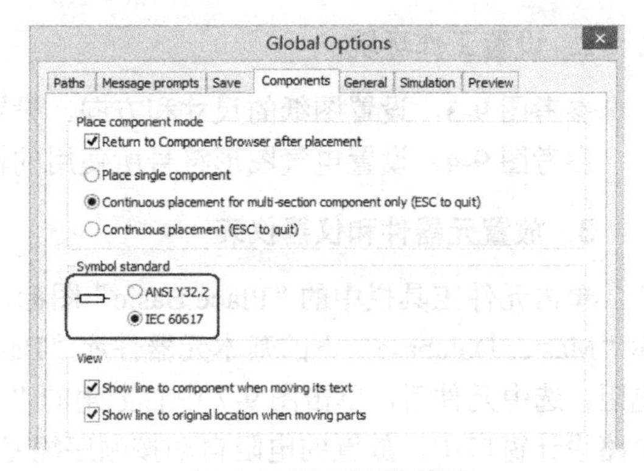

（b）IEC 电气图形符号标准

图 9-4　电气图形符号标准的设置

练习与思考

9.1.1　练习将工作界面中的各种工具栏和窗口设置为显示或关闭，练习将工具栏锁定在固定位置或解除锁定放置到工作界面中的任意位置（提示：通过“Options/Lock Toolbars”可对工具栏锁定或解除锁定）。

9.1.2　将图纸尺寸设置为 A3，方向设置为纵向。

9.1.3　将电气图形符号标准分别设置为 ANSI 和 IEC，观察各种元件的图形符号有何不同。

9.2　Multisim14 的仿真步骤

本节将通过图 9-5 所示的两个电阻的串联电路为例，说明使用 Multisim14 软件进行仿真的方法和步骤。

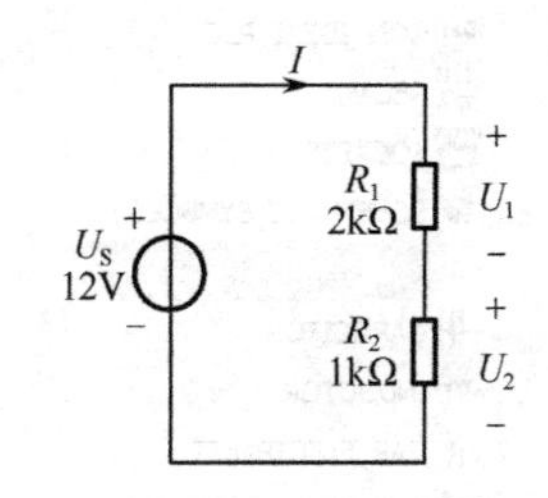

图 9-5　两个电阻串联电路

1．新建设计文件

打开“File\New”菜单，在图 9-6 所示的新建文件窗口中选择“Blank and recent”下的“Blank”选项，创建一个空白文档。将设计文件命名为“例 9.2.1 电阻串联电路.ms14”，并保存到相应位置。

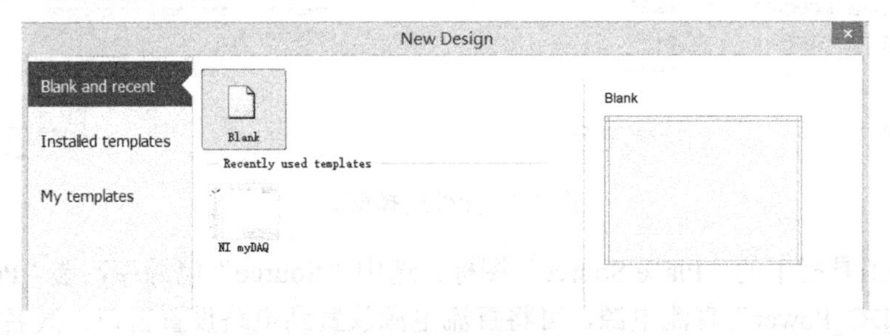

图 9-6　新建空白文档

2．设置工作环境

参考图 9-3，设置图纸的尺寸和方向，设置显示栅格及图纸边框等项目。

参考图 9-4，设置电气图形符号所使用的标准。

3．放置元器件和仪器仪表

单击元件工具栏中的“Place Basic”图标，打开图 9-7 所示的元件选择窗口。选中主数据库“Master Database”下的基本元器件库“Basic”，选“RESISTOR”电阻类，选 2kΩ 阻值的电阻。选中元件后，单击图 9-7 中右上角的“OK”按钮或双击选中的元件，可将元件放置到电路设计窗口中，放置的电阻自动按顺序编号为 R1。用相同的方法，放置 1kΩ 的电阻 R2。

在图 9-7 所示的元件选择窗口的右边有关于元件的电路符号、类型、生产商、封装形式等信息，要查看更详细的元件信息可单击窗口中的“Detail report”详细报告和“View model”查看模型。

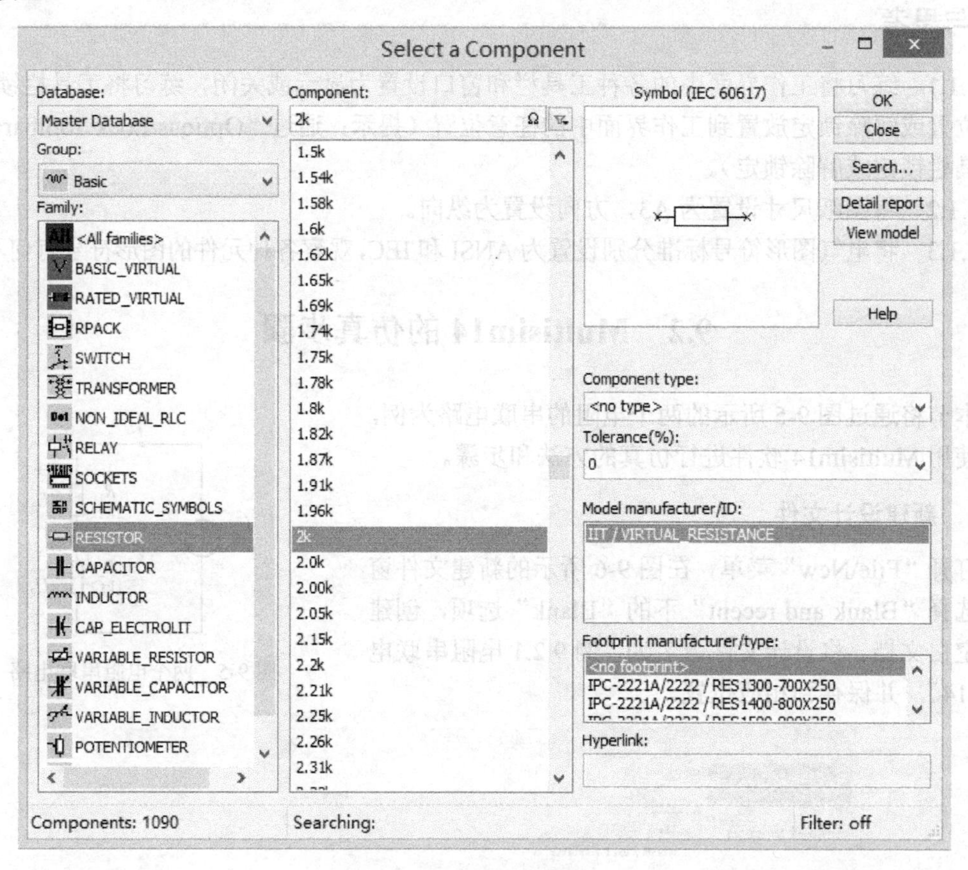

图 9-7　元件选择窗口

单击元件工具栏中的“Place Source”图标，选中“Source”电源库，选“Power_Source”电源类，选“DC_Power”直流电源，可将直流电源放置到电路设置窗口。其名称 V1 和电压值 12V 采用默认设置，无须修改。

单击元件工具栏中的“Place Source”图标，选中“Source”电源库，选“Power_Source”电源类，选中“Ground”接地符号，可将接地符号放置到电路设置窗口。

单击元件工具栏中的“Place Indicator”图标，选中“Indicators”指示器件库，选“VOLTMETER”电压表，可根据需要选择横向或竖向放置的电压表，如图 9-8 所示。在电路设计窗口中放置两块电压表 U1、U2，其名称和参数采用默认设置。

单击元件工具栏中的“Place Indicator”图标，选中“Indicators”指示器件库，选“AMMETER”电流表，可根据需要选择横向或竖向放置的电流表。在电路设计窗口中放置一块电流表 U3，其名称和参数采用默认设置。

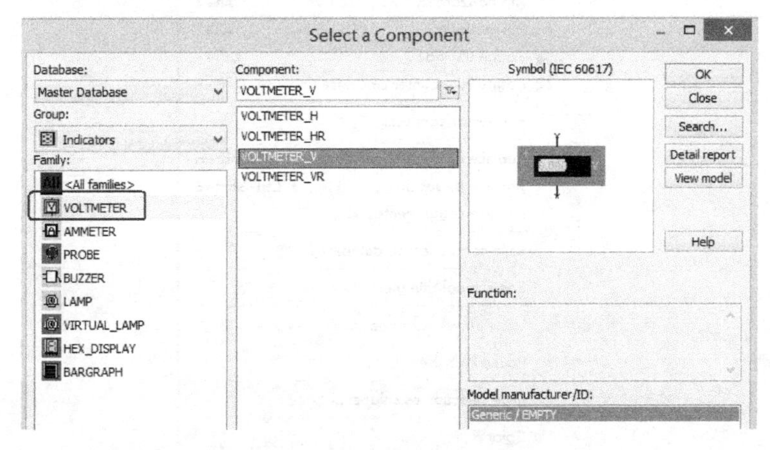

图 9-8　选择竖向放置的电压表

右击放置到电路设计窗口中的元件，可调整其放置方向。放置元件并调整其位置和方向后的电路设计窗口如图 9-9 所示。

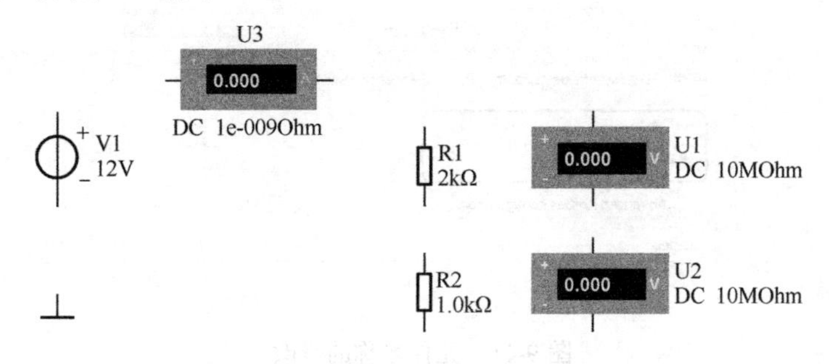

图 9-9　放置元件并调整其位置和方向后的电路设计窗口

4. 修改元器件的属性和参数

在图 9-9 所示的电路设计窗口中，可选中电阻 R1 并右键单击，可打开图 9-10 所示的元件属性窗口，通过该窗口可对元件进行复制、粘贴、删除、旋转等操作。

在电阻 R1 上双击或单击图 9-10 中的“Properties”选项，可打开图 9-11 所示的元件属性设置窗口。在 Label 标签下，可修改元件的名称。在“Value”标签下，可修改其阻值，如图 9-12 所示。

5. 调整元器件的布局

单击鼠标可选中元器件，拖动鼠标可选中一个区域中的元器件，对选中的元器件可进行复制、粘贴、删除、移动、旋转等操作。通过对元器件进行上述操作，使之排列整齐。

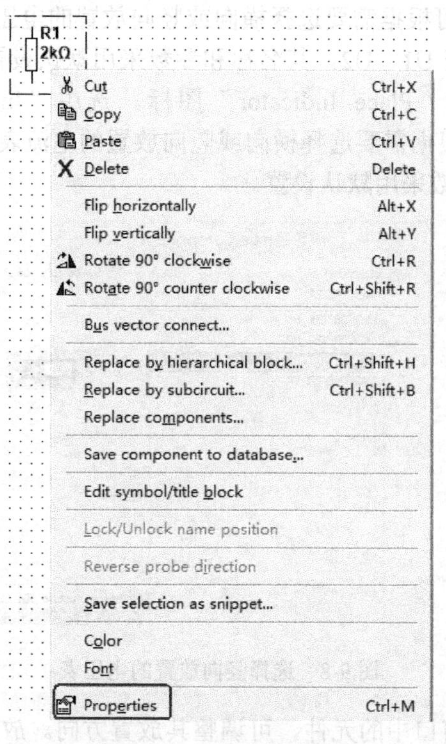

图 9-10　元件属性窗口

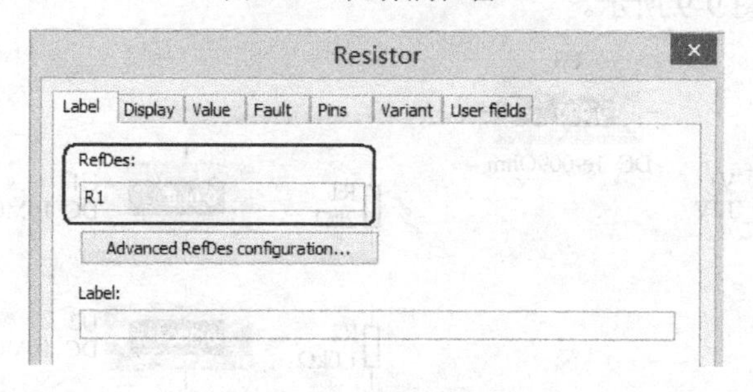

图 9-11　元件名称的修改

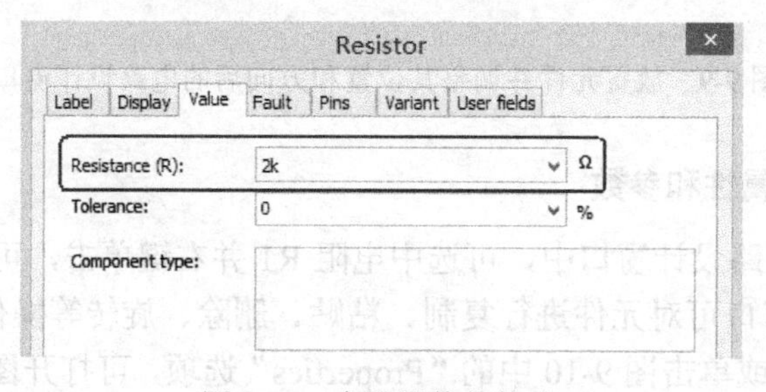

图 9-12　电阻阻值的修改

6．连接电路

当光标靠近需要连线的元件管脚时，光标会变成一个带十字的小黑点，单击鼠标并拖动到另一个管脚处再次单击，可实现自动连线。鼠标移动过程中，在某处单击，可将前一段连线固定，并从单击处继续连线，即可实现连线的转弯。

对于已经完成的连线，也可选中并进行位置移动、删除等操作。

若需要额外的结点时，可单击“Place”菜单，选择“Junction”（结点）并放置到电路中。

7. 运行仿真电路

单击仿真工具栏上的运行按钮“Run”，可运行仿真电路，观察仿真结果。两个电阻串联电路的仿真结果如图 9-13 所示。单击仿真工具栏上的停止按钮“Stop”，可停止仿真。

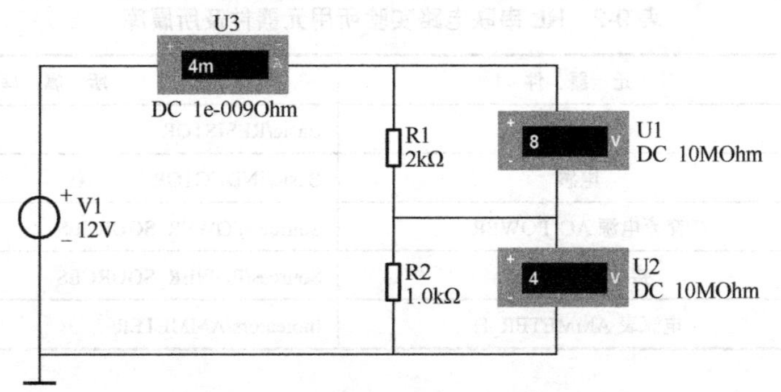

图 9-13 两个电阻串联电路的仿真结果

8. 保存结果并输出各种报表

单击“File\Save”菜单，可保存设计电路和仿真结果。

单击“File\Print”菜单，可将图纸打印输出。

单击“Report”菜单，可输出元件清单等各种报表。

9.3 Multisim14 中常用电子仪器的使用

本节通过图 9-14 所示的 RL 串联电路仿真实验，说明在电工学仿真实验中一些常用电子仪器的使用方法，这些仪器包括交流电源、电压表、电流表、万用表、电压探针、示波器等。实验过程及各个仪器的设置方法如下。

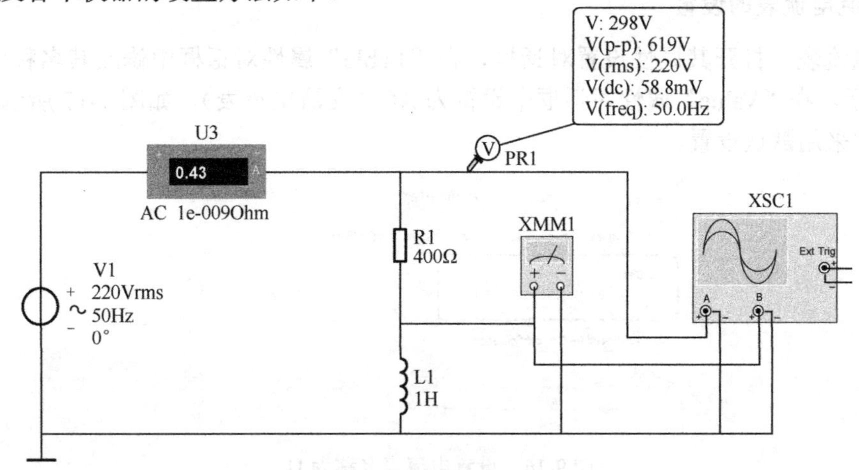

图 9-14 RL 串联电路仿真实验

1. 放置电子元器件并连接电路

放置交流电压源、接地、电流表、电阻等元器件并连接电路，各种元器件所在元件库的位置如表 9-2 所示。

从探针工具栏中选择电压探针 PR1，并放置到电路中。探针的参数一般不需要设置，使用默认参数即可。

从仪器工具栏中选择万用表 XMM1 和双踪示波器 XSC1，并连接到电路中。

表 9-2　RL 串联电路实验所用元器件及所属库

序　号	元　器　件	所　属　库
1	电阻	Basic/RESISTOR
2	电感	Basic/INDUCTOR
3	交流电源 AC_POWER	Sources/POWER_SOURCES
4	接地 GROUND	Sources/POWER_SOURCES
5	电流表 AMMETER_H	Indicators/AMMETER

2. 交流电压源的设置

对于交流电压源，主要设置其输出电压有效值和频率。双击交流电压源，打开图 9-15 所示的参数对话框，设置其电压有效值为 220V、频率为 50Hz。

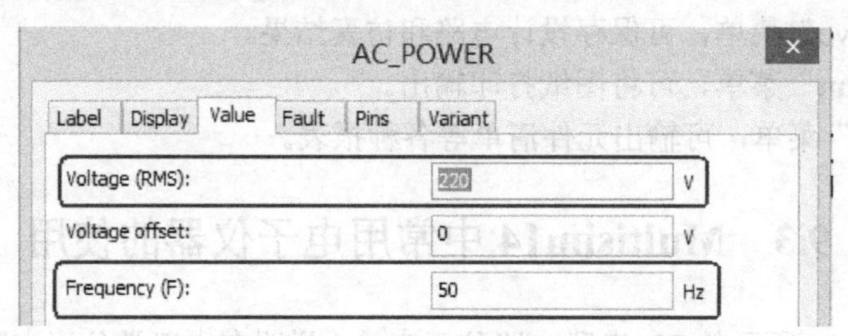

图 9-15　交流电压源的设置

3. 交流电流表的设置

双击电流表，打开其属性设置对话框，在“Lable”属性对话框中修改其名称为 I1，如图 9-16 所示。在“Value”属性对话框中设置为 AC（交流电流表），如图 9-17 所示。电流表的其他参数采用默认设置。

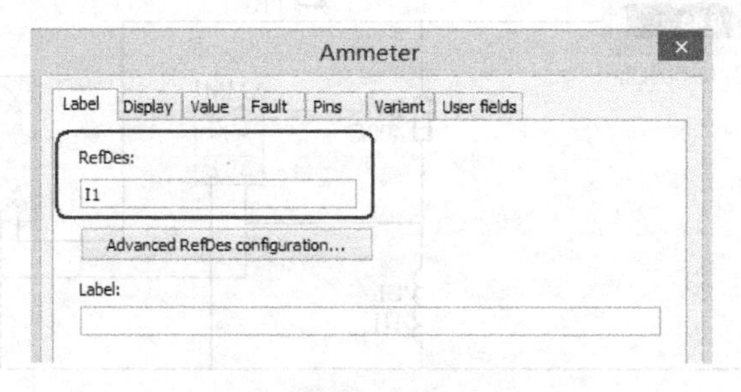

图 9-16　设置电流表名称为 I1

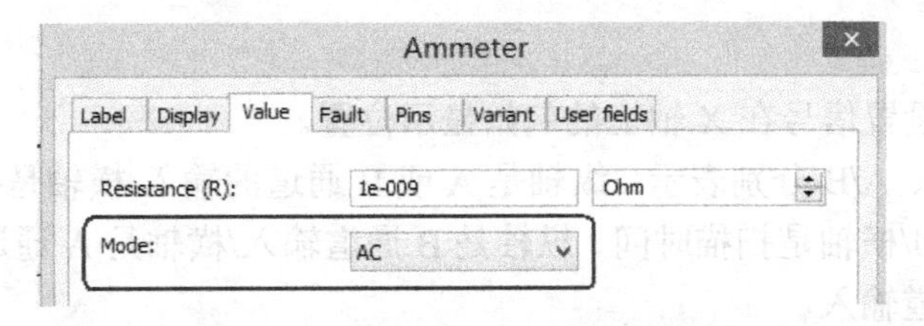

图 9-17 设置电流表 I1 为交流电流表

4．万用表的设置和读数

双击图 9-14 中的万用表 XMM1，可打开其属性设置和读数窗口，如图 9-18 所示。通过第 2 排的按钮“A”“V”“Ω”“dB”，可将其设置为电流表、电压表、欧姆表、分贝计。通过第 3 排的按钮“～”和“—”，可将设置为测量交流量或直流量。单击最下边的“Set...”按钮，可对其参数进行更详细的设置，如电压表和电流表的内电阻、最大量程等。按照图 9-18 所示，将万用表设置为交流电压表，其读数为电阻 R2 上的电压有效值。

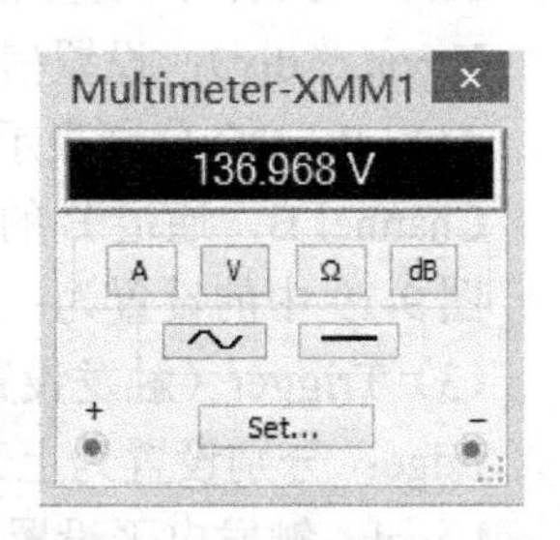

图 9-18 万用表 XMM1 的设置及读数

5．示波器的设置

从图 9-14 中可以看出，双踪示波器 XSC1 有 3 组输入端，分别是 A 通道输入端、B 通道输入端和 Ext Trig 外部触发输入端。本实验中用 A 通道测量电压源的波形，用 B 通道测量电感上电压的波形。

双击示波器，可打开其参数设置和波形显示窗口，如图 9-19 所示。

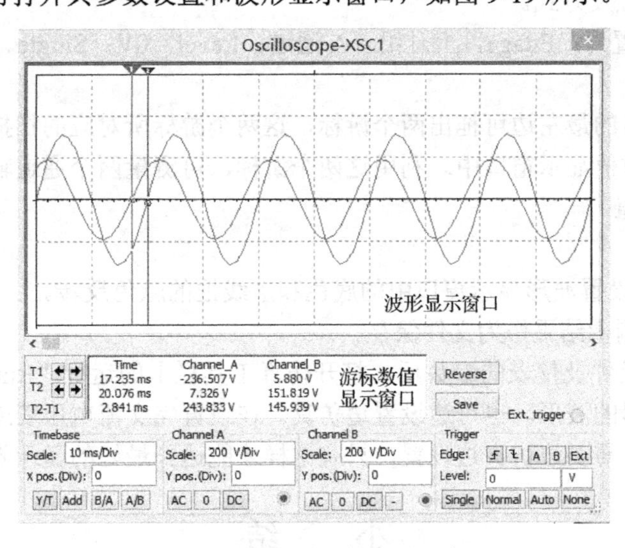

图 9-19 双踪示波器的设置及波形

对于双踪示波器 XSC1，主要对其 X 轴方向、Y 轴方向和触发参数等进行设置。

（1）Timebase（时基控制）

Timebase 时基控制即对 X 轴方向的扫描方式进行设置。

Scale（s/div）：设置显示窗口中水平方向一格所对应的扫描时间。

X pos.（div）：设置信号在 X 轴上的起始显示位置。

Y/T、Add、B/A、A/B 分别表示：纵轴是 A 或 B 通道的输入/横轴是扫描时间、纵轴是 A 和 B 通道的输入相加/横轴是扫描时间、纵轴是 B 通道输入/横轴是 A 通道输入、纵轴是 A 通道输入/横轴是 B 通道输入。

图 9-19 中的设置为：Scale，10ms/Div；X pos.，0；Y/T。

（2）Channel A（通道 A）

Channel A，即通道 A 在 Y 轴方向上的设置。

Scale（s/div）：设置显示窗口中垂直方向一格所对应的电压数值。

X pos.（div）：设置信号在 Y 轴上的起始显示位置。

AC、0、DC 分别表示 A 通道输入信号的耦合方式：交流耦合、接地、直接耦合。

Channel B，通道 B 的设置方式与通道 A 相同。

图 9-19 中的设置为：Scale，200V/Div；Y pos.，0；AC。

（3）Trigger（触发设置）

Edge：分别设置为上升沿、下降沿、A 通道、B 通道、外部触发。

Level：触发电平设置。

Single、Normal、Auto、None 表示触发方式选择。

Single：当输入信号达到触发电平时，触发一次，并保持波形不变。

Normal：输入信号每次达到触发电平时，都刷新波形。

Auto：系统自动触发。

None：不设置触发方式。

图 9-19 中的设置为：Edage，上升沿，A 通道；Level，0V；Single。

（4）数值测量

从波形显示窗口的最左边可拖出两个游标，这两个游标所对应的扫描时间及各通道的电压数值显示在游标数值显示窗口中。利用这两个游标，可测量两个通道输入波形的时间差，即窗口中 T2−T1 的值。

（5）其他设置

Reverse 反转：设置波形显示窗口中的底色和虚线框的颜色反转。

Save 保存：将测量结果作为文件保存。

全部设置完各元件及仪表的参数后，打开仿真工具栏上的运行“Run”按钮，可观测各仪表的读数和示波器的波形。也可边设置边仿真。在设置完交流电压表或万用表后就可进行仿真。对于示波器，需要边仿真边设置，只有这样才能达到最好的显示效果。

小　结

常用 EDA 仿真软件有 Proteus、Altium Designer、Multisim 等，功能都很齐全，其中，Proteus 的强项是数字电路和单片机的仿真，Altium Designer 的强项是 PCB 印制板设计，Multisim 的强项是模拟电路的仿真，应根据用途选择不同软件。

Multisim 的不同版本支持不同版本的 Windows 操作系统，应根据计算机的配置，选择合适的版本进行安装。

Multisim14 的功能很多，开始学习时可能感到困惑，但按照学以致用的原则，边学边用，很快就会掌握其基本应用方法。可按以下步骤学习 Multisim14 的使用：

（1）熟悉软件的操作界面，了解各个菜单栏、工具栏、窗口的基本用途。

（2）学习软件的一些基本操作，如关闭或开启各工具栏、窗口等操作。

（3）学习软件的基本设置，如图纸的大小、方向设置等。

（4）学习查找和放置元器件，并修改其名称和参数。先熟悉电源、接地符号、电阻、电感、电容、开关等常用元器件的设置。

（5）学习电压表、电流表、探针、万用表、示波器等常用电子仪器的使用。

（6）学习电路连接及仿真。

（7）学习设计图纸的输出，元件清单等报表的输出。

Multisim14 的功能很多，必须勤学多练才能掌握。但是要按照以用为主的原则学习，用到什么功能，就学习什么功能，对于一些暂时用不到的功能，不用费功夫学习。

在本书中的每章中都有一节关于 Multisim14 仿真实验的内容，这些仿真实验结合了该章的知识点，对仿真实验中新出现的元器件及电子仪器都做了详细介绍。可结合这些仿真实验进一步学习 Multisim14 的使用。

习 题 答 案

1-10　（1）$P_1 = -168W$，$P_2 = 100W$，$P_3 = -64W$，$P_4 = 108W$，$P_5 = 24W$，元件 1～5 分别为电源、负载、电源、负载、负载；（2）$P_1 + P_3 = -232W$，$P_2 + P_4 + P_5 = 232W$

1-11　（1）$P_3 = -3A$，$U_3 = 52V$，元件 3 是电源。

1-12　$U_S = 36V$，$R_0 = 1\Omega$

1-13　$U_{OC} = 10V$，$I_{SC} = 5A$

1-14　I_{S1} 作负载，吸收功率 6W；I_{S2} 作电源，吸收功率-18W；U_S 作负载，吸收功率为12W。

1-15　（1）$U = -18V$，$I = -1A$；（2）电路符合功率平衡关系。

1-16　$I_2 = 5A$，$I_4 = -6A$，$I_6 = -9A$

1-17　$U_{ab} = 28V$

1-18　$V_b = 8V$，$V_a = 2V$

1-19　（1）$V_a = 2V$，$V_b = 6V$；（2）$V_a = -2V$，$I_3 = 4mA$

2-8　$I_3 = 2A$

2-9　$I_4 = 2A$

2-10　$I_1 = 1A$，$I_2 = 5A$，$I_3 = 6A$

2-11　$I_1 = 2A$，$I_2 = 1A$，$I_3 = 2A$

2-12　$U_a = 6V$，$I_3 = 3A$

2-13　$U_a = 9V$，$U_b = 3.5V$，$I_3 = 2.75A$

2-14　$I_1 = 2.6A$，$I_2 = 0.8A$，$I_3 = 3.4A$

2-15　$I_3 = 1.8A$

2-16　$I = 6.8A$

2-17　$I_3 = 2.4A$

2-18　$I_3 = 4.6A$

2-19　$I = 2.2A$

2-20　$I = 1.1A$

3-10　（1）$u_C(0_+) = 16V$、$i_C(0_+) = -4A$；（2）$u_C(\infty) = 8V$、$i_C(\infty) = 0A$

3-11　（1）$u_L(0_+) = 6V$、$i_L(0_+) = 3A$；（2）$u_L(\infty) = 0V$、$i_L(\infty) = 4A$

3-12　（1）$u_C(0_+) = 0V$、$i_C(0_+) = 2A$、$u_L(0_+) = 8V$、$i_L(0_+) = 2A$；（2）$u_C(\infty) = 8V$、$i_C(\infty) = 0A$、$u_L(\infty) = 0V$、$i_L(\infty) = 2A$

3-13　$u_C = 18 - 18e^{-10^5 t}\,V$，$i_C = 9e^{-10^5 t}\,A$

3-14　$u_C = 40e^{-5\times10^4 t}\,V$，$i_C = -8e^{-5\times10^4 t}\,A$

3-15　$u_C = \left(10 + 2e^{-5\times10^3 t}\right)V$，$i_C = -0.5e^{-5\times10^3 t}\,A$

3-16　$u_L = 10e^{-10t}V$，$i_L = (2 - 2e^{-10t})A$

3-17　$u_L = -24e^{-2t}V$，$i_L = 4e^{-2t}A$

3-18　$u_L = -8e^{-80t}V$，$i_L = \left(6+2e^{-80t}\right)A$

3-19　$i_C = -4.5e^{-2\times10^4 t}A$，$i_1 = \left(3-3e^{-2\times10^4 t}\right)A$，$i_2 = \left(3+1.5e^{-2\times10^4 t}\right)A$

3-20　$i_L = \left(6-2e^{-16t}\right)A$，$i_1 = \left(6+2e^{-16t}\right)A$

4-11　$\dot{I} = (3+j4)A = 5\angle 53^\circ A = 5e^{j53^\circ}A$，$i = 5\sqrt{2}\sin(\omega t+53^\circ)A$

4-12　$u_1 = 100\sqrt{2}\sin(314t+37^\circ)V$

4-13　$X_L = 34.4\Omega$，$L = 0.11H$，$i = 3.2\sqrt{2}\sin\left(314t-120^\circ\right)A$

4-14　（1）10A，10A，10A；（2）10A，0.5A，200A

4-15 $u_L = 3.77\sqrt{2}\sin\left(6280t+60^\circ\right)V$，$u_C = 1.59\sqrt{2}\sin\left(6280t-120^\circ\right)V$，$u = 2.18\sqrt{2}\sin\left(6280t+60^\circ\right)V$

4-16　$u = 15\sqrt{2}\sin\left(314t-120^\circ\right)V$，$C = 1062\mu F$

4-17　电压表 V_1、V_2、V_3、V_4、V_5 的读数分别为 20V、20V、0V、28.28V、20V

4-18　（1）$X_C = 4\Omega$，$I = 5A$；（2）$X_C = 8\Omega$，$I = 3A$

4-19　$I = 15.56A$，$I_R = 11A$、$I_L = 11A$、$I_C = 22A$；（2）$S = 3421.9V\cdot A$、$P = 2420W$、$Q = -2420var$、$\cos\varphi = 0.71$

4-20　（1）$\dot{I}_1 = 22\angle -37^\circ A$，$\dot{I}_2 = 22\angle 53^\circ A$；（2）$S = 6844.8V\cdot A$、$P = 6776W$、$Q = -968var$、$\cos\varphi = 0.99$

4-21　（1）$R = 250\Omega$，$R_L = 50\Omega$，$L = 1.47H$；（2）$P_R = 40W$，$P = 48W$，$\cos\varphi_1 = 0.55$；（3）$C = 3.8\mu F$

4-22　$S = 1.97kV\cdot A$，$P = 1.8kW$，$Q = 0.8kvar$，$\cos\varphi = 0.91$，$I = 8.95A$

4-23　（1）$S = 5.29kV\cdot A$，$P = 3.6kW$，$Q = 3.87kvar$，$\cos\varphi = 0.68$，$I = 24A$；（2）$C = 154.8\mu F$

4-24　$I = 0.2A$，$U_C = 200V$

5-11　（1）$I_1 = 0.068A$，$I_2 = 0.136A$，$I_3 = 0.136A$，$I_N = 0.068A$

5-12　（1）$U_1' = 264V$，$U_2' = 201.6V$，$U_3' = 201.6V$，$U_{N'N} = 44V$；（2）各相电压不相等，过电压保护装置会动作，导致实验台停电。

5-13　（1）$U_1' = 330V$，$U_2' = 190V$，$U_3' = 190V$，$U_{N'N} = 110V$；（2）$I_{L2} = I_{L3} = 0.118A$

5-14　（1）$I_P = 0.136A$，$I_L = 0.24A$；（2）$I_{L1} = I_{L2} = 0.136A$，$I_{L3} = 0.236A$

5-15　$\dot{I}_1 = 3.05\angle -56.3^\circ A$，$\dot{I}_2 = 3.05\angle -176.3^\circ A$，$\dot{I}_3 = 3.05\angle 63.7^\circ A$，$\dot{I}_N = 0$

5-16　$\dot{I}_{12} = 76\angle 6.9^\circ A$，$\dot{I}_{23} = 76\angle -113.1^\circ A$，$\dot{I}_{31} = 76\angle 126.9^\circ A$，$\dot{I}_{L1} = 131.6\angle -23.1^\circ A$，$\dot{I}_{L2} = 131.6\angle -143.1^\circ A$，$\dot{I}_{L3} = 131.6\angle 96.9^\circ A$

5-17　（1）$\dot{I}_1 = 10\angle 30^\circ A$，$\dot{I}_2 = 20\angle 0^\circ A$，$\dot{I}_3 = 10\angle 60^\circ A$；（2）$P = 2200W$，$Q = -2200var$，$S = 3110.8V\cdot A$，$\cos\varphi = 0.71$

5-18　（1）$|Z| = 100\Omega$，$I_P = 3.8A$，$I_L = 6.58A$；（2）$P = 3465.6W$，$Q = 2599.2var$，$S = 4332V\cdot A$，$\cos\varphi = 0.8$

5-19　$Z = 17.8\angle 37^\circ\Omega$，$Q = 14.61kvar$，$S = 24.35kV\cdot A$

5-20　$I_L = 104A$，$P = 59.52kW$，$Q = 33.8kvar$，$S = 68.45kV\cdot A$，$\cos\varphi = 0.87$

6-8　（1）$N_2 = 144$ 匝；（2）$I_2 = 0.72\text{A}$，$I_1 = 0.068\text{A}$

6-9　（1）$I_{1N} = 4.5\text{A}$，$I_{2N} = 136.4\text{A}$；（2）750 只；（3）375 只

6-10　$R_0 = 200\Omega$，$P = 0.28\text{W}$

6-11　$U_2 = 222.61\text{V}$，$\Delta U\% = 3.2\%$

6-12　（1）$k = 14.35$，$I_{1N} = 12.12\text{A}$，$I_{2N} = 173.91\text{A}$；（2）$P = 31.37\text{kW}$

6-13　（1）$N_2 = 220$ 匝，$N_3 = 48$ 匝；（2）$I_2 = 0.36\text{A}$，$I_3 = 0.24\text{A}$，$I_1 = 0.12\text{A}$

7-11　$p = 3$，$s = 0.04$，$n_0 - n = 40$ r/min，$f_2 = 2\text{Hz}$

7-12　$R = 5.28\Omega$，$X_L = 3.70\Omega$

7-13　$s_N = 0.04$，$I_P = 18.48\text{A}$，$P_1 = 17.06\text{kW}$，$\eta = 0.88$

7-14　$s_N = 0.03$，$\cos\varphi = 0.86$，$I_{st} = 549.5\text{A}$，$T_{st} = 425.3\text{N·m}$

7-15　（1）$I_{stY} = 183.2\text{A}$，$T_{stY} = 141.8\text{N·m}$；（2）不能带动 $0.65T_N$ 的负载启动，能带动 $0.5T_N$ 的负载启动。

7-16　（1）$I'_{st} = 351.7\text{A}$，$T'_{st} = 272.2\text{N·m}$；（2）$K' \geqslant 0.67$

7-17　（1）$I_{st\Delta} = 251.6\text{A}$，$T_{st\Delta} = 189.1\text{N·m}$；（2）$I_{stY} = 145.6\text{A}$，$T_{stY} = 189.1\text{N·m}$

7-18　$s_N = 0.04$，$P_1 = 76.5\text{kW}$，$\cos\varphi = 0.86$，$T_N = 431.1\text{N·m}$

7-19　（1）启动电流 $I_{st\Delta} = 877.5\text{A}$，$T_{st\Delta} = 948.4$ N·m；（2）$I_{stY} = 292.5\text{A}$，$T_{stY} = 316.1$ N·m；（3）$I'_{st} = 315.9\text{A}$，$T'_{st} = 341.4\text{N·m}$

7-20　（1）$s_N = 0.033$，$P_1 = 46.3\text{kW}$，$\eta_N = 0.86$；（2）$T_N = 263.4$ N·m，$T_{st} = 316.1$ N·m，$T_{max} = 526.8$ N·m

8-9　（a）能启动，不能停止；（b）启动时电源短路；（c）只能点动；（d）自动启动，不能停止；（e）接触器频繁通断；（f）正常启停。

8-10

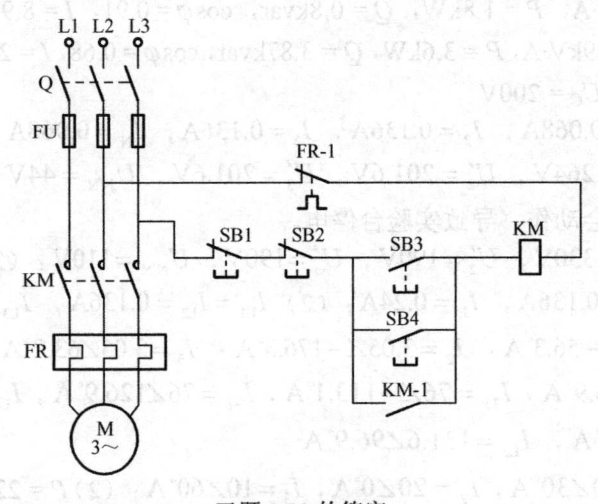

习题 8-10 的答案

8-11　SB2 是长动控制按钮，SB3 是点动控制按钮。

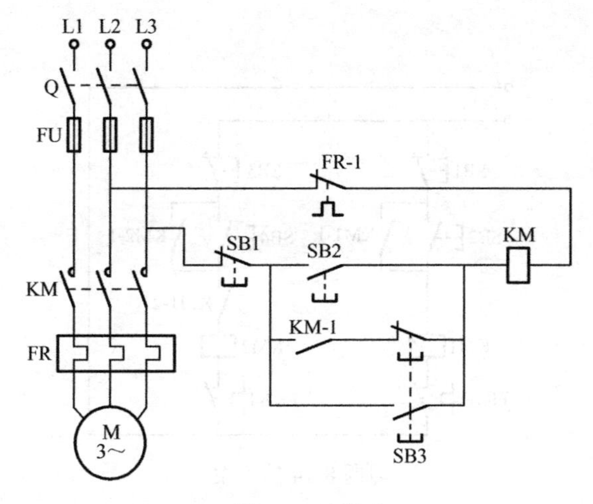

习题 8-11 的答案

8-12　图中共有 8 处错误，如下图所示。

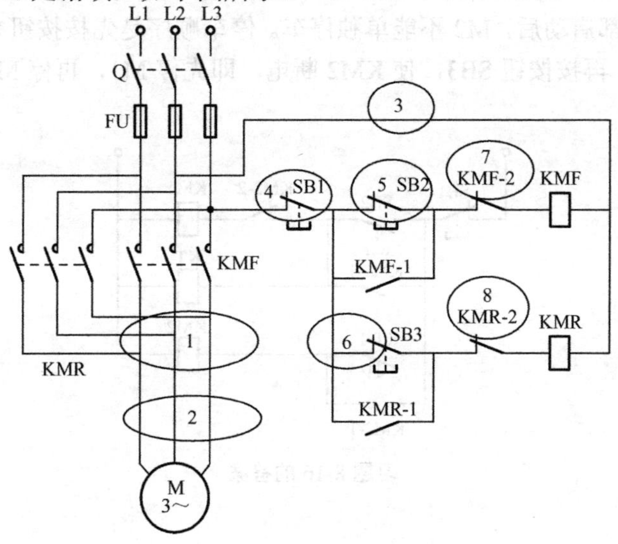

习题 8-12 的答案

8-13

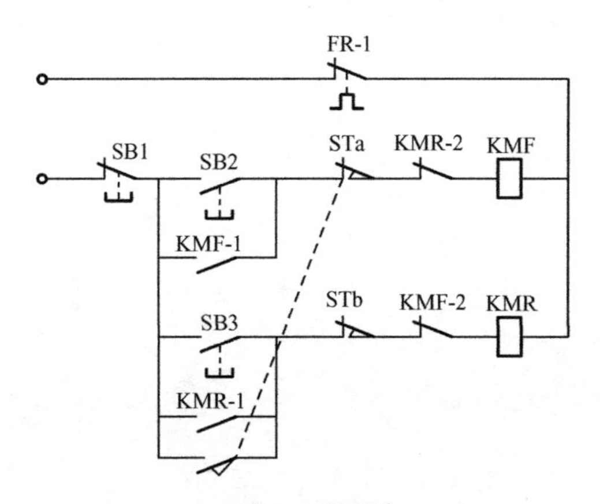

习题 8-13 的答案

8-14

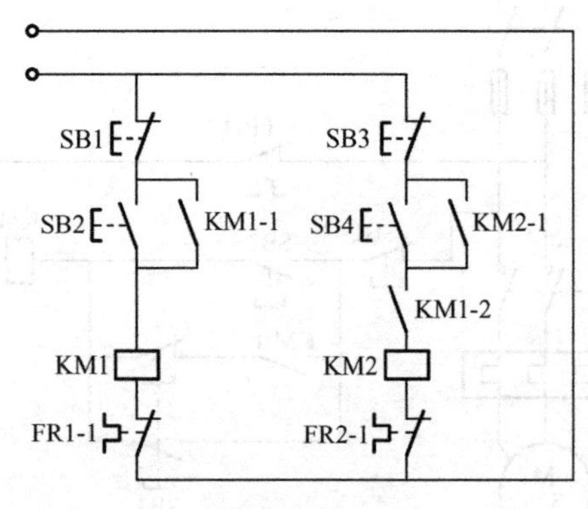

习题 8-14 的答案

8-15 （1）电机 M1 不能单独启动。按下按钮 SB2，则 KM1 和 KM2 都通电，电机 M1 和 KM2 同时启动；（2）电机 M2 能单独启动。按下按钮 SB4，则 KM2 通电，电机 M2 启动；（3）电机 M1 与 M2 都启动后，M2 不能单独停车。停车顺序是先按按钮 SB1，使 KM1 断电，KM1-2 复位断开后，再按按钮 SB3，使 KM2 断电，即先停 M1，再停 M2。

8-16

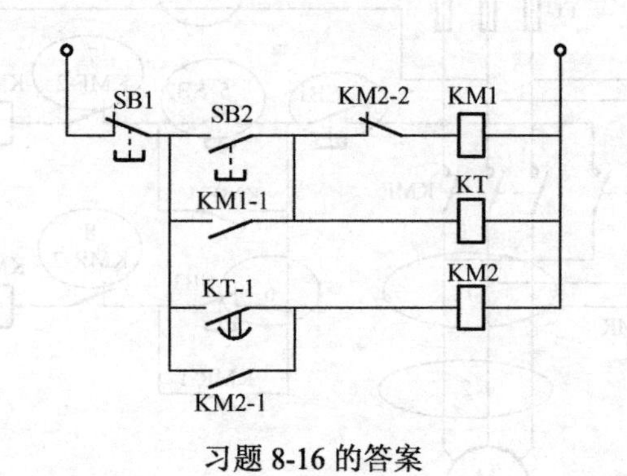

习题 8-16 的答案

参考文献

[1] 秦曾煌. 电工学·电工技术（上册）[M]. 7版. 北京：高等教育出版社，2009.
[2] 唐介. 电工学（少学时）[M]. 3版. 北京：高等教育出版社，2009.
[3] 吴延荣，王克河，曲怀敬，等. 电工学[M]. 北京：中国电力出版社，2012.
[4] 王英. 电工技术基础（电工学Ⅰ）[M]. 北京：机械工业出版社，2007.
[5] 徐淑华. 电工电子技术[M]. 3版. 北京：电子工业出版社，2013.
[6] 魏佩瑜. 电工学（电工技术）[M]. 2版. 北京：机械工业出版社，2013.
[7] 张晓辉. 电工技术（非电类）[M]. 3版. 北京：机械工业出版社，2015.
[8] 孔庆鹏. 电工学·电工技术基础（上册）[M]. 7版. 北京：电子工业出版社，2015.
[9] 刘润华. 电工电子学[M]. 3版. 东营：中国石油大学出版社，2015.
[10] 李柏龄. 电工学（土建类）[M]. 3版. 北京：机械工业出版社，2015.
[11] 顾伟驷. 现代电工学[M]. 3版. 北京：科学出版社，2015.
[12] 董传岱. 电工学（电子技术）[M]. 2版. 北京：机械工业出版社，2013.
[13] 艾永乐. 电工学·电子技术（下册）[M]. 北京：机械工业出版社，2012.
[14] 荣雅君. 电子技术（非电类）[M]. 3版. 北京：机械工业出版社，2015.

反侵权盗版声明

举报电话：（010）88254396；（010）88258888

传　　真：（010）88254397

E-mail:　　dbqq@phei.com.cn

通信地址：北京市海淀区万寿路 173 信箱

电子工业出版社总编办公室

邮　　编：100036